中国科协新一代信息技术系列丛书
中国科学技术协会　丛书主编

大数据导论

第 2 版

主　　编　张尧学　胡春明

参　　编　王宏志　唐　杰　王建民
袁晓如　朱跃生　吴中海
吕金虎　王　晨　陈恩红
刘　闯　王德庆　马民虎
吴华瑞

中国电子学会　组编

机械工业出版社

本书是中国科协新一代信息技术系列丛书之一。

本书重点阐述大数据的基本原理、技术、平台和不同领域的应用案例。全书共分14章，第1章为绪论；第2~7章为技术篇，介绍了数据采集与治理、数据管理、数据分析、数据可视化、数据安全与隐私保护和大数据处理平台；第8~12章为应用篇，介绍了大数据在不同领域的应用案例，包括社会网络大数据、城市大数据、工业大数据、教育大数据和农业大数据；第13、14章为数据管理篇，包括数据开放与共享和大数据的法律政策规范。

本书主要面向大学非计算机类的工科专业的高年级学生与研究生，亦可作为大数据爱好者的科普读物。

本书配有免费的电子课件，欢迎选用本书作教材的老师登录 www.cmpedu.com 注册下载。

图书在版编目（CIP）数据

大数据导论/张尧学，胡春明主编. —2版. —北京：机械工业出版社，2021.5（2024.8重印）
（中国科协新一代信息技术系列丛书）
ISBN 978-7-111-68205-9

Ⅰ.①大…　Ⅱ.①张…②胡…　Ⅲ.①数据处理　Ⅳ.①TP274

中国版本图书馆CIP数据核字（2021）第082485号

机械工业出版社（北京市百万庄大街22号　邮政编码100037）
策划编辑：路乙达　责任编辑：路乙达
责任校对：王　欣　封面设计：张　静
责任印制：常天培
北京机工印刷厂有限公司印刷
2024年8月第2版第7次印刷
184mm×260mm · 22.5印张 · 551千字
标准书号：ISBN 978-7-111-68205-9
定价：59.80元

电话服务	网络服务
客服电话：010-88361066	机　工　官　网：www.cmpbook.com
010-88379833	机　工　官　博：weibo.com/cmp1952
010-68326294	金　　书　　网：www.golden-book.com
封底无防伪标均为盗版	机工教育服务网：www.cmpedu.com

《大数据导论》第 2 版编写组

顾　　问：

李德毅　中国工程院院士

梅　宏　中国科学院院士

王海峰　百度首席技术官

主　　编：

张尧学　中国工程院院士

胡春明　北京航空航天大学

参　　编：

王宏志　哈尔滨工业大学

唐　杰　清华大学

王建民　清华大学

袁晓如　北京大学

朱跃生　北京大学

吴中海　北京大学

吕金虎　北京航空航天大学

王　晨　清华大学

陈恩红　中国科学技术大学

刘　闯　中国科学院

王德庆　北京航空航天大学

马民虎　西安交通大学

吴华瑞　北京农业信息技术研究中心

前　言

当前，新一代信息技术正在全球孕育兴起，科技创新、产业形态和应用格局正发生着重大变革。随着数据获取和计算技术的进步，大数据已成为一种新的国家战略资源，引起了学术界、产业界、政府及行业用户等的高度关注。世界主要发达国家已经相继制定了促进大数据产业发展的政策法规，积极构建大数据生态，实施大数据国家战略。

我国充分认识到大数据时代带来的重大机遇，部署落实了一系列与大数据密切相关的规划。2015 年，国务院印发《促进大数据发展行动纲要》，系统部署大数据发展工作。目前，多个省市已经出台大数据相关政策，一些地方政府专门设置大数据管理部门，为大数据基础设施、技术创新、产业发展营造了良好环境。党的十九大报告在深化供给侧结构性改革中指出："加快建设制造强国，加快发展先进制造业，推动互联网、大数据、人工智能和实体经济深度融合，在中高端消费、创新引领、绿色低碳、共享经济、现代供应链、人力资本服务等领域培育新增长点、形成新动能。"更加明确大数据应与各个行业深度融合。

为落实国家战略，加速新一代信息技术人才培养，满足数字经济发展的人才需求，为实现经济高质量发展提供人才支撑，中国科协策划并组织编写以云计算、大数据、人工智能等为代表的新一代信息技术系列丛书，成立了中国科协新一代信息技术系列丛书编写委员会，聘请梅宏院士为编委会主任，李培根院士、李德毅院士、李伯虎院士、张尧学院士、李骏院士、谭铁牛院士、赵春江院士为编委会委员，统筹丛书编写工作。本书是该系列丛书之一。

本书主要面向大学非计算机类的工科专业的高年级学生与研究生，目的是帮助学生掌握大数据的基本原理和基本知识，熟悉大数据技术在多个行业应用中"能与不能"的边界，培养学生在本专业应用大数据的能力。同时，对于计算机相关专业的学生，本书也可作为大数据专业课程的导论课教材。本书注重知识结构的基础性与完整性，确保技术内容的通用性、普适性与先进性，遵循教育规律，加强能力培养，同时，精选行业真实案例，开阔学生视野，启发创新思维。本书期望为跨学科研究者提供学科方法论和技术概述，满足新一代信息技术人才的要求。

本书可分为四部分。基础篇（第 1 章）介绍大数据的发展历程、内涵和外延、价值与意义；技术篇（第 2 ~ 7 章）以数据采集与治理、数据管理、数

据分析与可视化的典型大数据应用生命周期作为主线，对大数据关键技术进行讲解，进而阐述数据安全与大数据平台的关键技术，努力呈现技术的逻辑性和严密的科学思维；应用篇（第 8 ~ 12 章）使学生熟悉大数据的典型应用领域，从社会网络大数据、城市大数据、工业大数据、教育大数据和农业大数据方面进行案例剖析，满足多个学科的教学需求；数据管理篇（第 13、14 章）则让学生了解数据开放与共享和法律政策规范等方面的现状。本书的具体结构如下图所示：

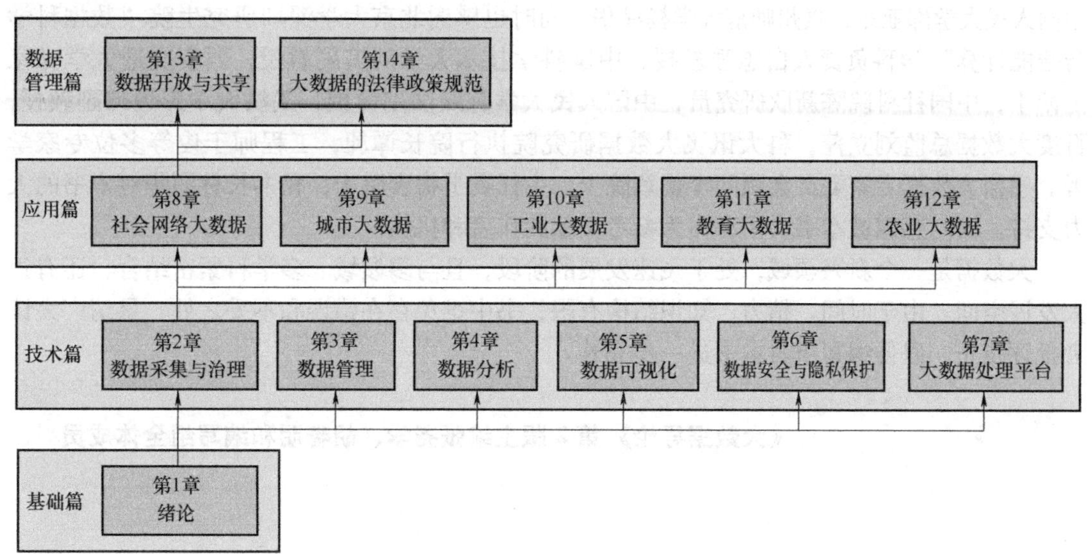

本书采用模块化教学思维进行编写，授课教师和学生可以根据专业和现有知识结构，选取不同的教学方案。本书教学建议为 32 ~ 48 学时，基础篇和技术篇建议 16 ~ 20 学时，应用篇建议 14 ~ 24 学时，数据管理篇建议 2 ~ 4 个学时或由学生自学。根据不同专业的实际情况，教师可以根据学时安排选择 1 ~ 2 个不同行业应用进行重点讲解，满足教学需求。

本书的编写汇集了多位专家学者的智慧。本书主编张尧学院士、胡春明副教授带领编写组全体成员，从教学理论和学术研究等多角度系统地进行顶层设计和撰写工作。本书第 1 章由胡春明编写，第 2 章由王宏志编写，第 3 章由王建民编写，第 4 章和第 8 章由唐杰编写，第 5 章由袁晓如编写，第 6 章由朱跃生编写，第 7 章由吴中海编写，第 9 章由吕金虎编写，第 10 章由王晨编写，第 11 章由陈恩红编写，第 12 章由吴华瑞编写，第 13 章由刘闯、王德庆编写，第 14 章由马民虎编写。全书由胡春明统稿。

本书邀请了李德毅院士、梅宏院士和百度公司王海峰博士担任顾问专家，他们对本书的学术观点、技术方向以及内容组织都提供了极具价值的意见和建议。在此对各位领导和专家表示深深的敬意和感谢。

此外，中国科协领导多次协调，确保了丛书编写和推广工作的顺利进行。中国科协学会学术部对丛书的撰写、出版、推广全过程提供了大力支持和具体指导。中国科协智能制造学会联合体承担了丛书的前期调研、组织协调和推广宣传工作。中国电子学会承担了本书编写的全部组织工作，学会总部党委书记张宏图对本书高度重视，布置相关工作。中国电子学会的宁慧聪博士以及团队王娟副主任、王海涛老师和张玲老师在本书写作过程中精心组织，扎实推进此项工作。机械工业出版社的全力支持和悉心编校，让这本书的付梓成为可能，感谢他们的辛勤工作。本书编写还得到了多个单位和专家的支持，他们是北京航空航天大学王磊副教授、王静远副教授、邓婷博士，清华大学宋韶旭老师、任艮全博士、韩裔博士、丁铭博士，北京大学刘宏志副教授、莫同副教授、洪帆博士、赖楚凡、张江、李国政、陈帅、岳成磊、韩云、蒋瑞珂、林丽静、王铭珺，中煤科工集团西安研究院有限公司李明星，大连理工大学尹美丽，中国科学院吴朋民，同济大学陈荣志，郑州大学蒋震阳，北京外国语大学施灵雨，山东大学邱鸿宇，华中师范大学刘思远，苏州大学李秉千，北京交通大学田雪涛，中国人民大学邵亚东，贵州师范大学杨泽华。同时也感谢北京大学深圳研究生院“数据科学与智能计算”学科负责人白志强教授，中国科学技术大学刘淇副教授，西安交通大学党家玉博士，中国社科院陈新欣研究员，中国人民大学陈跃国副教授，武汉大学彭煜玮副教授，百度大数据总监刘立萍，科大讯飞大数据研究院执行院长谭昶，工程师于俊等多位专家学者。感谢大数据专家委员会顾问李德毅院士，主任委员梅宏院士，秘书长林润华对本书的大力支持。同时感谢被本书引用和作为参考文献的作者和机构。

大数据是一个新兴领域，处于飞速发展的阶段，且与多领域、多学科紧密结合，还有很大发展空间。由于时间、精力、知识结构有限，书中难免存在错误和不妥之处，恳请广大读者批评指正，以便编写组对本书进一步完善。

《大数据导论》第 2 版主编张尧学、胡春明和编写组全体成员

目　录

前　言

基　础　篇

技　术　篇

应 用 篇

数据管理篇

基础篇

第1章 绪论

导读

本章主要阐述大数据出现的背景、大数据的基本特征、意义及其对人们思考问题带来的方式变化，重点解释一般大数据处理的基本流程，对大数据的处理方式和传统方式的差异及独特挑战，概括性地介绍面向大数据分析处理的技术体系。此外，本章还阐述了大数据与云计算、人工智能等新兴信息技术的关系，并介绍与大数据相关联的新兴交叉学科——数据科学与大数据技术的发展和范畴。

知识点：

知识点1　大数据的基本特征
知识点2　大数据带来的思维模式改变
知识点3　大数据计算的主要特征
知识点4　数据处理的一般过程
知识点5　大数据分析处理的技术体系
知识点6　数据科学

课程重点：

重点1　结构化、半结构化、非结构化数据
重点2　大数据的基本特征
重点3　大数据处理的一般过程

课程难点：

难点1　应对数据规模性的主要方法
难点2　数据科学的学科交叉特性

1.1 概述

近年来，随着计算技术的进步以及移动互联网、物联网、5G移动通信网络技术的发展，信息技术已经明显呈现“人-机-物”三元融合的态势，新兴应用不断出现，引发了数据规模的爆炸式增长，大数据（Big Data）引起了国内外产业界、学术界和政府部门的高度关注，甚至被认为是继人力、资本之后一种新的非物质生产要素，蕴含巨大价值，成为国家不可或缺的战略资源。各类基于大数据的应用正日益对全球生产、流通、分配、消费活动以及经济运行机制、社会生活方式和国家治理能力产生重要影响。

在全球范围内，运用大数据推动经济发展、完善社会治理、提升政府服务和监管能力正成为趋势，有关发达国家相继制定实施大数据战略性文件，大力推动大数据发展和应用。目前，我国互联网、移动互联网用户规模居全球第一，拥有丰富的数据资源和应用市场优势，大数据的部分关键技术研发取得突破，涌现出一批互联网创新企业和创新应用，一些地方政府已启动大数据相关工作。坚持创新驱动发展，加快大数据部署，深化大数据应用，已成为稳增长、促改革、调结构、惠民生和推动政府治理能力现代化的内在需要和必然选择[1]。

但是，如何从数据中获得价值？大数据的内涵和外延究竟是什么？大数据对人们思考问题的方式带来了什么影响？对大数据的处理和传统对数据的处理有什么本质的不同？本章1.1节首先介绍数据和数据中蕴含的价值；1.2节重点介绍大数据的内涵和外延，包括大数据的概念、特征、意义，大数据兴起的内在原因，以及大数据带来的对思维方式的转变；1.3节介绍大数据时代对一般数据处理过程带来的技术挑战，面向大数据分析处理的技术体系，以及大数据与云计算、人工智能的关系；1.4节阐述一个与大数据相关联的新兴交叉学科——数据科学，介绍数据科学的发展和范畴。

1.1.1　数据

从计算机科学的角度，数据（Data）是所有能输入到计算机并被计算机程序处理的符号的总称[2]，是具有一定意义的数字、字母、符号和模拟量的统称。在计算机科学之外，我们可以更加抽象地定义数据，如人们通过观察现实世界中的自然现象、人类活动，都可以形成数据。

计算机最初的设计目的就是用于数据的处理，但计算机需要将数据表示成0-1的二进制形式，用一个或若干个字节（Byte，B）来表示，一个字节等于8个二进制位（bit），每个位表示0或1。因此，计算机对数据的处理，首先需要对数据进行表示和编码，从而衍生出不同的数据类型。

对于数字，可以编码成二进制形式。例如，十进制数的10，在计算机中会用二进制表示为1010。同样，对于负数、小数，在计算机内部也会有不同的编码方式。

对于文本数据，通常计算机会采用ASCII码将其编码为一个整数。如字符A就会编码为整数32；同样地，对于汉字或其他特殊符号，也对应有不同的编码体系，如《信息交换用汉字编码字符集》（GB 2312—1980），会将一个汉字编码为连续的两个字节。

有的时候，可能需要用更加复杂的数据结构（如向量、矩阵）来表达一个复杂的状态。例如，表达地图上的位置信息，就需要用到二维坐标。

表示一个实体的不同方面，会用到不同的数据。例如，描述一个学生，可能会包括姓名、性别、年龄等多种属性，每种属性都需要相应类型的数据来刻画。有时，如果连续观察一个实体在一段时间的状态变化，就可以得到一个时间序列数据，例如用于检测城市空气质量中细颗粒物（PM 2.5）含量的传感器，每隔5分钟会汇报一个监测数据，这些数据就形成了一个PM 2.5随时间的变化情况。

根据数据所刻画的过程、状态和结果的特点，数据可以划分为不同的类型。按照数据是否有强的结构模式，可将数据划分为结构化数据、半结构化数据和非结构化数据。在数据的处理过程中，会根据数据的不同类型，选择不同的数据管理方法和处理技术。

1. 结构化数据

结构化数据是指具有较强的结构模式，可以使用关系型数据库表示和存储的数据。结构化数据通常表现为一组二维形式的数据集，每一行表示一个实体的信息，每一行的不同属性表示实体的某一方面，每一行数据具有相同的属性。这类数据本质上是“先有结构，后有数据”。表 1-1 是一个结构化数据的例子，每一行数据表示一个实体。关于结构化数据及关系数据库的具体细节，将在本书第 3 章中详细阐述。

表 1-1　结构化数据

编　号	姓　名	年　龄	性　别
1	小明	12	男
2	小白	13	女
3	小奇	18	男

2. 半结构化数据

半结构化数据是一种弱化的结构化数据形式，它并不符合关系型数据模型的要求，但仍有明确的数据大纲，包含相关的标记，用来分割实体以及实体的属性。这类数据中的结构特征相对容易获取和发现，通常采用类似 XML、JSON 等标记语言来表示。

例如，XML 是一种文本格式的，带有结构化标签的可扩展标记语言格式，可以用下面的 XML 语言片段来描述表 1-1 给出的三个实体。

```
<persons>
  <person>
    <id>1</id>
    <name>小明</name>
    <age>12</age>
    <gender>男</gender>
  </person>
  <person>
    <id>2</id>
    <name>小白</name>
    <age>13</age>
    <gender>女</gender>
  </person>
  <person>
    <id>3</id>
    <name>小奇</name>
    <age>18</age>
```

```
        <gender>男</gender>
    </person>
</persons>
```

在这个例子中，属性的顺序是不重要的，如果有的实体的部分信息缺失（如年龄信息缺失或性别信息缺失），数据集中也可以不包含这一属性。XML是一个典型的用树形结构组织信息的方式。

3. 非结构化数据

人们日常生活中接触的大多数数据都属于非结构化数据。这类数据没有固定的数据结构，或难以发现统一的数据结构。各种存储在文本文件中的系统日志、文档、图像、音频、视频等数据都属于非结构化数据。

在得到数据的同时，往往也能够得到或分析出关于数据本身的一些信息。例如上面的例子是描述几个人的数据集，每个人有编号、姓名、年龄、性别等属性，而这些属性本身也有不同的数据类别，需要按照不同的方式进行编码。这些信息是描述一个数据集本身特征的数据，通常称之为元数据（Meta-data）。元数据是描述数据的数据，机器可读的元数据可以帮助计算机自动地对一组数据进行处理。

此外，在计算机中，为了方便数据的组织，可以将数据以文件的方式保存起来。相同的数据表示，可以按照不同的具体格式组织在文件中。例如，一个表格数据，可以按照行来顺序写入文件，也可以按照列来写入文件。针对不同目的设计的存储系统（如文件系统、关系数据库等）会专门选择最适合这类数据的存储方式，以更好地利用存储空间，并可以加速对数据的访问。在计算机中，文件系统也会帮助管理大量文件，以及管理文件名、创建用户、读写权限、创建时间等元数据。

1.1.2　数据中蕴含的价值

如果只是记录数据，不加以分析利用，数据就只是一个记录。但如果能够通过对数据的分析，提取数据中蕴含的价值，就有助于人们了解事物的现状，总结事物的运行规律，并指导人类的生产生活实践。

人们通常用开普勒关于行星运动的三大定律来说明数据的价值。开普勒是德国的天文学家，他于1609～1619年间，利用前人进行的科学实验和记录下来的数据而做出科学发现，先后提出了关于行星运动的三大定律，揭示了行星绕太阳运动的规律，使人们对行星的运动有了清晰认识，如图1-1所示。这三个定律分别是：

1）椭圆定律：所有行星绕太阳运行的轨道都是椭圆，而且太阳在椭圆的一个焦点上。

2）面积定律：行星和太阳的连线在相等的时间间隔内扫过相等的面积。

3）调和定律：所有行星绕太阳一周的恒星时间（T_i）的二次方与它们椭圆轨道半长轴（R_i）的三次方成正比，即 $R_i^3/T_i^2=k$（k 是常数）。

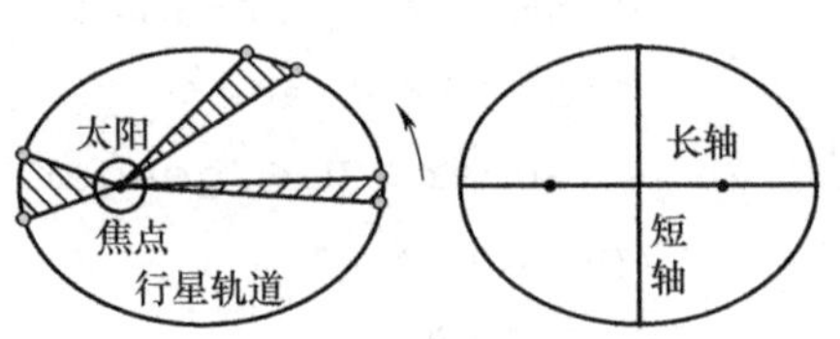

图1-1　开普勒行星运动的三大定律

这个故事的有趣之处在于开普勒发现这些规律背后的小插曲。开普勒的老师第谷·布拉

赫是天文史上的一位奇人，也是最后一位用肉眼观测的天文学家（注：在第谷去世后的1609年，望远镜才由伽利略来发明）。第谷在他整个研究时期，一直坚持用肉眼进行出色的精确观察。他对于星象精确严密的观测，在当时达到了前所未有的程度。其编纂的星表的数据甚至已经接近了肉眼分辨率的极限。在第谷的工作基础上，开普勒经过大量计算编制的《鲁道夫星表》共列出了1005颗恒星的位置，一直到18世纪中叶，仍然被天文学家和航海家视为珍宝。

1600年，开普勒作为第谷的助手仅10个月，第谷去世了。开普勒继承了这位老人留下的非常宝贵的资料，其中包括老人对火星运动的观测。他经过九年的反复计算和假设，终于在1618年找到在大量观测数据后面隐匿的数的和谐性：行星公转周期的二次方与它们到太阳的平均距离的三次方成正比，这就是调和定律。

那么，开普勒是怎么从观测数据中发现规律性的呢？表1-2是太阳系八大行星绕太阳运动的数据，表中列出了太阳系的行星绕太阳一圈所需要的时间（以年为单位），以及行星到太阳的平均距离（以地球与太阳的平均距离为单位）[3]。从这组数据中不难看出，行星绕太阳运行的周期的二次方和行星距离太阳的平均距离的三次方之间的正比关系，这就是开普勒的第三定律。

表1-2 太阳系八大行星绕太阳运动的数据[3]

行 星	周期/年	平均距离	周期/距离	周期^2/距离^3
水星	0.241	0.39	0.62	0.98
金星	0.615	0.72	0.85	1.01
地球	1.00	1.00	1.00	1.00
火星	1.88	1.52	1.24	1.01
木星	11.8	5.20	2.27	0.99
土星	29.5	9.54	3.09	1.00
天王星	84.0	19.18	4.38	1.00
海王星	165	30.06	5.49	1.00

开普勒利用第谷多年积累的观测资料，仔细分析研究，尝试了很多可能的组合方式，最后终于发现了观测数据中蕴含的价值，并提出行星运动的开普勒三定律，为后来牛顿发现万有引力定律打下了基础。

有学者提出数据（Data）、信息（Information）、知识（Knowledge）之间的区别[2]。数据体现的是一种过程、状态和结果的记录，这类记录被数字化后可以被计算机存储和处理；信息则是包含在数据之中的能够被人理解的思维推理和结论；而从信息中抽取出因果关系和关联关系，形成规律并指导人们对未来做出判断，就成了知识。在上面这个例子中，对行星运行情况的原始记录就是数据，而基于数据形成的“水星运行周期0.241年”就形成了信息，而开普勒发现的周期的二次方与距离的三次方成正比就是从数据抽取出来的知识了。还有学者在此基础上总结出DIKW金字塔模型（DIKW Pyramid），揭示数据、信息、知识和智慧（Wisdom）之间的区别和联系，如图1-2所示。从“数据”到“智慧”的过程，不但是人们认识程度的提升过程，也是“从认识部分到理解整体，从描述过去或现在到预测未来”的过程[4]。

因此，数据中蕴含着巨大的价值。如何将原始的数据，转化为计算机可处理的信息，并从中获取知识，进而指导人们对未来做出合理的预测，形成对未来判断的“智慧”，就成为计算机数据处理的核心任务。

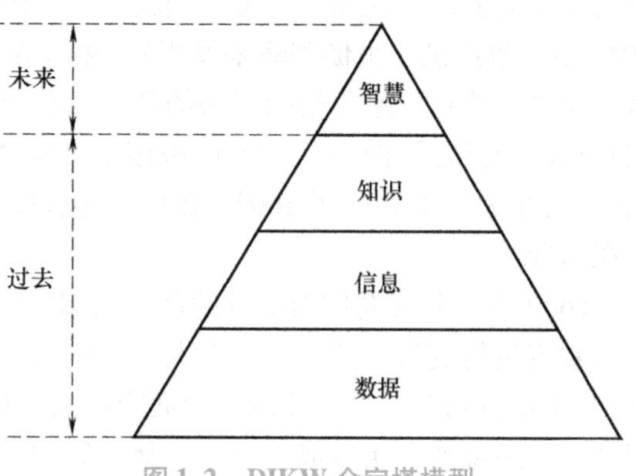

图 1-2　DIKW 金字塔模型

1.1.3　获取数据中蕴含的价值

通过观察或其他方法获取数据后，如何从数据中发现蕴含的价值是一个挑战。通过数据分析，进行描述统计和统计推断，是发现数据中蕴含价值的一个有效手段，并服务于不确定性和变异出现时的科学决策过程[6]。计算机科学则致力于设计数据管理和数据分析的软件系统，面向不同分析目标，设计不同的算法，自动完成这些数据的分析和统计推断，帮助发现数据中蕴含的价值。

统计学是一门尝试从获取的数据中寻找蕴含价值的学科。在统计学上，总体（Population）是指客观存在的、在同一性质基础上组合起来的许多个别单位的整体，即研究对象某项指标的取值的集合或全体。与之对应，总体中的每个成员称为个体。例如，考察某厂生产的灯泡的使用寿命，该厂生产的所有灯泡的使用寿命为总体，每个灯泡的使用寿命为一个个体。在实际中，由于成本和实验条件的限制，全面了解总体的情况，往往难以办到。例如，测量灯泡的使用寿命本身是破坏性的，寿命测出来，灯泡也就没有办法用了，因此，无法对所有灯泡进行试验，记录每一个灯泡的使用寿命。人们常常希望通过观测部分个体，以获得（或推测）总体的信息。

统计学所关心的就是如何从样本所获得的数据中，运用统计方法和概率基本原理，得到有关总体特征的结论。这类结论，可以是一些统计量的描述性结论（例如均值、方差、数学期望等），也可以是通过归纳法或假设检验方法（即先假设总体存在某一特征，然后利用样本获得的数据去检验这一特征是否可信）而形成的统计推断。很多数据分析方法正是基于这些概率统计的基本原理，对观测数据集（样本）进行计算，获得关于统计量的描述性结论或关于总体的统计推断（具体内容详见第 4 章）。

需要注意的一点是，前面介绍的数据通常是从总体中抽取样本或针对样本进行一系列观测的形式得到的。从总体中抽取样本或进行观测形成样本的过程，称为抽样（Sampling）。如果通过合理的抽样获得了一个样本集合，就可以利用这个样本集合上得到的特征来估计总体的特征。合理抽样的重要性在于确保解释问题的置信度。显然，当抽样覆盖总体的每个个体时，所做出的统计推断具有较高的置信度。由于采样方法的局限性，或受限于实验成本和观测条件时，只能选择对有限样本进行计算，所获得的样本在一些属性上会有偏差，这些都会客观上缩小总体的范围，基于这些采样数据得到的推断结论也只适用于这个受限总体。当用这些结论在指导生产实践时，就会产生偏差。例如，如果希望了解全体人民对一个社会事件的态度，而只依赖于从微博等互联网公开媒体上获得的数据来加以分析，就客观上缩小了总体的范围，也只反映了全体网民，甚至部分网民对这一事件的态度。基于这个推断去评价全体人民的态度就自然产生了偏差。

在计算机科学中，从数据中获取价值也是一类重要的应用任务。在利用各种方法获取数据并形成计算机可理解的表示后，数据将会被存储在磁带、磁盘或其他存储介质中，并通过软件管理起来，按照所关心的任务类型，对数据进行抽取、转换和加载，满足不同类型的分析和查询任务。更进一步，可以通过对数据的分析和挖掘，寻找数据中蕴含的关联关系和因果关系，帮助解释现象，发现规律，并对未来做出预测。例如，互联网购物应用需要汇聚关于商品、用户、订单等大量数据；对数据的报表可以统计出不同地区用户购物行为的行为特征；对用户属性与订单数据的关联分析则可以帮助寻找用户属性与购买行为之间的关联关系，基于这种关联关系，则可以向用户进一步提供推荐服务，或预测某一时段内一个地区对某一商品的购物需求，以便及早安排物流和仓储。

1.2 大数据的内涵和外延

在目前国际普遍采用的标准度量衡单位体系中，定义了一组基本量（如长度的基本单位是米，质量的基本单位是千克），并采用一组前缀与基本单位组合形成各类整数或小数单位，如表示距离的千米（km），就是表示 1×10^3 的单位前缀 k 与表示长度的基本单位 m 的组合，而表示质量的毫克（mg），则是表示 1×10^{-3} 的单位前缀 m 与表示质量的基本单位 g 的组合。

数据要被计算机处理，首先需要编码成计算机能够接受的二进制格式。在 1.1 节中，我们提到可以用字节（Byte，B）作为衡量数据量大小的基本单位，每个字节代表 8 个二进制位，因此，一个字节可以表示 0～255 种不同的状态。字节可以看成是表示信息的“基本单位”。由于硬件设计的原因，计算机处理信息通常以 2 的整数倍作为处理边界，最接近于 1000 的 2 的整数倍是 $2^{10}=1024$，因此，在计算机中多采用这些标准单位前缀与字节 B 的组合表示数据量。表 1-3 是一个常用来表示数据量的单位对照表。

表 1-3 数据量的表示单位

词头名称	词头符号	科学计数法	换算关系
尧［它］ yotta	Y	$1\times2^{80}\approx1\times10^{24}$	1YB = 1024ZB
泽［它］ zetta	Z	$1\times2^{70}\approx1\times10^{21}$	1ZB = 1024EB
艾［可萨］ exa	E	$1\times2^{60}\approx1\times10^{18}$	1EB = 1024PB
拍［它］ peta	P	$1\times2^{50}\approx1\times10^{15}$	1PB = 1024TB
太［拉］ tera	T	$1\times2^{40}\approx1\times10^{12}$	1TB = 1024GB
吉［咖］ giga	G	$1\times2^{30}\approx1\times10^{9}$	1GB = 1024MB
兆 mega	M	$1\times2^{20}\approx1\times10^{6}$	1MB = 1024KB
千 kilo	K	$1\times2^{10}\approx1\times10^{3}$	1KB = 1024B

那么，数据要多大才算“大数据”？是否还有其他区分数据和大数据的标准呢？下面来看一看近年来大数据是如何被提出来的，大数据到底有什么概念和特征。

1.2.1 大数据时代的驱动力

近年来，随着互联网技术的发展及移动互联网、物联网等技术的广泛应用，人、机、物三元世界进入深度融合时代，网络信息空间反映了人类社会与物理世界的复杂联系，其数据与人类活动密切相关，其规模以指数级增长，且呈高度复杂化趋势。换句话说，人们进入了一个数据爆炸的大数据时代。

这一轮数据增长的一个推动力是大量信息传感设备的出现，以及快速发展的物联网技术及应用，这使得大量物理世界的状态被获取并存储下来。例如，随着新一代数据采集与传输设备在民用客机上的应用，2011 年空客 A350 的飞机监控参数达到 40 万个，波音 787 飞机的监控参数达到 15 万个，极大改善了对机载系统及发动机运行状态的监控能力。今天随着我国城市化的发展，城市中部署的大量交通、治安摄像头进行联网，由此汇聚的数据量将更加惊人。

数据增长的另一个重要的推动力量来自快速发展的互联网和移动互联网。互联网上汇聚了数十亿网民，用户产生的数据量很大；移动互联网使用户更紧密地融入网络世界中。2017 年的统计显示，中国用户平均每天花费在各类移动应用上的时间达到了 31 亿小时，用户通过使用这些移动应用产生了大量行为数据和内容数据。以社会网络应用——微博为例，2017 年，我国微博月活跃用户就达到 3.92 亿，每天发布微博超过 2 亿条（据新浪微博的 2017 年财报），其中图片和小视频的数量达到 2000 万。按每条微博 170B，每张图片或小视频 1MB 计算，仅微博一类应用一天产生的数据就高达 19TB。互联网搜索类业务需要检索互联网的网站内容，平均每天需要扫描处理的数据量甚至达到了 100PB 量级。

据国际数据公司（International Data Corporation，IDC）统计和预测，人类产生并存储下来的数据在 2009 年已达到 0.8ZB，2013 年就已突破 4.4ZB。这一数据总量仍在以更快的速度增长。按照这个趋势，预计到 2020 年，数据总量将突破 44ZB[6]，是 2013 年的十倍；到 2025 年，这一数字将可能达到惊人的 163ZB。

在这些数据的基础上，当研究一个现象或问题时，就有了一个基于数据形成的对现实世界的理解。与传统的统计学类似，通常需要通过精心设计的传感器或各类移动互联网应用去对现实世界进行抽样。但与传统统计学不同的是，人们有可能通过获得更接近于全样的抽样，形成一个客观世界的实体和现象在计算机能够处理的信息世界中的一个数字映像。例如，在智能制造系统中，有数字孪生（Digital Twin）的概念，美国国防部最早提出在数字空间里建立真实飞机的模型，并通过传感器实现与飞机真实状态的完全同步。这样，每次飞行后，就可以基于数字模型的现有情况和过往载荷，及时分析评估飞机是否需要维修，能否承载下次任务载荷等。因此，如何利用已经获得和汇聚的数据，以及如何精巧地设计新的数据获取方式，构建一个能够足够精确反映客观世界的实体、现象和行为特征的数字映像，进而在这一数字映像之上，对客观世界的实体、现象和行为特征进行推演，是许多实际应用领域数据增长的内生动力。

然而，随着数据总量的快速增长，以及越来越多的数据分析任务的出现，针对大数据的获取、存储、传输、处理等能力都面临新的技术挑战，如果数据不能存储下来，并及时分析处理，大数据就无法产生具有时效性的价值。因此，拥有真实数据以及对数据的实时处理能力，才能够从大量无序的数据中获取价值，这成为大数据时代的核心竞争力。

1.2.2　大数据的概念和特征

大数据作为一个现象引起了广泛的关注，但直到今天，并没有形成一个公认的定义，比

较被人们接受的说法包括：

维基百科（Wikipedia）将大数据定义为规模庞大，结构复杂，难以通过现有商业工具和技术在可容忍的时间内获取、管理和处理的数据集。

美国国家标准技术研究院（NIST）认为大数据由具有规模巨大（Volume）、种类繁多（Variety）、增长速度快（Velocity）和变化多样（Variability），且需要一个可扩展体系结构来有效存储、处理和分析的广泛的数据集组成。

IBM在大数据概念提出的早期，也对大数据给出了一个"4V特性"的定义，与上述NIST的表述略有不同，强调了大数据的数量（Volume）、多样性（Variety）、速度（Velocity）和真实性（Veracity）等方面，后来也将数据价值（Value）吸收进来，成为大数据的"5V特性"。

麦肯锡全球研究机构（McKinsey Global Institute）给出的大数据定义，综合了"现有技术无法处理"和"数据特征"定义，它认为大数据是指大小超过经典数据库软件工具收集、存储、管理和分析能力的数据集，这一定义是站在经典数据库的处理能力的基础上看待大数据的。

总结上述定义，目前通常认为**大数据具有"4V"特征，即规模庞大（Volume）、种类繁多（Variety）、变化频繁（Velocity）和价值巨大但价值密度低（Value）**。

1）规模庞大：是指数据集相对于现有的计算和存储能力而言，规模庞大。在大数据刚刚提出的时候，普遍认为PB级的数据就可以称为"大数据"，但这并不绝对。一方面，随着存储和计算技术的进步，以及互联网上用户生成内容和大量传感器实时获取数据的增加，这一判断依据也在变化；另一方面，有些数据集虽没有达到PB级，但在其他特征方面具有很强的大数据集特点。数据量大到一定程度，必然对数据的获取、传输、存储、处理、分析等带来挑战。

2）种类繁多：是指在大数据面对的应用场景中，数据种类多，这一方面体现在面向一类场景的大数据集可能同时覆盖结构化、非结构化、半结构化的数据；另一方面，也体现在同类数据中的结构模式复杂多样。例如，一个处理城市交通数据的应用，覆盖的数据类型就可能包含结构化的车辆注册数据、驾驶人信息、城市道路信息等，也包含半结构化的各类文档数据，和非结构化的交通路口摄像头数据等。数据类型多样往往导致数据的异构性，进而加大数据处理的复杂性，也对数据处理能力提出了更高的要求。

3）变化频繁：是指数据所刻画的事物状态在频繁、持续的变化。数据来源于对现实世界和人的行为的持续观察。如果希望在数据基础上对客观世界加以研究，就必须保持足够高的采样率，以确保能够刻画现实世界的细节。速度体现在大数据上，就是数据集必须是"活的"，数据集持续、快速更新，体现在大数据集应当具有持续的数据获取和更新能力，不断反映大数据所描述的客观世界和人的行为变化。技术上体现在数据生成、采集、存储及处理等必须考虑的时效性要求，实现实时数据的处理。

4）价值巨大但价值密度低：是指在大数据中，通过数据分析，在无序数据中建立关联可以获得大量高价值的、非显而易见的隐含知识，从而具有巨大价值。这一价值体现在统计特征、事件检测、关联和假设检验等各个方面。但另一方面，数据的价值并不一定随数据集的大小增加而增加。对于一个特定分析问题，大数据中可能包含大量的"无用数据"，有价值的数据会淹没在大量的无用数据中，因而有"价值密度低"的说法。因此，在计算上，如何度量数据集的价值密度，如何针对应用问题快速定位有价值的数据，并从中挖掘出有价值的数据，是大数据计算的核心问题之一。

在此基础上，还有一些学者在大数据的“4V”特征基础上增加了其他提法，形成大数据的所谓“5V”特征。例如前面提到，IBM 就从获取的数据质量的角度，将真实性或准确性（Veracity）作为大数据的特征，着重说明大数据面临的数据质量挑战。从互联网或传感器获得的关于真实世界和人类行为的数据中，可能存在各类噪声、误差，甚至是虚假、错误的数据，有些情况下也会有数据缺失。数据的真实性，则强调数据的质量是大数据价值发挥的关键。

其实，无论是“4V”还是“5V”，都是从定性的角度刻画数据集本身的一些特征。这些特征对发现事实、揭示规律并预测未来提出了新的挑战，并将对已有计算模式、理论和方法产生深远的影响。

1.2.3 大数据带来的思维模式改变

大数据给传统的小数据带来了三个思维模式的改变。

1. 采样与全样：尽可能收集全面而完整的数据

在统计方法中，由于数据不容易获取，数据分析的主要手段是进行随机采样分析，成功应用到了人口普查、商品质量监管等领域。然而随机采样的成功依赖于采样的绝对随机性，而实现绝对随机性非常困难，只要采样过程中出现任何偏见，都会使分析结果产生偏离。即使有了最优采样的标准与方法，在大数据时代，由于数据的来源非常多，需要全面地考虑采样的范围，因此找到最优采样的标准非常困难。同时，随机采样的数据方法具有确定性，即针对特定的问题进行数据的随机采样，一旦问题变化，采样的数据就不再可用。随机采样也受到数据变化的影响，一旦数据发生变化，就需要重新采样。

随机采样的目的就是用最少的数据得到最多的信息，这取决于小数据的时代背景。小数据时代，数据的获取非常困难。大数据不仅是数据量大，更要体现在“全”。当有条件和方法获取到海量信息时，随机采样的方法和意义就大大降低了。确实，各类传感器、网络爬虫、系统日志等方式使人们拥有了大数据。存储资源、计算资源价格的大幅降低以及云计算技术的飞速发展，不仅使得大公司的存储能力和计算能力大大提升，也使得中小企业也有了一定的大数据处理与分析的能力。

2. 精确与非精确：宁愿放弃数据的精确性，也要尽可能收集更多的数据

对小数据而言，由于收集的信息较少，对数据的基本要求是数据尽量精确、无错误。特别是在进行随机抽样时，少量错误将可能导致错误的无限放大，从而影响数据的准确性。同时，正由于数据量小，才有可能保证数据的精确性。因此，数据的精确性是人们追求的目标。

然而，对于大数据，保持数据的精确性几乎是不可能的。首先，大数据通常源于不同领域产生的多个数据源，当由大数据产生所需信息时，通常会出现多源数据之间的不一致性。同时，也由于数据通过传感器、网络爬虫等形式获取，经常会产生数据丢失，而使得数据不完整。虽然目前有方法和技术来进行数据清洗，试图保证数据的精确性，然而这不仅耗费巨大，而且保证所有数据都是精确的几乎是不可能的。因此，大数据无法实现精确性。

从另一方面看，保持数据的精确性并不是必须的。经验表明，有时牺牲数据的精确性而获得更广泛来源的数据，反而可以通过数据集间的关联提高数据分析结果的精确性。例如，

Facebook、微博、新闻网站、旅游网站等通常允许用户对网站的图片、新闻、游记等打标签。每个用户打的标签并没有精确的分类标准，也没有对错，完全从用户的感受出发。这些标签达到几十亿的规模，但却能让用户更容易找到自己所需的信息。

3. 因果与关联：基于归纳得到的关联关系与基于逻辑推理的因果关系同样具有价值

通常人们对数据进行分析从而预测某事是否会发生，其中基于因果关系分析和关联关系分析进行预测是常用的方法。然而，因果关系分析通常基于逻辑推理，耗费巨大；关联关系分析面临数据量不足的问题。

在大数据时代，对于已经获取到的大量数据，广泛采用的方法是使用关联关系来进行预测。经验表明，在大数据时代，由于因果关系的严格性使得数据量的增加并不一定有利于得到因果关系，反而关联关系更容易得到。例如，通过观察可以发现打伞和下雨之间存在关联关系，这样，当看到窗外所有人都打着伞，那么就可以推测窗外在下雨，在这个过程中，我们并不在意到底是打伞导致了下雨，还是下雨导致了打伞。目前，基于关联关系分析的预测被广泛应用于各类推荐任务上。例如，著名的“啤酒加尿布”例子（详见 4.2.2 节），并没有得到男性顾客买啤酒一定会买尿布或买尿布一定会买啤酒的结论，而是得到了啤酒和尿布之间的关联关系。同样，2009 年谷歌的科研人员在《自然》杂志撰文，通过对每日超过 30 亿次的用户搜索请求及网页数据的挖掘分析，在甲型 H1N1 流感爆发的几周前就预测出流感传播，也是利用了搜索关键词和流感发病率之间的关联而非因果关系。通常，数据中能够发现的更多是关联关系，因果关系的判断和分析需要由领域专家的参与才能完成。

当然，重视关联关系并不否定探寻因果关系的重要性。事实上，也有很多研究在探索如何从数据中获得因果关系。医学上利用典型的“双盲对比试验”来判断药物对疾病的作用；智能工业互联网应用中，需要了解究竟是哪个因素与产品优良率之间存在因果关系，这些都是典型的基于实验数据推断因果关系，进而推动应用的例子。因此，在大数据中，关联关系与因果关系同样具有应用价值。

1.2.4 大数据的作用和意义

在全球信息化快速发展的大背景下，大数据已成为国家重要的基础性战略资源，正引领新一轮科技创新。对网络信息空间大数据的挖掘和应用将创造出巨大的商业和社会价值，并催生科学研究模式的变革，对国家经济发展和安全具有战略性、全局性和长远性意义，是重塑国家竞争优势的新机遇。充分利用我国的数据规模优势，实现数据规模、质量和应用水平同步提升，发掘和释放数据资源的潜在价值，有利于更好发挥数据资源的战略作用。

1. 在经济方面，大数据成为推动经济转型发展的新动力

以数据流引领技术流、物质流、资金流、人才流，将深刻影响社会分工协作的组织模式，促进生产组织方式的集约和创新。大数据推动社会生产要素的网络化共享、集约化整合、协作化开发和高效化利用，改变了传统的生产方式和经济运行机制，可显著提升经济运行水平和效率。大数据持续激发商业模式创新，不断催生新业态，已成为互联网等新兴领域促进业务创新增值、提升企业核心价值的重要驱动力。大数据产业正在成为新的经济增长点，将对未来信息产业格局产生重要影响[1]。通过对大数据的挖掘处理，能够获取巨大的商业价值。有数据显示，2016 年全球大数据产业市场规模为 1403 亿美元，预计到 2020 年，全球大数据相关产业的市场规模将达到 10270 亿美元。例如，阿里巴巴凭借其电子商务平台的大量交易数据，提前8~9个月预测出2008年的金融危机；百度通过对超过4亿用户的搜索请求及交互数据的挖掘分析，建立用户行为模型，在提供个性化智能搜索和内容推荐的同时，取得了中国互联网搜索市场的领先地位；以共享单车、各类专车等城市出行领域的共享经济应用显著地改善了供需的共享、集约化整合与协作水平，促进了资源的有效利用。而大数据在传统工业和制造业领域的应用则有助于帮助制造企业打通产业链，延伸产品的价值链条，并支持产品更快的升级迭代和更好的个性化服务。

2. 在社会方面，大数据成为提升政府治理能力的新途径，社会安全保障的新领地

大数据应用能够揭示传统技术方式难以展现的关联关系，推动政府数据开放共享，促进社会事业数据融合和资源整合，将极大提升政府整体数据分析能力，为有效处理复杂社会问题提供新的手段。建立“用数据说话、用数据决策、用数据管理、用数据创新”的管理机制，实现基于数据的科学决策，将推动政府管理理念和社会治理模式进步，加快建设与社会主义市场经济体制和中国特色社会主义事业发展相适应的法治政府、创新政府、廉洁政府和服务型政府，逐步实现政府治理能力现代化。在社会安全保障方面，以微博为例，我国新浪、腾讯、搜狐和网易四大微博的注册用户数已超过8亿，每日新增微博约2亿条、图片约2000万张。可以说，有了百度或谷歌，就可以分析掌握用户的浏览习惯；有了淘宝或亚马逊，就可以分析掌握用户的购物习惯；有了新浪微博或Twitter，就可以了解用户的思维习惯及其对社会的认知。而且对微博等网络信息空间大数据的挖掘能够及时反映经济社会动态与情绪，预警重大、突发和敏感事件（如流行疾病暴发、群体异常行为等），协助提高社会公共服务的应对能力，对维护国家安全和社会稳定具有重大意义。

3. 在科研方面，大数据成为科学研究的新途径

借助对大数据的分析研究，能够发现医学、物理、经济和社会等领域的新现象，揭示自然与社会中的新规律，并预测未来趋势，这使得基于数据的探索（Data Exploration）成为科学发现继实验/经验（Empirical）、理论（Theoretical）、计算（Computational）之后的“第四种范式”[6]。数据密集型科学探索与前面的第三范式（计算密集型仿真与模拟）都是信息技术支撑的科学发现方式，但最大的不同在于，计算范式是先提出可能的理论，再搜集数据，然后通过计算仿真进行理论验证；而数据密集型科学探索则是先通过各种信息获取技术获得大量已知数据，然后通过分析和计算寻找其中的关联与因果关系，从而得出之前未知的理论。正在兴起的环境应用科学、基于全球数据共享的天文观测、下一代传感器网络与地球科学、脑科学与大脑神经回路突破，这些都是正在快速成长和发展的交叉学科方向，也是大数据用于科学研究和发现的很好实例。同时，这些科学研究的新需求，也在催生传感、网络、存储、计算等信息技术的突破，以及以数据为中心的获取、传输、管理、分析和可视化技术的进步。2010年《经济学人》周刊发表封面文章，也提出了“数据泛滥（Data Deluge）为科研带来新机遇”的观点。而《自然》、《科学》相继出版了《Big Data》和《Dealing with Data》的专刊。许多国际著名期刊和会议均专门研究大数据的相关问题，在国际上引发了新一轮科研热潮。

由于大数据对经济、社会和科研的巨大价值，世界主要发达国家给予广泛关注，投入大量的人力和财力，各国也相继制定了促进大数据产业发展的政策法规。2012年3月，美国总统奥巴马宣布将先期投入2亿美元，启动大数据研发计划（Big Data R&D Initiative），将大数据研究提升到国家战略层面；2012年6月，欧盟斥资10亿欧元致力于大科学（Big Sci-

ence）问题研究，主要探索新的科学方法，并建立支持超级计算和大规模数据挖掘的平台。同时，英国将大数据列为战略性技术，给予高度关注。2012 年 5 月，英国建立了世界首个非营利的开放数据研究所（The Open Data Institute，ODI），英国政府通过利用和挖掘公开数据的商业潜力，为英国公共部门、学术机构等方面的创新发展提供“孵化环境”，同时为国家可持续发展政策提供进一步的帮助。随后英国商务、创新和技能部发布了《英国数据能力发展战略规划》。2013 年，日本政府发布了《创建最尖端 IT 国家宣言》，全面阐述了 2013 年至 2020 年间以发展开放公共数据和大数据为核心的国家战略，强调“提升日本竞争力，大数据应用不可或缺”。战略中包括了向民间开放公共数据、促进大数据的广泛应用等政策。澳大利亚也重视大数据发展。2012 年 10 月，澳大利亚政府发布《澳大利亚公共服务信息与通信技术战略 2012-2015》，并将制定一份大数据战略作为战略执行计划之一。2013 年 8 月澳大利亚政府信息管理办公室（AGIMO）发布了《公共服务大数据战略》，旨在推动公共行业利用大数据分析进行服务改革，制定更好的公共政策，保护公民隐私，使澳大利亚在该领域跻身全球领先水平。

我国也充分认识到大数据时代带来的重大机遇，部署了一系列与大数据研究密切相关的科研计划。《国家中长期科学和技术发展规划纲要（2006-2020 年）》已将信息处理与知识挖掘列为国家战略需求，科技部发布的《“十二五”国家科技计划信息技术领域 2013 年度备选项目征集指南》也将大数据研究列在首位。2015 年 9 月，国务院印发《促进大数据发展行动纲要》（以下简称《纲要》），系统部署大数据发展工作，首次明确提出建设数据强国。2015 年 10 月，党的十八届五中全会提出“实施国家大数据战略”，将大数据上升为国家战略。2016 年 3 月 17 日，《中华人民共和国国民经济和社会发展第十三个五年规划纲要》发布，其中第二十七章“实施国家大数据战略”提出：“把大数据作为基础性战略资源，全面实施促进大数据发展行动，加快推动数据资源共享开放和开发应用，助力产业转型升级和社会治理创新”。工信部制定和发布《大数据产业发展规划（2016-2020 年）》作为下一个 5 年的工作指导。大数据“十三五”规划发布后，环保部、国土资源部、林业局、交通运输部办公厅、农业部办公厅、国务院办公厅等部委相继印发了《生态环境大数据建设总体方案》《关于促进国土资源大数据应用发展实施意见》《关于加快中国林业大数据发展的指导意见》《交通运输部办公厅关于推进交通运输行业数据资源开放共享的实施意见》《农业农村大数据试点方案》《政务信息系统整合共享实施方案》等一系列大数据应用相关的政策方案。在产业方面，一批具有国际影响力的中国互联网企业已经积累了大量实际运行数据，具备了较强的研发能力。国内一些高校及科研院所也在开展与大数据相关的理论和技术研究。

因此，大数据已成为关系国家经济发展、社会安全和科技进步的重要战略资源，是国际竞争的焦点和制高点。开展大数据计算的基础研究，推动大数据的技术和应用，提升我国在相关领域的自主创新能力和核心竞争力，对推动经济转型，提升社会治理，增强我国科技竞争力具有至关重要的意义。

1.3 大数据的技术挑战和科学意义

从看似无序的数据中寻找有序、有价值的关联关系是在数据集上进行分析、挖掘的重要目标。大数据超大规模的数据量，对数据存储、计算模型、应用软件和系统等都提出了全新的挑战，并将对已有计算模式、理论和方法产生深远的影响。

1.3.1　数据处理的一般过程

通常，数据处理的过程可以概括为数据采集、数据管理、数据分析和数据可视化等不同环节，并可按照需要进行迭代。

1. 数据采集

从数据中获取价值，首要解决的问题是数据化，即从现实世界中采集信息，并对信息进行计量和记录。除了通过传感器从现实世界中采集外，数据的来源还可能包括传统的关系数据、从互联网爬取的公开数据、系统运行的日志数据等。如何获取这些规模大、产生速度快、异构多源数据，并使之协同工作服务于所研究的问题，是大数据获取阶段的核心问题。数据获取后，需要对数据进行变换、清洗等预处理，输出满足数据应用要求的数据。这个与数据整理相关的整个过程也称为数据治理。更多内容，请参阅本书第 2 章数据采集与治理。

2. 数据管理

数据管理是对数据进行分类、编码、存储、索引和查询，是大数据处理流程中的关键技术，是负责数据从落地存储（写）到查询检索（读）的核心。人们最早使用文件管理数据，到数据库、数据仓库技术的出现与成熟，再到大数据时代新型数据管理系统的涌现，数据管理一直是数据领域和研究工程领域的热点。随着数据规模的增大，数据管理技术也向低成本、高效率的存储查询技术方向发展。更多内容，请参阅本书第 3 章数据管理。

3. 数据分析

数据分析的主要任务是从看似杂乱无章的数据中揭示其中隐含的内在规律，发掘有用的知识，以指导人们进行科学的推断与决策。数据分析使决策有了经验、直觉之外的数据支撑。根据数据分析的目标，可以将数据分析划分为描述性分析、诊断性分析、预测性分析和规范性分析。描述性分析侧重对已经发生的事件进行问答和总结，通常借助报表和仪表板（Dashboard）来完成；诊断性分析旨在寻求已经发生事件的原因，在不同的数据源上进行关联分析是一个主要渠道；预测性分析基于尝试预测事件的结果，这通常需要在对过去事件数据的基础上形成关联和因果关系的判断来实现；规范性分析建立在预测性分析的基础上，用来规范需要执行的行动，并给出支撑理由。从技术手段上，统计数据分析是最简单而直接的方法，通常支撑数据的描述性分析；基于机器学习的数据分析可以基于数据自动构建解决问题的规则和方法，是支撑后几类分析的关键手段。近年来，深度学习作为机器学习的一个方法在许多应用领域取得较大的进展，也客观地推动了大数据技术的应用。更多内容，请参阅本书第 4 章数据分析。

4. 数据可视化与交互分析

可视化是通过将数据转化为图形图像，通过提供交互，帮助用户更有效地完成数据的分析、理解等任务的技术手段。可视化可以迅速有效地简化与提炼数据，帮助人们从大量的数据中寻找新的线索，发现和创造新的理论、技术和方法，从而帮助业务人员而非数据处理专家更好地理解数据分析的结果。在可视化的基础上再进一步，是通过可视分析，对大量且关联复杂的数据，将自动化的分析技术与交互可视化方法结合，帮助用户高效地理解和分析数据，探索数据中的规律，并帮助用户做出决策。更多内容，请参阅本书第 5 章数据可视化。

1.3.2 大数据计算面临的挑战

数据中蕴含的价值，需要通过计算来获取，大数据计算就是通过对数据的计算获取价值的过程。大数据的 4V 或 5V 特征，对数据处理的过程带来直接的挑战。

首先是数据规模带来的挑战。随着数据规模的增大，直接感受到挑战的是数据的存储和计算能力。从传感器获得的大量数据经过预处理后，需要被存储下来，并根据各种数据查询任务和数据分析任务的需求，进行数据加工和分析计算。特别是对于有些时效性较高的分析任务，这种压力更为巨大。

应对规模性，一个思路是“分而治之”。当存储和计算的能力超出一台计算机的极限时，人们自然想到用多台计算机来分担存储和计算任务，在将数据存储在不同节点的基础上，将计算任务分解，并交由不同的计算节点来并发执行。而这样一个由一组相互协作的计算机通过高速网络互联起来形成的存储和计算系统，则被称为分布式系统。一个分布式系统需要管理分布的节点资源，并有效调度存储和计算任务，支撑整个系统的高效运行。一个良好设计的分布式系统应当具有可扩展性，即通过扩大分布式系统的规模，处理更大量的数据和更多的计算任务。分布式系统也可以根据存储数据的特点和计算任务的特点做定制化设计，以便更高效地利用资源，完成任务。具体内容将在本章 1.3.4 节进行介绍。

应对规模性，另一个思路则是充分利用数据的特征，“变蛮算为巧算”。这就需要进一步考察不同大数据集的特点，考察基于这个数据集的查询或计算任务的特点，有针对性地设计优化方法。而这些优化方法的设计也可以有一些基本的原则。

1. 大数据数量庞大，但合理的采样仍然具有意义

采样显然是从大数据集中挑选一部分数据进行计算的一种手段。在传统的采样方法中，样本选取的差异可能在减少计算量的同时引入结果的不确定性，采样的质量和精确性都会对计算结果产生影响。但是，在大数据的计算中，有些计算任务允许计算精度在一定范围内波动，对单一数据项和分析算法的精确性要求就不再苛刻，可以牺牲部分精确性来换取计算量的减少。这就像在炒菜时，为了判断盐放的是不是合适，人们会选择性地“尝菜”，以估计整锅菜的甜咸。此外，一些针对性设计的采样方法，也可以保证采样结果与全样结果对特定问题保持确定的数学性质，例如求取一个数据集的均值，在全部数据集上求得的均值与通过随机采样求得的均值就会保持相同。这为大数据的“巧算”提供一种思路。

2. 大数据变化频繁，在计算中应利用好数据的“增量”特性

大数据种类繁多、变化频繁，已有的计算模式往往通过预先确定的分类方法简化问题的难度和规模，提高预测的准确性。而在大数据计算中，数据的持续更新可能难以形成稳定的分类，不仅要考虑可分类条件下的精确算法，还要考虑动态数据下的增量算法。考虑到相对于大量的存量数据，增量数据的规模要小许多，如果能够找到方法，不需要每次计算都重新扫描所有数据，而只要在上次计算结果的基础上，通过对更新数据的计算，合并出新的计算结构，就可以避免大量的计算。尽管不是每个计算任务都具有增量算法，但如果能够找到支持增量的算法，显然可以让大数据计算变得更加有效。

3. 大数据种类繁多，利用好多源数据有助于寻找关联关系

大数据研究不同于传统的逻辑推理研究。针对一个问题，往往不只是在一个确定的数据集上开展研究，而是对数量巨大的数据做统计分析和归纳，甚至可以根据数据分析的目的，有针对性地获取、整合关联数据，从而形成多源异构的大数据集。传统的确定性问题往往通过自顶向下的还原方法，逐步分解并加以研究，而对多源异构大数据的相关问题不仅需要还原方法，还需要自底向上的归纳方法，通过关联关系补充因果关系的不足，实现多源数据和多种计算方法的有效融合。

此外，大数据需要收集、汇聚和从各种渠道获取全量复杂关联的数据集，并在此基础上进行价值的提取，这必然催生对数据安全和个人隐私保护的巨大需求；大数据的商业价值推动服务企业以更加激进的方式收集用户数据，数据公开的呼声与潜在的数据交易需求则放大了数据安全和个人数据泄露的风险，这些使大数据时代的安全和隐私保护成为一个核心课题。目前这一问题已经引起计算机科学及法学界的关注，欧盟在2018年5月也正式实施了关于个人隐私保护的通用数据保护条例（General Data Protection Regulation，GDPR），相关的技术问题和法律问题，将在本书第6章、第12章和第13章详细阐述。

1.3.3　大数据计算的特点

针对大数据计算在“变蛮算为巧算”的方面，我们认为大数据计算可以归纳为“近似处理、增量计算、多源归纳”三个计算属性，常称为大数据计算的“3I”特征，即近似性（Inexact）、增量性（Incremental）和归纳性（Inductive）。

1. 近似性（Inexact）

网络信息空间大数据计算通常要面对近乎全量的大数据集，传统计算复杂性理论中认为的易解问题在大数据下将成为实际上的难解问题。由于数据本身的异构和噪声，很难按照传统精确处理的思路来进行大数据的挖掘。此外，许多应用需求旨在寻找数据间潜在的关联关系和宏观趋势特征，允许解的质量在一定区间内近似。例如，在微博突发事件分析与预警中，突发事件本身会受到普遍而强烈的噪声数据干扰，热点事件及宏观态势的判断也有很强的时效性要求，以时间消耗为代价的精确计算不再适用。因此，从数据层面，需要综合考虑数据的语义特征、结构特征与质量特征，从而对数据的价值分布有更直观的度量和理解；从算法理论层面，需要建立大数据下的算法复杂性理论及近似算法理论，识别数据量对算法质量的关联关系；从系统层面，需要设计满足用户需求的非精确计算架构，实现用户需求与计算效能的均衡。

2. 增量性（Incremental）

网络信息空间大数据动态持续产生，不断更新，很难形成大数据的统一视图。此外，许多大数据处理对实时性要求越来越高，全量式的批处理和迭代处理方式在时间上难以满足需要，增量式处理成为一种重要手段。例如，百度智能搜索涉及近万亿的网页，大量网页频繁更新，在构建搜索索引和获取用户查询结果时，很难及时对近EB的网页数据进行全量计算；再如突发事件预警需要业务用户对数据进行长期、频繁的探索过程，并根据不断更新的结果对数据源、分析方法和计算过程等要素进行优化，以获得更准确及时的结果。因此，从数据层面，需要量化度量数据的动态复杂性；从算法理论层面，需要考虑数据动态性及其对解质量的影响，并设计增量式处理算法；从系统层面，需要研究支持增量计算的存储和处理架构及相关机制。

3. 归纳性（Inductive）

大数据的多源异构特征为网络信息空间数据挖掘提出新的挑战并带来机遇。通过寻找同

一实体在多源数据之间的潜在关联性，有助于进一步规避数据中的噪声干扰，并通过多源数据处理的归纳融合，修正非精确数据处理引入的偏差，同时获得较单一数据源更好的处理效果。例如，百度根据用户的搜索日志及其在“百度贴吧”和“百度知道”等不同产品线中提交的数据进行归纳融合，建立用户行为模型，可提供更为准确的个性化搜索结果。因此，从数据层面，一方面要研究多源异构数据的表示、度量与语义理解方法，努力克服多源异构数据带来的难题，另一方面需要关注多源数据间的潜在关联性和融合方法；从算法层面，需要寻找新的多源数据处理和归纳融合算法，并提高算法精度及效率；从系统层面，需要研究多源数据间可迁移学习的数据挖掘新方法，探索融合机器挖掘和人群分析的多种数据处理机制。

1.3.4 大数据计算平台

应对大数据的数据规模挑战，一个重要的方法是采用分而治之的方式，即将计算任务分解，并交由不同的计算节点来并发执行。

可以用多人协同完成任务做个类比。例如，假设有300份试卷，需要请10名同学一起协助批改，并将成绩汇总到一张成绩表上。显然，首先需要对任务进行分解，划分成试卷分配、同学并行批改、成绩汇总三大步骤，其中只有并行批改可以10个人一起执行。所以，并行批改在整个任务中的时间占比越大，增加同学批改作业带来的收益就越大。如果有3000份试卷，是否能够通过邀请100名同学一起协助批改来确保同时完成任务呢？这就是并行计算的扩展性问题。

通常任务的并行化关注如何在多个计算节点之间实现任务的分布执行，并关注各个计算任务的数据分布。G. M. Amdahl在1967年提出的**Amdahl定律**，刻画了并行化的加速比（即相对于完全串行顺序执行，在完成给定计算量任务所用时间上的收益），即

$$Speedup_{Amdahl} = \frac{T_{sequencial}}{T_{parallel}} = \frac{1}{(1-f) + \dfrac{f}{m}}$$

式中，f是在一个任务中可并行计算部分所占的比例；m是并行处理的节点个数。按照Amdahl定律，可以绘制出不同f的加速比曲线（横轴是并行处理节点的数量，纵轴是获得的加速比），如图1-3a所示。我们发现，虽然当f趋近于1时，能够获得近线性的加速比，但在f给定时，加速比的提升（即完成单一任务花费的时间收益）是有上限的，且f越小，这个上限越小。当一个任务只有50%可并行时，即便投入100个计算节点，完成时间也只比一个计算节点快一倍而已。

Amdahl定律的结果有些令人沮丧。但是，还以上面的批改试卷的例子来延伸，如果10个同学同时还在批改另外几门课的试卷，当一门课试卷的批改任务处在无法并行化的环节（即$1-f$的部分）时，这些同学就不用一直等着，而可以切换到其他试卷的批改任务上。可以用单位时间串行执行的所有任务量，除以单位时间m个节点并行执行所有任务的任务量，定义加速比，就得到新的加速比公式。这个公式由Gustafson在1988年提出，也称**Gustafson定律**，即

$$Speedup_{Gustafson} = \frac{T_{sequential}}{T_{parallel}} = \frac{1/[(1-f)+f]}{1/[(1-f)+mf]} = (1-f) + mf = 1 + (m-1)f$$

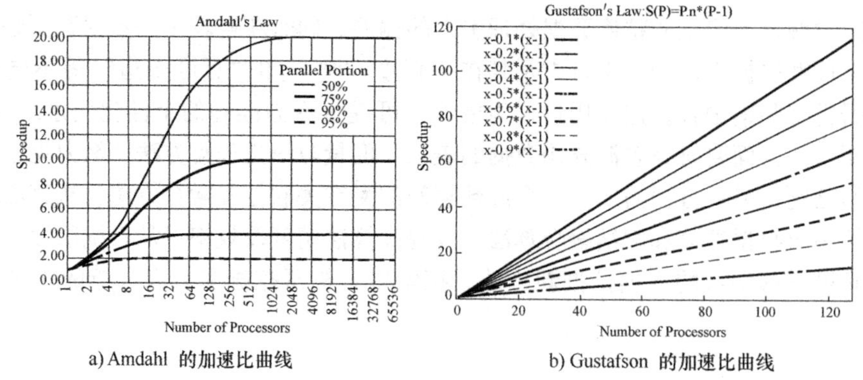

a) Amdahl 的加速比曲线

b) Gustafson 的加速比曲线

图 1-3 并行加速比的 Amdahl 定律和 Gustafson 定律

同样可以绘制出不同 f 的加速比曲线，如图 1-3b 所示，我们发现无论 f 是多少，加速比的提升都只依赖于投入的计算节点，不再有上限。但 f 趋近于 1 时，加速更快。

大规模分布式计算系统是大数据计算的基本载体。我们可以设计一个计算系统，使可并行部分 f 尽可能大，并使系统支持扩展到数千甚至更多计算节点共同求解问题，从而获得更好的加速比，这就是大规模分布式系统支撑大数据计算挑战的主要手段。根据数据的不同特征和计算要求，还需要分别设计不同的分布式系统来保持大规模分布式计算的有效性。例如用于离线计算的 Hadoop 平台，就是利用 MapReduce 的计算模型，将 f 提升到接近于 1，同时支持数千节点规模的并行，来处理大数据集的计算任务；而对于时效性要求高的场景，大规模流式计算平台可以将一个数据流的不同处理环节分布到不同的计算节点上，通过节点间的消息通信来尽可能高效地并行计算。

当然一个分布式系统还要处理其他的系统设计问题，例如节点间的通信、节点的容错设计以及多节点状态的一致性等。此外，在数据的采集、管理、分析和可视化的整个流程中，对于因规模而造成的性能瓶颈，都可以采用针对性设计分布式计算平台来加以应对。这些分布式系统按照功能和层次定位不同组织在一起，并部署在数据中心的一定数量计算节点上，就构成了大数据计算平台。关于计算平台的详细内容，可参阅本书第 7 章。

1.3.5 大数据与云计算、人工智能的关系

大数据和云计算、人工智能是最近被频繁提及的词汇，有的时候，很多文献和报道也会混用这些说法，这为我们认识三者的关系带来了困惑。

大数据由于其中蕴含的巨大价值，已经得到广泛重视。在数据成为“战略资源”的背景下，云计算为大数据的汇聚和分析提供了计算基础设施，客观上促进了数据资源的集中，和对数据的存储、管理、分析能力的提升。而通过计算寻找数据中的隐含知识，进而支撑对历史规律的发现、现实状态的感知及未来行为的预测，是今天“机器智能”在一些领域取得突破的关键，通过对数据的计算，客观上支撑了一大类人工智能任务的发展。

1. 云计算是大数据汇聚和分析的计算基础设施，客观上促进了数据资源的集中

从计算机诞生以来，先后经历了几次计算模式的变迁。在计算机发展的初期，大型主机极为昂贵，运行环境要求高，操作和维护复杂，用户通过批量作业和字符终端分时使用计算

资源，所有数据也集中存储在主机中，这一模式被称为“主机计算”。

20世纪80年代，随着微型计算机的出现，引入了新的计算模式。个人计算机的普及和广泛使用推动了社会各领域信息化的发展，加之计算机网络的成熟，推动了“客户/服务器（Client/Server）”模式的出现。后来随着全球范围互联网的发展，Web成为获取服务和应用的主要手段，从而演化出“浏览器/服务器（Browser/Server）”的模式。在这些模式中，任何一个信息系统都需要在个人电脑上配置客户端应用或浏览器，同时需要构造一组能够应对业务负载的服务器集群。一个应用的计算任务会在客户端（或浏览器端）与服务器端进行切分，通常服务器端保存绝大多数的应用数据，并通过客户端（或浏览器端）与用户进行交互。应用的管理员需要自己购买、维护和管理包括终端和服务器在内的所有IT资产，部署各类服务器软件并优化配置，处理服务器的安全、容错等问题。这使得运维一个规模化的业务系统变得非常具有挑战性，企业必须拥有自己的机房（数据中心）以及专业的运维管理队伍，才能支撑好业务的持续运行。

移动互联网的发展仍然沿用了这一计算模式，运行在智能手机上的移动应用，或运行在移动浏览器中的Web应用需要和服务器通信，并在手机端和用户进行交互。随着移动互联网应用的用户规模增长，业务需要应对突发负载，也需要及时对获取的数据进行存储、分析，应用背后服务器集群的规模化运维成为挑战。

云计算是一种基于互联网的、大众按需、随时随地获取计算资源与能力进行计算的新计算模式。它通过将规模化数据中心的计算资源与能力（包括计算能力、存储能力等）聚合起来，形成共享资源池，并通过无处不在的宽带网络访问，为企业和个人提供快速灵活、按需应变的自助服务。

作为一种服务模式，云计算将“计算力”变为公用设施，云服务的用户（也称为租户，如开发移动互联网应用的创业企业）可以不再维护自己的服务器机房或数据中心，转而将自己的服务器端业务部署在租用的云服务上，并可以根据业务量的规模动态调整租用云服务的数量和性能，从而降低企业的综合运营成本。而作为云服务的提供商，则可以通过规模化资源池的运维，按需灵活地配置计算资源，提高资源利用率，并发挥规模效应，降低成本。

大数据应用场景中数据计算量巨大，分布式逐渐取代单机成为大数据处理平台的主流模式。以大数据的计算为例，一次计算请求通常需要多机协作共同完成，不同的计算请求所需的资源种类和数量均可能有所不同。为保障各个计算请求均能得到及时的响应，灵活、高效的资源分配和回收管控必不可少。此外，大数据的一次计算可能耗时较长，在计算期间各计算节点可能出现网络传输延迟、数据损坏甚至节点不可访问等问题，冗余备份、容错等可靠性策略和计算调度策略是确保大数据处理能够快速、准确完成的重要保障机制。云计算在大规模分布式存储、管理和计算上取得的突破，为面向大数据的分析处理提供了计算能力的支撑。云计算技术可以为大数据处理平台提供高效、可靠的资源管控保障，云计算也面向大数据管理和处理提供针对性的云服务。因此可以说，大数据应用并不一定必须部署在云上，但采用云计算部署大数据应用则可以将许多资源管理、安全运维等任务交给云服务提供商，从而降低大数据应用部署的技术门槛，支撑大数据业务，这也是为什么很多的行业或领域大数据都有对应的行业云的提法。详细内容，请参阅本书第7章大数据处理平台，以及第8～11章不同领域的大数据平台及其应用情况。

2. 数据及对数据的分析，客观上支撑了一大类人工智能任务的发展

人工智能是通过计算机来模拟人的某些思维过程和智能行为（如学习、推理、思考、规划等）。在1956年标志人工智能诞生的达特茅斯会议上，后来的图灵奖得主John McCarthy就提出人工智能是要“让机器像人一样思考和行动”。此后，人工智能的研究确立了一系列典型的独立任务，包括模拟人的逻辑和推理能力的机器定理证明、模拟自然语言理解的机器翻译、模拟问题求解和知识表达的专家系统、模拟搜索过程的博弈问题、模拟多媒体认知的模式识别、模拟人的学习认知过程的机器学习，以及模拟人对环境的感知与控制的机器人与智能控制等。在人工智能的相关研究和实践的过程中，无论是早期的基于符号逻辑、知识表示还是基于统计学习等，无论是计算机视觉、自然语言处理、机器学习还是认知推理博弈，包括机器人等，数据的获取、存储和分析处理都是实现人工智能的主要途径之一。但受到当时数据获取和计算能力的限制，人工智能在许多典型任务的发展上并不尽如人意，并一度陷入低谷。

近年来，随着各行各业的信息化浪潮以及移动互联网和传感器数据的出现，数据获取和积累取得了长足的进步。与此同时，计算模式的发展和计算技术的进步，也使得对数据的处理成为可能。这使得一些直接依赖于数据的人工智能方法（如统计学习、深度学习等）取得了巨大的突破，成为近年来人工智能研究掀起新热潮的主要推动力。近年来，媒体报道了各类比拼眼力、智商的“人机大战”，如2015年图像对象识别ImageNet竞赛中计算机算法以95.16%的准确率超越人眼的辨识能力，2016年AlphaGo战胜人类棋手，2017年CMU的Libratus在德州扑克大赛中战胜人类玩家，近年来自动驾驶技术在实际道路应用中取得的突破，以及智能工业系统通过数据分析对工业系统优良率的提升、成本的降低等，其中体现出来的强大的“机器智能”都与数据及数据的分析密切相关。

因此可以说，目前人工智能发展已进入一个新阶段，特别是在移动互联网、大数据、超级计算、传感网、脑科学等新理论新技术以及经济社会发展强烈需求的共同驱动下，人工智能快速发展，呈现出深度学习、跨界融合、人机协同、群智开放、自主操控等新特征[7]。大数据驱动知识学习作为其中一个发展重点，为人工智能，特别是“机器智能”的产生提供了重要的支撑。通过对具有4V或5V特征的大数据集的计算；通过对开放世界的实时大数据的持续获取、管理、分析与处理，寻找数据中蕴含的关联；通过对大规模领域知识和领域相关数据建立关联知识的内在表示，进而形成大量特征的关联关系，体现对事物的复杂认知，支持实时预测和决策，这也是催生机器智能的关键。拥有大规模实时运行数据，及其有效的分析处理能力，是这类人工智能应用的核心竞争力。

1.4 数据科学

当信息科学处理的数据发展到一定规模，大数据计算使得底层的数据理论、计算复杂性、算法设计都产生了质变，数据在获取、治理、管理、分析与可视化的整个处理过程中都面临挑战，面向数据处理的大规模分布式计算技术也形成了自己的技术体系。此外，大数据的思维模式向不同应用学科及行业渗透，形成了以大数据处理为核心，多学科融合、多行业辐射的发展态势。部分学者提出了数据科学（Data Science）、数据工程（Data Engineering）的概念，部分高校也尝试设置了大数据科学与技术专业。本节将探讨数据科学概念的提出，及其与相关学科的交叉关联。

1.4.1 数据科学的提出

早在1974年，丹麦计算机科学家、2005年图灵奖得主彼得·诺尔（Peter Naur）就提出过“数据学（Datalogy）”的概念，但这一概念更多指的是以数据为对象的计算机科学和编程，认为“数据学”是计算机科学的延伸，其研究对象是数值化的数据[8]。事实上，在个人计算机出现之前的早期计算机确实更多地用于处理数据和科学计算，计算机大大加快了数据处理的速度、效率和准确性，但作为计算机运算对象和输出结果的数据本身尚未引起科学家们的特别注意。

1996年，在日本神户的一个国际会议上正式出现了“数据科学”这一名称[9]。1997年，密歇根大学教授杰夫·吴（Jeff C. Wu）在演讲中提出了“统计学 数据科学”的观点并建议将统计学改名为数据科学[2]。2001年，贝尔实验室科学家威廉·克利夫兰（William S. Cleveland）第一次提出数据科学应作为由统计学延伸出来的一个独立研究领域，认为统计学中与数据分析有关的技术内容在以下6个方面扩展后形成了一个新的独立学科——数据科学[10]。

1）多学科研究（Multidisciplinary Investigations）；

2）数据模型与分析方法（Models and Methods for Data）；

3）数据计算（Computing with Data）；

4）数据学教程（Pedagogy）；

5）工具评估（Tool Evaluation）；

6）理论（Theory）。

在2002年和2003年，国际科学委员会（International Council for Science）和哥伦比亚大学分别创办了数据科学杂志，为这一学科领域研究成果的发表和交流建立了国际学术平台。大规模数据计算的特点和重要性也开始引起科学界的注意，数据科学或数据处理技术被有些科学家认为将成为一个与计算机科学并列的新科学领域。已故的图灵奖获得者 Jim Gray 认为，数据密集型科学发现（Data-intensive Scientific Discovery）将成为科学研究的第四种范式[6]，科学研究将迎来与经验科学、理论科学、计算科学并列的数据科学。

2017年，北京大学鄂维南院士提出[3]，数据科学所依赖的两个因素是数据的广泛性和多样性，以及数据研究的共性。数据科学主要包括两个方面：用数据的方法来研究科学和用科学的方法来研究数据。前者正是 Jim Gray 在2007年提出的数据密集型科学发现，即采用数据分析和数据驱动的方法研究不同的学科领域，包括生物信息学、天体信息学、数字地球等领域；而后者主要讨论数据采集、数据存储和数据分析，覆盖了统计学、机器学习、数据挖掘、数据库等领域。

1.4.2 数据科学的范畴

数据科学实际上可以理解为基于传统的数学、统计学理论和方法，运用计算机技术进行大规模数据计算、分析和应用的一门学科。美国应用统计学和计算机技术研究社会动力学的 Drew Conway 博士采用如图1-4所示的韦恩图来描述数据科学的知识结构，权且可作参考。其中，右上角的 Math & Statistics Knowledge 对应传统数学和统计学理论、方法；左上角的

Hacking Skills可以理解为对数据进行计算所需要的计算机科学与技术、工具和方法；而下方的Substantive Expertise则对应不同行业的领域知识和经验。数据科学恰好是上述三者的交叉区域，这符合人们对数据科学的一般理解。

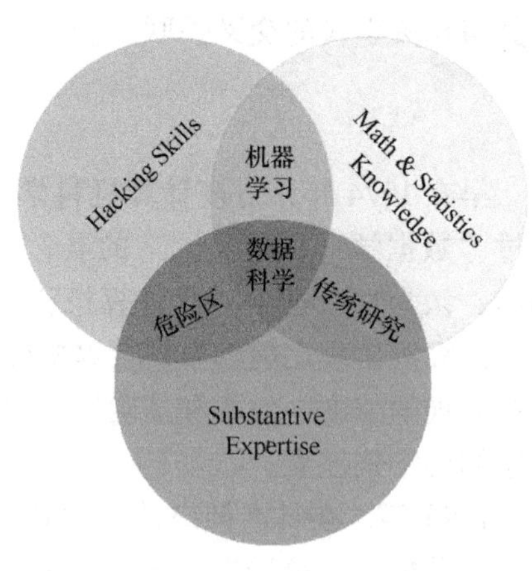

图1-4 数据科学的韦恩图

美国数据科学家Rachel Shutt在其数据课程的课堂上，对学生的知识结构做过一个调查统计[11]，认为数据科学家的主要知识技能依次为统计学、数学、计算机科学、机器学习、数据可视化、沟通技巧、领域知识。当然，这一划分并不很准确，因为机器学习、数据可视化都是计算机科学中的细分方向。但从学科上，统计学、数学、计算机科学与技术（含机器学习、数据可视化等）在数据科学学科覆盖中占据了主要部分。

1.4.3 数据科学对学科发展的影响

数据科学对学科发展提供了前所未有的机遇和挑战，一方面为数学、统计学、计算机科学等传统学科的发展带来新的机遇，另一方面则会通过数据密集型的科学探索，催生和带动一批交叉学科和应用交叉学科的发展。

1. 数学、统计学、计算机科学

数学的发展主要来自两个推动力，一是数学内部学科自身的完善带来的推动，二是来自外部，由其他学科、社会或工业发展的需要而带来的推动。从目前来看，第一方面的推动力对数学学科的影响，使得数学作为一门学科，其重要性已经得到广泛的认可，但数学家作为一个群体，对社会和科学整体发展的影响是比较间接的。数据科学在数学和实际应用之间建立了一个直接的桥梁，这对数学和数学家们来说，都是一个千载难逢的机会。不仅如此，数据分析几乎涉及了现代数学的所有分支，数据科学对数学的要求和推动是全面的，而不是仅仅局限在几个领域。数据应该成为数、图形和方程之外数学研究的基本对象之一。

统计学一直都是研究数据的学科，所以它也是数据科学最核心的部分之一。但在数据科学的框架下，统计学的发展也会受到很大的冲击并带来新的机会。这种机会和挑战，可能使关于数据的模型跳出传统的统计模型的框架，更一般的数学概念，如拓扑、几何和随机场的概念将会在数据分析中扮演重要的角色。

计算机科学从诞生的第一天就用于数据处理，关注面向数据处理的计算机的硬件、软件和应用。通常计算机科学和技术的范畴可以覆盖计算机软件与理论、计算机系统结构和计算机应用等方面。大数据所带来的数据处理规模从量变到质变的跨越，可能对计算机科学与技术的各个层面都产生深远的影响。在最基础的计算复杂性理论方面，传统认为存在多项式算法的易解类问题，在实践中可能因数据规模巨大而变得难以解决，已经有学者尝试将数据规模、数据计算的通信交互等因素考虑到传统以时间复杂度、空间复杂度的度量中；在算法设计方面，结合大数据计算的非精确特性探索面向大数据的近似算法理论，并针对大数据计算的近似性、增量性和归纳性，设计新型高效算法可能具有巨大的空间；大数据管理与实时处理，对探索高效的大规模分布式数据存储、查询与处理带来了需求和挑战，而以机器学习特

别是深度学习为代表的数据分析技术在应对规模化数据集的训练和检验方面，已经催生了软硬件一体的跨层设计和面向数据处理的高性能、低功耗定制芯片、定制服务器设计。此外，数据科学与其他基础和应用学科的交叉，将使数据在计算机科学中的地位进一步加强。

2. 对其他交叉学科的推动作用

数据驱动的方法也为许多传统学科带来新的机会，同时也催生一些新的交叉应用学科。

计算社会科学（Computational Social Science）就是大数据方法推动传统各学科的一个很有趣的例子。社会学是社会科学的一个分支，也一直是一门基于数据的学科。大到国家和社会层面的数据，小到家庭和个人的数据，都是社会学研究的基本资料。近年来，社交网络的产生和网络科学的研究使社会学上升到一个新的层面。新的数据来源和数据分析方法使社会学的研究进一步量化、去经验化，更多的科学方法被引入到社会学研究中。这些变化同时也给社会学的研究提供了新的实用价值，如信息传播、广告投放、热点分析等[3]。

2009 年 2 月，美国哈佛大学的戴维·莱兹（David Laze）等 15 位学者在《科学》杂志上联合发表题为《Computational Social Science》的论文[12]，宣告计算社会科学的诞生。计算社会科学成为一门数据驱动的、理工管文相结合的交叉学科，它关注利用数据和计算及统计学方法研究社会现象，为观察到的数据找到合理的解释[13]。和前面的讨论略有不同的是，相比于大数据应用对预测的需求，社会科学关注的解释任务则需要从根本上考虑因果性，用观察到的数据为具有因果关系的解释提供支持或反对的证据。但无论如何，计算社会科学都为社会科学提供了一条革命性的计算之路，其研究成果对于社会管理与社会生活都将产生重大影响。

同样的例子还很多，如近年来大数据在机器翻译、自然语言处理、语音识别和文本分析等应用领域的蓬勃发展，基于概率模型的处理方法的有效性远远超过了基于文法的处理方法的有效性，这一结果对传统语言学而言，虽是一个令人失望的结果，但也为语言学的发展提供了新的机会。而在互联网广告投放领域，近年来由于搜索引擎及互联网内容提供商都不约而同选择商业广告作为主要盈利模式，如何基于用户行为数据和广告的属性特征，针对性投放广告，提升广告的点击率（广告被用户点击的概率）与转换率（广告被点击后引起商品成交的概率），已经催生了一个新的学科——计算广告学。

习　题

1.1　请举例说明结构化数据、半结构化数据、非结构化数据的区别。

1.2　请在生活中举出一个基于“数字映像”探索或研究现实世界的实体或现象的例子，如何才能获得更准确的数字映像？

1.3　什么是大数据的 4V 或 5V 特征？这一特征对大数据计算过程带来什么样的挑战？

1.4　请分析相对于传统统计学而言，大数据在思维方式上的主要变化。

1.5　结合一个具体例子，说明数据分析的一般过程。

1.6　如何理解数据科学？

参考文献及扩展阅读资料

[1] 中华人民共和国国务院. 国务院关于印发促进大数据发展行动纲要的通知 [EB/OL]. (2015-09-05) [2018-06-01]. http://www.gov.cn/zhengce/content/2015-09/05/content_10137.htm.

[2] 汤羽，林迪，范爱华，等. 大数据分析与计算 [M]. 北京：清华大学出版社，2018.

[3] 欧高炎，朱占星，董彬，等. 数据科学导引 [M]. 北京：高等教育出版社，2017.

[4] 朝乐门. 数据科学理论与实践 [M]. 北京：清华大学出版社，2017.

[5] Makrufa S, Hajirahimova, Vahabzade B, et al. About Big Data Measurement Methodologies and Indicators [J]. International Journal of Modern Education and Computer Science, 2017, 9 (10): 1-9.

[6] Tony H, Stewart T, Kristin T. The Fourth Paradigm: Data-Intensive Scientific Discovery [M]. Seattle: MicrosoftPress, 2009.

[7] 中华人民共和国国务院. 国务院关于印发新一代人工智能发展规划的通知 [EB/OL]. (2017-07-20) [2018-06-01]. http://www.gov.cn/zhengce/content/2017-07/20/content_5211996.htm.

[8] Naur P D. The Science of Data and Data Processing [J]. Dyna, 2008, 75 (154): 167-177.

[9] Hayashi E C, Yajima K, Bock H H, et al. Data Science, Classification, and Related Methods. Berlin: Springer, 1998.

[10] Myers K, Wiel S V. Discussion of Data Science: An Action Plan for Expanding the Technical Areas of the Field of Statistics [J]. International Statistical Review, 2001, 69 (1): 21-26.

[11] Rachel S, Cathy O. 数据科学实战 [M]. 冯凌秉，王群锋，译. 北京：人民邮电出版社，2015.

[12] David L, Alex P, Lada A, et al. Computational Social Science [J]. Science Magzine, 2009, 323 (5915): 721-723.

[13] Hanna W. Computational Social Science≠Computer Science + Social Data [J]. Communication of the ACM, 2018, 61 (3): 42-44.

技 术 篇

第2章 数据采集与治理

☞ 导 读

大数据采集与治理是获取有效数据的重要途径，也是大数据应用的重要支撑。本章主要阐述大数据采集和治理的基本概念和相关技术。针对大数据采集，介绍了大数据的主要来源，以及传感器、系统日志、网络爬虫、众包等数据采集技术。在大数据治理方面，介绍了数据集成和数据预处理方法。前者包括打破信息孤岛的传统集成和跨界数据集成的技术，后者包括典型的数据变换技术和检验与提升数据质量的方法。

☞ 知识点：

知识点1　大数据的来源

知识点2　大数据的采集手段

知识点3　数据离散化

知识点4　大数据治理的概念和框架

知识点5　数据集成相关理论与方法

知识点6　数据变换

知识点7　数据质量

☞ 课程重点：

重点1　大数据的不同来源

重点2　不同种类大数据的采集方法以及离散化的动机

重点3　数据集成的概念

重点4　数据预处理的必要性和基本技术

重点5　数据质量的相关概念

☞ 课程难点：

难点1　不同大数据采集方法的对象和考虑因素

难点2　传统数据集成和跨界数据集成的区别

难点3　不同数据清洗方法针对的错误类型

2.1 概述

大数据的来源多样，如传统的关系数据库、NoSQL数据库中的数据，也包括直接来源于生产系统的传感器、互联网爬取的数据、运行系统日志数据等。如何获取这些规模大、产生速度快的大数据，并且能够使这些多源异构的大数据得以协同工作，从而有效地支撑大数据分析等应用，是大数据采集阶段的工作，也是大数据的核心技术之一。大数据得以有效使用的关键是将采集的数据融合成为符合应用需求的形式，并且根据应用对数据形式、质量等的要求对数据进行变换和清洗，这个过程属于数据治理。

数据治理是对数据资产管理行使权力和控制的活动集合。数据治理是一个广泛的概念，包括数据整理相关的过程和活动，如数据集成、数据画像、数据清洗等，其中一些已经取得较大发展。例如，数据清洗用于识别并修复数据中的错误；实体识别用于识别代表同一实体的冗余数据；数据转化用于数据在不同数据源之间的转移与交换；数据集成将多源异构数据进行统一管理；数据回溯用于理解数据的演变；数据画像用于发现数据的元数据、数据模式、统计信息等。

本章将围绕三个数据采集和治理中的核心技术进行介绍。从数据源采集数据的技术和数据源的特性密切相关，因此在2.2节中概述了大数据的多种不同来源，并介绍典型数据的获取方法。将获取到的多源异构数据融合成为符合需求形式的过程称作数据集成。根据集成形式的不同，这个过程又可以分为传统数据集成和跨界数据集成，2.3节将对数据集成的理论和技术加以介绍。

在很多情况下，即使采集的数据得到了有效的集成，也难以直接使用，这主要有两个方面的原因，一方面是数据源数据的单位、制式和应用要求等各不相同；另外一方面，在数据采集、传输、集成等一系列的步骤中会产生错误，这些错误会对大数据的分析造成误导，甚至带来以数据为中心的应用的失败。因此，在使用之前，需要对数据进行预处理。第一个问题可以通过数据变换来解决，第二个问题可以通过数据清洗来解决。

2.2 大数据的来源与多源数据的采集方式

来源多样是大数据的一个重要特征，而不同来源的数据有着不同的采集方式，因此在讨论数据采集技术之前，首先讨论大数据的来源，再针对集中、典型的数据来源讨论大数据的采集方法和工具，最后介绍将连续数据转化为离散数据的数据离散化技术。

2.2.1 大数据的来源

世界上本来没有数据，一切数据都是人为的。计算机用0-1数据描述现实世界的对象及其关系。获取数据的过程就是计算机中0-1数据的生成过程。数据获取主要有三种来源。

1）对现实世界的测量，即通过感知设备获得数据。这类数据包括机器产生的海量数据，例如应用服务器日志、传感器数据（天气、水、智能电网等）、科学仪器产生的数据、摄像头监控数据、医疗影像数据、RFID和二维码或条形码扫描数据。这类数据的特点是：结构化、半结构化和非结构化数据共存，根据产生数据机器的特点，部分数据存在严格的模

式；数据规模极大，数据更新极快；由于设备运行不稳定等因素，数据质量参差不齐，如果能够充分理解产生数据机器的机理，则可以明确数据语义，从而帮助改进数据质量；数据价值密度较低。

2）人类的记录。外部信息通过人类大脑的识别变成计算机可以识别的信息，由人录入计算机形成数据。这类数据包括关系型数据库中的数据和数据仓库中的数据，如企业中企业资源计划（ERP）系统、客户关系管理（CRM）系统等产生的数据都属于这一类。这类数据的特点是：以结构化形式存在，模式清晰；数据规模通常不大，数据增长速度不快；有专门的管理人员维护，数据质量较高，数据语义明确，数据价值密度较大。另一类典型的数据来源是人类用户在使用信息系统过程中记录的行为，包括微博、微信、电子商务在线交易日志、呼叫中心评论、留言或者电话投诉等。这类数据的特点是：结构化、半结构化和非结构化数据共存，部分数据存在预定的模式，但模式不固定；数据规模较大，数据更新较快；由于缺乏专门数据管理人员以及缺少数据顶层设计，数据质量很低，数据语义不明确，数据价值密度很低。

3）计算机生成。计算机通过现实世界模拟等程序生成数据。例如，通过计算机动态模拟城市交通，生成噪声、流量等信息。这类数据的特点是：数据规模和更新速度可控，数据模式固定；因为是由程序自动生成，数据质量很高，数据的语义明确，数据价值密度视模拟程序而定。

2.2.2　多源数据的采集

数据采集是指从真实世界对象中获得原始数据的过程。数据采集的过程要充分考虑其产生主体的物理性质，同时要兼顾数据应用的特点。由于数据采集的过程中可以使用的资源（如网络带宽、传感器结点能量、网站 token 等）有限，需要有效设计数据采集技术从而使得在有限的资源内实现有价值数据最大化，无价值数据最小化。同样由于资源的限制，数据采集过程不可能获取数据描述对象的全部信息，因此需要精心设计数据采集技术，使采集到的数据和现实对象的偏差最小化。由于有些应用对采集数据的数据质量和时效性有明确要求，例如在心脏病预警中，体感传感器采集数据如果时效性或者准确性过低，则无法达到有效预警的效果，对于这样的应用，需要可靠、有时效性保证地采集高质量的数据。

根据数据源特征的不同，数据采集方法多种多样，根据数据采集方式的不同，数据采集又可以大致分为以下两类：

1）基于拉（Pull-based）的方法：数据由集中式或分布式的代理主动获取。

2）基于推（Push-based）的方法：数据由源或第三方推向数据汇聚点。

下面主要介绍四种常用的数据采集方法：采集物理世界信息的传感器、采集数字设备运行状态的日志文件、采集互联网信息的网络爬虫以及采集人所了解信息的众包。

1. 传感器

传感器常用于测量物理环境变量并将其转化为可读的数字信号以待处理，是采集物理世界信息的重要途径。传感器包括声音、振动、化学、电流、天气、压力、温度和距离等类型。传感器是物联网的重要组成部分。通过有线传感器网络或无线传感器网络，信息被传送到数据采集点。图 2-1 中展示了一些典型的传感器。

有线传感器网络通过网线收集传感器的信息，这种方式适用于传感器易于部署和管理的场景。例如视频监控系统通常使用非屏蔽双绞线连接摄像头，通过利用媒体压缩、机器学习、媒体过滤技术，面向各类应用进行集中采集，可以获得涉及城市交通、群体行为、公共安全等方面的大量信息，而这仅仅是光学监控领域一个很小的应用示例。在更广义的光学信息获取和处理系统中（例如对地观测、深空探测等），通过传感器可获得更大规模的数据。

图 2-1 一些典型的传感器

无线传感器网络利用无线网络作为信息传输的载体，并形成自组网传输采集的数据，如环境监控、水质监控、野生动物监控等。一个无线传感网通常由大量微小的传感器节点构成，微小传感器由电池供电或通过环境供电，被部署在应用指定的地点收集感知数据。当节点部署完成后，基站将发布网络配置、管理或收集命令，不同节点采集和感知的数据将被汇集并转发到基站以待后续处理。

2. 系统日志

对系统日志进行记录是广泛使用的数据获取方法之一。系统日志由系统运行产生，以特殊的文件格式记录系统的活动。系统日志包含了系统的行为、状态以及用户和系统的交互。和物理传感器相比，系统日志可以看作是“软件传感器”。对计算机软硬件系统运行状态的记录、金融应用的股票记账、网络监控的性能测量及流量管理、Web 服务器记录的用户行为等都属于系统日志。

系统日志在诊断系统错误、优化系统运行效率、发现用户行为偏好等方面有着广泛的应用。例如，Web 服务器通常要在访问日志文件中记录网站用户的点击、键盘输入、访问行为以及其他属性，根据这些行为可以有效发现用户的偏好，一方面基于用户行为可以优化网站布局，另外一方面可以做有效的用户画像从而实现精准的信息推荐。

设计系统日志的关键在于对用户/系统行为的认知，需要根据应用的要求选择日志需要包含的内容，并且根据其包含内容的形式和应用的方法设计有效的存取格式。例如，对于类似通话记录一类的需要频繁查询的海量日志仓库，可以选择数据库而不是文本文件来进行管理，以保证高效的查询处理。

3. 网络爬虫

网络爬虫是指为搜索引擎下载并存储网页的程序。爬虫顺序地访问初始队列中的一组网页链接，并为所有网页链接分配一个优先级。爬虫从队列中获得具有一定优先级的 URL，下载该网页，随后解析网页中包含的所有 URLs，并添加这些新的 URLs 到队列中。这个过程一直重复，直到爬虫程序停止为止。网络爬虫的流程示意图如图 2-2 所示。

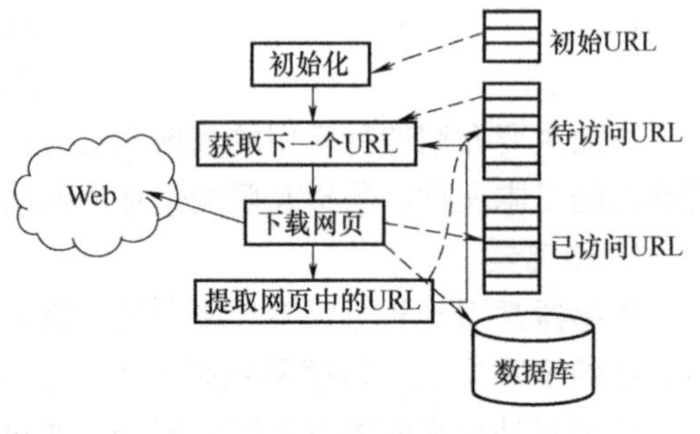

图 2-2 网络爬虫的流程示意图

网络爬虫是网站应用（如搜索引擎和 Web 缓存）主要的数据采集方式。数据采集过程由选择策略、重访策略、礼貌策略以及并行策略决定。选择策略决定哪个网页将被访问；重访

策略决定何时检查网页是否更新；礼貌策略防止过度访问网站；并行策略则用于协调分布式爬虫程序。

在网络爬虫的设计中，考虑到爬取数据的效率和质量，需要关注链接的发现和网页质量评估、深层网络爬取策略和大规模网页爬取效率等方面的研究。目前，链接的发现和网页质量评估的主要技术为链接分析技术，如 PageRank、HITS 及 HillTop 等，同时结合网页的主题内容。

深层网络占所有网络资源的比例为 80%，通常是指那些存储在网络数据库中，不能通过超链接访问而需要通过动态网页技术访问的资源集合。当前的主流深层网络爬虫技术包括基于领域知识的表单填写和基于网页结构分析的表单填写。

网络爬虫的效率直接关系到大数据分析和挖掘的整体效率，当前的优化方法包括爬取策略优化和爬虫结构设计优化。

4. 众包

“众包”一词最早出现在 2006 年，它描述的是一种现象，即任务外包给“分布式”的一群人“围观”，这些人被普遍认为是非专家，并进一步区别于正式的、有组织的群体，通过网络登录这些众包平台即可接受和完成任务。由在众包平台上创建一个市场的请求者提供任务，由平台上工人接受工作任务。企业用户针对的是那些需要以低廉价格起价外包简单计算任务的公司，而个人用户将通过完成某项工作获得小额的报酬。

众包可以用作数据采集，将搜集数据的任务外包给人来完成，通过大量参与的用户来获取恰当数据。特别地，如果以普通用户的移动设备作为基本感知单元，通过网络通信形成感知网络，从而实现感知任务分发与感知数据收集，完成大规模、复杂的社会感知任务，则称为群智感知。比如，要发现北京市所有的水果店，可以通过众包平台，让大量的用户使用手机拍摄水果店并发送定位。

除了上述方法，还有许多和领域相关的数据采集方法和系统。例如，政府部门收集并存储指纹和签名等人体生物信息，用于身份认证或追踪罪犯；在政府或企业的信息系统中通常提供数据录入界面用于向系统中录入所需要的数据等。

2.2.3 数据离散化

由于现实世界是连续的，因此很多传感设备采集到的都是连续数据，而计算机只能处理以 0-1 形式存在的离散数据，将连续数据变成计算机可以处理的离散数据需要数据离散化技术。

数据离散化把连续型数据切分为若干“段”，从而将连续的数据转化为离散的数据。切分的原则有等距、等频、优化，也可以根据数据特点而定。数据离散化的方法有以下几种：

1）等距：将连续型变量的取值范围均匀划成 n 等份，每份的间距相等。例如，客户订阅刊物的时间是一个连续型变量，可以从几天到几年。采取等距切分可以把 1 年以下的客户划分成一组，1 ~ 2 年的客户为一组，2 ~ 3 年的客户为一组，以此类推，组距都是 1 年。

2）等频：把观察点均匀分为 n 等份，每份内包含的观察点数相同。还取上面的例子，设该杂志订阅数共有 5 万人，等频分段需要先把订户按订阅时间顺序进行排列，排列好后可以按 5000 人一组，把全部客户均匀分为十段。

等距和等频在大多数情况下会产生不同的结果。等距处理可以保持数据原有的分布，段落越多对数据原貌保持得越好。等频处理则把数据变换成均匀分布，但其各段内观察值相同这一点是等距处理做不到的。

3）优化离散：优化离散则需要把自变量和目标变量联系起来考察。切分点是导致目标变量出现明显变化的折点。常用的检验指标有卡方、信息增益、基尼指数或WOE（要求目标变量是两元变量），还可以按照需要而定。比如，当营销的重点是19～24岁的大学生群体时，就可以把这部分人单独划出。

离散化处理难免要损失一部分信息。很显然，对连续型数据进行分段后，同一个段内的观察点之间的差异便消失了。同时，进行了离散处理的变量有了新值。比如现在可以简单地用1，2，3，……这样一组数字来标志杂志订阅客户所处的段落。这组数字和原来的客户订阅杂志的时间没有直接的联系，也不再具备连续型数据可以运算的关系。例如，使用原来的数据，可以说已有两年历史的客户，其订阅时间是只有一年历史客户的两倍，但经过离散处理后，只知道第二组的客户的平均订阅时间高于第一组客户，但无法知道两组客户之间的确切差距。

2.3 大数据治理

如果将获取的数据直接加以应用，在很多情况下会出现数据模型建立得非常完美，算法设计得也很漂亮，但在应用到实际中并没有得到预想的效果。这是由于现实中的数据经常来自于独立自治的数据源，缺少顶层设计，缺少质量保障等机制问题。这些问题需要数据治理来加以解决。

“治理”源于拉丁语“掌舵”一词。IBM对于数据治理的定义是，数据治理是一种质量控制规程，用于在管理、使用、改进和保护组织信息的过程中添加新的严谨性和纪律性。DGI则认为，数据治理是指在企业数据管理中分配决策权和相关职责。数据治理可以看成是对数据资产管理行使权力和控制的活动集合。本节将首先介绍大数据治理的框架，继而对数据集成、数据变换和数据质量管理三项技术进行介绍。

2.3.1 大数据治理的框架

数据治理有多种框架，图2-3是其中一种适用于大数据的数据治理框架，该框架从原则、核心域、实施与评估这三个方面对大数据治理全面地进行描述。数据治理应该遵循战略一致、风险可控、运营合规以及价值创造这四个基本的指导性原则；治理的核心域（或者叫决策域）包括战略、组织、数据生命周期管理、数据质量管理、大数据服务创新、大数据安全、隐私与合规以及大数据架构这七个部分；实施与评估指出大数据治理在实施评估时重点需要关注促成因素、实施过程、成熟度评估以及审计这四个方面。一个大数据治理组织要在四个基本原则下对七个核心域进行数据治理，不断地推进大数据治理的工作。

框架顶部的四个原则是数据治理自上而下的顶层设计，对大数据治理的实施具有指导作用，它为所有其他的管理决策确定方向。战略一致是指数据治理的战略要和整体战略保持一致，在制订数据治理战略时要融合整体战略、文化制度以及业务需要，进而绘制数据治理实现蓝图；大数据带来的不仅有价值，同时也有风险，因而数据所有者要保持风险可控，有计划地对风险进行不定期的评估工作；运营合规是指数据所有者在数据治理过程中要遵守法律

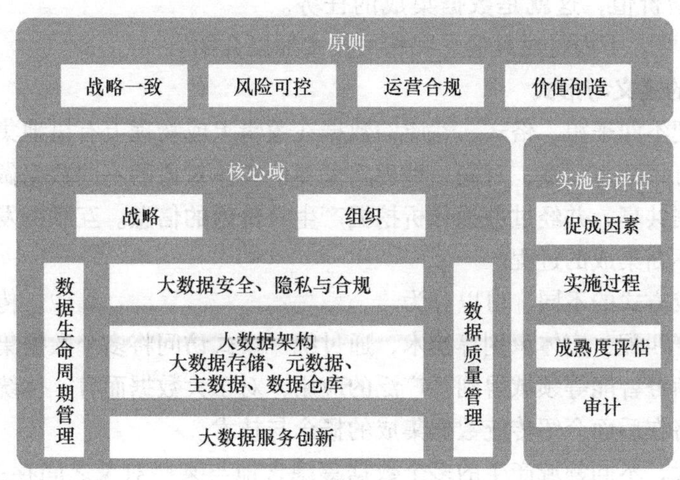

图 2-3　大数据治理的框架

法规和行业规范；数据治理要不断地为所有者提供创新服务，创造价值。

框架的核心域也可称为决策域，是数据治理的核心对象。战略要根据大数据治理目标来制订，根据战略的制订，数据所有者应该设置对应的组织架构把战略实施落到实处，明确各个部门相关职责。数据生命周期管理是从数据的采集、存储、集成、分析、归档、销毁的全过程进行监督和管理，根据出现的问题及时优化的过程。数据质量管理不仅要保障数据的完整性、准确性、及时性和一致性，而且还包括问题追踪和合规性监控。大数据架构是从系统架构层面进行描述，不仅关心大数据的存储，还关心大数据的管理和分析。首先要明确元数据和主数据的含义：元数据是对数据的描述信息，而主数据就是业务的实体信息。所以，对于元数据和主数据的管理是对基础数据的管理。数据治理不仅要降低成本，还要应用数据创新服务为增加价值，大数据服务创新也是大数据治理的核心价值。

大数据治理的实施与评估主要包括促成因素、实施过程、成熟度评估和审计。促成因素包括内外部环境和数据治理过程中采用的技术工具；大数据治理是一个长期的、闭环的、循序渐进的过程，在每一个阶段需要解决不同的问题，有不同的侧重点，所以应该对数据生命周期的每个阶段有一个很好的规划，这就是实施过程的内涵所在；成熟度评估主要是对数据的安全性、一致性、准确性、可获取性、可共享性以及大数据的存储和监管进行评估；审计是第三方对数据治理进行评价和给出审计意见，促进有关数据治理工作内容的改进，对于持续发展意义重大。

在数据治理过程中，通过治理主体对数据治理的需求进行评估来设定数据治理的目标和发展方向，为数据治理战略准备与实施提供指导，并全程监督数据治理的实施过程。通过对实施成果的评估，全面了解数据治理的水平和状态，更好地改进和优化数据治理过程，以达到组织的预期目标。

2.3.2　数据集成和跨界应用的数据集成方法

在数据采集过程中，由于数据可能来自于自治的数据源，因此难以确保数据的模式、模态、语义等的一致。而在很多应用中，需要将这些来自于多个自治数据源的数据汇总并一起使用才能够产生新价值，这就是数据集成的任务。数据集成在大数据获取过程中扮演着“融会贯通”的角色。下面将对其概念和相关技术加以介绍。

1. 数据集成的定义与形式

数据集成是把不同来源、格式、性质的数据在逻辑上或物理上有机地集中，通过一种一致的、精确的、可用的表示法，对同一种现实世界中实体对象的不同数据做整合的过程，从而提供全面的数据共享，并经过数据分析挖掘产生有价值的信息。互联网发展的过程也可以看成是一个数据不断集成的过程。

根据数据集成方式的不同，可以分为传统数据集成和跨界数据集成。传统的数据集成利用模式映射、数据匹配、实体识别等技术，通过统一模式访问将多个数据集中的数据。传统数据集成方式在商务智能等领域得到了广泛的应用，对于大数据而言，传统数据集成仍然发挥着作用，我们将在后面介绍传统数据集成的概念与技术。

在大数据时代，不同领域产生的多个数据集隐含地与某些对象之间存在关联性。例如，尽管一个地区的气象数据和交通数据来自不同的数据域，这些数据显示了该地区某些相关的状况，此时，对来自不同数据域的数据进行集成时不能简单地通过模式映射和实体识别实现，而需要用不同的方法从每个数据集中提取信息，然后把这些信息有机地整合在一起，从而感知这一区域的有效信息。除了模式映射之外，还有涉及多种信息融合的方法，与传统的数据集成有很大的不同，面向这类需求的数据集成称为跨界数据集成。

传统数据集成和跨界数据集成的比较如图 2-4 所示。图 2-4a 给出了传统数据集成的一个示例。对于互联网用户群体，共有三个不同的数据提供者（三个不同的互联网公司）生成三个不同的数据集去记录用户信息。传统的数据集成方法常常通过设定一致的数据模式进行模式匹配和冗余检测，使三个数据集得以集成在一个数据仓库中。不同数据集中描述同一个对象（例如某一特定互联网使用者）会在相同的域中生成。

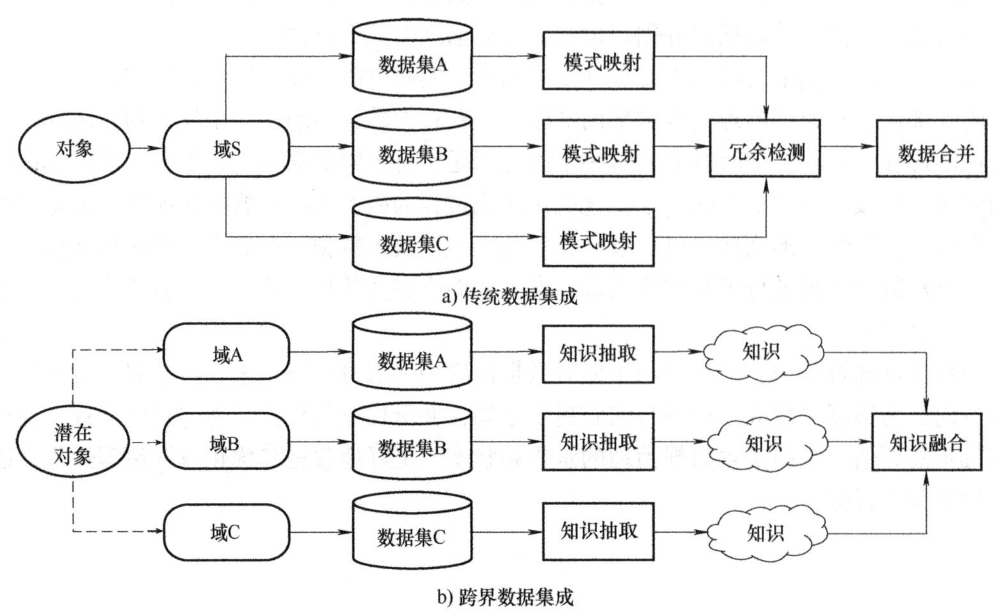

图 2-4　传统数据集成和跨界数据集成的比较

图 2-4b 给出了跨界数据集成的一个示例。在大数据时代中，三个不同的数据集会被生成在不同的域中，这些域由一个潜在的对象隐式连接着。例如，社交网络关系、用户个人信息和不同分类下的用户统计资料，共同描绘了潜在用户群体画像，尽管这些信息存在于三个不同的域中。由于三个数据集中的记录描述不同的对象，比如一个关系图、一行个人记录和一条聚集数据，因此不能简单地通过模式匹配和实体识别来完成数据集成任务。而需要换一种思路，从每个数据集中抽取知识，从而有机地结合知识来理解一个用户群体画像。这就是跨界数据集成与传统数据集成的最大区别，使用知识集成而不是模式匹配方法。本章将在后面介绍跨界数据集成。

2. 传统数据集成

传统数据集成系统是从数据管理的角度提出的。数据集成系统 I 定义为一个三元组 $\langle G, S, M\rangle$，其中：G 是全局模式，S 是数据源模式，M 为全局模式和数据源模式之间的映射。数据集成系统中，在创建虚拟的全局模式及其与下层数据源模式之间的“映射关系”后，用户在全局模式上提出“查询请求”，系统将查询请求按照映射关系转换为对应下层数据源模式的“子查询”（称为“查询重写”），而后进入子查询的“执行”，重写和执行过程中都可能存在“优化”，子查询并不是直接运行在下层数据源系统内，而是通过一个“封装器”间接地和下层数据源交流，最后系统将每个子目标执行结果整合为统一结果，按照用户要求或系统设置格式提供给用户。

传统数据集成的主要目的是数据共享。在企业数据集成领域，已经有了很多成熟的框架可以利用。通常采用**联邦数据库**、**数据仓库**和 **Mediator** 等方法来构造数据集成系统。下面对这三种主要方法加以介绍。

1）**联邦数据库**：数据源独立存在，但一个数据源可以访问其他数据源提供的信息。集成几个数据库的最简单架构可能是实现需要交互的所有数据库对之间的一对一连接。这些连接允许一个数据库系统 D1 以另一个数据库系统 D2 能理解的术语查询 D2。这种架构的问题是，如果 n 个数据库中的每一个都需要与其他 n-1 个数据库进行交互，则需要写 $n\times(n-1)$ 份代码以支持系统之间的查询。

2）**数据仓库**：来自几个数据源的数据复制存储在单一数据库中，称其为数据仓库。存储在数据仓库中的数据在存储之前可能要经过一些处理。例如对数据进行筛选，将关系进行连接或聚集。数据仓库定期更新，可能在夜间进行。当从数据源复制数据时，需要以某种方式对其进行转换以使所有数据符合数据仓库的模式。一旦数据存储在数据仓库中，用户可以进行查询。数据仓库中数据构造方法至少包括：数据仓库周期性地对查询关闭并根据数据源中的当前数据进行重建，根据自上次数据仓库更新以后对数据源所做的修改，对数据仓库进行周期性的更新。

3）**Mediator**：Mediator 是一种软件组件。它支持虚拟数据库，用户可以查询这个虚拟数据库。Mediator 不存储任何自己的数据，而是将用户查询翻译成一个或多个数据源的查询。然后，Mediator 将那些数据源对用户的查询进行综合处理，将结果返回给用户。

传统数据集成经过多年研究，相关的技术很多，从数据管理的角度而言可以分为四类，分别是**模式匹配**、**数据映射**、**语义翻译**和**真值发现**，其中真值发现将在 2.3.4 节中介绍，本节中着重介绍前三项技术。

1）**模式匹配**：模式匹配是标识两个数据对象语义相关的过程，而数据映射是指数据对象之间的转换。实现这两种方法的自动化是传统数据集成的基本任务之一。一般来说，不可能完全自动确定两种模式之间的对应关系，其主要原因是两种模式的语义不同，而且常常缺少解释或文档化的语义。自动模式匹配的难点在于面向关系数据库模式甚至于非关系模型的数据库自动识别模式语法和语义上的异构性。异构性存在于两个方面：一方面，模式使用不同的表示形式或定义来表达相同的信息（模式冲突）；另一方面，不同的计算公式、单位和精度会导致同一数据的冲突表示（数据冲突）。模式匹配的研究旨在自动寻找两个模式之间语义匹配。

其可用的信息包括模式元素的常用属性，如名称、描述、数据类型、关系类型（部分、继承等）、约束和模式结构。这里“模式元素”指的是模式中的列名（对于关系模式而言）、元素名（对于 XML 等半结构化数据而言）等，具有相似属性的模式元素通常看作是匹配的元素。

基于约束的匹配除了考虑模式元素的属性，还考虑了包含在模式中的约束。这样的约束用来定义数据类型和取值范围、唯一性、强制性、关系类型和基数等。两个输入模式中的约束相匹配，则可以确定和约束相关模式元素的相似性。例如，基于邮政编码的语义，当关系中两列数据都是六位数的时候，可以认定其都是邮政编码而加以匹配。

此外，通过混合匹配的方法，可以直接将几个模式匹配的方法加以合并来基于多准则或信息源确定候选匹配。这些技术大多还采用了额外的信息，如字典、辞典和用户提供的匹配或不匹配的信息。

历史匹配信息可以加以重用来辅助新的匹配，其动机是模式中的结构和子结构经常重复使用。例如，在电子商务领域，不同的信息系统中经常有着类似的模式。但是，这样的重用通常限定在某个特定领域中，如工资和收入在工资单应用程序中可以被认为是相同的，但在纳税申报应用程序中则不相同。

2）数据映射：在数据集成中，数据映射是数据在两个不同的数据模型之间进行转换的过程。数据映射是各种数据集成任务的重要步骤，其任务包括：

- 数据源和目标之间的数据转换或数据中介。
- 确定数据关系作为数据世系分析的一部分。
- 发现隐藏的敏感数据，例如隐藏在另一个用户标识中的社会安全号码的最后四位数字，作为数据屏蔽或解除标识项目的一部分。
- 将多个数据库合并成一个数据库，并确定冗余的数据列以便合并或消除。

例如，要与其他公司传输和接收采购订单和发票，可能会使用数据映射，从公司数据创建数据映射到特定的标准消息格式，以获取采购订单和发票等项目。而数据映射，使用启发式和统计方法自动发现的两个数据集之间的复杂映射。使用这种方法，可以发现两个数据集之间的转换方法，转换中的操作包括子串提取、串连接、算术表达式和 case 语句以及其他种类的转换逻辑。这种方法还可以用于发现不遵循转换逻辑的数据异常。另一种方法是语义映射，它与数据映射器的自动连接功能类似，但可以查阅元数据注册表以查找数据元素同义词。例如，如果源系统中列出了水果的学名和常用名，那么如果这些数据元素在元数据注册表中将被列为同义词，即映射仍然会生效。语义映射只能发现数据列之间的精确匹配，并且不会发现列之间的任何转换逻辑或异常。

3）语义翻译：语义翻译是使用语义信息来帮助将一个数据模型中的数据转换为另一种

表示或数据模型的过程。语义翻译利用了将意义与一个字典中的单个数据元素语义相关联，以在第二个系统中创建等同的含义。语义翻译的一个例子是将 XML 数据从一个数据模型转换为第二个数据模型，使用每个系统的本体，例如 Web 本体语言（OWL）。智能代理通常需要这样做，它们希望在使用不同数据模型存储其数据元素的远程计算机系统上执行搜索。允许单个用户使用单个搜索请求搜索多个系统的过程也称为联合搜索。

语义翻译应与数据映射工具区分开来，这些工具可以将数据从一个系统一对一地转换为另一个系统，而不必将含义与每个数据元素实际关联起来。语义翻译要求源系统和目标系统中的数据元素具有到中央注册表或数据元素注册表的“语义映射”。最简单的映射当然是等价的。有三种类型的语义等价：

- 类别等价：表明类或“概念”是相同的。例如：“人”与“个人”相同。
- 属性等价：表明两个属性是相同的。例如：“家庭住址”与“家庭地址”相同。
- 实例等价：表示对象的两个单独实例是等价的。例如：“汤姆”与“Tom”是同一个人。

如果特定数据模型中的术语没有直接与外部数据模型中的数据元素进行一对一映射，则语义翻译非常困难。在这种情况下，必须使用替代方法来查找从原始数据到外部数据元素的映射。这个问题可以通过使用国家信息交换模型（NIEM）来解决。

3. 跨界数据集成

跨界数据集成指的是对不同领域相关联的数据进行集成，基于不同领域产生的多个数据集中数据对象的隐含关联性融合数据，协同发现新知识。跨界数据集成的难度在于来自不同领域的数据经常存在不同的模态，例如不同表达、不同分布、不同规模和不同密度。

按照集成的方法不同，跨界数据集成可以被分为三类。

（1）基于阶段的方法

基于阶段的方法在数据分析挖掘的不同阶段使用不同的数据集，因此不同数据集可以是低耦合的，并不要求不同数据集的数据形式必须一致。

例如，使用基于汽车的 GPS 导航数据或交通网数据检测交通异常。汽车在道路上的异常事故可以通过汽车在道路上的行为与平时明显不同来表示。用检测到异常的时间跨度和该地点汽车行为落入异常范围为条件，可以初步发现异常。进一步检索在这一路段发生事故时发布的媒体信息，从这些信息中通过挖掘代表性的术语（如灾难、防御等）来描述检测到的异常，这种异常在正常时间段很少发生但是在某段时间内发生很频繁。第一步是缩小被检测的社交媒体的规模，第二步是使第一步获取到的结果的语义更加丰富。在这两步中使用不同的数据集，这些数据集并不需要传统信息集成的过程，而是在知识层面上实现了集成。

（2）基于特征的方法

基于特征的方法是指从不同数据集合中提取出来的原始特征中学习出新的特征，把这种新的特征应用于分类、预测等数据分析挖掘任务。这种方法的实现可以有如下途径：

1）直接关联：这种方法平等看待从不同的数据集中提取的特征，把它们直接连接成一个特征向量，这个特征向量被用于数据分析挖掘任务。因为不同数据集的表示、分布和规模不同，这种方法存在一定的局限性。第一，在少量的训练样本中，这种相互关联有可能导致过拟合，并且每一个样本的具体特征可能被忽略；第二，从不同形式的数据中发现关联性不强的数据之间的高度非线性关系是很困难的；第三，从可能存在相互关联的不同数据集中提

取的数据特征可能存在冗余和依赖。

2）基于深度神经网络（DNN）的方法：这种方法利用DNN技术从不同的数据集中学习出具有强大表达能力的特征。其特点是：①在其他形式的数据的帮助下，可以形成更好的单一形式的特征；②这些共享的特征显示出不同数据形式间的相关性。

在实践中，基于DNN方法效果的好坏通常取决于人们能否调整好参数，找到一系列合适的参数可以使得到的结果更好。然而，尽管提供大量的参数和非凸的集合，找到最理想的参数仍然是非常耗费时间的，这需要大量的实验。另外，很难解释中间层象征着什么，也难以理解DNN获得更好特征的过程。

（3）基于语义的方法

基于特征的数据集成方法不关心每一个特征的含义，仅仅把这种特征视为一个真实值或者绝对值。与基于特征的方法不同，而基于语义的方法需要清晰地理解每一个数据集语义。

基于语义的数据融合方法又可以分为基于多视图的方法、基于相似性的方法、基于概率依赖的方法和基于迁移学习的方法，下面对这些方法加以简述。

1）基于多视图的方法：关于同一个物体的不同数据集和不同特征的子集可以被视为一个物体的不同视图。例如，从不同数据源训练之后的信息可以鉴定一个人的一些信息，比如脸、指纹或签名等；一幅图可以通过不同的特征集合（如颜色）表现。因为这些数据集描述相同的物体，他们之间存在潜在的相似性。同时，这些数据集是互不相同的，分别包含着独有的信息。因此，整合不同的视图可以更加准确、全面地描述一个物体。

多视图学习算法可以分成三类：①共同训练；②多核学习；③子空间学习。共同训练算法可选择双方在不同视图中数据达成一致的最大可能性。多核算法利用自然的对不同的视图做出反应的核，把不论线性还是非线性的特征整合在一起从而改进学习的效果。子空间学习算法旨在获得一个可以供不同视图共享的子空间，假设这个输入的视图是从这个潜在的子空间中产生的。

2）基于相似性的方法：相似性存在于两个不同的物体之间。如果知道两个物体（X、Y）在某种维度上存在相似性，当Y的信息缺失的时候，Y的信息可以暂时使用X替代。当X和Y分别有不同的数据集时，可以学习到这两个物体之间的多个相似的性质，X和Y的数据将会基于另一个数据集的相应数据进行计算。合并相关的两个对象，这些相似性可以相互增强。例如：从稠密数据集中学习到的相似性可以增强其他来自稀疏数据集中的相似性，因此帮助填补了后者的缺失数据。从另一个观点来看，可以通过结合两个对象的多个数据集更加精确地预测两个对象之间的相似性。因此，不同的数据集可以基于相似性相互混合使用。耦合矩阵分解和流形对齐是两个典型的方法。

3）基于迁移学习的方法：迁移学习允许在训练集合测试集的域、任务和分布不同。在现实世界中有很多迁移学习的实例，例如学习骑自行车的经验会对骑摩托车的学习有帮助。利用迁移学习技术，可以将从一个领域上学习到的知识迁移到另外一个领域上，从而能够有效地应对数据稀疏的问题，实现跨域的数据集成。迁移学习甚至可以在不同的学习任务之间迁移，例如从图书推荐迁移到旅行推荐。

2.3.3　数据变换

从数据源采集到的数据经常是具有不同量纲和范围的，这些数据可能是对的，但是并不

能直接用来进行计算，因此经常需要对采集来的数据进行变换，将数据转换成“适当的”形式以便更好地理解数据或对数据进行可视化的展示，达到有效应用数据的目的。数据变换主要分为以下几类。

1. 简单函数变换

简单函数变换包括平方、开方、对数变换和差分运算等，可以将不具有正态分布的数据变换成具有正态分布的数据。对于时间序列分析，有时简单的对数变换和差分运算就可以将非平稳序列转换成平稳序列。

2. 数据的标准化

数据的标准化是将数据按比例缩放，使之落入一个小的特定区间。由于指标体系的各个指标度量单位是不同的，使得所有指标能够参与计算，需要对指标进行规范化处理，通过函数变换将其数值映射到某个数值区间。数据的标准化有如下两种方法：

1）**0-1 标准化**：也叫离差标准化，是对原始数据的线性变换，使结果落到［0，1］区间。一种常用的变换函数是$f(x)=(x-x_{\min})/(x-x_{\max})$，其中 $x_{\max}$ 为样本数据的最大值，$x_{\min}$ 为样本数据的最小值。这种方法有一个缺陷，就是当有新数据加入时，可能导致 $x_{\max}$ 和 $x_{\min}$ 的变化，需要重新进行计算。

2）**Z-score 标准化**：这种方法基于原始数据的均值和标准差进行数据的标准化。经过处理的数据符合标准正态分布，即均值为 0，标准差为 1，其变换函数为：$f(x)=(x-\mu)/\sigma$，其中 μ 为所有样本数据的均值，σ 为所有样本数据的标准差。

3. 数据的归一化

数据的归一化是把数据变为［0，1］之间的小数，主要特点是把数据映射到 0 ~ 1 范围之内处理，更加便捷快速。这样可以把有量纲表达式变为无量纲表达式，成为纯量。

归一化是为了消除不同数据之间的量纲，方便数据比较和共同处理。比如在神经网络中，归一化可以加快训练网络的收敛性。而标准化是为了方便数据的下一步处理而进行的数据缩放等变换，并不是为了方便与其他数据一同处理或比较，比如数据经过 0-1 标准化后，更利于使用标准正态分布的性质，从而进行相应的处理。

除了可以使用数据标准化的方法之外，归一化还可以使用一些函数，例如 log 函数、atan 函数等。

使用这个方法需要注意的是，如果想将数据映射到区间［0，1］，则数据都应该大于等于 0，小于 0 的数据将被映射到［-1，0］区间上，即并非所有数据标准化的结果都会映射到［0，1］区间上。

4. 数据编码

数据编码是指研究、制定和推广应用统一的数据分类分级、记录格式及转换、编码等技术标准的过程。数据编码主要体现在对数据信息的分类和编码。对数据信息的分类是指根据一定的分类指标形成相应的若干层次目录，构成一个有层次的逐级展开的分类体系。数据的编码设计是在分类体系基础上进行的，数据编码要遵循系统性、唯一性、可行性、简单性、一致性、稳定性、可操作性和标准化的原则，统一安排编码的结构和码位。

5. 数据平滑

数据平滑指的是去掉数据中的噪声波动使得数据分布平滑。可采用的技术包括分箱、回归和聚类。

1）分箱：通过考察数据在一个领域范围内的值来平滑有序数据的值。有序值分布到一些“桶”或“箱”中。由于分箱技术考察近邻的值，因此适合进行局部平滑。

2）回归：用回归函数来拟合数据，用回归值进行数据平滑。如果数据中存在两个变量有线性关系，则通过线性回归拟合两个变量，然后采用一个变量来预测另一个。多元线性回归是线性回归的扩展，涉及的属性多于两个，并且将数据拟合到一个多维曲面，对数据进行平滑。

3）聚类：可以通过聚类检测离群点，将类似的值组织成“群”或“簇”。直观地，落在簇集合之外的值视为离群点。将这些簇内的数据进行不同的平滑。

2.3.4　数据质量的检验与提升

数据质量是数据可用性的重要方面，其定义有许多种。有观点认为，如果数据“适合于其在运营、决策和规划中的预期用途”，那么通常认为它是高质量的。也有观点认为，如果数据正确地代表了其所指的真实世界的结构，那么它也是高质量的。

数据质量问题及其所导致的知识和决策错误已经在全球范围内造成了恶劣的影响，严重困扰着信息社会。例如，在医疗方面，美国由于数据错误引发的医疗事故每年所导致的患者死亡人数达到 98000 名以上；在工业方面，错误和陈旧的数据每年给美国的工业企业造成约 6110 亿美元的损失；在商业方面，美国的零售业中，每年仅错误标价这一数据质量问题，就导致了 25 亿美元的损失；在金融方面，仅在 2006 年美国的银行业由于数据不一致而导致的信用卡欺诈就造成了 48 亿美元的损失；在数据仓库开发过程中，30%～80% 的开发时间和开发预算花费在清理数据错误的过程中；数据质量问题给每个企业增加的平均成本约是其产值的 10%～20%。数据质量包含很多维度。有一项关于数据质量维度的调查，其内容是选择 IT 行业的数据消费者和美国的 MBA 学生各 112 名，要求他们列出当他们想到数据质量时，首先浮现在脑海的维度，用以研究人们对数据质量维度的第一反应。这项调查最终共得到了 179 个维度，这些维度经过合并、去重以及去掉主观的维度，可以归纳为下述五个维度：

1）数据一致性：在数据集合中，每个信息都不包含语义错误或相互矛盾的数据。例如，数据（公司 =“先导”，国码 =“86”，区号 =“010”，城市 =“上海”）含有一致性错误，因为“010”是北京区号而非上海区号。

2）数据精确性：数据集合中，每个数据都能准确表述现实世界中的实体。例如，某城市人口数量为 4130465 人，而数据库中记载为 400 万。从宏观的角度来看，该数据是合理的，但不精确。

3）数据完整性：数据集合中包含足够的数据来回答各种查询，并支持各种计算。例如，某医疗数据库中的数据一致且精确，但遗失某些患者的既往病史，从而存在不完整性，可能导致不正确的诊断甚至严重医疗事故。

4）数据时效性：在信息集合中，每个信息都与时俱进，保证不过时。例如，某数据库中的用户地址在 2010 年是正确的，但在 2011 年未必正确，即这个数据已经过时了。

5）实体同一性：同一实体的标识在所有数据集合中必须相同而且数据必须一致。例如，企业的市场、销售和服务部门可能维护各自的数据库，如果这些数据库中的同一个实体没有相同的标识或数量不一致，将存在大量具有差异的重复数据，导致实体表达混乱。

鉴于数据质量的重要性，数据质量管理已经成为一个学科。数据质量问题可以通过制度

手段和技术手段解决。制度手段包括制定数据质量度量标准、数据质量监管体系和数据质量管理制度等，技术手段包括一系列错误检测和修复方法。根据上述介绍的几种数据质量重要维度，下面主要介绍不一致检测与修复、缺失值填充、实体识别与真值发现。

1. 不一致检测与修复

对于不一致的检测和修复，通常是基于数据完整性约束的。其含义是，给定一组完整性约束 Σ，发现数据库实例 I 中不满足 Σ 的部分，通过修复操作求解与 I 差距最小的 I′，且 I′ 满足 Σ。其中完整性约束主要用数据中各种依赖描述，例如包含依赖、函数依赖、条件函数依赖（Conditional Functional Dependencies，CFDs）等。

下面以数据依赖理论中的条件函数依赖为基础，通过定义规则，进而修复不一致数据。为了说明 CFDs，先来看如下关系模式：

customer（CC：int，AC：int，phn：int，name：string，street：string，city：string，zip：string）

其中每条元组（Tuple）都详细说明一个顾客的电话号码（国家代码 CC、区域代码 AC、电话号码 phn），姓名 name 和地址（街道 street、城市 city、邮编 zip）。表 2-1 给出了一个条件函数依赖示例。

表 2-1 条件函数依赖示例

	CC	AC	phn	name	street	city	zip
t_1	44	131	1234567	Mike	Mayfield	NYC	EH4 8LE
t_2	44	131	3456789	Rick	Crichton	NYC	EH4 8LE
t_3	01	908	3456789	Joe	Mtn Ave	NYC	07974

在 customer 关系模式下的 CFD 包括：

$$f_1: [CC, AC, phn] \to [street, city, zip], \ f_2: [CC, AC] \to [city]$$

意味着，一个顾客的电话号码由他的地址唯一决定（f_1），而国家代码和区域代码决定着城市（f_2）。通过观察，表 2-1 满足 f_1 和 f_2，即具有相同 CC、AC 和 phn 的元组其 street、city 和 zip 属性值相同；具有相同 C 和 AC 的元组，其 city 属性值相同。换句话说，如果用 f_1 和 f_2 来指定说明顾客数据的一致性，也就是将违反依赖视为错误发生，那么在表 2-1 中便找不到任何错误或者不一致，因此表 2-1 被认为是干净的。

然而，进一步检查就会发现表 2-1 中没有一条元组是完全正确的。当考虑如下数据约束时，不一致就会变得非常明显，这种约束试图去表达现实世界顾客数据的语义。

cfd_1:([CC = 44, zip] → [street])

cfd_2:([CC = 44, AC = 131, phn] → [street, city = 'EDI', zip])

cfd_3:([CC = 01, AC = 908, phn] → [street, city = 'MH', zip])

其中，cfd_1 表示在英国（CC = 44）的顾客，邮编 zip 唯一决定街道 street，换句话说，cfd_1 是这样一条函数依赖（FD），这条 FD 只作用于表 2-1 中满足“CC = 44”这个条件的数据子集，如表 2-1 中的 $\{t_1, t_2\}$。cfd_1 不是传统的 FD，因为它的定义中带有常量，并且也没有要求它作用于整个关系表。后两条约束细化了前面给出的 f_1。cfd_2 表示对任何两条元组，如果它们的区域代码 AC 是 131 并且有相同的电话号码，那么他们一定有相同的街道和邮编，并且城市一定是 EDI。同理可知 cfd_3。

此时可发现，t_1 和 t_2 共同违反 cfd_1，它们指出两个同在英国的顾客有相同的邮编，却住在不同街道。另外，表2-1满足f_1，可是t_1和t_2却违反了cfd_2（CC = 44且AC = 131，但city≠EDI）。同理，t_3违反了cfd_3。

对此关系进行修复，一种可能的方法是首先修复t_2的街道，使之和t_1相同，同时将t_3的city属性修复成MH。

2. 缺失值填充

缺失值填充是针对不完整数据进行缺失数据的填充。缺失值填充的方法有很多，下面列举了几种常用的方法。

1）删除：最简单的方法是删除，包括删除相关属性和删除相关样本。如果大部分样本某属性都缺失，则表明该属性能提供的信息有限，可以选择放弃使用该属性；如果一个样本大部分属性缺失，可以选择放弃该样本。这种方法简单，但只适用于数据集中缺失较少的情况。

2）统计填充：对于缺失值的属性，尤其是数值类型的属性，利用所有样本关于这维属性的统计指标对其进行填充，如平均数、中位数、众数、最大值、最小值等，具体选择哪种统计指标需要具体问题具体分析。另外，如果有可用类别信息，还可以进行类内统计。例如对于身高属性，男性和女性的统计填充应该是不同的。

3）统一填充：对于含缺失值的属性，把所有缺失值统一填充为自定义值，如何选择自定义值也需要具体问题具体分析。当然，如果有可用类别信息，也可以为不同类别分别进行统一调整。常用的统一填充值有“空”“0”“正无穷”“负无穷”等。

4）预测填充：可以利用预测模型基于不存在缺失值的属性来预测缺失值。这种方法比较复杂，取得的效果也比较好。预测填充的方法主要依赖于数据类型和数据分布。对于类别属性（如学校、地址等），可以采用分类方法进行填充，例如朴素贝叶斯法、支持向量机（SVM）等。具体来说，可以使用基于完整的元组训练分类器，此分类器以存在缺失值的属性作为类别，对于存在缺失值的属性，通过分类器进行分类获得填充值。对于数值属性，如电压、收入等，可以采取回归的方法进行缺失值的填充。基于完整的元组训练回归方程，以存在待填充值的属性作为因变量，对于存在缺失值的属性，将完整的自变量代入回归方程计算出待填充值。在一般情况下，属性之间的关联关系比较复杂，可以用贝叶斯网络标识此复杂的关系，从而实现缺失属性的填充。

3. 实体识别与真值发现

日常生活中存在许多实体，但有些实体在数据库中会有相同的名字，也有些实体在数据库中有多个名字。如何找出指向同一实体的数据便成了一个重要的任务，这即是实体识别。实体识别是数据质量管理中的一项重要技术，也是许多任务的基础，如真值发现、冗余数据的消除等。具体来说，实体识别是指在给定的实体对象（包括实体名和各项属性）集合中，正确发现不同的实体对象，并将其聚类，使得每个经过实体识别后得到的对象簇在现实世界指代的是同一个实体。

实体识别要解决的问题主要包括下面两类：①冗余问题，即同一实体由多个不同的名字指代；②重名问题，即多个实体由同一个名字指代。解决这两类问题的技术分别为冗余发现和重名检测。它们的主要思路是构造相似性函数，并结合聚类技术，根据对象之间的相似度判断是否指向同一实体。

不同数据源对同一实体可能提供不同的冲突数据，这就需要在冲突数据中找出真值，即

真值发现。真值发现的目标是，在多个对同一实体的描述信息中，找出最为准确的描述。真值发现是数据集成中的一个重要部分。

真值发现中最为直观的方法是投票法，即将得票多的描述作为真实值。但显然，投票时不同数据源对应描述的权值应有所不同，这取决于数据源的可信度，也称为数据源的精度，如何求解数据源的精度便是问题的关键。此外，由于现实生活中不同数据源之间存在复制现象，错误数据可能在多个数据源之间传播，这称为数据源之间的依赖，也是真值发现中需要着重考虑的因素。在投票过程中，相互依赖的数据源的票数应当视作重复的投票，并应相应降低单独投票的权重。

习　题

2.1　大数据的来源主要有几种？

2.2　大数据集成的基本原理有哪些？

2.3　能否举例说明基于特征与基于语义的跨界数据集成方法的不同？

2.4　数据质量有几种维度？分别是什么？

2.5　你能提出一个金融行业领域中数据获取的应用案例吗？

2.6　假设对一个城市空气污染进行检测和预测，请思考下述问题：

(1) 需要哪些数据？

(2) 这些数据来源于何处？

(3) 这些数据应当以何种方式采集？

(4) 这些数据应当经过何种预处理？

(5) 如何集成这些数据以支持空气污染检测和预测的任务？

2.7　请分析数据预处理应当在数据集成之前还是之后进行，为什么？

2.8　请分别举出在教育领域需要传统信息集成和跨界信息集成的实例。

2.9　请分析在交通大数据（如GPS采集的数据、打车软件中记录的数据）中可能遇到数据质量问题以及这些数据质量问题的检测方法和修复方法。

2.10　假设需要从大众点评、美团、百度外卖三个数据源收集北京市餐馆的信息，请简述可能会用到的数据集成步骤。针对上述场景，列举数据中可能存在的数据质量问题。

参考文献及扩展阅读资料

[1] Hall D L, Llinas J. An introduction to multisensor data fusion [J]. Proceedings of the IEEE, 2002, 85 (1): 6-23.

[2] Mathews J D, Forsythe A V, Brady Z, et al. Cancer risk in 680 000 people exposed to computed tomography scans in childhood or adolescence: data linkage study of 11 million Australians [J]. Bmj, 2013, 346 (10): 2360.

[3] Mongi A A, Rafael C G. Data fusion in robotics and machine intelligence [M]. Boston, Academic, 1992.

[4] Philip B, Wenfei F, Floris G, et al. Conditional Functional Dependencies for Data Cleaning [C]. Piscataway, IEEE, 2007: 746-755.

[5] Zheng Y. Methodologies for Cross-Domain Data Fusion: An Overview [J]. IEEE Transactions on Big Data, 2015, 1 (1): 16-34.

[6] 索雷斯. 大数据治理 [M]. 匡斌, 译. 北京: 清华大学出版社, 2014.

[7] 王宏志. 大数据分析原理与实践 [M]. 北京: 机械工业出版社, 2017.

[8] Fan W, Geerts F. 数据质量管理基础 [M]. 刘瑞虹, 等译. 北京: 国防工业出版社, 2012.

[9] AnHai D, Alon Y H, Zachary G. Ives: Principles of Data Integration [M]. California: Morgan Kaufmann, 2012.

[10] 范传辉. Python 爬虫开发与项目实战 [M]. 北京: 机械工业出版社, 2017.

[11] 王振武. 大数据挖掘与应用 [M]. 北京: 清华大学出版社, 2017.

[12] April R. 大数据管理: 数据集成的技术、方法与最佳实践 [M]. 余水清, 潘黎萍, 译. 北京: 机械工业出版社, 2014.

[13] Xin L D, Divesh S. Big Data Integration: Synthesis Lectures on Data Management [J], Morgan & Claypool Publishers, 2015: 1-198.

[14] Anish D S, Xin L D, Alon Y H. Data integration with dependent sources [C]. Uppsala: DBLP, 2011: 401-412.

[15] Xin L D, Laure B, Divesh S. Truth Discovery and Copying Detection in a Dynamic World [J]. PVLDB, 2009, 2 (1): 562-573.

[16] AnHai D, Michael J F, Donald K, et al. Crowdsourcing Applications and Platforms: A Data Management Perspective [J]. PVLDB, 2011, 4 (12): 1508-1509.

[17] AnHai D, Alon Y H. Semantic Integration Research in the Database Community: A Brief Survey [J]. AI Magazine, 2005, 26 (1): 83-94.

[18] Richard Y W, Diane M S. Beyond Accuracy: What Data Quality Means to Data Consumers. Journal of Management Information [J]. Systems/Spring, 1996, 12 (4): 5-34.

[19] Fatimah S, Payam H S P, Lilly S A, et al. Data Quality: A Survey of Data Quality Dimensions [C]. Piscataway, IEEE, 2012: 300-304.

[20] Woolsey B. Schulz M. Credit card statistics, industry facts, debt statistics [C]. Google Search Engine, 2010.

[21] Foss B, Stone M, Ekinci Y. What makes for CRM system success or failure [J]. Journal of Database Marketing & Customer Strategy Management, 2008, 15 (2): 68-78.

[22] Stelf M E. To err is human: Building a safer health system [J]. Frontiers of Health Services Management, 2001, 18 (1): 1.

[23] 李建中, 李金宝, 石胜飞. 传感器网络及其数据管理的概念、问题与进展 [J]. 软件学报, 2003, 14 (10): 1717-1727.

[24] Rui G, Hongzhi W, Mengwen C, et al. Parallelizing the extraction of fresh information from online social networks [J]. Future Generation Comp, 2016 (59): 33-46.

[25] 李建中, 王宏志. 大数据可用性的研究进展 [J]. 软件学报, 2016, 27 (7).

[26] 陈翔, 徐佳, 吴敏, 等. 基于社会行为分析的群智感知数据收集研究 [J]. 计算机应用研究, 2015, 32 (12): 3534-3541.

[27] 张绍华, 潘蓉, 宗宇伟. 大数据治理与服务 [M]. 上海, 上海科学技术出版社, 2016.

[28] 吴信东, 等. 数据治理技术 [J]. 软件学报, 2019, 30 (9): 2830-2856.

第3章 数据管理

导 读

本章重点讲述数据存储与管理技术的概念与发展过程，选择经典的关系数据库技术以及大数据时代出现的分布式文件系统技术、NoSQL与SQL on Hadoop技术等新型大数据存储与查询技术进行介绍。

知识点：

知识点1 数据管理技术的发展历程
知识点2 关系数据模型与关系数据库技术、SQL on Hadoop技术
知识点3 分布式文件系统
知识点4 NoSQL数据库
知识点5 多模态数据管理技术

课程重点：

重点1 数据管理技术的内涵与外延
重点2 关系数据模型
重点3 NoSQL数据库技术

课程难点：

难点1 关系数据库技术与文件系统技术的异同
难点2 关系数据库与NoSQL数据库等大数据技术的差异

3.1 概述

数据管理技术是指对数据进行分类、编码、存储、索引和查询，是大数据处理流程中的关键技术，负责数据从落地存储（写）到查询检索（读）。数据管理技术从最早人们使用文件管理数据，到数据库（Database）、数据仓库技术的出现与成熟，再到大数据时代一些新型数据管理系统的涌现，一直是数据领域研究和工程领域的热点。从技术脉络而言，这些技术的发展一直随着所管理的数据类型与应用场景的演化而不断演进。特别是在大数据时代，

由于处理的数据量急剧增大，数据类型日趋复杂，使用场景从通用向特定需求过渡，以及性能与效率的要求不断提高，分布式文件系统、NoSQL 数据库、SQL on Hadoop 等新技术应运而生。

数据库是按照数据结构来组织、存储和管理数据的，是建立在计算机存储设备上的仓库。简单来说，数据库本身可视为电子化的文件柜，用户可以对文件中的数据进行新增、截取、更新、删除等操作。严格来说，数据库是长期储存在计算机内、有组织的、可共享的数据集合。数据库中的数据指的是以一定的数据模型组织、描述和储存在一起、具有尽可能小的冗余度、较高的数据独立性和易扩展性的特点，并可在一定范围内为多个用户共享。

20 世纪 70 年代，IBM 公司的 Edgar Frank Codd 开创了关系数据库理论。20 世纪 80 年代，随着事务处理模型的完善，关系数据管理在学术界和工业界取得主导地位，并一直保持到今天。在他发表的一系列论文中，Codd 建议将数据独立于硬件来存储，用户使用一个非过程语言来访问数据，不再要求用户掌握数据的物理组织方式，使得关系数据库的使用更加简便。关系数据库的核心是将数据保存在由行和列组成的简单表中，而不是将数据保存在一个层次结构中。各个表之间的关联关系同样通过简单表来表达，这种做法使得关系数据库的基本数据结构非常统一。在后续的论文中，Codd 又提出了针对关系型数据库系统的具体指导原则，从而开创了关系数据库和数据规范化理论的研究，他因此获得了 1981 年的图灵奖，关系数据库也很快成为数据库市场的主流。

2010 年前后随着云计算技术逐步落地，存储设备等硬件成本快速下降，互联网、物联网等数据规模的快速增长，能够低成本、高效率处理异构海量数据的“大数据”存储与查询技术快速发展。美国谷歌公司为满足搜索业务的需求，推出的以分布式文件系统 GFS（Google File System）、分布式计算框架 MapReduce、列族数据库 BigTable 为代表的新型数据管理与分布式计算技术，解决了海量数据的存储成本、计算效率、灵活查询方式对传统数据管理技术带来的挑战。Doug Cutting 领衔的技术社区研发了对应的开源版本，在 Apache 开源社区推出，并形成了 Hadoop 大数据技术生态。大数据技术社区以 Apache 等开源社区为依托，在 Hadoop 技术生态上不断迭代，发展出面向内存计算的 Spark 大数据处理软件栈，MangoDB、Cassandra 等各类型 NoSQL 数据库，Impala、SparkSQL 等分布式文件系统之上的数据查询技术（SQL on Hadoop）等一系列大数据时代的新型数据管理技术。

至此，数据管理形成了一个相对稳定的技术体系，分布式文件系统作为底层存储，同时也是非结构化数据的主要管理系统，关系数据库（包括 new SQL 系统）与基于 HDFS 存储的 SQL on Hadoop 主要针对结构化数据进行管理，NoSQL 数据库主要支持键值对、图、时序等半结构化类型数据的管理。与此同时，各类异构数据也带来了管理上的复杂性，为了解决多源异构数据一体化管理的挑战，全类型数据管理技术也应运而生。

3.2 分布式文件系统

从发展的历史看，数据库是数据管理的高级阶段，它是由文件管理系统发展起来的。在大数据时代，浩如烟海的数据中还有很大一部分是无法用关系数据库管理的非结构化数据，例如音频、视频、各类图纸等。对于这类数据，目前通行的管理方式是采用文件系统存储原始数据外加数据库系统存储描述性数据的架构。由于这类文件型数据个体体量巨大（可轻

松超过 GB 级）且数量快速增长，传统的单台主机提供的文件系统无法提供足够的扩展性和处理能力进行应对，分布式文件系统因此获得了更多的青睐。

分布式文件系统建立在通过网络联系在一起的多台价格相对低廉的服务器上，将要存储的文件按照特定的策略划分成多个片段分散放置在系统中的多台服务器上。由于服务器之间的联系相对松散，当系统存储和处理能力不足时，可以通过增加其中服务器的数量来实现横向扩容而无须迁移整个系统中的数据。分布式文件系统在响应文件操作时，可以将操作分解成多台服务器的子操作，从而为客户端提供了很好的并行度和性能。同时，分布式文件系统中的多台服务器之间形成了硬件上的冗余，很多分布式文件系统选择将同一数据块在多台服务器上重复存放，即便其中一台服务器失效也不会影响到对该数据块的访问，这也为分布式文件系统中的数据提供了更好的可靠性。

从分布式文件系统的用途来看，目前主流的分布式文件系统主要有两类。第一类分布式文件系统主要面向以大文件、块数据顺序读写为特点的数据分析业务，其典型代表是Apache旗下的 Hadoop 分布式文件系统（Hadoop Distributed File System，HDFS）。另一类主要服务于通用文件系统需求并支持标准的可移植操作系统接口（Portable Operating System Interface of UNIX，POSIX），其代表包括 Ceph 和 GlusterFS。当然，这种分类仅表示各种分布式文件系统的专注点有所不同，并非指一种分布式文件系统只能用于某种用途。下面介绍几种目前比较主流的分布式文件系统。

3.2.1 Hadoop

为了处理大规模的网页数据，Google 公司在 2004 年发表了题为《MapReduce：Simplified Data Processing on Large Clusters》的论文，其中提出了一种面向大规模数据处理的并行计算模型 MapReduce。Google 公司设计 MapReduce 的初衷主要是为了解决其搜索引擎中大规模网页数据的并行化处理。Google 公司发明了 MapReduce 之后，首先用其重新改写了搜索引擎中的 Web 文档索引处理系统。但由于 MapReduce 可以普遍应用于很多大规模数据的计算问题，因此自发明 MapReduce 以后，Google 公司内部进一步将其广泛应用于很多大规模数据处理问题。为 MapReduce 提供数据存储支持的是 Google 公司自行研制的 GFS（Google File System），它是一个可扩展的分布式文件系统，用于大型的、分布式的、对大量数据进行访问的应用。

2004 年，开源项目 Lucene（搜索索引程序库）和 Nutch（搜索引擎）的创始人 Doug Cutting 发现，MapReduce 正是其所需要的解决大规模 Web 数据处理的重要技术，因此模仿 Google MapReduce，基于 Java 设计开发了一个称为 Hadoop 的开源 MapReduce 并行计算框架和系统。自此，Hadoop 成为 Apache 开源组织下最重要的项目，其推出后很快受到了全球学术界和工业界的普遍关注，并得到推广和普及应用。

HDFS 的功能为数据的存储、管理和出错处理。它是类似于 GFS 的开源版本，设计的目的是用于可靠地存储大规模的数据集，并提高用户访问数据的效率。HDFS 吸收了很多分布式文件系统的优点，具有较高的错误处理能力，即使安装在廉价设备上也能得到较好的性能，由于能够提供高吞吐量的数据访问，HDFS 非常适合大规模数据集上的应用。HDFS 具有以下几方面的特性：①适合大文件存储和处理，它可处理的文件规模可达到数百 MB 乃至数百 TB，就目前的应用来看，HDFS 的存储和处理能力已经达到了 PB 级；②集群规模可动态扩展，存储节点可在运行状态下加入到集群中，集群仍然可以正常地工作；③基于

"一次写入，多次读取"的设计思想，HDFS将文件访问的方式进行简化处理，当一个文件创建、写入并关闭后就不能再修改，通过这种方式有效地保证了数据的一致性；④HDFS采用数据流式读写的方式，用以增加数据的吞吐量。另外，它还具有很好的跨平台移植性，源代码的开放也给研究者们提供了便利。

1. HDFS系统架构

HDFS采用的是单一主服务器的主从结构，一个HDFS集群通常由一台主服务器和若干台数据服务器构成。

主服务器是整个集群的控制中心，主要用于文件元数据的管理和文件读写流程的控制。在HDFS中，数据文件被划分成很多文件块（Block），然后将这些块分散存放在集群中的多台数据服务器上。因此，操作文件的前提是能够正确地找到文件由哪些块组成以及块存放在哪一台数据服务器上，这些信息由文件元数据提供。HDFS中的文件元数据包括文件的命名空间、文件和块的对应关系、块和数据服务器的映射关系。命名空间是一个文件和上级目录所组成的层级结构，主要包括文件的权限、修改情况、访问次数、磁盘分配情况等。块与文件和数据服务器之间的对应关系会被持久化保存到主服务器上。

数据服务器是HDFS集群的存储中心，HDFS以主从结构形式将数据服务器组织起来，使得属于相同子网的数据服务器组成一个机架，机架与机架之间通过网络设备进行数据的交换，因此当两台数据服务器属于同一机架时，它们之间的数据传输速度明显高于属于不同机架的传输速度。数据服务器的主要工作是存放数据块并且为用户以及其他节点提供对数据块的访问，为了保证块的完整性，数据服务器还会保存数据块的校验信息，用于判断数据块是否损坏。

作为整个HDFS系统的核心，主服务器及其上的元数据的可靠性至关重要，HDFS中设置了一台后备主服务器用于定期对主服务器存储的元数据进行备份，保障名称空间、元数据等系统信息的完整性。这台后备主服务器只与主服务器进行交互，对系统中的其他节点不可见。

2. HDFS的操作

在HDFS的多数据服务器架构下，用户对文件操作时，首先要联系主服务器，获取该文件被分成了哪些块，以及这些块分别放在哪台数据服务器上的什么位置，然后才能定位到各个数据块进行读写操作。而用户操作具体某一个文件块时，会直接与存储该文件块的数据库服务器进行通信，此时主服务器只起到监督和协调的作用。

在多用户同时对文件进行操作时，为了防止出现类似于数据库中的数据不一致，主服务器通过租约机制对正在被修改的文件进行加锁。主服务器会给提交写请求的用户分配租约，只有获得写文件许可的用户才可进行写操作。文件写操作执行完后，用户归还租约，此时才可允许其他用户进行读写。

3. HDFS副本管理

为了提高系统中文件数据的可靠性，HDFS系统提供了一种副本机制：默认情况下，每一个文件块都会在HDFS系统中拥有三个副本，副本数可以在部署集群时手动设置。通常这三个副本会被放置在不同的数据服务器上，这样就保证了即便其中某一个副本丢失或者损坏，都可以保证该文件块继续使用，甚至还可以利用其他两个副本来恢复丢失或者损坏的那个副本。除了提高数据可靠性之外，HDFS的副本机制还有其他用途。

1）均衡系统负载。如果每个文件只在系统中保存一份，存储在一个数据服务器上，当该文件被频繁访问时，必然会造成该服务器的负载增大，进而影响系统性能。多个副本的存在可以将文件的访问负载分摊到不同的数据服务器上，从而形成并行访问，提高性能。

2）减少文件的访问时间。当多个副本存在时，用户在定位所需文件块时，系统总是选择与用户之间距离最小的副本，减少访问延迟及数据传输时间。

虽然副本策略在一定程度上可以平衡各数据服务器之间的负载，但是随着时间的推移，系统依然会出现负载不均的情况，例如用户大量删除某台服务器上的文件、集群中增加新的节点等。为了保证系统的负载均衡，HDFS 提供了负载均衡工具，管理员通过运行该工具可以启动 HDFS 的数据均衡服务，该工具会确保使用网络内的最短路径进行数据块的迁移。

从应用场景来看，HDFS 是专门为 Hadoop 这样的计算引擎而生，更适合离线批量处理大数据，例如电商网站对于用户购物习惯的分析。由于 HDFS 本身设计的特点，它不适合于经常要对文件进行更新、删除的在线业务。目前，配合着 Hadoop 架构的流行，HDFS 已经被应用在很多领域，国内包括阿里巴巴、百度、腾讯等大型企业都在各自的业务中采用了 HDFS。

3.2.2 Ceph

Ceph 项目起源于其创始人 Sage Weil 在加州大学圣克鲁兹分校攻读博士期间的研究课题。在 2006 年的 OSDI 学术会议上，Sage 发表了介绍 Ceph 的论文，并在该篇论文的末尾提供了 Ceph 项目的下载链接，由此，Ceph 开始广为人知。

Ceph 是一种为优秀的性能、可靠性和可扩展性而设计的统一的、分布式的存储系统。应该说，这句话确实点出了 Ceph 的要义，可以作为理解 Ceph 设计思想和实现机制的基本出发点。在这个定义中，应当特别注意“存储系统”这个概念的两个修饰词，即“统一的”和“分布式的”。“统一的”意味着 Ceph 可以一套存储系统同时提供对象存储、块存储和文件系统存储三种功能，以便满足在不同应用需求的前提下简化部署和运维。而“分布式的”在 Ceph 中则意味着真正的无中心结构和没有理论上限的系统规模可扩展性。在实践当中，Ceph 可以被部署在上千台服务器上。早在 2013 年，Ceph 在生产环境下部署的最大规模系统物理容量就已经达到了 3PB（Dreamhost 公司的对象存储业务集群）。

Ceph 也是一个高可用、易于管理、开源的分布式存储系统，可以同时提供对象存储、块存储以及文件存储服务。CepH 值得一提的优势颇多，包括统一的存储能力、高可扩展性、高可靠性、高性能、自动化的维护等。本质上，Ceph 的这些优势均来源于其先进的核心设计思想，可以将其概括为八个字：“无须查表，算算就好”。基于这种设计思想，Ceph 充分发挥存储设备自身的计算能力，同时消除了对系统单一中心节点的依赖，从而实现了真正的无中心结构。基于这一设计思想和结构，Ceph 一方面实现了高度的可靠性和可扩展性，另一方面保证了客户端访问的相对低延迟和高聚合带宽。

Ceph 的系统架构主要分为以下几部分，如图 3-1 所示。

- Clients：客户端，每个 Client 实例向主机或进程提供一组类似于 POSIX 的接口。
- Metadata storage ：单个元数据服务器，简称 MDS。
- Metadata Cluster：元数据服务器集群，包含多个 MDS 节点。在协调安全性、一致性与耦合性时，管理命名空间（文件名和目录名）。

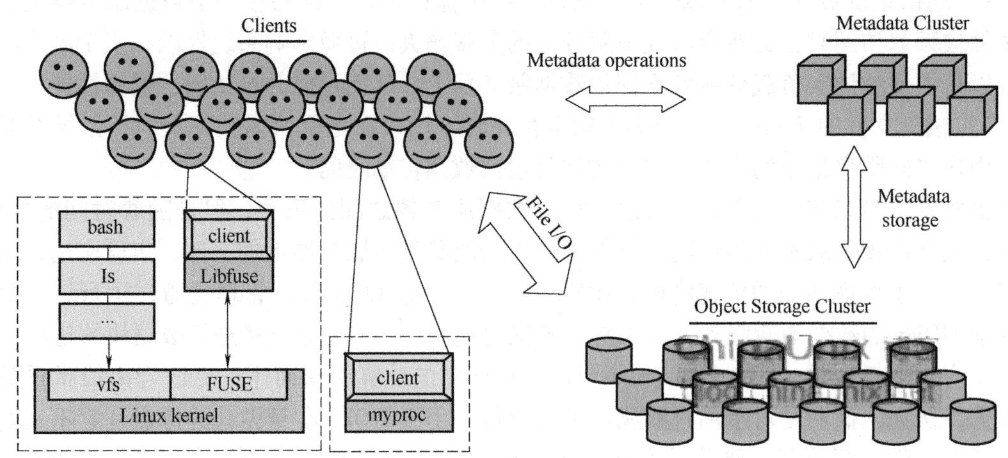

图 3-1　Ceph 的系统架构

- Object Storage Device：单个的 Ceph 节点，简称 OSD，主要功能是存储数据、复制数据、平衡数据、恢复数据等。将数据和元数据作为对象存储，在图中以主方程的形式表示。
- Object Storage Cluster：Ceph 存储集群，包含大量的 OSD 节点，节点之间相互通讯，实现数据的动态复制和分布。
- Monitor：监控器，用来监控集群中所有节点的状态信息。它保存集群所有节点信息，并和所有的节点保持连接，来监控所有的节点状态。
- File I/O：文件输入输出，是 Clients 客户端与 OSD 集群之间的主要数据传输方式。
- FUSE：File system in User Space（FUSE）是一个可加载的内核模块，其支持非特权用户创建自己的文件系统而不需要修改内核代码。通过在用户空间运行文件系统的代码通过 FUSE 代码与内核进行桥接。
- Linux kernel：Linux 操作系统内核。
- Metadata operations：元数据操作，指的是 Clients（客户端）与 Metadata Cluster（元数据服务器集群）之间关于元数据的读、写等操作。
- Libfuse：FUSE 库，负责和内核空间通信，接收来自/dev/fuse 的请求，并将其转化为一系列的函数调用，将结果写回到/dev/fuse。提供的函数可以对 FUSE 文件系统进行挂载卸载、从 linux 内核读取请求以及发送响应到内核。
- myproc：Linux 提供的一种内核模块向进程（process）发送信息的机制，让用户和内核内部数据结构之间进行交互，获取有关进程的有用信息。

客户端通过与 OSD 的直接通信实现文件操作。在打开一个文件时，客户端会向 MDS 发送一个请求。MDS 把请求的文件名翻译成文件节点（inode），并获得节点号、访问模式、大小以及文件的其他元数据。如果文件存在，并且客户端可以获得操作权，则 MDS 向客户端返回上述文件信息并且赋予客户端操作权。在分布式文件系统中操作文件时，最重要的一个步骤是定位文件（或者文件片段）的位置（存放路径）。Ceph 的设计思想摒弃了传统的查询元数据表的方式，而是通过计算来定位文件对象。简而言之，任何一个 Ceph 的客户端程序仅仅使用不定期更新的少量本地元数据进行简单计算，就可以根据一个数据的 ID 决定其存储位置。这种方式使得传统方式出现的问题被一扫而空，几乎 Ceph 所有的优秀特性都是基于这种数据寻址方式实现的。

相对于面向离线批处理的 HDFS 来说，Ceph 更偏向于成为一种高性能、高可靠性、高扩展性的实时分布式存储系统，其对于写入操作特别是随机写入的支持更好。据有限的资料显示，目前国内有携程、联通研究院、宝德云等企业小规模地在生产或者测试环境中部署了 Ceph。造成 Ceph 在生产中应用较少的主因还在于其稳定性和大规模部署还未经过验证，导致绝大部分潜在客户仍在对其进行测试和验证。

3.2.3 GlusterFS

GlusterFS 是 Scale-Out 存储解决方案 Gluster 的核心。它是一个开源的分布式文件系统，具有强大的横向扩展能力，通过扩展能够支持数 PB 存储容量和处理数千个客户端。GlusterFS 借助 TCP/IP 或 InfiniBand RDMA 网络将物理分布的存储资源聚集在一起，使用单一全局命名空间来管理数据。GlusterFS 基于可堆叠的用户空间设计，可为各种不同的数据负载提供优异的性能。

GlusterFS 的系统架构如图 3-2 所示。

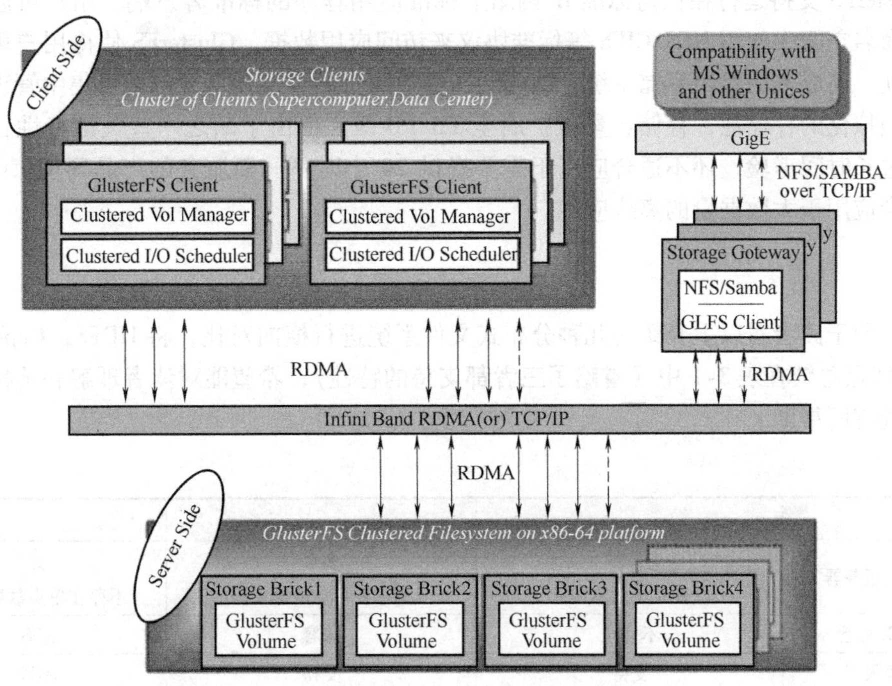

图 3-2 GlusterFS 的系统架构

- Storage Brick：GlusterFS 中的存储单元，通常是一个受信存储池中的服务器的一个导出目录。可以通过主机名和目录名来标识，如 SERVER：EXPORT。
- Storage Clients：挂载了 GlusterFS 卷的设备。
- RDMA：远程直接内存访问，支持不通过双方的 OS 进行直接内存访问。
- RRDNS：Round Robin DNS（RRDNS）是一种通过 DNS 轮转返回不同的设备以进行

负载均衡的方法。

- Self-heal：用于后台运行检测副卷中文件和目录的不一致性，并解决这些不一致问题。

存储服务器主要提供基本的数据存储功能，最终的文件数据通过统一的调度策略分布在不同的存储服务器上。它们上面运行着 GlusterFS 进程，负责处理来自其他组件的数据服务请求。如前所述，数据以原始格式直接存储在服务器的本地文件系统上，如 EXT3、EXT4、XFS、ZFS 等，运行服务时指定数据存储路径。多个存储服务器可以通过客户端或存储网关上的卷管理器组成集群，如 Stripe（RAID0）、Replicate（RAID1）和 DHT（分布式 Hash）存储集群，也可利用嵌套组合构成更加复杂的集群，如 RAID10。

由于没有了元数据服务器，客户端承担了更多的功能，包括数据卷管理、I/O 调度、文件定位、数据缓存等功能。客户端上运行 GlusterFS 进程，它实际是 GlusterFS 的符号链接，利用 FUSE（File system in User Space）模块将 GlusterFS 挂载到本地文件系统之上，以与 POSIX 兼容的方式来访问系统数据。从 3.1.X 版本开始，GlusterFS 的客户端不再需要独立维护卷配置信息，改成自动从运行在网关上的 Glusterd 弹性卷管理服务来进行获取和更新，极大简化了卷管理。GlusterFS 客户端负载相对传统分布式文件系统要更高，包括 CPU 占用率和内存占用。

GlusterFS 支持运行在任何标准 IP 网络上标准应用程序的标准客户端，用户可以在全局统一的命名空间中使用 NFS/CIFS 等标准协议来访问应用数据。GlusterFS 使得用户可摆脱原有的独立、高成本的封闭存储系统，能够利用普通廉价的存储设备来部署可集中管理、横向扩展、虚拟化的存储池，存储容量可扩展至 TB/PB 级。但由于缺乏一些关键特性，可靠性也未经过长时间考验，还不适合应用于需要提供 24 小时不间断服务的产品环境。GlusterFS 目前适合应用于大数据量的离线应用。

3.2.4　分布式文件系统对比

为了便于读者对以上介绍的几种分布式文件系统进行横向对比，将 HDFS、Ceph、GlusterFS 的特点总结在表 3-1 中（省略了三者都支持的特性），希望能对读者理解和选择分布式文件系统有所帮助。

表 3-1　分布式文件系统对比

特　性	HDFS	Ceph	GlusterFS
元数据服务器	单个 存在单点故障风险	多个 不存在单点故障风险	无 不存在单点故障风险
POSIX 兼容	不完全	兼容	兼容
配额限制	支持	支持	不详
文件分割	默认分成 64MB/块	采用 RAID0	不支持
网络支持	仅 TCP/IP	多种网络，包括 TCP/IP、Infiniband	多种网络，包括 TCP/IP、Infiniband
元数据	元数据服务器管理全量元数据	元数据服务器管理少量元数据	客户端管理全量元数据
商业应用	大量，国内用户包括中国移动、百度、网易、淘宝、腾讯、华为等	非常不成熟，尚不适合生产环境	测试和使用案例多为欧美用户，国内用户很少

3.3 关系数据库

关系数据库建立在关系数据模型之上，主要用来存储结构化数据并支持数据的插入、查询、更新、删除等操作。关系模型将数据组织成一系列由行和列构成的二维表格，通过关系代数、关系演算等方法来处理表格中的数据，并且可以利用多种约束来保证数据的完整准确。关系数据库管理系统（RDBMS）是管理关系数据库的系统软件，它以具有国际标准的SQL语言作为关系数据库的基本操作接口。通过标准化的结构化查询语言（Structured Query Language，SQL），关系数据库中的数据能被灵活地组合、拆分、转换，这使得RDBMS的用户和应用能够非常方便地处理其中的数据。

下面将分别从关系模型、SQL语言、数据库事务以及关系数据库管理系统几个方面进一步介绍关系数据库。

3.3.1 关系数据模型

关系数据模型是以集合论中的关系（Relation）概念为基础发展起来的。关系数据模型中无论是实体还是实体间的联系均由单一的数据结构——关系来表示。关系数据模型中对数据的操作通常由关系代数和关系演算两种抽象操作语言来完成，此外，关系数据模型中还通过实体完整性、参照完整性和自定义完整性来确保数据的完整一致。

1. 数据结构

关系数据模型的基本数据结构就是关系，一个关系对应着一个二维表，二维表的名字就是关系名。例如表3-2所示的学生表和表3-3所示的课程表都属于二维表。在表示现实世界的数据时，关系数据模型的这种数据结构非常自然和适合，因为人们工作、生活中用到的很多数据都是放在各种表格中的，例如工资表、成绩单、购物清单、消费记录等。在使用基于关系数据模型的数据库来管理数据时，只需要根据现实中表格的结构创建一些数据库表，然后将数据录入到数据库表中即可。因此，在各种场合下，人们常常不区分“表”和“关系”这两个术语。

表3-2 学生表

学　号	姓　名	性　别	年　龄	图书证号	所在系
S3001	张明	男	22	B20050101	外语
S3002	李静	女	21	B20050102	外语
S4001	赵丽	女	21	B20050301	管理

表3-3 课程表

课程号	课程名称	授课教师	教　材	选课人数上限
C1	大学英语	T0001	新概念英语	200
C2	高等数学	T0002	高等数学	100
C3	计算机基础	T0003	计算机导论	300
C4	数据库原理	T0004	数据库概论	50

从横向看，二维表中的一行被称为关系中的一个元组（Tuple），关系本质上就是由同类元组构成的集合。从纵向看，二维表由很多列构成，列被称为关系的属性（Attribute），同一个集合中的元组都由同样的一组属性值组成。属性的取值范围被称为域（Domain），它也可以被理解为属性中值的数据类型。关系所拥有的属性个数被称为关系的元或者度。通过一组属性以及每个属性所属的域，就可以定义出一种关系的结构，只要在这种结构中填入实际的属性值（实例化）就可以得到关系（值的集合），这种关系的结构称为关系模式。

为了能在数据库中找到（查询或检索）具体的数据（例如某个学生），需要有一种方法能够唯一地标识该数据，在关系模型中这种唯一标识被称为键（Key）或者码。如果在一个关系中存在唯一标识一个元组的属性集合（可以是单一属性构成的集合），则称该属性集合为这个关系的键。所谓的唯一标识，就是使得在该关系的任何两个元组在该属性集合上的值都不相同，例如在表3-2中的属性集合｛学号｝就能唯一标识一个元组。

一个关系中的键可能会有多个，例如表3-2中的｛学号｝、｛学号，姓名｝等都是键。可以看出，一些键中并非所有的属性都对“唯一标识”的目的有用，例如｛学号，姓名｝中实现唯一标识的其实只有“学号”。为了确定关系中精简的键，需要用到候选键（候选码）。如果一个键中去除任何一个属性都会导致它不再能唯一标识元组，则称这个键为该关系的候选键或者候选码。显然，表3-2中的｛学号｝、｛图书证号｝都是候选键。包含在任何一个候选键中的属性都被称为主属性，不包含在任何一个候选键中的属性被称为非主属性。用户可以从候选键中人为指定一个用来唯一标识该关系的元组，这个被选中的候选键被称为主键（主码）。注意，哪个候选键会成为主键完全是人为选择，关系数据模型并未给出选定的规则，但一个关系只能有一个主键，通常人们习惯于用较小的属性集合作为主键。

在现实世界的数据中，有很多数据之间具有关联关系，例如表示某人的个人信息数据与他/她的消费记录之间、某个学生和他/她选修的课程之间都存在着对应关系。在关系数据模型中，数据之间的联系也通过关系来表达，表3-4给出了用关系表达学生和课程之间的联系的例子。表3-4的选课表中含有该学生的学号以及所选课程的课程号，通过这些信息，学生表（表3-2）中的学生和课程表（表3-3）中的课程就能够关联起来。从表3-4还可以看到，由于这种关联关系还会带来一些新的属性，例如学生选修课程考试完毕后会得到成绩，而成绩只适合于放置在表达这种关联关系的表中。

表3-4　选课表

学　号	课 程 号	成　绩
S3001	C1	90
S3001	C2	95
S3002	C1	84
S4001	C3	50

从前面学生表、课程表、选课表之间的联系可以看到，选课表中的“学号”和“课程号”实际是一种对学生表中“学号”以及课程表中“课程号”的引用。也就是说，选课表中任何一行中的学号值都必须是来自于学生表中的某个学号值，不存在选课表中的学号值在学生表中不存在的情况，课程号的值也是同样的道理。这种引用关系，在关系数据模型中被

称为外键或者外码。准确来说，如果关系X中的某个属性A虽然不是X的主键，或者只是主键的一部分，但它却是另外一个关系Y的主键时，则称A为X的外键或者外码。外键所属的关系X称为引用关系，而其所引用的主键所在的关系Y则称为被引用关系。

(1) 完整性规则

关系中的数据可能会由于各种原因出现一些问题。一类问题是不完整，例如学生表中的某些行缺少学号，这会导致无法准确定位到想要的学生；另一类问题是不一致，例如课程表中“数据库原理”的选课人数上限是50人，但选课表中选修该课程的学生实际超过50人。关系模型通过完整性规则来维护数据的完整和一致，关系数据模型中的完整性规则分为三类：实体完整性、参照完整性以及用户自定义的完整性。

(2) 实体完整性（Entity Integrity）规则

若属性A是基本关系R的主属性，则属性A不能取空值。例如表3-2中的“学号”“图书证号”都是主属性，则这两个属性的取值不能为空值。

(3) 参照完整性（Referential Integrity）规则

若属性（或属性组）F是基本关系R的外键，它与基本关系S的主键Ks相对应（关系R和S不一定是不同的关系），则对于关系R中每个元组在属性F上的值必须为空值（F中的每个属性值均为空）或者等于S中某个元组的主键值。

例如，有如下两个关系：①职工（职工号，姓名，性别，部门号，上司，工资，佣金）；②部门（部门号，名称，地点）。其中，职工号是“职工”关系的主键，部门号是外键，而“部门”关系中部门号是主键，则职工关系中的每个元组的部门号属性只能取下面两类值：①空值，表示尚未给该职工分配部门；②非空值，但该值必须是部门关系中某个元组的部门号值，表示该职工不可能分配到一个不存在的部门中，即被参照关系“部门”中一定存在一个元组，它的主键值等于该参照关系“职工”中的外键值。

(4) 用户自定义完整性

实体完整性和参照完整性是关系模型中必须满足的完整性约束条件，只要是关系数据库系统就应该支持实体完整性和参照完整性。除此之外，不同的关系数据库系统根据其应用环境的不同，往往还需要一些特殊的约束条件，用户定义的完整性就是对某些具体关系数据库的约束条件。例如，对于表3-2中学生关系的性别属性就必须定义值为男或女的约束。

2. 数据操作

关系数据模型的数据操作分为更新和查询两类。其中，更新可细分为插入（Insert）、修改（Update）、删除（Delete）；查询包括选择（Select）、投影（Project）、并（Union）、差（Except）以及连接（Join）等。关系数据模型的数据操作通常可以由两种关系查询语言来表达：关系代数和关系演算。不管是哪种关系语言，它们都以形式化（公式化）的方式定义了一系列对关系的操作，上面提到的更新和查询都可以用这些关系操作来组合实现。本节不会深入列举各种关系操作的形式化定义，而是通过几个例子解释关系的更新和查询操作。

1）插入：将一个新的行加入到现有的关系中。例如当某个学生新选了一门课程后，需要用该学生的学号、所选课程的课程号建立一个新的元组（成绩先不填，因为还未考试），然后将这个元组插入到选课表中。

2）修改：对关系中已有的数据进行修改，这种修改特指对各种属性值进行修改。接着插入操作中的例子，当某个学生完成了选修的某门课程的考试之后，需要填上他/她获得的成绩，此时需要用到修改操作来将相应的成绩属性值（之前为空值——一种特殊的值）改为所获得的分数。显然，为了修改特定的数据而不影响其他数据，修改操作通常需要一种查找机制的配合，这将在下文的选择操作中提到。

3）删除：如果关系中的一些数据已经不再需要，可以用删除操作将它们从关系中彻底去掉。例如某门课程不再开设，就需要将其对应的行从课程表中用删除操作移除。与修改操作相似，删除操作通常也需要和选择操作配合使用。

4）选择：从关系中选取满足条件的元组。例如从学生表中选出所有的男学生。当然，选择操作得到的结果既是一个元组集合，也是一个关系。

5）投影：从关系中抽取出若干属性形成一个新的关系。例如，若只关心学生的姓名和所在系，可以用投影操作从学生表中抽出这两列形成结果关系。

6）并和差：关系归根到底是元组的集合，因此同类关系之间可以当作集合进行操作。所谓关系的并操作就是将两个同类关系中的元组集合合并起来形成新的关系，而差操作则是将两个同类关系的元组集合进行差运算找出其中不同的元组集合。

7）连接：很多时候需要把分散在不同关系中的数据关联在一起查看，此时就会用到连接操作。例如希望查看学生选课的情况，但选课表中只有学生的学号，没有学生的姓名及所在系等信息（在学生表中），此时就需要将学生表和选课表连接起来，如图3-3所示。连接操作会将每一个学生元组与其在选课表中的选课元组接在一起形成一个属性更多的关系，从这个结果关系就能很清晰地看到哪位学生选修了什么课程以及成绩如何。当然，连接的结果关系中有一些与查看选课情况不相关的属性（如性别、年龄等），因此可以在其基础之上再应用一次投影操作得到最后比较精简的成绩表。

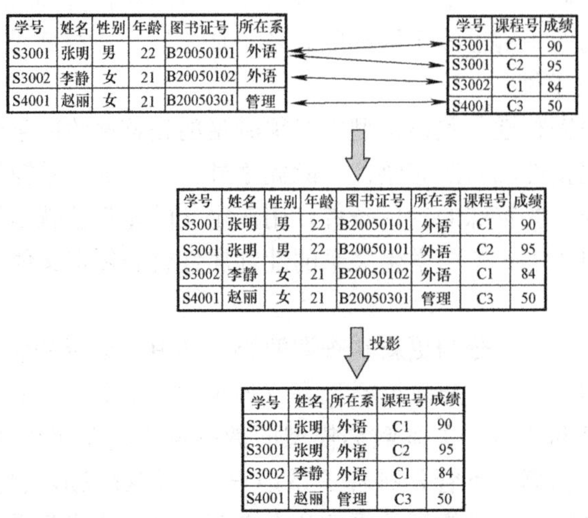

学号	姓名	性别	年龄	图书证号	所在系
S3001	张明	男	22	B20050101	外语
S3002	李静	女	21	B20050102	外语
S4001	赵丽	女	21	B20050301	管理

学号	课程号	成绩
S3001	C1	90
S3001	C2	95
S3002	C1	84
S4001	C3	50

学号	姓名	性别	年龄	图书证号	所在系	课程号	成绩
S3001	张明	男	22	B20050101	外语	C1	90
S3001	张明	男	22	B20050101	外语	C2	95
S3002	李静	女	21	B20050102	外语	C1	84
S4001	赵丽	女	21	B20050301	管理	C3	50

学号	姓名	所在系	课程号	成绩
S3001	张明	外语	C1	90
S3001	张明	外语	C2	95
S3002	李静	外语	C1	84
S4001	赵丽	管理	C3	50

图3-3 连接操作示例

3.3.2 结构化查询语言

结构化查询语言（Structured Query Language，SQL），是一种数据库查询和程序设计语言，用于查询、更新和管理关系数据库系统。

结构化查询语言是高级的非过程化编程语言，允许用户在高层数据结构上工作。它不要

求用户指定对数据的存放方法，也不需要用户了解具体的数据存放方式，所以具有完全不同的底层结构的不同数据库系统，可以使用相同的结构化查询语言作为数据输入与管理的接口。结构化查询语言语句可以嵌套，这使它具有极大的灵活性和强大的功能。

1. SQL历史

20世纪70年代初，由IBM公司圣何塞实验室的E. F. Codd发表将数据组成表格的应用原则（Codd's Relational Algebra）。与Codd同属于IBM圣何塞实验室的D. D. Chamberlin和R. F. Boyce在研制System R的过程中，提出了一套规范语言SEQUEL（Structured English QUEry Language），并在1976年11月的IBM Journal of R&D上公布新版本SEQUEL/2，1980年正式改名为SQL。

1979年ORACLE公司首先提供商用的SQL，其后IBM公司在DB2和SQL/DS数据库系统中也实现了SQL。1986年10月，美国ANSI采用SQL作为关系数据库管理系统的标准语言（ANSI X3. 135-1986），后为国际标准化组织（ISO）采纳为国际标准。1989年，美国ANSI采纳在ANSI X3. 135-1989报告中定义的关系数据库管理系统的SQL标准语言，称为ANSI SQL 89，该标准替代ANSI X3. 135-1986版本。之后每隔一定时间ISO都会更新新版本的SQL标准，目前最新的版本已经演进到2016。

虽然SQL是一种意图统一各类系统查询语言的国际标准，但目前各种关系数据库管理系统产品对SQL的支持程度并不统一。而好消息是，各种关系数据库管理系统中的SQL语言大部分语法元素和结构是具有共通性的，这也平衡了各系统对SQL支持不完全所带来的问题。

2. SQL功能

按照不同的用途，SQL语言通常被分成三个子集（子语言）。

（1）数据定义语言（Data Definition Language，DDL）

数据定义语言用于操纵数据库模式，例如数据库对象（表、视图、索引等）的创建和删除。数据定义语言的语句包括动词CREATE和DROP，之后用数据库对象的类型名词区分要定义的数据库对象，例如TABLE、VIEW、INDEX。

（2）数据操作语言（Data Manipulation Language，DML）

数据操作语言用于对数据库中的数据进行各类操作，包括读取和修改，其语句包括动词SELECT、INSERT、UPDATE和DELETE。它们分别用于查找、增加、修改和删除表中的行。

（3）数据控制语言（Data Control Language，DCL）

数据控制语言包括除DDL和DML之外的其他杂项语句，这些语句包括对访问权限和安全级别的控制、事务的控制、连接会话的控制等。

3.3.3　数据库事务

现代的数据库管理系统都是面向多用户的，在系统运行时会有很多用户同时对数据库中的数据进行各种操作。尽管数据库中有很多数据，但是不同的用户同时操作同一个数据的情况也经常发生，例如在学生选课的时段里会有很多学生查看同一门课程的信息。如果不同用户对同一数据的同时操作都是读取，它们相互之间不会产生不良影响。但如果这些同时进行的操作中全部或者部分是修改操作，那么就很容易发生不良后果。下面通过几个例子解释几种典型的不良现象。

表3-5是一个简化后的库存表，假设仓库管理员正在对仓库R1中的A1货物进行出库，将其库存量改为了80。而此时公司采购部门正在制作各种货物的库存报表，此时报表上货物A1在仓库R1中的库存量会显示为80。但正好在报表生成完毕后仓库管理员由于某种原因取消了出库操作，那么库存表中A1在R1中的存量又恢复成100。这种现象就造成了生成的库存报表与数据库中的实际情况不符，进而可能导致公司对库存量的判断失误。

表3-5　库存表

仓库编号	货物编号	采购标识	库存量
R1	A1	N	100
R1	A2	N	20
R2	A1	N	50
R3	A2	N	80

另外一种情况是，仓库管理员需要对库存量低于30的货物根据总库存等信息计算是否需要采购，然后在库存表中将其采购标识改为“Y”。假定仓库管理员先用“库存量<30”这个条件检索到了一些行，然后进行一些计算判断。但在计算判断过程中由于退货导致仓库管理员检索到的某些行的库存量超过30，当仓库管理员试图用同样的条件修改之前检索到的行时，会发现结果与第一次检索的结果不符合，这同样会导致对业务的不良影响。

即便用户的操作之间没有冲突，仍然可能出现问题。例如，仓库管理员从R1中向R2中转移数量为20的货物A1，这种转移分为两步：①从A1在R1的库存中减去20；②在R2中A1的库存上加上20。如果数据库在这两步动作之间发生故障导致第二步没有完成，就会造成R2中A1的库存没有增加20，最终导致A1的库存总量丢失了20件。

为了防止出现前述的不良现象，现代的DBMS中都引入了事务（Transaction）的概念。事务由一系列的数据库操作构成，它必须满足四个特性：

1）原子性（Atomicity）：事务所包含的所有操作要么全部正确地反映在数据库中，要么全部不反映。

2）一致性（Consistency）：事务的执行会使数据库从一种一致性的状态达到另一种一致性状态，即事务的执行不会让数据库出现不一致。

3）隔离性（Isolation）：事务之间是隔离的，每个事务都感觉不到系统中有其他事务在并发地执行。

4）持久性（Durability）：一个事务成功完成后，它对数据库的改变是永久的，即使系统出现故障也是如此。

事务的这四项特性通常会被简称为ACID特性。通过保证原子性，在仓库间转移货物的操作就不会产生不一致。而通过隔离性，事务不可能读取到其他事务对数据库修改的中间状态，也就不会发生前述的其他两种不良现象。为了确保事务的ACID特性，数据库管理系统中采用了诸如封锁、日志、事务调度等技术，其中每一项技术都是一个专门的研究领域，本书将不再继续展开，有兴趣的读者可以参考相关的专业资料。

3.3.4　关系数据库管理系统

自关系数据模型被提出以来，IBM、Oracle等企业以及开源社区研发了众多的关系数据

库管理系统（RDBMS）。经过几十年的发展，RDBMS 获得了长足的发展，许多机构的在线交易处理系统、内部财务系统、客户管理系统等大多都采用了 RDBMS，TB 级关系数据库在大型企业集团中已是司空见惯。目前市场上占有份额较大的商业 RDBMS 产品主要有 Oracle、DB2、SQL Server。

Oracle 是美国 Oracle 公司出品的大型数据库管理系统软件，目前最新版本为 Oracle 18c。其版本号末尾的"c"代表着云（Cloud），表明了 Oracle 18c 对于云客户的重视。2017 年 Oracle 宣布了自己的自治数据库和自治数据库云的计划，其目标是让数据库能够 100% 自我管理，这在数据库产业界和研究界掀起了一波智能 + 数据库的热潮。

SQL Server 最初是由微软、Sybase 和 Ashton-Tate 三家公司共同开发的，后来微软专注于在自家的 Windows 操作系统上开发 SQL Server，而 Sybase 则专注于 SQL Server 在 UNIX 操作系统上的应用（后来更名为 ASE）。现在所谈的 SQL Server 是指微软公司推出的关系数据库管理系统，它和被广泛使用的 Windows 系列操作系统紧密结合，具有使用方便、可伸缩性好与相关软件集成程度高等优点。但这同时也是 SQL Server 历史上最大的缺点——跨平台能力弱，因为它无法在类 UNIX 操作系统上运行。不过，微软已经开始修正这一缺憾，最新的 SQL Server 2017 已经可以支持 Linux 平台。

DB2 产自于关系数据模型的起源地 IBM 公司，它也被很多人认为是最早使用 SQL 的数据库产品。DB2 主要应用于大型应用系统，具有较好的可伸缩性，可支持从大型机到单用户环境，可运行在所有常见的服务器操作系统平台下。DB2 有着众多的版本，小到支持移动计算的 Everyplace，大到支持企业级应用的 Enterprise Edition。目前 DB2 在国内银行业有比较多的应用，总体而言 DB2 流行度要低于上述两种商业 RDBMS。

当然，除了上述来自国外的 RDBMS 产品之外，还有不少国产的商业 RDBMS 产品，例如人大金仓的 KingBase、武汉达梦的 DM、南大通用的 GBase 等。虽然国产 RDBMS 在流行度和性能上相比于 Oracle 等巨头还有较大差距，但也都在国内不同的领域找到了自己的市场。随着国内几大互联网巨头的纷纷参与，相信国产 RDBMS（包括其他类型的 DBMS）将会取得长足的进步。

RDBMS 的发展也不能忽视开源社区的参与，现在比较流行的开源 RDBMS 产品有 MySQL、PostgreSQL 以及 SQLite。

MySQL 是一个关系型数据库管理系统，由瑞典 MySQL AB 公司开发，目前属于 Oracle 旗下产品。MySQL 是最流行的关系数据库管理系统之一，在 Web 应用方面，MySQL 是最好的 RDBMS 应用软件。MySQL 软件采用了双授权政策，分为社区版和商业版，由于其体积小、速度快、总体拥有成本低，尤其是开放源码这一特点，一般中小型网站的开发都选择 MySQL 作为网站数据库，在 DB-Engines 的流行度排行中，目前 MySQL 稳居第二。

现在被称为 PostgreSQL 的对象-关系型数据库管理系统是从 Michael Stonebraker（2014 年图灵奖得主）领导的 Postgres 发展而来的。经过十几年的发展，PostgreSQL 是世界上可以获得的最先进的开放源码的数据库系统，它提供了多版本并行控制，支持几乎所有 SQL 构件（包括子查询、事务和用户定义类型和函数），并且可以获得范围非常广的（开发）语言绑定（包括 C、C++、Java、Perl、Tcl 和 Python）。PostgreSQL 在全球拥有很多的用户，最新的 DB-Engines 流行度排行显示，PostgreSQL 目前位居 Oracle、MySQL 和 SQL Server 之后排名第四。在国内，近年来 PostgreSQL 社区也蓬勃发展，2017 年中国用户大会已经发展到 500

人以上的规模，也有很多企业开始基于 PostgreSQL 来开发自主可控的数据库管理系统。

SQLite 是 D. Richard Hipp 用 C 语言编写的开源嵌入式数据库引擎。它支持大多数的 SQL92 标准，并且可以在所有主要的操作系统上运行。相对于上述两种开源 RDBMS 来说，SQLite 走的是小而精的路线，从其名称就可以知道，SQLite 的目标领域就是嵌入式或者轻量级应用。随着物联网、移动设备的大行其道，SQLite 将在这些领域找到很多应用机会。

3.3.5　SQL on Hadoop 系统

互联网公司最先遇到大数据难题，需要为海量互联网网页构建倒排列表。2004 年，Google 公司提出 MapReduce 技术，作为面向大数据分析和处理的并行计算模型，引起了工业界和学术界的广泛关注，并很快形成了 MapReduce 的开源实现 Hadoop 计算和存储的框架。MapReduce 在设计之初，致力于通过大规模廉价服务器集群实现大数据的并行处理，把扩展性和系统可用性放在了优先考虑的位置。

Hadoop 技术很快也影响了数据库研究领域，有面向简单的键值对读写事务型负载的 NoSQL 系统（如 HBase 等），也有面向数据分析任务的 Hive 系统。Hive 系统的出现，一改传统的结构化大数据分析（OLAP）只能在关系数据仓库中运行的局面，从而可以对 HDFS 中存储的结构化数据，基于一种类似 SQL 的 HiveQL 语言，进行 ROLAP 方式的数据分析。Hive 系统将用 HiveQL 描述的查询语句，转换成 MapReduce 任务来执行，并且具备了一定的查询优化能力，这样就可以在大规模集群环境下对 TB 级别甚至 PB 级别的大数据进行 OLAP。这显然对传统并行数据库和数据仓库技术构成了挑战，也很快得到了数据分析领域一些著名的学者（如 Dewitt 和 Stonebraker 等）的回应，这就有了 2009 年 SIGMOD 会议上发表的在大数据分析领域 MPP 数据库与 Hadoop 技术的对比。其结论是：在结构化大数据分析（OLAP）方面，MPP 数据库的性能要远好于以 Hive 为代表的 Hadoop 上的数据分析技术。而 Hadoop 技术也有其优势，比如高扩展性和容错性能、对非结构化数据的支持、用户自定义函数的使用等方面[4]。

然而，来自互联网领域和其他领域的很多大数据创新公司，并没有止步于 Hive。他们做出了很多努力，开发了多个 SQL on Hadoop 系统。这些系统借鉴了 20 世纪 90 年代以来在并行数据库方面所积累的一些先进技术，大幅度提升了其系统性能，所以这种 SQL on Hadoop 系统目前是非常有吸引力的[5]。

下面举出其中几个典型的系统加以介绍。

1. Hive

自从 Facebook 在 2007 年推出 Apache Hive 系统及其 HiveQL 语言以来，Hive 已经成为 Hadoop 平台标准的 SQL 实现。Hive 把 HiveQL 查询首先转换成 MapReduce 作业，然后在 Hadoop 集群上执行。某些操作（如连接操作）被翻译成若干个 MapReduce 作业，依次执行。早期版本的 Hive 性能与 Impala、Presto 等系统有很大差距[7]。近年来，开源社区对 Hive 进行持续改进，主要包括以下几个方面。

- 在 SQL 接口方面，增加了新的数据类型、子查询支持、更加完备的 Join 语法等。
- 在文本类型、RCFile 列存储格式之外，增加了具有更高效率的列存储格式 ORCFile。
- 和 Tez 紧密集成，以便执行更通用的任务，获得更高的性能。Apache Tez 是一种新的计算模型，扩展了 Hadoop 的 MapReduce 计算模型，能够执行复杂的以有向无环图（Directed

Acyclic Graph，DAG）表达的计算任务。Tez 的 DAG 顶点管理模块，在运行时从任务收集相关信息，从而动态改变数据流图的一些参数，以便优化资源消耗，获得更高的性能。

• 增加初步的查询优化能力，能根据数据特点，包括表格的基数、各个数据列的统计信息（最大值、最小值、平均值、不同值的个数）等，进行表连接顺序调整和连接算法选择。目前 Hive 仅支持等值连接，可选的算法包括 Multi Way Join、Common Join、Map Join、Bucket Map Join、SMB Join、Skew Join 等。连接算法的详细信息，可以查阅参考文献［8］。

• 新的向量化查询执行引擎，通过更好地利用现代 CPU 的特点，提高查询性能。

2. Impala

Impala 是由 Cloudera 公司推出的一个支持交互式（实时）查询的 SQL on Hadoop 系统。Impala 放弃使用效率不高的 MapReduce 计算模型，设计专有的查询处理框架，把执行计划分解以后，分配给相关节点运行，而不是把执行计划转换为一系列的 MapReduce 作业。Impala 不把中间结果持久化到硬盘上，而是使用 MPP 数据库惯用的技术，即基于内存的数据传输，在各个操作之间传输数据。Impala 后台进程以服务的形式启动，避免了类似于 MapReduce 任务的启动时间。查询执行引擎针对新硬件做了相关优化，比如充分利用新的指令集（包括单指令多数据指令 SIMD）进行数据处理。同时 Impala 使用 LLVM 技术，把查询编译成汇编指令，以加快其执行，无须不断进行 SQL 查询的语法检查和翻译。

在磁盘 I/O 方面，Impala 维护每个数据块的磁盘位置信息，对磁盘块的操作顺序进行优化调度，保持各个磁盘忙闲均衡。此外，Impala 在实现细节上进行了一系列优化。在存储格式方面，Impala 支持最新研发的列存储格式 Parquet，有利于提高数据仓库查询性能，这些查询一般只涉及少数属性列，列存储可以避免不必要的数据列的提取。

在连接操作的处理方面，Impala 根据表的绝对和相对大小，在不同的连接算法之间进行选择。广播连接是默认的方式，右侧的表默认比左侧的表小，小表内容被发送到查询涉及的各个节点上。另外一种连接算法称为分区连接，适用于大小相近的大型表之间。使用分区连接，每个表的内容被散列分布到各个节点，各个节点并行地进行本地连接，连接结果再进行合并。Impala 使用 Compute Stats 语句，收集数据库表的统计信息，辅助进行连接算法的选择。根据 Cloudera 的评测结果，对于 I/O 限制的查询，相对于老版本的 Hive，Impala 有 3 ~ 4 倍的性能提升。而对于需要多个 MapReduce 作业或者需要 Reduce 阶段实现连接操作的查询，Impala 可以获得更大的性能提升。对于至少有一个连接操作的查询，性能提升达到 7 ~ 45 倍。如果数据集可以完整地保存到缓存中，则性能提升达到 20 ~ 90 倍，包括简单的单表聚集查询。Impala 令人印象深刻的性能使人们相信，只要充分利用各种优化措施，包括存储优化、执行引擎优化、查询优化等技术，Hadoop 平台上的 SQL 查询也能达到交互式的性能要求。

3. Spark SQL

Spark SQL 是美国加州大学伯克利分校提出的大数据处理框架 BDAS（Berkeley Data Analytics Stack）的一个重要组成部分，包括资源管理层、存储层、核心处理引擎、存取接口、应用层等。Spark SQL 是实现大数据交互式 SQL 查询的处理系统，包括接口 Spark SQL 和处理引擎 Spark Core。Spark 是一个分布式容错内存集群，通过基于血统关系的数据集重建技术，实现内存计算的容错。当一个内存数据集损坏时，可以从上游数据集通过一系列的操作重建该数据集。Spark SQL 使用内存列存储技术支持分析型应用。在复杂查询执行过程中，中间结果通过内存进行传输，无须持久化到硬盘上，极大地提高了查询的执行性能。Spark SQL 在设计上实现了和 Apache Hive 在存储结构、序列化和反序列化方法、数据类型、元信息管理等方面的兼容。此外，BDAS 还支持流数据处理和图数据的计算，并通过迭代计算支持各种机器学习算法，甚至可以运行在 YARN 上，和 Hive 使用的是同一个资源管理模型。

MapReduce 系统性能不佳的原因有很多，包括中间结果持久化到硬盘、数据存储格式性能低劣、不能控制数据的并置（co-partitioning）、执行策略缺乏基于统计数据的优化、任务启动和调度的开销过大等。Spark SQL 设计者据此实现了一系列优化措施，包括：采用基于内存的列存储结构；支持基于散列的 shuffle 和基于排序的 shuffle 操作；基于 range 统计信息进行分区裁剪，减少查询处理过程中需要扫描的数据量；下推查询限制条件；支持分布式排序；支持分布式并行装载；集成机器学习功能，方便在 SQL 语句中执行更加复杂的分析等。Spark SQL 部分实现了基于成本的优化功能，能够根据表格和各列数据的统计信息，估算工作流上各个阶段数据集的基数，进而可以对多表连接查询的连接顺序进行调整。另外，如果连接的中间结果或者最终结果集具有较高基数，系统可以根据启发式规则，调整 reduce 任务的数量，完成 Join 操作。此外，新版本的 Spark SQL 还计划支持数据并置以及部分 DAG 执行技术，允许系统根据运行时搜集的统计信息，动态改变执行计划，以获得更高的性能。

3.4 NoSQL 数据库

NoSQL（Not only SQL）数据库是对于非关系型的一类数据库系统的统称。关系数据库在管理键值对、文档、图等类型数据上有所不足，NoSQL 则是针对各个类型数据的存储和访问特点而专门设计的数据库管理系统。近年来，随着大数据应用的不断扩展，NoSQL 数据库系统得到了广泛应用，各类 NoSQL 技术已日趋成熟[2]。

NoSQL 数据库通过采取一些新的设计原则，利用大规模计算机集群实现对大数据的有效管理。这些新的原则包括三个方面：

- 采用横向扩展（Scaling Out）的方式，通过对大量节点的并行处理，获得包括读性能和写性能在内的极高数据处理性能和吞吐能力。NoSQL 数据库需要对数据进行划分，以便进行并行查询处理。
- 放弃严格的 ACID 一致性约束，采用宽松的一致性约束条件，允许数据暂时出现不一致的情况，并接受最终一致性。
- 对数据进行容错处理，一般对数据块进行适当备份，以应对结点失败状况，保证在普适服务器组成的集群上稳定高可靠地运行。

下面介绍常用的五类 NoSQL 数据库技术，他们的技术对比见表 3-6。

表 3-6　五类 NoSQL 数据库技术对比

分　类	相关产品	典型应用场景	数据模型	优　点	缺　点
键值对（Key-Value）数据库	Tokyo，Cabinet/Tyrant，Redis，Dynamo，Voldemort，Oracle BDB	内容缓存，主要用于处理大量数据的高访问负载	Key 指向 Value 的键值对，通常用散列表来实现	查找速度快	数据无结构化

（续）

分类	相关产品	典型应用场景	数据模型	优点	缺点
文档数据库	CouchDB，MongoDB	Web 应用（与 Key-Value 类似，Value 是结构化的）	Key-Value 对应的键值对，Value 为结构化数据	数据结构要求不严格，表结构可变	查询性能不高，缺乏统一的查询语法
列族数据库	Cassandra，HBase，Riak	分布式的文件系统	以列簇式存储，将同一列数据存在一起	查找速度快，可扩展性强，更容易进行分布式扩展	功能相对局限
图数据库	Neo4J，InfoGrid，Infinite Graph	社交网络，推荐系统等，专注于构建关系图谱	图结构	利用图结构相关算法	需对整个图做计算，不容易做分布式集群方案
时序数据库	IoTDB，InfluxDB，Open TSDB	物联网，实时监控系统	时序 id 指向一系列数据点，这些数据点按时间维度排序	写入速度快，精于时间维度查询和聚合查询	功能相对局限，用户接口尚未形成统一标准

3.4.1 键值对数据库

传统门户网站在对用户登录时的页面进行优化布局时，需要读取用户的众多属性。由于其用户可以达到上亿甚至更多，有时会出现简单数据的高并发的读取需求，此状况下的数据规模可以达到 TB 级别甚至更大，加上用户的众多属性动态增减，传统的数据库方法难以解决，因此键值对（Key-Value）数据库应时而生。

一个针对关联数组（字典或散列表）提供高吞吐数据服务（存储、读取和管理）的数据库系统就称为键值对数据库。键值对数据库是 NoSQL 数据库的最简单形式，主要会使用到一个散列表，以键值对的形式存储数据，包含两个字段，一个代表键（key），一个代表值（value），这个表中有一个特定的键和一个指针指向特定的数据。键值对数据库的数据模型是持久化、分布式的多维散列表，按照键值排序。

键用于唯一标识存储在数据库中的值。想要存储数据的应用程序时，会生成唯一标识的键并将键值对提交给数据库。数据库通过使用主键，来确定值的存储位置。大多数键值数据库都具有由多个存储节点组成的分布式体系结构。通过对键使用散列函数，从而获得数据存储的分区号。即使数据跨区存储，也可以通过选择合适散列函数来使得键在区间合理分布。

键值对数据库在可存储值的类型方面提供了很大的灵活性。这些值实际上可以是任何类型的（例如字符串、整数、浮点数、二进制对象等）。大多数键值存储都支持远程本地编程语言数据类型。与其中表具有固定架构并且列上存在约束的关系数据库不同，在键值对数据库中，不存在这样的约束。键值对数据库不像关系数据库那样具有表。但是，某些键值对数据库支持表、桶或集合来为键创建单独的名称空间。

Dynamo 数据库是 Amazon 开发的键值对数据库，是第一个具有极大影响力的 NoSQL 数据库系统。

Dynamo 使用一致性散列技术实现数据的划分。其基本原理是：使用一个散列函数 H ( )，把 Key 值均匀地映射到一系列整数中，H（Key）= Key mod L，从而把 Key 值映射到［0，L］上。把 0 和 L 首尾相连，形成一个环。如图 3-4 中，服务器 A 负责所有散列值落在［0，209］的 Key 值的管理，服务器 D 则负责散列值落在［661，875］的 Key 值的管理。

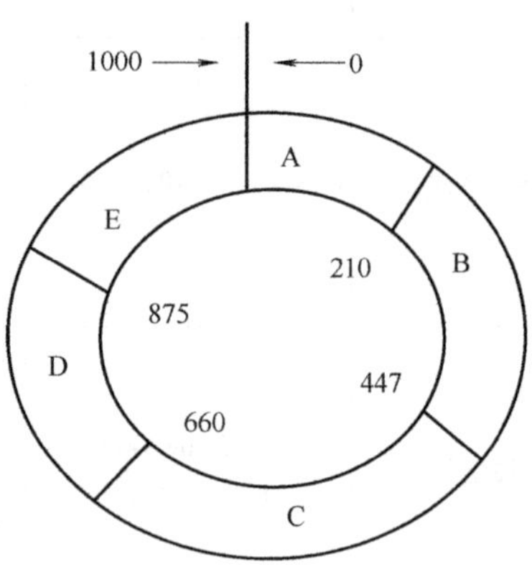

图 3-4　一致性散列技术划分数据

Dynamo 采用一系列技术，实现了高性能、可扩展和高可用性的键值对数据库。其 99.9% 的读写访问可以在 300ms 内完成。其特点主要有：通过使用一致性散列技术，实现数据的划分；通过使用 Quorum 机制，实现数据的容错备份，保证数据的一致性和系统的可用性；通过 Hinted Handoff 机制保证 Dynamo 数据库系统的鲁棒性；利用向量时钟技术实现版本冲突处理；使用 Gossip 协议实现节点成员资格和错误检测，从而使得整个网络可以省略中心节点，去中心化，提高了系统的可用性。

3.4.2　文档数据库

文档数据库技术是以键值对存储模型作为基础模型的 NoSQL 技术。文档数据库以不同标准（如 JSON、XML、BSON 或 YAML）编码的文档形式，来存储半结构化数据。对于半结构化数据而言，所存储的文档彼此相似（类似字段、键或属性），对模式并没有严格的要求。文档以不同的方式在不同的文档数据库中以集合、桶或标签的形式存储。存储在文档数据库中的每个文档都有一个命名字段及其值的集合。每个文档都由唯一的 key 或 ID 来标识。在将文档存储到数据库中之前，无须为文档定义任何模式。尽管可以将 JSON 或 XML 类文档作为值存储在键值对数据库中，但文档数据库可以实现基于文档中的属性值更有效地查询文档，尤其是对于希望使用不同数量的字段来查看半结构化数据的应用程序而言，文档数据库非常有用。

MongoDB 是一款分布式文档数据库，它为大数据量、高度并发访问、弱一致性要求的应用而设计。MongoDB 具有高扩展性，在高负载的情况下，可以通过添加更多的节点，保证系统的查询性能和吞吐能力。MongoDB 数据库支持增加、删除、修改、简单查询等主要的数据操作以及动态查询，并且可以在复杂属性上建立索引，当查询包含该属性的条件时，可以利用索引获得更高的查询性能。MongoDB 提供 Ruby、Python、Java、C++、PHP 等多种语言的编程接口，方便用户使用不同语言编写客户端程序，连接到数据库进行数据操作。为了支持业务的持续性，MongoDB 通过复制技术实现节点的故障恢复。

表3-7为使用MongoDB在电子商务中存储商品记录的一个实例，其中每一个商品对应一条文档记录。

表3-7　使用MongoDB来存储商品记录

ID	Document

34fd459fs523f3f34d43325	{
	"标题"："IPhone 8 Plus"
	"特点"：[
	"屏幕尺寸　5.5英寸"
	"后置摄像头　1200万"
	"存储容量　64GB"
	"运行内存　6GB"
	"操作系统　iOS"
	]
	"价格"：5999元
	}

34fd465dfg523ff34dn4326	{
	"标题"："华为P20 Pro"
	"特点"：[
	"屏幕尺寸　6.1英寸"
	"后置摄像头　4000万"
	"存储容量　64GB"
	"运行内存　6GB"
	"操作系统　EMUI 8.1"
	]
	"价格"：4988元
	}

3.4.3　列族数据库

在列族数据库（Column Family）中，数据存储的基本单位是一个列，它具有一个名称和一个值。由列的集合组成的每一行，通过行-键标识来标示，列组合在一起成为列族。这样一些关联紧密的列可以放在一起，实现近邻存储。与关系数据库不同，列族数据库不需要在每行中都有固定的模式和固定数量的列。一个列族可以被视为具有键值对的映射，并且该映射可以在不同的行之间变化。列族数据库以非规格化形式存储数据，以便通过读取单行来检索与应用程序所需的实体相关的所有信息。列族数据库支持高吞吐量的读取和写入，并具有分布式和高度可用的体系结构。

HBase是一个基于列族存储模型的可扩展、非关系型、分布式的开源NoSQL数据库。HBase不仅可以存储结构型数据也可以存储非结构型数据，与传统关系数据库不同。HBase的列族下面可以有非常多的列，但列族在创建表的时候就必须指定。表3-8给出了HBase表存储结构。

表3-8 HBase表存储结构

RowKey	Column Family-1	Column Family-2
记录1	列1……列 n	列1，列2，列3
记录2	列1，列2	
记录3	列1……列5	列1

在接口方面，HBase提供传统的SQL查询接口，可以方便地对数据进行增加、删除、修改、查询和简单汇总（聚集）。HBase凭借其强大的扩展能力，广泛应用于日志处理等领域（比如电信应用的日志分析）。Facebook对HBase进行了持续的改进，极大地提高了其吞吐能力（尤其是写入能力），达到每天可完成200亿个写操作（折合每秒23万个写操作），以便对社交网络用户的交互行为进行记录和分析。

3.4.4 图数据库

图数据库是用于专门存储具有节点和边的图结构数据的一类数据库，并以节点和边作为基本数据模型。节点可以代表数据模型中的重要的实体或信息条目，节点之间的关系以边的形式表示。

图3-5所示的某交通保险欺诈关系图中，可以用节点来表示重要的实体，如车辆、事故和人物等。而实体之间的关系可以用节点的边来表示，如人物1与车辆1之间的关系可以用边“驾驶”来表示。

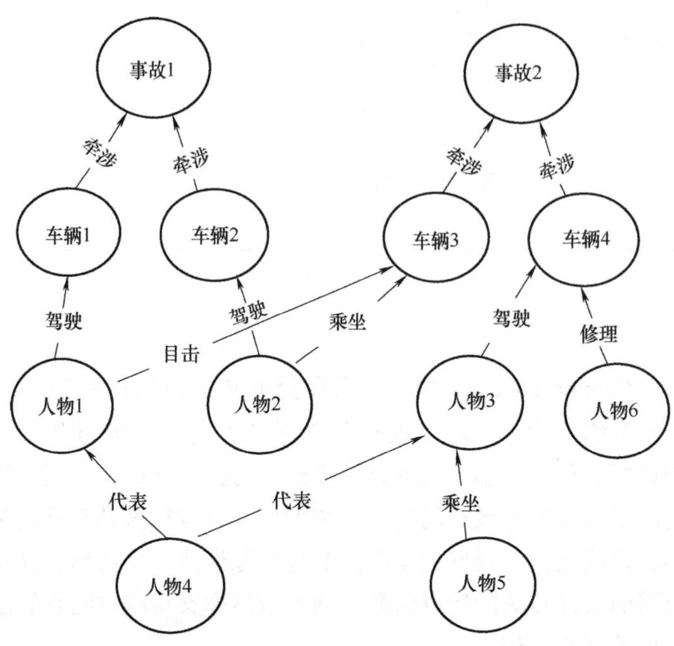

图3-5 某交通保险欺诈关系图

随着社交网络、科学研究（药物、蛋白质研究）以及其他应用领域不断发展的数据管理需要，更多的数据以图作为基础模型进行表达更为自然。这些数据的数据量是极其庞大的，比如，Facebook拥有超过8亿的用户，对这些用户的交互关系进行管理、分析是极大的挑战，因为不仅需要根据一定的条件查找图的节点或者图的边，更为复杂的是对图的结构进行分析。

Neo4 J是一个用Java语言实现的高性能图数据库。Neo4J的模式自由（Schema Free），即节点可以表达各种不同的对象，关系可以表达现实世界中各种对象之间的联系。Neo4J使用查询语言Cypher，支持图数据的增加、删除、修改、查询等操作。经过精心的数据结构设计和操作算法优化，它具有2.7秒之内完成对100万个节点进行遍历的极高性能，也因此成为支持大规模图数据管理和查询的数据库引擎。Neo4J提供了兼容ACID语义要求的事务操作能力，并且通过主从复制、联机备份等技术，实现系统的高可用性。

Neo4J可以作为嵌入式数据库使用，也可以作为单独的服务器使用。在后一种应用场景下，它提供了Rest（Representation State Transfer）接口，用户可以使用PHIP、.NET和Java Script等语言进行数据操作，方便应用程序的开发。

Neo4J的典型应用领域包括语义网和RDF数据、Linked Open? Data、地理信息系统（GIS）、基因分析、社交网络、推荐等，甚至在传统RDBMS的某些应用领域，也有它的用武之地。比如一些适合用图来表达和处理的数据，包括文件夹结构、产品分类、元信息管理等，以及具体领域的数据，比如金融领域的知识图谱构建和欺诈检测、电信领域的通话关系分析等。

3.4.5 时序数据库

当人们关注数据在时间维度上的变化趋势时，就会将数据组织成时间序列的格式。例如，机房需要监控7×24小时的网络流量变化情况、机房内温度变化情况，城市地铁需要时刻监控列车的载荷、电压、电流等变化情况。在物联网场景下，一些应用可能需要管理数万个联网设备，每台设备以秒级的频率采集几十上百个测点，最终达到每秒数百万数据点的吞吐率要求。图3-6给出了某两个机房网络流量与温度实时数据。

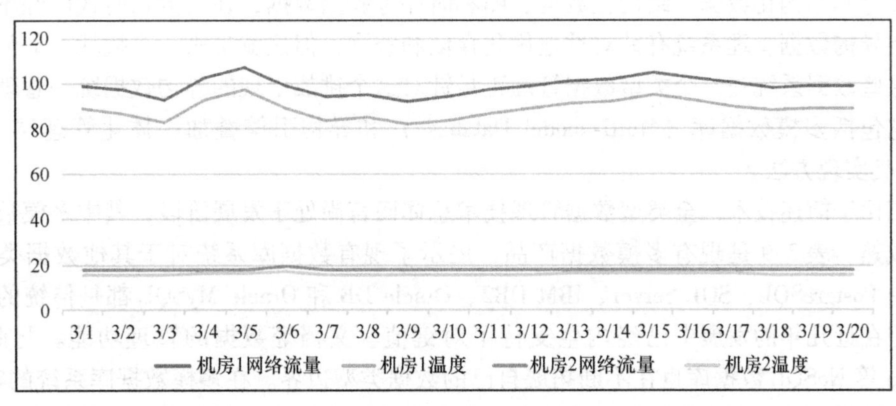

图3-6 某两个机房网络流量与温度实时数据

一个时间序列数据集是有若干条时间序列组成的，其中每条时间序列是由一个序列ID和一系列（时间戳，值）数据对组成的。在每条时间序列内，这些数据对可以按时间戳进行排序。

时序数据库主要分为三种架构：基于关系数据库的，如TimescaleDB；基于键值数据库的，如OpenTSDB、KairosDB；原生的时序数据库，如InfluxDB、Apache IoTDB。

以关系数据库为底层的时序数据库主要通过自动的分库分表技术解决当关系表中数据行数超过千万时带来的性能问题。一些研究还考虑将时间序列数据按照时间片段切分，并将各时间段数据压缩成二进制字段存储在关系数据库中。

以键值数据库为底层的时序数据库主要利用键值库的高效写入能力。以OpenTSDB为例，其充分利用HBase中的行键（Row key）、列名（Column Name）和列值（Column Value）对时序数据进行了转换：其中时间序列ID（在OpenTSDB中由标签和字段构成）和时间所属分区（例如，每天形成一个分区）共同构成行键；具体的时间戳作为列名，该时间戳下值作为列值。由此，OpenTSDB充分利用了HBase的高速写入、数据排序、文件整理等功能，实现时序数据的快速写入。为了加速查询，这类时序数据库还会预存储不同时间粒度的时序数据。

原生的时序数据库主要分为原始数据精确存储和有损压缩存储两大类，其中后者目前还在学术研究阶段，前者的典型代表有Apache IoTDB和InfluxDB。以Apache IoTDB为例，对于数据写入，其在内存中将不同序列的数据独立处理，并设计了面向时间序列数据的列式文件存储格式TsFile。在TsFile中，一个时间序列数据按时间段划分成多个子段，每个字段内充分利用时间序列数据的变化规律进行编码压缩。此外，TsFile还为这些编码压缩后的各段数据提供了索引信息，以供时间范围查询和聚合查询使用。通过后台文件整理，IoTDB最终能保持磁盘文件的有序性，从而在查询时快速跳过时间维度上的无效数据。目前IoTDB单节点写入性能超过千万点每秒，支持TB级数据的毫秒级查询。鉴于其轻量化的设计和模块化部署，在边缘端和云端均能进行时序数据管理。

3.5 多模态数据管理

文件等非结构化数据、结构化数据、图和时序等新型数据，在大数据时代已经不可避免地被各类异构数据管理系统有针对性地优化存储和查询，但这就带来一个挑战，如何一体化地管理这些数据系统呢？全类型数据管理正是针对这个挑战出现的异构数据统一管理技术的统称，它包括多模数据库（Multi-model Database）和异构引擎叠加一体化管理层（PolyStore）两类实现方法。

但相比于前述技术，全类型数据管理技术总体而言尚处于发展阶段，其中多模数据库技术相对成熟。表3-9是现有多模数据产品，展示了现有数据库系统对于其他数据类型的支持，其中PostgreSQL、SQL Server、IBM DB2、Oracle DB和Oracle MySQL都是传统的关系数据库，但在近几年的发展中已经内生支持了对键值、文档等数据的管理功能。与此同时，Cassandra等NoSQL数据库也在不断拓展自己的数据类型边界。在多模数据库系统的实现中，异构数据被原生地与原有数据类型存储于一个数据管理系统中，但会采取一种特定的数据结构对其数据类型进行优化存储。在对外的查询接口上，既支持该类型数据的通用化查询接口，也同时支持对数据进行模型转换并通过一种统一的查询接口对多种异构类型数据进行访问。以Oracle为例，JSON数据在Oracle数据库的底层实现中采取了一种名为OSON的二进制存储格式，包括字段名编码字典区、树结构导引区、叶节点值存储三个部分，在存储效率和检索效率方面都进行了优化，但同时对于上层应用，既可以使用JSON数据的API进行访问，也可以通过创建视图的方式把JSON数据映射成关系模型，使用SQL进行独立查询或与

关系数据进行 join 等互操作。

表 3-9 现有多模数据库产品

	Relational	Key/value	Document (JSON)	XML	Graph	Nested data/UDT/object
PostgreSQL	√	√	√	√		
SQL Server	√		√	√		
IBM DB2	√			√		
Oracle DB	√		√	√		
Oracle MySQL	√	√				
Cassandra						√
DynamoDB		√	√			
Riak		√	√	√		
MongoDB		√	√		√	
OrientDB		√	√		√	√

与多模数据库技术大多由数据库厂商研发不同，另一类全类型数据管理技术则源于 Hadoop 等大数据系统。在大数据系统中，通常的存储方式是底层采取不同的数据管理引擎对不同类型的数据进行存储管理，例如用 Hbase 存储列族数据，用 MongoDB 存储文档数据，将关系数据存储于 HDFS 并利用 Hive 等方式进行查询。这样的存储模式就需要架构一个统一的数据查询层实现对数据的一体化管理和访问。

以典型系统 Apache Presto 为例，Presto 可以查询包括 Hive、Cassandra，甚至是一些商业的数据存储产品，单个 Presto 查询可合并来自多个数据源的数据进行统一分析。Presto 实现这一功能的关键在于存储插件（Connector），这是一个简单的数据存储的抽象层，其作用是在不同数据存储系统之上都可以使用统一的 SQL 进行查询。Presto 内置了面向部分数据库的存储插件，用户也可以自行编写特定的插件，重点需要提供实现以下操作的接口，包括对元数据的提取、获得数据存储的位置、获取数据本身的操作等。

一个典型的 Presto 查询流程从客户端（Client）发起查询开始，由 Coordinator 根据元数据信息对其进行解析，进行分布式查询优化，再根据数据位置信息决定分发给哪些 Worker 节点，Worker 节点则调用数据接口完成查询。简化了分布式处理流程的 Presto 示意图如图 3-7 所示。

Presto 会根据 Connector 的配置来处理底层数据库的数据模式并转换为关系模型，从而使 SQL 语句能被应用到两个或多个数据库的数据查询中。具体如何处理非关系型数据库的数据结构，取决于 Connector 的实现情况。例如一种常见的对 MongoDB 的处理方式是，将其 Collection 中第一个对象的属性作为关系型数据库中的列，嵌套的属性则作为长字符串处理。在这个基础上再与其他类型的数据库进行运算操作。

图 3-8 给出了 Presto 应用多模数据源查询的示例，其中 MySQL、MongoDB 两个数据库分别存储了一部分学生相关的数据，Connector 将文档数据库中的数据转化为数据表，将第一个对象的属性作为转化后的列，即转化后的数据表有两个列“id”和“course”，并将这个表和关系型数据库中的表连接后进行选择运算操作，最后返回合并后的结果。当然，在上述

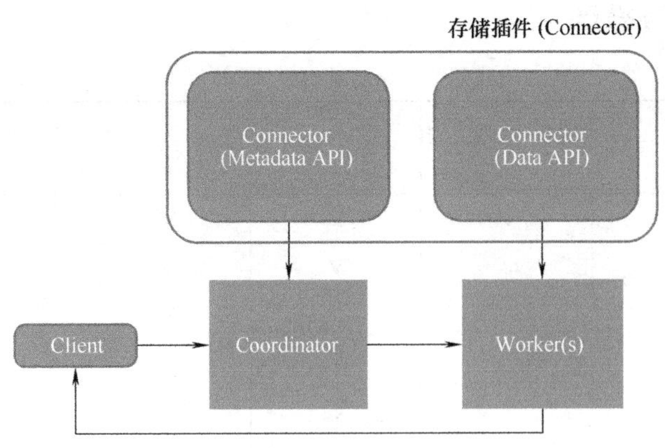

图 3-7　简化了分布式处理流程的 Presto 示意图

例子中选择将“course”仍映射为一个 JSON 数据，也可以在 Connector 中将课程编号“course. id”和成绩“course. score”作为两个独立的列。

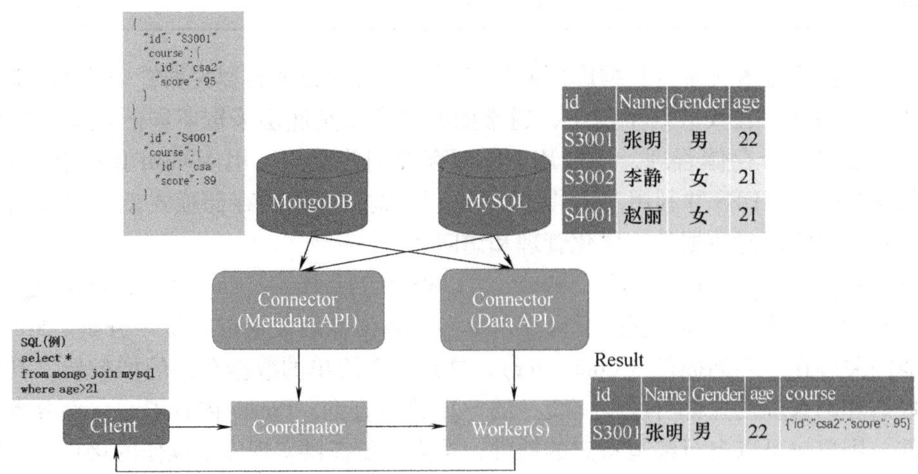

id	Name	Gender	age
S3001	张明	男	22
S3002	李静	女	21
S4001	赵丽	女	21

id	Name	Gender	age	course
S3001	张明	男	22	{"id":"csa2","score": 95}

图 3-8　Presto 应用多模数据源查询的示例

习　题

3.1　数据管理技术的发展历程是怎样的?

3.2　请列举典型的分布式文件系统，并进行简要描述。

3.3　关系数据库的特点是什么?

3.4　SQL-on-Hadoop 技术与数据库技术的差异在哪里?

3.5　NoSQL 数据库的特点是什么?

3.6　大数据系统如何管理多模态数据?

3.7　请针对学生课程成绩查询的场景，设计主要的关系数据表结构，并描述对应的 SQL 语句。

参考文献及扩展阅读资料

[1] Fay C, Jeffrey D, Sanjary G, et al. BigTable: a Distributed Storage System for Structured Data [C]. California, USENIX Association, 2006.
[2] Giuseppe D, Deniz H, Madan J, et al. Dynamo: Amazon's Highly Available Key-Value Store [C]. Shanghai, SOSP, 2007: 205-220.
[3] Ghemawat S, Gobioff H, Leung S T, et al. The Google file system [C]. Shanghai, SOSP, 2003.
[4] Pavlo A, Paulson E, Rasin A, et al. A comparison of approaches to large-scale data analysis [C]. Rhode Island: SIGMOD, 2009: 165-178.
[5] Chen Y G, Qin X P, Bian H Q, et al. A Study of SQL-on-hadoop systems [J]. Lecture Notes in Computer Science, 2014: 154-166.
[6] 王珊, 萨师煊. 数据库系统概论 [M]. 5版. 北京: 高等教育出版社, 2014.
[7] Gavin P. 数据库设计入门经典 [M]. 沈洁, 王洪波, 赵恒, 译. 北京: 清华大学出版社, 2007.
[8] Dan S. NoSQL实践指南: 基本原则、设计准则及实用技巧 [M]. 爱飞翔, 译. 北京: 机械工业出版社, 2016.

第4章 数据分析

导 读

本章主要阐述面向数据分析的典型方法，包括相关性及回归性的统计分析方法，分类、聚类等典型的基于机器学习的分析方法，以及面向自然语言、网络数据等的典型分析模型及应用。

知识点：

知识点1　大数据分析的典型方法
知识点2　基于机器学习的分析方法
知识点3　面向自然语言、网络数据的典型分析模型

课程重点：

重点1　大数据的典型分析方法原理
重点2　机器学习的原理和应用
重点3　自然语言数据及网络数据的特征及特殊分析方法

4.1 概述

在如今的大数据时代，数据在社会中扮演着重要的角色，然而数据通常并不能直接被人们利用。如何从大量看似杂乱无章的数据中揭示其中隐含的内在规律、发掘有用的知识以指导人们进行科学的推断与决策，还需要对这些纷繁复杂的数据进行分析。可以说，分析是将数据转化为知识最为关键的一步。

其实大数据对我们来说并不陌生，新浪微博就是拥有海量数据的资讯平台。截止到2017年12月，微博已拥有接近4亿活跃用户，内容存量超千亿，“大V”的一举一动和社会热点话题都会引起大量的评论与转发，掀起一股“数据风暴”。2017年5月27日，当时的世界围棋第一人柯洁九段对战AlphaGo的三番棋落下帷幕，柯洁以0∶3惨败，他赛前的豪言壮志与赛后绝望的泪水令网友动容，也使得“人工智能”瞬间成为微博上热议的话题，如图4-1所示。

该话题引起了千万级别的评论与转发，到底是哪些人对人工智能感兴趣呢？为了形象直

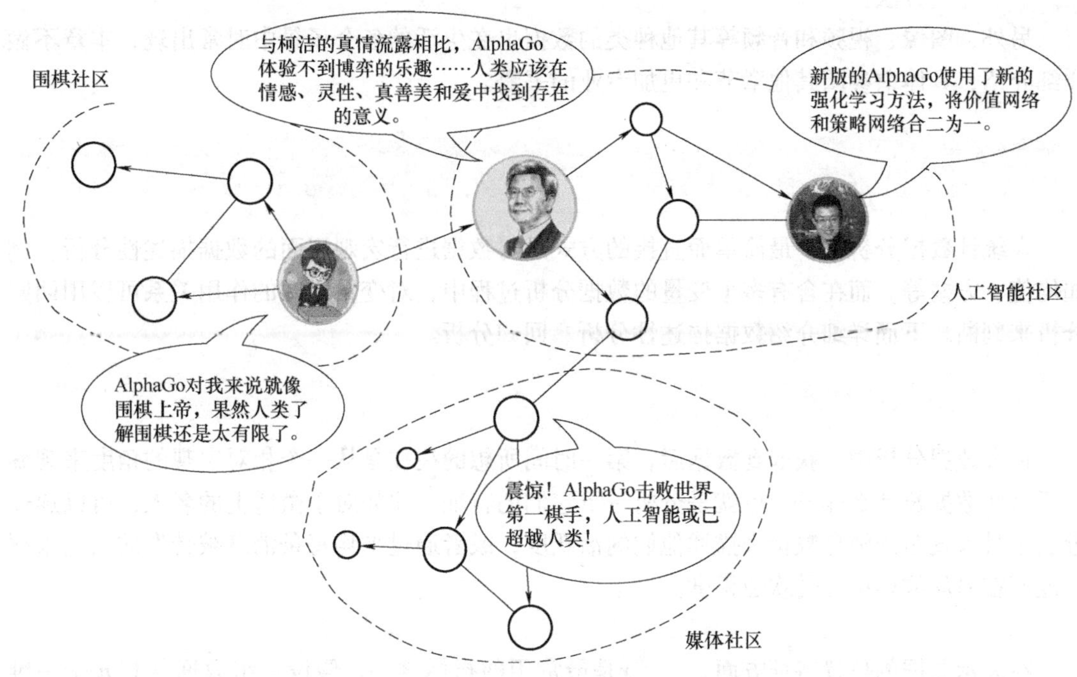

与柯洁的真情流露相比，AlphaGo体验不到博弈的乐趣……人类应该在情感、灵性、真善美和爱中找到存在的意义。
围棋社区
新版的AlphaGo使用了新的强化学习方法，将价值网络和策略网络合二为一。
人工智能社区
AlphaGo对我来说就像围棋上帝，果然人类了解围棋还是太有限了。
震惊！AlphaGo击败世界第一棋手，人工智能或已超越人类！
媒体社区

图4-1 柯洁乌镇大战AlphaGo憾负后的微博热议

观地了解关注者群体的年龄、性别比例、职业等，需要对数据进行数据描述性分析，平均数、中位数、分位数、方差等统计指标可以帮助我们粗略了解数据分布，峰度、偏度等则描述了更细致的特征。关注程度上，很多人仅仅是转发，而有的用户则是有感而发，年龄、职业等因素是否会影响对该话题的关注程度呢？回归分析、方差分析等方法则可以帮助人们解决这个疑惑。4.2节将着重介绍上述统计分析方法。

简单的统计分析可以帮助人们了解数据，如果希望对大数据进行逐个的、更深层次的探索，总结出规律和模型，则需要更加智能的基于机器学习的数据分析方法。柯洁与AlphaGo对战引起了围棋和人工智能两类群体的密切关注，一些聚类分析的方法可以高效准确地将关注者聚为两类。针对人工智能，乐观派认为会使得人类生活更加美好，也有悲观的人认为技术失控则高度危险。许多分类方法可以帮助人们鉴别用户观点与情感。这些技术将在4.3节中详细介绍。

微博的关注网络是典型的社会网络，尽管图是数据分析领域最为棘手的结构之一，许多研究介绍的图数据分析方法可以帮助人们设计更加高效的算法。例如，社会网络中的聚类被称为社区发现，许多精心设计的高效算法可以很好地处理上亿用户的大规模网络。4.4节将介绍图结构的基本知识和社会网络中数据分析的基本方法，第8章将会更深入地探究社会网络的大数据处理。

微博上每个用户的言论、转发内容等都蕴藏着用户个人的兴趣、话题等信息，对文字内容本身的智能分析理解也是数据分析领域长久以来孜孜不倦追求的目标。微博中出现的“强化学习”“神经网络”等词语可以帮助人们迅速判定这条微博大概率属于“人工智能”话题。词向量和语言模型则是近些年自然语言处理新浪潮的基础。4.5节将介绍自然语言的相关数据分析方法。

另外，图像、视频和音频等其他种类的数据也在生活的各个场景中时常出现，本章不做详细介绍，具体请参阅其他章节和更加专业的书籍。

4.2 统计数据分析

在统计数据分析中，最简单而直接的方式是对数据进行宏观层面的数据描述性分析，例如均值、方差等。而在含有多个变量的数据分析过程中，对变量之间的作用关系可以用回归分析来判断。下面详细介绍数据描述性分析、回归分析。

4.2.1 数据描述性分析

在大数据分析中，获取到数据后，第一时间所想的往往是从一个相对宏观的角度来观察一下这些数据长什么样子，也就是分析一下它们的特征。比如对于微博上的名人，可以通过近三个月来发布的消息数量来描述他们的活跃度，或者通过平均每条消息被转发的数量来评价他们在粉丝群体中的受欢迎程度。这些能够概括数据位置特性，分散性、关联性等数字特征，以及能够反映数据整体分布特征的分析方法，称为数据描述性分析。

在表示数据的位置特征方面，均值$\bar{x}$是最常用的指标之一。假设一组数据共有 n 个一维数据，分别是x_1，x_2，…，x_n，则均值$\bar{x}$可以表示为

$$\bar{x} = \frac{1}{n}\sum_{i=1}^{n} x_i$$

均值可以用来反映数据的平均水平，比如在表4-1给出的两个名人的20条微博数据中，W的微博平均点赞数量是1620.6，Z的平均点赞数量是3295.6。也就是说Z的微博受欢迎程度看起来更高一些。需要注意的是，影响这一数值的因素包含很多，比如Z发表的微博往往带有图片，同时Z本身有着更多的粉丝数量。因此单从均值来看只能得到一些最直观的信息，若想得到更为细节性的结论仍需进一步对数据的考察。

表4-1 两个比较受欢迎的微博名人在2018年3~5月间的一部分微博数据

微博名人W			微博名人Z		
发布时间	点赞数量	转发数量	发布时间	点赞数量	转发数量
2018.3.18	3056	187	2018.5.8	3398	1175
2018.4.29	1169	511	2018.3.6	4849	253
2018.3.3	2743	177	2018.3.18	4246	211
2018.4.29	1616	215	2018.4.28	4342	113
2018.2.22	2391	92	2018.3.14	3464	206
2018.3.19	930	119	2018.5.2	1819	1067
2018.4.8	968	331	2018.5.1	2300	1056
2018.5.2	1011	51	2018.4.8	2955	120
2018.5.10	1386	36	2018.4.17	3023	104
2018.4.18	936	38	2018.3.14	2560	229

与均值有着类似表达能力的还有中位数 M。中位数顾名思义，是数据中按照大小顺序排序后，处于中间位置的数。中位数 M 可以表示成

$$M = \begin{cases} x_{\frac{n+1}{2}} & n\text{ 为奇数} \\ \frac{1}{2}(x_{\frac{n}{2}} + x_{\frac{n}{2}+1}) & n\text{ 为偶数} \end{cases}$$

相较均值，中位数有着更好的抗扰性。均值虽然能够反映数据的平均表现，但是如果数据本身的差距较大，均值会极大地受到影响。比如在 99 个年收入 10 万元的人中加入 1 个年收入 1000 万元的，可以把平均年收入提高到 19.9 万元，但这一均值实际上并没有很好地反映出这个人群的收入特征。而中位数对于这种问题并没有那么敏感。

如果把中位数的概念推广可以得到 p 分位数 M_p，也就是排在序列长度 p（$0 \leqslant p \leqslant 1$）位置的数。$p$ 分位数 M_p 可以表示成

$$M_p = \{1 + [(n+1)p] - (n+1)p\} x_{[(n+1)p]} + \{(n+1)p - [(n+1)p]\} x_{[(n+1)p]+1}$$

其中四分位数（$p=0.25$ 和 $p=0.75$）最为常用。箱形图即是四分位数的一种常见应用，有兴趣的读者可以查阅相关资料。两个微博名人的微博点赞数据的箱形图如图 4-2 所示。

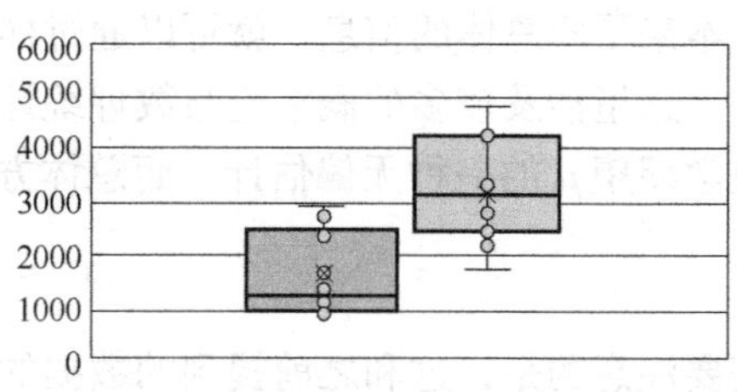

图 4-2 两个微博名人的微博点赞数据的箱形图

回到上述的年收入例子，对于两组数据：一组包含 99 个年收入 10 万元的人和 1 个年收入 1000 万元的人；另一组包含 60 个年收入 10 万元的人和 40 个年收入 34.75 万元的人，我们发现这两组数据无论是均值还是中位数都完全一样。然而第二组数据虽然数据间的差异也很大，但比第一组还是要"均匀"了很多。方差 s^2 就是用来反映这种数据分散性程度的最常用的一种指标。其算术平方根被称为标准差 s。这两种指标的值越大，数据的分散性程度越高。

$$s^2 = \frac{1}{n}\sum_{i=1}^{n}(x_i - \bar{x})^2$$

$$s = \sqrt[2]{s^2} = \sqrt[2]{\frac{1}{n}\sum_{i=1}^{n}(x_i - \bar{x})^2}$$

两组数据前一组的方差是 9801，而后一组则是 148.5，可见前一组的数据比后一组的数据要分散得多。反映到年收入的问题上，也就是说，第一组的 100 个人整体上的贫富差距更加悬殊。另一种忽略了数据内部差异而仅关注数据上下界的指标是极差 R，它被定义为最大值 $x_{\max}$ 与最小值 $x_{\min}$ 之差，即

$$R = x_{\max} - x_{\min}$$

上述一些指标更多地从单个数值的大小上来反映数据的特征。然而从上述年收入的例子中可以看到，这些指标即使在一些差别很大的数据上，仍有可能呈现出相同结果，如果想要更加准确地把握住数据的整体情况，则不能忽视其分布特征。

对于有限的数据，可以通过频率分布直方图来观察数据的分布，如图 4-3 所示。首先将数据取值范围划分成若干区间（一般取等间隔，间隔大小称为组距），统计数据落入每一区间的频率。当数据量足够多的时候，如果把组数不断加大，让组距小到趋近于 0，把纵坐标的频率除以组距，可以得到概率密度函数（Probability density function）f_X。其在某一区间

上的积分就是数据落在这一范围内的概率。

$$P(a \leqslant X \leqslant b) = \int_a^b f_X(x)\,\mathrm{d}x$$

进一步有累积分布函数（Cumulative distribution function）F_X。

$$F_X(x) = \int_{-\infty}^x f_X(u)\,\mathrm{d}u$$

从而有

$$P(a \leqslant X \leqslant b) = F_X(b) - F_X(a)$$

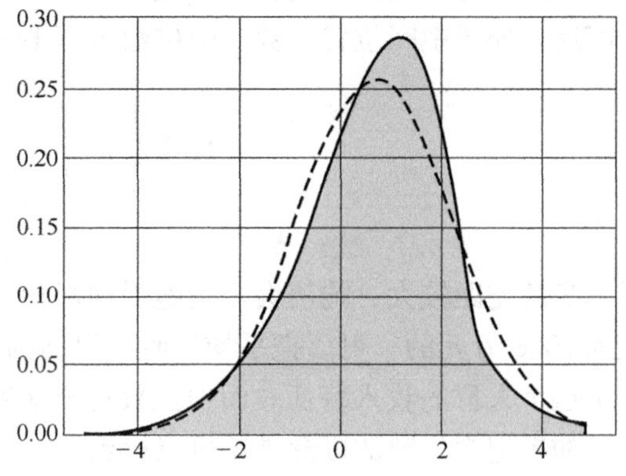

图 4-3　组数较大组距较小的频率分布直方图

这里，我们其实是在尝试拟合获得的样本数据背后的分布。这是什么意思呢？比如以微博数据举例，假设得到的可能只是 10 条微博数据，然而一个人在过去三个月可能有成百上千条微博数据，所有这些数据称为总体，这 10 条获取到的数据称为样本。若想通过样本来了解总体的信息，就可以通过样本的数值信息去估计总体的信息。

这里涉及较多的概率论与数理统计的内容。通过一些推导可以发现，样本均值$\bar{x}$是总体数学期望μ的一种无偏估计，而总体方差σ^2的一种无偏估计为

$$s^2 = \frac{1}{n-1}\sum_{i=1}^n (x_i - \bar{x})^2$$

需要注意的是，这和之前提到的数据的方差有些许区别。

透过概率密度函数和累积分布函数，可以更加直观地看到数据的分布。有时数据的分布会偏向于某种特定分布，其中正态分布（高斯分布）是最为常见的一种。如果想通过观察到的样本来判断总体是否服从正态分布或者总体是否和假设一致，可以采用假设检验的方法。关于无偏估计和假设检验等内容，感兴趣的读者可以后续阅读统计学相关入门书籍。

数据的分布往往不是对称的，偏度g_1是用来衡量数据对称性的一种指标。

$$g_1 = \frac{n}{(n-1)(n-2)s^3}\sum_{i=1}^n (x_i - \bar{x})^3$$

在偏度接近于零时，数据分布相对比较对称；偏度大于零时，比均值更小的数据更多一些，反之则是比均值更大的数据较多。

另一方面，如果以正态分布作为标准，不同分布的数据在均值附近的集中程度也不同。有的分布可能会显得“平坦”一些，有更多的数据分布在两侧；有的分布则看起来比较“尖锐”，数据更多地集中在均值附近。峰度g_2是用来度量分布形状的指标。峰度为正意味着有更多的数据分布在两侧极端，峰度为负则意味着数据较多地集中在均值附近。

$$g_2 = \frac{n(n+1)}{(n-1)(n-2)(n-3)s^4}\sum_{i=1}^n (x_i - \bar{x})^4 - \frac{3(n-1)^2}{(n-2)(n-3)}$$

QQ 图（Quantile-Quantile Plot）可以用来帮助判断数据的分布是否服从某一指定分布，同时还可以获得数据的偏度和峰度信息。对于数据分布的检验问题以及其他相关内容涉及较多概率论与数理统计的基础知识，有兴趣的读者可以深入学习。

上述的各种度量指标都是针对一维数据的，然而最开始给出的微博数据实际上包含了三个维度：发布时间、点赞数量和转发数量。在现实中做数据分析处理时，往往面对的是多维数据，不光有数值型数据（比如年收入），也有具有固定几个属性值的数据（比如性别和职业）；可能有二值型数据（比如是否是会员），也可能有日期这样特殊格式的数据；数值型数据不光有连续值的（比如身高、体重），也有离散值的（比如年龄）。这里采用统一的方法来表示多维数据。设一组数据中有 n 个 k 维数据x_1，x_2，…，x_n。其中每一个数据 $x_i(1 \leqslant i \leqslant n)$ 可以用一个 k 维向量 $(x_{i1},x_{i2},\cdots,x_{ik})^{\mathrm{T}}$ 表示。其中二维数据的两个维度常常用 $(X,Y)^{\mathrm{T}}$ 表示其总体，每一个数据可以用 $(x_i,y_i)^{\mathrm{T}}$ 来表示。类似一维数据，多维数据也有均值向量 $\bar{x}$，以及对应于方差的协方差矩阵（Covariance Matrix）S。

$$\bar{x} = \left(\frac{1}{n}\sum_{i=1}^{n} x_{i1},\frac{1}{n}\sum_{i=1}^{n} x_{i2},\cdots,\frac{1}{n}\sum_{i=1}^{n} x_{ik}\right)^{\mathrm{T}}$$

$$\boldsymbol{S} = [s_{ij}]_{k\times k}, s_{ij} = \frac{1}{n-1}\sum_{u=1}^{n}(x_{ui}-\bar{x}_i)(x_{uj}-\bar{x}_j)$$

其中，根据协方差矩阵可以计算 Pearson 相关矩阵 $\boldsymbol{R}$。

$$\boldsymbol{R} = [r_{ij}]_{k\times k}, r_{ij} = \frac{s_{ij}}{\sqrt{s_{ii}}\sqrt{s_{jj}}}$$

协方差矩阵和 Pearson 相关矩阵都是对称矩阵，而且 Pearson 相关矩阵对角线为 1。当维度为 2 时，s_{12}被称作 X 和 Y 之间的协方差，r_{12}被称作 Pearson 相关系数。这里的相关系数和相关矩阵，反映的是两变量之间的线性相关性。直观来说，如果两变量同步上升同步下降则表现出正向线性相关性；如果一个上升另一个下降，两变量朝相反方向变化，则表现出负向线性相关性。与均值向量类似，多维数据中也有中位数向量。在相关性方面，除了上述 Pearson 相关矩阵，还有采用秩的 Spearman 相关矩阵，对应二维情况有 Spearman 相关系数。

对于多维总体，也可以将一维情况下的分布函数以及概率密度函数扩展到多维情况下，感兴趣的读者可以阅读相关书籍。

4.2.2 回归分析

相比于 4.2.1 节所讲的单个变量的统计分析或两个变量相关分析，在实际生产生活中存在着更多的变量。而在多变量的数据分析过程中，有时会对这些变量之间的作用关系感兴趣。比如房价问题，在一个时间区间内，一个房子的价格会受到其空间大小、卧室数量、卫生间数量、所处层数等数值变量的影响，还有朝向、地理位置等其他变量的影响。通常，人们直观上会认为，越大的房间越贵，拥有越多卧室的房间越贵。那么这些因素是如何综合影响房价的呢？可以简单地建立这样的模型：房价 Y 是由空间大小 X_1、卧室数量 X_2、卫生间数量 X_3 等 k 个变量决定的，即

$$Y = f(X_1, X_2, \cdots, X_k) + \varepsilon$$

其中，ε 是由于没有考虑进去的各种因素所产生的误差。特别地，当 f 是关于 $X_1, X_2, \cdots, X_k$ 的线性函数时，有

$$Y = \beta_0 + \beta_1 X_1 + \beta_2 X_2 + \cdots + \beta_k X_k + \varepsilon$$

上式称作线性回归模型。其中，$\beta_0, \beta_1, \cdots, \beta_k$ 是未知参数，也称为回归参数或回归系数；假设

ε 是数学期望为 0 的随机误差。

对于线性回归模型，当有了 n（n 一般较大，$n \geqslant k$）个房子的数据时，便可以使用这些数据去估计未知参数。设第 i 个房子的数据为 $(x_{i1}, x_{i2}, \cdots, x_{ik})^{\mathrm{T}}$，对应房价 y_i（实际上 $\boldsymbol{Y}$ 也可以是多维变量）。采用向量的方式表示为

$$Y = X\beta + \varepsilon$$

采用最小二乘法来估计回归参数，即最小化

$$S(\beta) = \varepsilon^{\mathrm{T}}\varepsilon = \sum_{i=1}^{n}\left(y_i - \sum_{j=1}^{k}\beta_j x_{ij}\right)^2$$

分别对 $\beta_0, \beta_1, \cdots, \beta_k$ 求偏导并令其得零，得到正规方程（推导过程留给感兴趣的读者自行完成）为

$$X^{\mathrm{T}}X\beta = X^{\mathrm{T}}Y$$

由于 $X^{\mathrm{T}}X$ 是实对称正定矩阵，可以得到 β 的最小二乘估计为

$$\hat{\beta} = (X^{\mathrm{T}}X)^{-1}X^{\mathrm{T}}Y$$

由于 $S(\beta)$ 的海森矩阵正定且上述最小二乘估计为唯一解，因此 $S(\hat{\beta})$ 为 $S(\beta)$ 的极小值点。代回得到

$$\hat{Y} = X\hat{\beta} + \varepsilon$$

上式称为回归方程。此时，就完成了对于未知参数 $\beta_0, \beta_1, \cdots, \beta_k$ 的估计，接下来便能使用这个回归方程去根据新房子的大小等信息估计或者预测它的房价了。

分析到这一步，其实就已经完成了大部分。在应用中，可根据上述的过程建立模型，利用已有数据拟合模型并应用在未知的数据上。最小二乘法保证了当采用上述的线性模型时，上述的解就是最优解。然而，即使是最优解也会存在误差。毕竟，现实中这些变量之间的关系总是复杂的，不一定像假设的那样是简单的线性关系。那么，在我们研究的问题上，线性模型究竟合适不合适呢？下面分析一下这个线性模型对于训练数据究竟能够拟合到什么程度。

在得到回归方程后，将估计参数时使用的观测值代回方程，将观测值 Y 与拟合值 $\hat{Y}$ 作差得到残差向量

$$\hat{\varepsilon} = Y - \hat{Y} = Y - X(X^{\mathrm{T}}X)^{-1}X^{\mathrm{T}}Y = (I - H)Y$$

进而可以定义残差平方和 *SSE*（Sum-of-Square Error）来衡量误差大小。

$$SSE = \sum_{i=1}^{n}(y_i - \hat{y}_i)^2 = \hat{\varepsilon}^{\mathrm{T}}\hat{\varepsilon}$$

SSE 越小，拟合得到的模型对于拟合时使用的数据估计越准确。进而定义复相关系数 R 为

$$R^2 = 1 - \frac{SSE}{\sum_{i=1}^{n}(\hat{y}_i - \bar{y})^2}$$

来衡量模型的线性显著性。R 越接近 1，就代表线性模型对于该问题越合适。如果 R 很小，那么就应当确认是不是少考虑了某些重要因素，或者说问题本身可能就无法用线性模型来解决。

上述过程在大数据分析中，观测样本数 n 往往较大，求解回归方程时采用迭代法会更

快、更高效一些。而对于定性变量与因变量之间的关系，则可以使用方差分析。对统计感兴趣的读者可以阅读相关书籍中线性回归关系的显著性检验、假设检验一般方法以及方差分析等内容以深入学习。

除了上述以线性回归模型为代表的回归分析和诸如之前提到的使用 Pearson 相关系数进行的关联分析外，因果关系的判别与分析也是数据挖掘中重要的一部分。因果关系常常容易与关联关系混淆。然而，虽然因果关系常常建立于关联关系之上，但在很多情况下，关联关系可能并不等同于因果关系。表面上两者的关联关系可能是因为更深层次的和其他事物之间的因果关系所致。“啤酒 + 尿布”便是大数据分析中最知名的案例之一。在 20 世纪 90 年代的美国沃尔玛连锁超市中，管理人员发现啤酒和尿布这两个看似毫不相关的商品经常出现在同一购物篮中。实际上，这是因为去超市购买尿布的年轻父亲们往往会顺便购买一些自己喝的啤酒。由于啤酒和尿布一起被销售的情况较普遍，因此啤酒的销售和尿布的销售之间存在着一定的关联性。然而两者之间却并不存在因果关系，而都与“让爱喝酒的年轻父亲去为孩子买尿布”有直接的因果关系，也就是说这种关联关系是同一个“因”产生的两个“果”。

随着时代的发展，在这些传统分析方法仍然占据一席之地的情况下，一些诸如机器学习等更新颖的分析方法逐渐绽放出了各自的光彩。接下来，就让我们看看这些发展时间可能与读者年龄差不多的方法吧。

4.3 基于机器学习的数据分析

一般来说，统计特征只能反映数据的极少量信息。例如图 4-4 给出数据的均值、方差是一样的，但是具有巨大的差别。这时候，就需要借助更精确的方法来区分这些情况。当然，也可以通过人工添加规则的方式来进行分析，但寻找合适的规则是一件非常艰难的事，即使偶有所得，对于数据而言，可行的分析规则又远不止这寥寥几条，却仍没有解决问题。因此，下面将讲述一些机器学习的方法。所谓的“机器学习”，是基于数据本身的，自动构建解决问题的规则与方法。本节将从非监督学习方法和监督学习方法来详细介绍常用的机器学习算法。

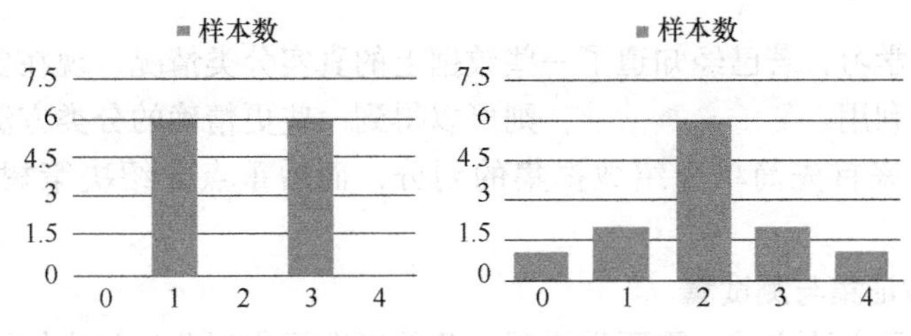

图 4-4　相同均值和方差的不同数据

4.3.1 非监督学习方法

非监督学习是建立在所有数据标签，即所属的类别都是未知的情况下使用的分类方法。假设有很多数据 d_1，d_2，…，d_n，但不知道这些数据应该分为哪几类，也不知道这些类别本来应该有怎样的特征，只知道每个数据的特征向量 v_1，v_2，…，v_n。现在要把这些数据按他们的相关程度分成很多类，怎么做呢？

最初的想法就是认为特征空间中距离较近的向量之间也较为相关。如果两个数据之间有很多相似的特征，他们相关的程度就较大。但是，一个类内可能有很多的元素，倘若一个元素只和其中某些元素比较接近，和另一些元素则相距较远，此时就希望每一个类有一个“中心”，“中心”也是特征向量空间中的向量，是所有那一类的元素在向量空间上的重心，即他的每一维为所有包含在这一类中的元素的那一维的平均值。

如果每一类都有这么一个“中心”，那么在分类数据时，只需要看其离哪个“中心”的距离最近，就将其分到该类即可，这就是 k-means 算法的思路。

k-means 算法可谓历史悠久，是在 1957 年由 Stuart Lloyd 在贝尔实验室提出的。最初是为了解决连续的图区域划分问题，但直到 1982 年才正式发表。在此之前，James MacQueen 在 1967 年也独立发明了此算法，并将其命名为 k-means 算法。

实际的 k-means 算法过程如下：

1）选择常数 K，随机选取数据中的 k 个点作为“中心”。

2）对每个数据，计算它们与所有“中心”之间的距离，将它们归入最近的“中心”。

3）更新“中心”的位置——“中心”的位置为分在此“中心”中所有元素的重心。

4）返回步骤 2，进行迭代，直到结果收敛为止。

5）输出每个“中心”的位置以及分类方式。

关于 k-means 算法的收敛性，留作习题，请读者自行证明。

图 4-5 是以随机生成的数据点为例，$k=3$ 的 k-means 算法迭代过程，其中五角星为聚类中心，点的颜色深浅是其类别。在实际应用中，为了获得一个比较好的特征空间，使得“数据之间的相似性与他们在特征空间上的距离有关，距离越近越相似”这句话尽可能成立，往往会构建模型来把原数据变换到这么一个特征空间，然后使用 k-means 算法进行分类。

在 k-means 算法之后，人们还提出了 k-means++、x-means 等扩展 k-means 的聚类方法。

4.3.2　监督学习方法

不同于非监督学习，若已经知道了一些数据上的真实分类情况，现在要对新的未知数据进行分类。这时候利用已知的分类信息，则可以得到一些更精确的分类方法，这些就是监督学习的方法。接下来首先简单介绍数据集的划分，而后重点介绍决策树模型以及神经网络等。

1. 训练集、验证集与测试集

在讲述监督学习方法之前，需要先说明一些关于数据集划分的初步知识。这些知识非常重要。定义测试集为需要使用算法来帮助处理分类的数据。在实际应用中，这些数据需要直接实时地被处理，而一般情况下无法在处理的过程中知道这些数据的实际类别。即使全部处理完毕，也无法得知模型给出的结果在这些数据上正确与否。但由于这些是实际需要处理的数据，模型在测试集上的正确率或者其他参数定义的表现好坏，将决定模型的实际应用价值。

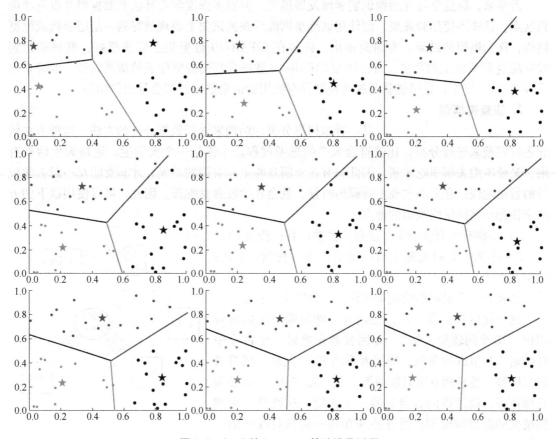

图 4-5　$k=3$ 的 k-means 算法迭代过程

除了自动学习的部分以外，机器学习模型一般会有一些需要人工设置的超参数，如 k-means里的中心数量等。对于同样的模型和训练集，使用不同的超参数进行学习，最后得出的结果可能相差很大。为了在测试集上取得尽可能好的结果，但又不知道测试集上数据的真实分类标签，一般需要在知道真实情况的数据集中划分训练集和验证集。在训练模型时，只使用训练集中的数据，而使用验证集中的数据进行模型正确率的检验。这样，通过验证集上的检验，就可以对于不同超参数在当前任务下的好坏有一个大致的了解，从而选择正确的超参数训练模型并在测试集上取得好结果。

一些研究性质的数据集的目的是为了检验模型的好坏。整个数据集中，训练集和测试集都是预先划分好的，有的此类数据集会提供训练集、验证集、测试集的划分，只提供给研究者训练集与验证集，并采用有限次提交答案评测的方式来评测模型在测试集上的表现好坏。

有的数据集则是只给了训练集和测试集。这里特别要注意的是，在真实应用场景中，测试集数据的标签是完全未知的。因此，对于这些只给了训练集和测试集的数据集，正确的数据分析方法是自行在训练集上划分训练集与验证集，根据验证集调整对应的超参数后，将最终的模型在测试集上仅进行最后的一次测试得出的结果作为模型的表现。切忌在测试集上进行超参数的调整，可能会导致过拟合，使得测得的“表现”与模型在真实世界中的实际表现不符。

近年来，深度学习在图像识别领域发展迅速，但很多深度学习算法和数据集并没有考虑到这点，往往不使用验证集，而使用训练集训练后在测试集上表现最好的一组超参数或模型结构，作为模型的结果。有研究指出，许多在CIFAR-10数据集上表现很好，准确率达到90%甚至97%以上的算法，对使用与CIFAR-10数据集相同规则生成的新测试集，准确率均下降了4%~15%，这可能就是这些模型没有使用验证集造成过拟合导致的结果。

2. 决策树模型

决策树（Decision Tree）是一种以树形分类的结构来进行数据分类的方法。这种方法依靠逻辑判断来进行分类，比较符合人类的思考过程。小铭是一个大学生，他每天生活费有限，又要考虑去哪里吃晚餐，因此只有在女朋友晚上没有课的时候，才和女朋友一起去学校外的餐馆吃饭；在女朋友晚上有课的时候，就会在学校食堂吃饭。因此，可以使用以下的方法来预测小铭同学吃晚饭的地点：

1）小铭有没有女朋友？没有：食堂；有：转至2）。

2）小铭的女朋友晚上有没有课？是：食堂；不是：餐馆。

这就是一个最简单的决策树模型，如图4-6所示。

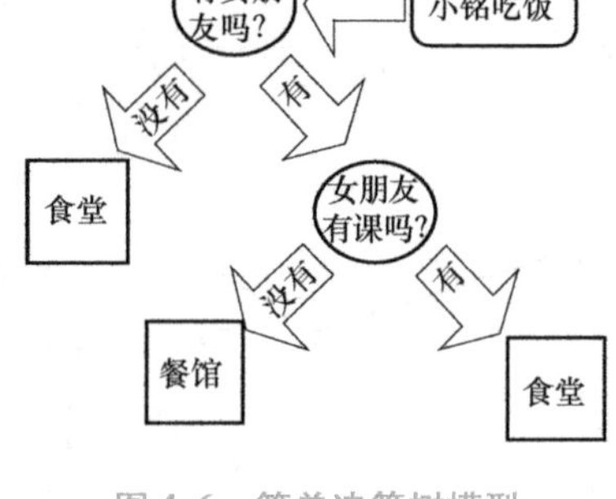

图4-6　简单决策树模型

这个模型有很多应用，比如有一种风靡一时的游戏叫作“20个问题猜人物”，即回答者先想好一个古今中外的名人甚至虚拟角色，提问者提出20个问题，回答者进行回答。要求回答者只能回答“是”或“否”，也必须正确作答，最后提问者猜是哪一个人物。这就是一个规模稍大的决策树模型，另外特殊在每一类只有唯一的一个样本。例子如下：

甲：此人是男性吗？乙：是。

甲：此人是古代人物吗？乙：是。

甲：此人是中国人物吗？乙：是。

甲：此人是唐代及以前的人物吗？乙：是。

甲：此人是汉代及以前的人物吗？乙：否。

甲：此人是三国人物吗？乙：是。

甲：此人物在曹魏集团效力过吗？乙：是。

甲：此人物在魏国建立前登场过吗？乙：是。

甲：此人物姓曹或者夏侯吗？乙：否。

甲：此人物效力过除曹魏势力以外的诸侯势力吗？乙：是。

甲：此人物在赤壁之战登场吗？乙：否。

甲：此人物是支持曹丕一方的吗？乙：是。

甲：此人物在高平陵政变后出现过吗？乙：否。

甲：此人物担当过三公职务吗？乙：是。

甲：此人物获得过一千户以上的封侯吗？乙：是。

甲：此人物的家族与司马家族有联姻关系吗？乙：是。

甲：王朗。

可以看见，在这个例子中，甲使用了16个问题，就从古今中外成千上万的人物中得到了正确答案。

那么，如何从数据中训练出一个决策树模型呢？

（1）通用的决策树模型

决策树也是一种根据条件来进行判断的逻辑框架。其中，判断的条件，即提出有区分性的问题（如“是三国人物吗?”“此人物获得过一千户以上的封侯吗?”），和对于不同的回答下一步的反映以及最终的决策给出标签，即是决策树模型需要学习的内容。

假设有一个子集，若在第6个问题后，甲已经确知了目标是一个“三国人物”，现在需要提出一个问题，能够使得我们从回答中获得尽可能多的帮助分类的信息。假设此问题的答案服从某种分布，而对于每一个答案，都能得到一个新的子集。记当前的集合为A，而提问后根据得到的不同回答，可能生成的集合分布为D。如果能够定义一个度量问题效度的函数$F(A, D)$，就可以得到决策树生成的基本框架。

决策树算法如下：

1）选取包含所有数据的全集为算法的初始集合A_0。

2）对于当前的集合A，计算所有可能的“问题”在训练集上的效度函数$F(A, D)$。

3）选择$F(A, D)$最大的“问题”，对数据进行提问，将当前的集合由“问题”的不同回答，划分为数个子集。

4）对每个子集，重复步骤2、3，直到所有子集内所有元素的类别相同。

在实际应用中，数据往往有很多特征，因此“问题”往往是选取数据的某一特征，而“回答”则是此特征对应的值。

（2）不同的效度函数

前面讲了决策树的框架。可以看出，在决策树中，效度函数$F(A, D)$的选择非常重要。决策树的发展历史，也基本是围绕着$F(A, D)$的优化而展开。从1963年的AID算法，1972年的THAID算法，到20世纪80年代的ID3和CART算法，再到1993年的C4.5算法，贝叶斯CART算法等。这些算法的主要差别就是$F(A, D)$的选取。下面介绍几种基础的算法。

1）ID3算法：一个简单的想法是选择区分度最大的特征。这里引入一个信息熵的概念：对于一个特征，假设有n种可能的取值，每种值取到的概率分别为$p_1, p_2, \cdots p_n$，$0 < i \leqslant n$，第i种发生的概率为p_i，定义**信息熵H**为

$$H = -\sum_i p_i \log(p_i)$$

H越大，这个特征越能够“区分”数据，提供的信息量越大。选取$F(A,D)=H$，即为ID3算法。这一算法是由悉尼大学的Quinlan提出的，据说在20世纪70年代就已经被发明，但在1986年才得以发表。

2）C4.5算法：信息熵反映了特征对于原数据的区分能力，但并没有反映特征对于标签的区分能力。换言之，如果修改训练集上的标签，对于决策树而言，是不会改变选取的特征的，最多只会在决策树层数上有所影响。这样，选取的特征就有可能对标签并没有用，更有可能形成过拟合。

如何将“特征对标签的区分程度”也考虑进算法中呢？ID3算法的进化版——C4.5算

法就能做到这一点。引入“标签信息熵”，记 T 为某个特征，a 为训练集的一种标签状态，则有

$$H(T|a) = -\sum_{v} \frac{N(x_a = v)H(T|x_a = v)}{N}$$

其中，N 为训练集的总元素数，$N(x_a=v)$ 为标签为 v 的元素数，$H(T|x_a=v)$ 为选取标签为 v 的元素关于特征 T 求信息熵。

一个自然的想法是，选择在考虑标签情况下，能提供最多信息的特征。而 $IG(T,a)=H(T)-H(T|a)$ 代表着从某一特征可以获得的信息增量，就符合这一标准，令 $F(A,D)=IG(T,a)$ 即可。

除了介绍的这两种确定 $F(A, D)$ 的方法外，还有 CART、FACT、GUIDE、BART 等众多不同的算法，有兴趣的读者可以自行查阅。

（3）决策树的剪枝

使用上述算法可以在训练集上生成一棵完美的决策树。所有训练集中的样本数据都可以根据此决策树进行完美的划分。但是，训练集是一回事，实际测试却是另一回事。一般情况下，可供选择的特征是非常多的。在这些特征中，总有一部分特征并没有实际作用，只是凑巧使得训练集中满足条件的样本都是某一类别。由于决策树训练方法的机制原因，这些特征因为在训练集中“效果”比较好，可能被选入模型。而在实际测试中，就不再“凑巧”，这些特征就失去了作用，使得模型产生了严重的过拟合。

因此，为了降低过拟合，一般在决策树生成完毕后，还要对其进行剪枝，剪去一些没有实际作用的特征。那么，如何进行剪枝呢？首先，定义剪去某个特征的方法：对于决策树上的某个节点，原本根据某一特征进行分组，现在不再使用这一特征，改为直接将所有元素分到其子节点中在训练集出现元素数量最多的一组。随后的一切分类规则按照在原先在此子节点中的分类规则而定。

对于训练集上训练出的决策树，使用验证集进行剪枝。最简单的剪枝方法是减小错误剪枝：从叶子节点开始，遍历决策树的每一个节点，计算在当前子树下删除此节点前在验证集中的正确率 a_0 以及此节点后的正确率 a_1，若 $a_1 \geqslant a_0$，则删除此节点。另一个稍微复杂一些的方法是最优效率剪枝，这一剪枝不仅考虑了验证集上正确率的变化，还考虑了决策树的大小，步骤如下：

1）定义剪枝前的叶节点数目 L_0 和剪枝后的叶节点数目 L_1。

2）定义“节点效率” $E=(a_0-a_1)/(L_0-L_1)$。

3）设置阈值 α，从叶子节点开始，遍历决策树的每一个节点，若某一节点在当前决策树下的“节点效率” $E<\alpha$，则减去此节点。

（4）多决策树分类

单一决策树容易受到训练集中噪声的影响，导致过拟合。在单个模型噪声很大时，最好的方法是训练多个模型取平均。因此，一种减小过拟合的方式是多决策树分类（Bagging），步骤如下：

1）在完整训练集中随机选取一部分元素，组成一个小“部分训练集”。

2）在“部分训练集”上训练一棵决策树。

3）反复执行步骤1、2，训练 N 棵不同的决策树。

4）在测试时，对于每一个测试样例，将他放入所有的决策树中，将这些输出结果进行投票，取最多的输出作为实际输出。

多决策树分类，由于每棵决策树都是在原训练集的一个随机子集上进行训练得出的，因此有效地防止了训练数据中一个或几个噪声数据对决策树造成的影响。

（5）随机森林

很多时候，有一部分特征与分类结果的相关性最大，在所有的决策树中都会出现。这些特征虽然是好的特征，但却导致训练出的不同决策树大同小异，使“取平均”失去了意义，带来过拟合，也阻碍了相关度中等的特征发挥它们本来可能发挥的作用。

为了解决这个问题，1995 年 Ho Tin Kam 提出了**随机森林（Random Forest）**的方法，即在“多决策树分类”每次随机选取一个训练集的子集生成决策树的基础上，把这个子决策树使用的特征也限定在所有特征的一个随机的子集，其具体步骤如下：

1）在完整训练集中随机选取一部分元素和一部分特征，使用这些元素在这些特征上的值作为一个“部分训练集”。

2）在“部分训练集”上训练一棵决策树。

3）反复执行步骤 1、2，训练 N 棵不同的决策树。

4）在测试时，将每一个测试样例放入所有的决策树中，并对输出结果进行投票，取最多的输出作为实际输出。

随机森林由于在很大程度上降低了过拟合，在实际应用时，往往在决策树算法中效果最好。

3. kNN 算法

在 4.3.1 节中讨论了只知道每个数据在特征空间下的特征向量情况下对数据的无监督分类方法 k-means。如果拥有了其中一部分数据的标签，就可以利用这些标签进行**kNN 分类**。

数据之间的相似性与他们在特征空间上的距离有关。距离越近越相似，越可能拥有相同的标签。假设已经有了很多既知道特征向量也知道具体标签的数据，对于新的只知道特征向量却不知道具体标签的数据，可以选取离这个特征向量最近的 k 个已经知道标签的数据，然后选取它们中间最多的元素所属于的那个标签，作为新数据的预测标签。也可以根据它们与新数据的特征向量之间的距离加权（如最近得 5 分，第二近得 4 分等），取权重总和最大的标签作为预测标签。

kNN 算法不需要构建模型或者训练，和 k-means 算法一样，往往是和某个构建特征空间的模型一起使用。

4. 回归分析

在决策树中，预测的每一步都取决于数据某个特征的值。在模型中，数据某个特征的值确定了数据属于某个类中的哪一个子类。在实际世界中，特征值的实际作用，可能是影响属于某个类的概率。小铭同学不一定只有在有女友时才去餐馆吃饭，但女友无疑提高了小铭去餐馆吃饭的概率。回归分析模型，便是基于这一思想构建的模型。

（1）最大似然原理

假设有一个模型，针对每个数据输出其成为某个标签的概率为 P_{il}，同时已知这些数据的实际标签 L_i，假如模型给出的概率是真实的，那么实际标签发生的概率为 P。不同的模型可能就这些数据给出不同的概率，得出不同的“假如模型给出的概率正确，实际如此发生的概率”P。如果数据量足够大，给出 P 越大的模型，对于数据标签给出的概率就越接近真实概率，这就是最大似然原理：

$$P = \prod p_{il_i}$$

因此，如果有多个模型，按这些模型在训练数据上的结果与真实标签进行比对得到 P，P 越大说明模型给出的概率越接近真实概率。

（2）回归分析模型

那么，怎样从数据的特征得到数据属于某个标签的概率呢？假设标签只有0和1两种情况，而两种情况的概率与特征的值有关。一般通过 sigmoid 函数将输出限制在0~1之间作为预测的概率，将特征 l_1，l_2，…，l_m输入模型求得标签为0的概率为 P_0。以逻辑回归为例，P_0为

$$P_0 = \frac{1}{1 + \mathrm{e}^{a_1 l_1 + a_2 l_2 + \cdots a_n l_n + b}}$$

其中，a_1，a_2，…，a_n和 b 为模型的参数。

多标签情况下，一般采取 softmax 函数代替 sigmoid 函数。

（3）回归分析模型的训练

根据最大似然原理，需要选择 P 最大的模型。由于 P_{il}关于模型的每个参数都可微，整个过程全程可以求导，因此可以使用梯度下降或者牛顿迭代等迭代法进行训练，直到训练到 P 收敛或迭代进行到一定次数为止。

5. 神经网络

大脑是自然界的奇迹。通过神经元的相互连接，大脑可以非常高效地处理海量信息。神经网络是一种模拟大脑工作的模型。神经网络的使用，近年来在图像识别、大数据分析、自然语言处理、人工智能等领域，取得了令人难以想象的突破。

（1）神经元

神经元是神经网络的基本单位。如图4-7所示，每个神经元都有很多输入和一个输出。神经元的作用是将所有输入相加，减去触发阈值，然后经过一个激活函数进行非线性变化，最后提供输出。激活函数的非线性，是神经网络能够拥有极强表达能力的原因。

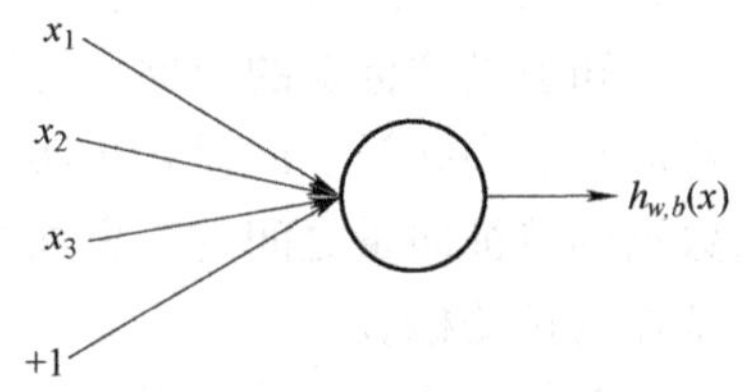

图4-7　神经元

（2）激活函数

激活函数需要是一个非线性的函数。当代神经网络中，最常用的激活函数是 ReLu 函数：

$$\mathrm{ReLu}(x) = \begin{cases} x, x > 0 \\ 0, x \leqslant 0 \end{cases}$$

另外，sigmoid 函数、tanh 函数等，也是 x 常用的激活函数。同一个网络中可能使用多种不同的激活函数，也可能在输出层不使用激活函数。

$$\mathrm{sigmoid}(x) = \frac{1}{1 + \mathrm{e}^{-x}}$$

$$\tanh(x) = \frac{\mathrm{e}^{x} - \mathrm{e}^{-x}}{\mathrm{e}^{x} + \mathrm{e}^{-x}}$$

(3) 神经网络的结构

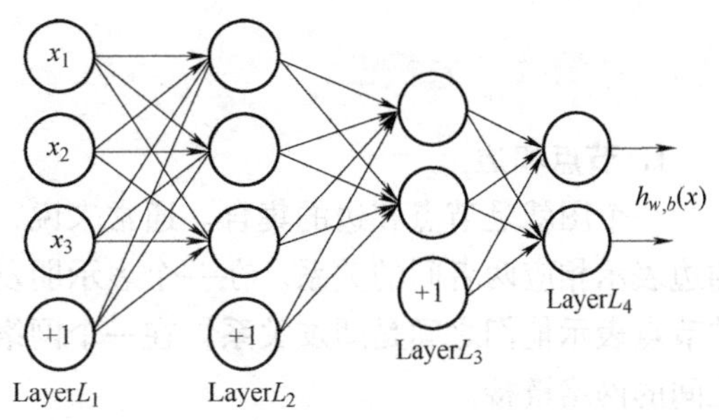

图4-8 神经网络

神经网络由多层神经元组成，如图4-8所示，每一层神经元都与前一层或前某些层的一部分或全部神经元相连接，每个神经元使用前面层数与其相连的所有神经元的输出乘以它们的连接强度作为输入，同一个神经元的输出会作为后面所有与它相连的不同神经元的输入（乘以连接强度之后）。第一层是输入的特征向量，最后一层是输出的特征向量。在分类问题中，往往按类别数量为每一个类安排一个单独的神经元进行输出，然后再输出结果最大的那个神经元对应的类作为分类结果。神经网络的参数就是每条连接的连接强度和每个神经元的阈值。此处可以看出，回归分析模型，其实是一种只有两层且无激活函数的神经网络。

(4) 神经网络的训练方法

对于一个神经网络的模型，一般使用梯度下降法对训练数据进行训练。先定义损失函数，不同的模型经常拥有不同的损失函数，在分类问题中，经常以输出结果和实际标签的交叉熵作为损失函数。对于两个离散分布，交叉熵的定义是 $\sum_i p_i \ln q_i$。

在使用kNN算法的模型中，往往以同类数据在输出空间中的距离减去不同类数据在输出空间中的距离作为损失函数。损失函数越小，模型在训练集上表现越好。

注意到神经网络整个过程都是可以求导的，因此很容易求得损失函数相对于某一个参数的导数，进而求得损失函数相对于所有参数的导数，即损失函数在参数空间上的梯度，选取梯度最大的方向进行梯度下降。在训练过程中，往往使用随机梯度下降的方式，即每一步随机选取训练集中的一个子集进行梯度下降。

关于神经网络训练的具体方法，在实际应用中涉及一些其他的技巧，但这些技巧大部分都是基于梯度下降的方法。

4.4 图的数据分析

随着互联网的蓬勃发展，尤其是社交网络和O2O应用（如Facebook、LinkedIn、Twitter、微信、微博等）的异军突起，网络空间、现实世界和人类认知之间的交互融合急剧加速，我国经济社会发展与人民生活方式正在发生明显的变化，数据分析在国家安全、经济、现代信息服务等领域中的作用日益凸显。Web社交网络记录了数十亿用户的所言所行，记录了用户间形成的种类繁多的社会关系，记录了用户产生的海量网络信息的传播轨迹，这些人类社会活动的真实记录为研究社交网络的形成及其上的信息传播规律提供了可能。

然而这些社交网络的结构形式是图，图数据不同于简单的连续性或离散型数据，其节点之间的关系由于图的拓扑结构而变得复杂，其分析方法也不同于一般的统计和机器学习的数据分析。本节主要介绍一下社会网络中数据分析的基本技术，包括社交网络的主要组织形式即图结构的基本概念，节点的中心性和相似性分析方法，以及一些社交网络上的基本算法。

4.4.1　图的基本概念

1. 节点和边

一个图就是节点和边的集合。通常来说，以节点代表行动者或者事物，用连接两个节点的边表示相应两者间的关系。在一个表示朋友的关系图中，节点表示人，任何两个相互连接的节点表示他们之间是朋友关系。在一个网络图中，节点表示网站，节点之间的边表示网站之间的网络链接。

形式化地，节点集合的数学表示为 $V=\{v_1,v_2,\cdots,v_n\}$，其中 v_i 是一个节点，$1\leqslant i\leqslant n$。$|V|=n$ 表示节点集合的大小。边集合的数学表示为 $E=\{e_1,e_2,\cdots,e_m\}$，其中 e_i 表示一条边，$1\leqslant i\leqslant m$，边的集合大小通常用 $|E|=m$ 来表示。

边也可以用其连接的两个节点来表示。边是可以有方向的，也就是一个节点连接到另一个节点，但并不能表示另一个节点也连接到此节点。图 4-9a 中，由于节点之间的连接没有方向性，所以边 $e(v_2, v_3)$ 和 $e(v_3, v_2)$ 是同一条边，由无向边构成的图为无向图。图 4-9b 中，由于边有方向性，所以 $e(v_2, v_3)$ 和 $e(v_3, v_2)$ 不是同一条边，由有向边构成的图为有向图。

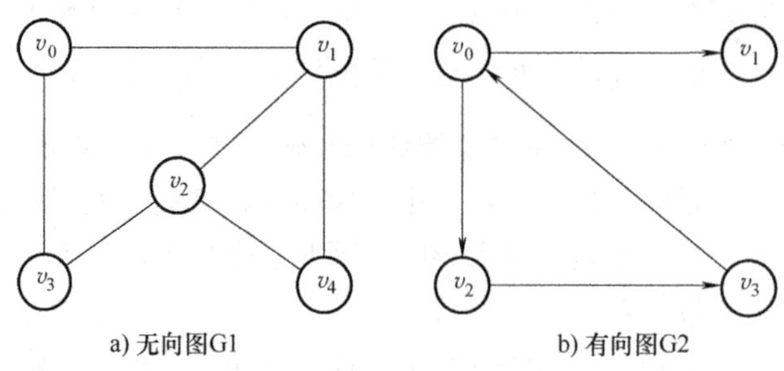

图 4-9　无向图和有向图

2. 度和度的分布

对于无向图中的任何一个节点 v_i，通过边与其相连的节点集合称为节点 v_i 的邻居节点，用 $N(v_i)$ 表示。在图 4-9 中，$N(v_0)=\{v_1,v_3\}$。与一个节点相连的边的数目称为节点的度，节点 v_i 的度通常用 $d(v_i)$ 表示。而在有向图中，则称为节点 v_i 的入度邻居 $N_{in}(v_i)$ 和出度邻居 $N_{out}(v_i)$。图 4-9 中 $N_{in}(v_0)=\{v_3\}$，$N_{out}(v_0)=\{v_1,v_2\}$。因此，节点也有入度数（指向该节点的边的数目）和出度数（从该节点出发的边的数目）之分，这两个值分别用 $d_{in}(v_i)$ 和 $d_{out}(v_i)$ 表示。例如在知乎上，入度数和出度数分别表示粉丝数和关注数。注意，在无向图中，所有节点的度数之和等于边数目的两倍。

在规模非常大的图中，节点度数的分布（度的分布）是一个需要考虑的重要属性。度的分布 $p(d)$ 表示一个随机选择的节点 v 的度数为 d 的概率，因为 $p(d)$ 是一个概率分布，所以满足 $\sum_{d=0}^{\infty}p(d)=1$。在有 n 个节点的图中，$p(d)$ 定义为 $p(d)=\frac{n_d}{n}$。其中 n_d 是度数为 d 的节点数目。一个较为常用且重要的表示方法是绘制度分布的直方图，图 4-10 为 Wikipedia 英语单词的入度数和出度数分布图，x 轴表示出度数，y 轴表示入度数，z 轴表示度数为 n_d 的节点数量取 log2 后的结果。可以看出不管是入度数还是出度数，都是大多数词具有较少的邻居，而较少的词具有很多的邻居。这样的分布结果通常被称为度数的幂律分布。

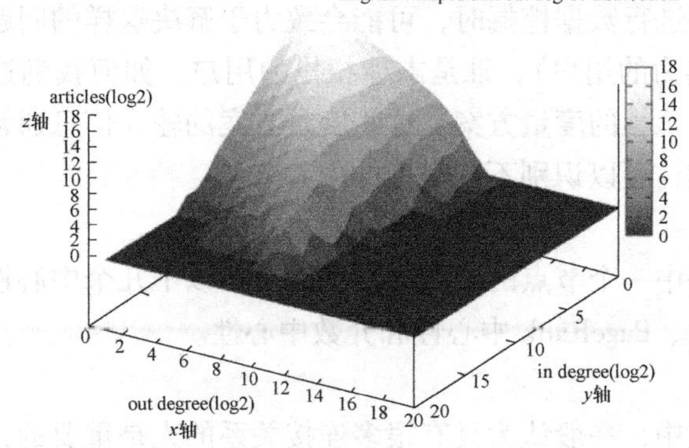

图 4-10　Wikipedia 英语单词的入度数和出度数分布图

3. 图的表示

前面介绍了图这种直观的表示方法。这种表示方法对人来说很清晰，但是不能被计算机有效利用，也不能用数学工具来处理。因此，需要找到可以存储节点集合和边集合的另一种表示使之能够不丢失信息，易于被计算机利用，而且可以方便地被数学工具使用。

一种简单的图表示方案是使用邻接矩阵（Adjacency Matrix）。图 4-11 给出了图 4-9 中的无向图 G1 和有向图 G2 对应的邻接矩阵 $\boldsymbol{A}_1$ 和 $\boldsymbol{A}_2$。在邻接矩阵中，1 表示节点和节点之间有边相连，0 表示两个节点之间没有边相连。广义上讲，在邻接矩阵中可以用任何实数表示节点之间的关联紧密程度。

$$A_1=\begin{bmatrix}0&1&0&1&0\\1&0&1&0&1\\0&1&0&1&1\\1&0&1&0&0\\0&1&1&0&0\end{bmatrix},\quad A_2=\begin{bmatrix}0&1&0&1\\0&0&0&0\\0&0&0&1\\1&0&0&0\end{bmatrix}$$

图 4-11　图的邻接矩阵和表示

邻接矩阵给出了图的更加自然的数学表达。值得注意的是，在社交网络中，由于对全部节点来说，交互关系（边）的数量相对较少，所以邻接矩阵中有很多元素 0。这样就形成了一个庞大的稀疏矩阵（指大多数元素为 0 的矩阵）。

由于存储矩阵所需要的空间复杂度为 $O(n^2)$，在大规模的社交网络分析算法中，由于运行时间过长和所需内存过大，而很难直接应用这种表示方式，因此也常使用另一种表示方法，即邻接表。邻接表表示每个节点和与其连接的节点列表，节点列表通常根据节点的编号或者其他原则排序，对于图 4-9 中的有向图 G2，其对应的邻接表见表 4-2。

表 4-2　有向图 G2 的邻接表

节　点	连 接 到
v_0	v_1
v_1	v_0，v_4
v_2	v_1，v_3
v_3	v_0
v_4	v_3

4.4.2　中心性和相似性分析

在人们对社交网络进行数据挖掘时，可能会致力于解决这样的问题：在社会网络中，谁是中心角色（具有影响力的用户），谁是志趣相投的用户，如何找到这些个体。此时，就需要量化用户中心性、相似性的度量方案。这些度量方案的输入信息通常是网络的图结构。通过定义中心性度量方案，可以识别不同类型的中心节点。

1. 中心性

中心性定义了网络中一个节点的重要性。下面介绍以下几个中心性度量方法，包括度中心性、特征向量中心性、PageRank 中心性和介数中心性。

（1）度中心性

在真实世界的交互中，一般认为具有很多连接关系的人是重要的，度中心性就是利用了这种思想。在无向图中，节点 v_i 的度中心性 $C_d(v_i)$ 定义为

$$C_d(v_i)=d_i$$

其中，d_i 是节点 v_i 的度。因此对于有更多连接关系的节点，度中心性方法认为其具有更高的中心性。在有向图中，可以利用入度或者出度，也可以将两者结合作为度中心性值。为了使度中心性度量方法可以用来比较不同网络中的中心性值，可以使用度数之和来进行归一化，即

$$C_d^{norm}(v_i)=\frac{d_i}{\sum_j d_j}=\frac{d_i}{2m}$$

其中，m 是边的总数。

（2）特征向量中心性

虽然在度中心性度量中一般认为具有较多连接的节点更重要，然而在现实中，拥有更多朋友并不能确保这个人就是重要的。拥有更多重要的朋友才能提供更有力的信息，因此可以用邻居节点的重要性来概括本节点的重要性。设 $C_e(v_i)$ 表示节点 v_i 的特征向量中心性，可表示为

$$C_e(v_i)=\frac{1}{\lambda}\sum_{j=1}^{n}\boldsymbol{A}_{j,i}C_e(v_j)$$

其中，$\boldsymbol{A}$ 是邻接矩阵；λ 是某个固定的常数。这是个递归定义的函数，设 $\boldsymbol{C}_e=[C_e(v_1),C_e(v_2),\cdots,C_e(v_n)]^{\mathrm{T}}$ 是所有节点的中心向量，上式可以重写为

$$\lambda\boldsymbol{C}_e=\boldsymbol{A}^{\mathrm{T}}\boldsymbol{C}_e$$

其中，$\boldsymbol{C}_e$ 是邻接矩阵 $\boldsymbol{A}$ 的特征向量；λ 是对应的特征值。

（3）PageRank 中心性

PageRank 中心性度量方法被谷歌搜索引擎用来对网页的检索结果进行排序。网页以及它们之间的连接关系是一个巨大的网络，PageRank 为网络图中的所有节点（网页）定义了中心性度量。当用户在谷歌中检索时，和查询相匹配的且具有较高的的网页将最先显示。Page Rank 中心性可表示为

$$C_p=\beta(\boldsymbol{I}-\alpha\boldsymbol{A}^{\mathrm{T}}\boldsymbol{D}^{-1})\cdot\boldsymbol{I}$$

其中，$\boldsymbol{D}=\mathrm{diag}(d_1^{out},d_2^{out},\cdots,d_n^{out})$ 是一个关于度的对角矩阵；α、β 是两个常数。

（4）介数中心性

另一种中心性度量方法是考虑节点在连接其他节点时所表现出的重要性，它是指网络图中某一节点与其他各点之间相间隔的程度，表示一个人在多大程度上是图中其他节点的"中介"，这类节点通常具有沟通桥梁的作用。计算其他节点通过节点 v_i 的最短路径的数目，也即需要度量节点 v_i 在连接节点 s 和节点 t 时所表现的重要性称为介数中心性度量方法，可表示为

$$C_b(v_i) = \sum_{s \neq t \neq v_i} \frac{\sigma_{st}(v_i)}{\sigma_{st}}$$

其中，σ_{st}是从节点 s 到节点 t 的最短路径数目；σ_{st} （v_i） 是从 s 到 t 经过 v_i 的最短路径数目。为了对节点进行跨网络的比较，将 σ_b （v_i） 除以介数中心性的最大值 $(n-1)(n-2)$，得到归一化后的介数中心性为

$$C_b^{norm}(v_i) = \frac{C_b(v_i)}{(n-1)(n-2)}$$

2. 相似性

在社交媒体中，节点可以表示关系网络中的个体或者是一些相关的事物。节点间的相似度可以通过计算他们的结构等价性来获得。此外，SimRank 相似度也是一种流行的计算节点相似度的方法。

（1）结构等价性

为了计算结构等价性，考虑两个节点间共有的邻接节点。从网络拓扑结构角度出发，考虑两个节点的共同邻居数，是基于网络结构信息来定义相似度的最简单方法。共同邻居数越大，说明两个节点越相似。节点的相似度定义为

$$\sigma(v_i, v_j) = |N(v_i) \cap N(v_j)|$$

对于规模较大的网络，节点可能共享很多邻接节点，所以这个值会迅速增长。一般地，相似度被看作一个有界的值，通常是在［0，1］范围内。可以使用多种归一化方法，例如 Jaccard 相似度或者余弦相似度：

$$\sigma_{\text{Jaccard}}(v_i, v_j) = \frac{|N(v_i) \cap N(v_j)|}{|N(v_i) \cup N(v_j)|}$$

$$\sigma_{\text{Cosine}}(v_i, v_j) = \frac{|N(v_i) \cap N(v_j)|}{\sqrt{|N(v_i)||N(v_j)|}}$$

（2）SimRank 相似度和近似 SimRank 相似度

SimRank 相似度算法的思路是"指向相似节点的节点也相似"，可表示为

$$S(a,b) = \frac{C}{|I(a)||I(b)|} \sum_{i=1}^{|I(a)|} \sum_{j=1}^{|I(b)|} S[I_i(a), I_j(b)]$$

其中，C 为 0～1 之间的一个常数。时间复杂度是 $O(In^2d^2)$，其中 I 是迭代次数，n 是网络中所有节点数，d 是节点的平均度数。其效率太低，可以考虑使用部分和记忆的方法，可以通过缓存部分相似性总和以有效地减少不同节点对之间的相似性的重复计算，以便以后重新使用。定义部分和 $Partial_{I(a)}^j$ 为

$$Partial_{I(a)}^j = \sum_{i \in I(a)} S(i,j), \ \forall i \in I(b)$$

那么有

$$S(a,b)=\frac{C}{|I(a)||I(b)|}\sum_{j\in I(b)}Partial_{I(a)}^{j}$$

同样，算法的时间复杂度是 $O(In^2d)$，C 在 0 ~ 1 之间。为了更进一步加快相似度计算，可以使用基于随机游走的 SimRank 算法，它是对节点相似度的一种高精度、高效率的近似算法。基本思想是，在随机游走产生的路径中，两个节点共同出现的次数越多，则越相似。算法描述如下：

1）随机生成 R 条长度为 T 的路径 P，建立倒排索引 Index。

2）对节点 v，根据 Index 获得 v 所在的路径列表 P'。

3）对于 P'，遍历每条路径可以找到所有与 v 共同出现的节点。通过累加频次计算两个点之间的近邻相似度，得到 v 的节点相似度列表 L。

4）对 L 进行排序，获得与节点 v 的相似度最大的 k 个节点的列表 L_k。

4.4.3　社交网络上的算法

在社交网络中，人们会对个体的行为分析感兴趣，例如柯洁对战 AlphaGo 的消息在微博上传播后，整个传播过程是什么样的，某个微博用户是否会转发或评论这条消息。社区结构是复杂网络中的一个普遍特征，微博上也有很多社区，如何高效准确地找到其中的社区结构是关键。

1. 行为分析算法

在个体行为分析方面，最典型的应用是用户行为的传播，比如在一个社交网络中，一个用户转发了一个信息，之后他的朋友看到这条信息就有可能转发或评论这条信息，那么这条消息传播的过程中是否转发的行为就体现了用户行为的激活与否。

在一个网络中，对于一个节点 v 而言有两个状态：激活和未激活。节点 v 的激活可能导致其邻居节点 w 的激活。接下来介绍两种影响力传播模型，包括线性阈值模型和独立级联模型来模拟影响在社会网络中的传播过程。

（1）线性阈值模型

每个节点 v 都有一个随机的阈值 $\theta_v \sim U[0,\ 1]$，表征当 v 的邻居节点被激活时，v 被激活的潜在趋势。节点 v 被它的每个邻居 w 所影响，根据权重 $b_{v,w}$，且有约束条件为

$$\sum_{w} b_{v,w} \leqslant 1$$

若 v 的已激活邻居节点 w_a 的权重和大于等于其阈值时，v 将被激活，即

$$\sum_{w_a} b_{v,w_a} \leqslant \theta_v$$

最开始给定一个随机的阈值，和一个初始集合 A_0，在步骤 t，所有步骤 t-1 激活的节点仍是激活的，且通过上面的条件激活新的节点，直到不再有新的节点被激活为止。

（2）独立级联模型

独立级联模型与线性阈值模型的步骤基本相同，区别在于不再通过节点 v 的所有已激活邻居的权重和达到阈值来激活，而是对每个已激活节点 v，都有单个机会来激活其未激活邻居节点 w，其激活概率为 $p_{v,w}$，不管是否成功，在之后的步骤汇总，v 都不能再次激活其他节点。

从另一个角度来考虑，在公司推广产品时，如何利用有限的资金和资源找到那些影响力

较大的用户来推广产品，通过“口碑效应”和“病毒式营销”的推广方式使得新产品的影响达到最大化也是一个热点问题。对于一个参数 K，确定如何选择一个具有 K 个节点的集合 A_0，使其具有最大的传播影响力 $\sigma(A)$。对线性阈值模型和独立级联模型来说，影响力最大化问题被证明是 NP-hard 问题，但是可以使用近似算法求解。例如使用贪婪算法来解决影响最大化问题，可应用于上述两种模型，得到近似最优传播效果。

2. 社区发现算法

社区发现是网络研究中的重要课题，吸引了众多研究者的关注。给定一个表征网络的图数据，社区往往指代不同集合的节点，其中同一社区的节点之间的连通性往往高于不同社区间的节点。例如在社会网络中，一个社区可以表征在一起上学、工作、生活的人们。下面主要介绍 **Girvan-Newman 算法**、**标签传播算法**以及 **Louvain 算法**。

（1） Girvan-Newman 算法

直观来看，在社区内部节点之间相互连接的边密度较大，因此，通过边来识别社区是一种较为直观的社区发现算法。Girvan-Newman 算法即在该启示下发展而来，如果去除社区之间连接的边，留下的就是社区。对于社区而言，较先去除的边，中心性较低，而介数中心性则较大。因此，逐步去除介数中心性最大的边，直至结束。Girvan-Newman 算法的详细步骤如下：

1） 计算网络中所有边的介数中心性。

2） 去除介数中心性最高的边。

3） 重新计算去除边后的网络中所有边的介数中心性。

4） 跳至步骤 2，重新计算，直至网络中没有边存在。

Girvan-Newman 算法所得到的结果实质上是网络中节点的树图，如图 4-12 所示。该算法给出了如何去除边得到社区结构。但在得到最终的社区数之前，还有一个问题没有得到解决，即如何确定合适的社区数，使社区划分结果最优。他们随后提出了**模块度 Q** 的概念：

$$Q = \sum_{i}^{K} (e_{ii} - a_i^2)^2$$

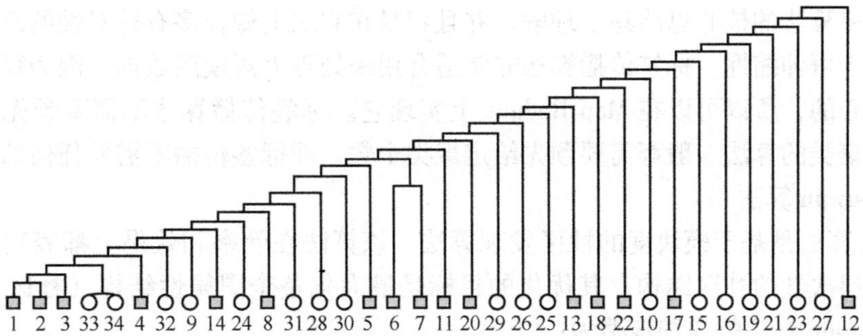

1 2 3 33 34 4 32 9 14 24 8 31 28 30 5 6 7 11 20 29 26 25 13 18 22 10 17 15 16 19 21 23 27 12

图 4-12　Girvan-Newman 算法结果

考虑一个将网络分成 K 个社区的分割算法，定义一个 $k \times k$ 矩阵 $\boldsymbol{e}$，其中 e_{ij} 代表连接到社区 i 中点的边数与社区 j 中的边数之比，而 $a_i = \sum_{j}^{K} e_{ij}$。$Q$ 值能够体现网络划分为社

区后社区结构的质量，该值越逼近于1，说明社区结构越明显，该值逼近于0，则社区结构不明显。对于同一个网络而言，不同算法可能得到的 Q 值不同，Q 值高则代表了该算法较优。

利用 Q 值寻找合适的社区数的思路如下：在 Girvan-Newman 算法中每去除一次边，则计算一下所得社区结构的 Q 值，寻找到 Q 值最大时的社区数量。一般而言，计算时不可能在所有去边过程中都计算 Q 值，往往是寻找某一区间的 Q 值，取得局部最大值即可。图4-13给出了基于优化 Q 值的算法结果，可以看到，当社区数量为4时，所得 Q 值最大，因此该网络划分为4个社区最优。

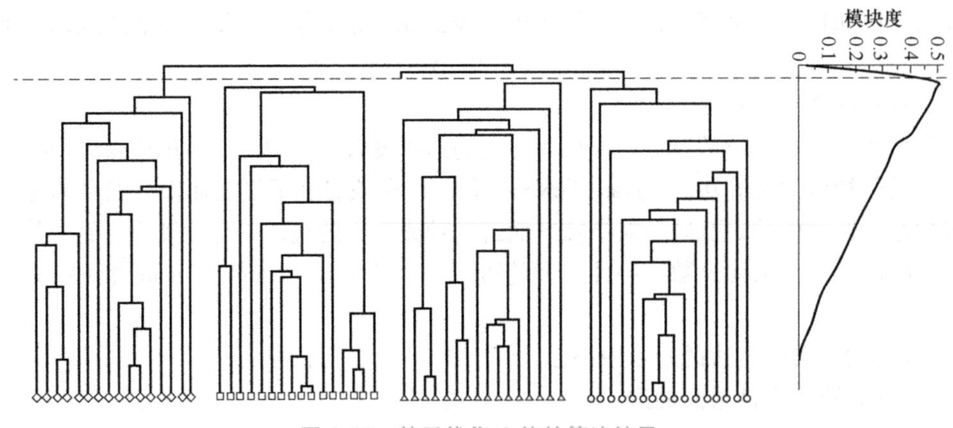

图4-13 基于优化 Q 值的算法结果

(2) 标签传播算法

标签传播算法很简单，其核心思想是相似的节点应该具有相同的标签。标签传播算法的详细步骤为：

1) 初始化所有节点，为每个节点分配唯一的标签。

2) 随机选择一个节点，令其及其所属社区的节点标签更换为它的大多数邻居所属的标签，若有几个这样的标签，随机选择一个。

3) 若每个节点标签都与其多数邻居的相同，则停止算法，否则重复步骤2。

标签传播算法的核心思路易于理解，并且容易在它之上做很多有针对性的改良，它的另一个优点在于可伸缩性。标签传播算法非常适合用来处理大规模图数据，因为算法的实质是以节点为中心的，所以可以在 Map Reduce 上实现它。标签传播算法不需要预先给定社区的数量，基于聚类的算法一般都需要预先给定聚类个数，而标签传播不需要任何的先验知识。

(3) Louvain 算法

Louvain 算法是基于模块度的社区发现算法，该算法在效率和效果上都表现比较好，并且能够发现层次性的社区结构，其优化的目标是最大化整个图属性结构（社区网络）的模块度 Q。Louvain 算法的详细步骤为：

1) 对于每个节点，令其所属社区的节点标签更换为它的其中一个邻居所属的标签，选择方式是选择使其 Q 增益最大，直到所有节点的社区标签都不再改变，计算 Q。

2) 若 Q 不再改变，则停止算法。否则重构网络，令同一个社区中的点“凝聚”成一个节点，社区内的边成为新网络的自环，社区之间的边成为新网络的边，这时边的权重为两个节点内所有原始节点的边权重之和。重复步骤2。

迭代这两个步骤直至算法稳定，如图 4-14 所示。

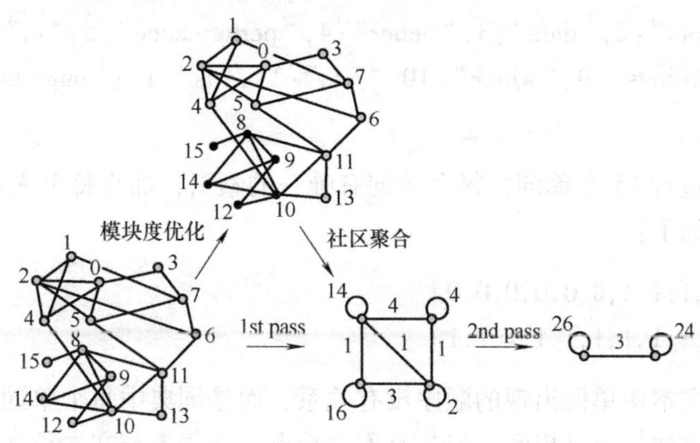

图 4-14 Louvain 算法步骤

4.5 自然语言中的数据分析

自然语言处理是人工智能的一个重要领域，语言是人类区别与动物的标志之一，因此自然语言处理体现了人工智能的最高任务与境界。目前，自然语言处理的发展与真正的语义理解仍然差之甚远，但这并不妨碍人们研究自然语言数据。如果采取有效的分析方法，仍然可以从中获得知识来帮助人们。4.1 节提到，微博上每个用户的言论、转发内容等都蕴藏着用户个人的兴趣、话题等信息，微博中出现的“强化学习”“神经网络”等词语可以帮助人们迅速判定这条微博大概率属于“人工智能”话题。

本节将从词、句、话题三个层次简介自然语言中数据分析的基本方法。

4.5.1 词表示分析

文本中的单词是自然语言的基本结构，对于单词的研究，除了简单的词频统计等，词的表示学习饱受关注。词的表示学习，又称为词嵌入（Word Embedding），指为每个单词找到一个向量表示，理想状况下向量之间的距离和线性关系可以反映单词之间的语义联系。通过词向量，可以使用可视化分析词的关联，也有利于进一步分析。下面介绍三种最为重要的词表示方法。

1. 词袋模型

词袋模型（Bag-of-words）是最简单的词向量表示方法。该模型忽略掉文本的语法和语序等要素，将其仅仅看作是若干个词汇的集合，文档中每个单词的出现都是独立的。词袋模型使用一组无序的单词来表达一段文字或一个文档。下面以一个基于文本的简单例子对词袋模型做出说明。

首先给出两个简单的文本如下：

The more the data, the better the performance of machine learning algorithms.
Which one is more important in machine learning, data or algorithms?

基于上述两个文档中出现的单词，构建如下一个词典：

{"the":1,"more":2,"data":3,"better":4,"performance":5,"of":6,"machine":7,"learning":8,"algorithms":9,"which":10,"one":11,"is":12,"important":13,"in":14,"or":15}

上面的词典中包含 15 个单词，每个单词有唯一的索引，那么每个文本可以使用一个 15 维的向量来表示。如下：

[4,1,1,1,1,1,1,1,1,0,0,0,0,0,0]
[0,1,1,0,0,0,1,1,1,1,1,1,1,1,1]

该向量与原来文本中单词出现的顺序没有关系，而是词典中每个单词在文本中出现的频率。词的这个表示方法很容易想到，但却有不少缺点，如频率与文本长度有关，导致不同长度文本难以比较；词的重要性不突出，如"algorithms"可以表明这很可能是计算机科学相关的文本，而"the""is"这种词却不能。

2. TF-IDF 模型

TF-IDF（Term Frequency-Inverse Document Frequency）是一种用于信息检索常用加权表示法。在一段文本中，词频（Term Frequency，TF）指的是某一个给定的词语在该文件中出现的频率。这个数字是对词数的归一化，以防止它偏向长的文件（同一个词语在长文件里可能会比短文件有更高的词数，而不管该词语重要与否）。对于在某一特定文件里的词语来说，它的重要性可表示为

$$f_{ij} = \frac{n_{ij}}{\sum_k n_{kj}}$$

其中，n_{ij}是该词 t_i 在文件 d_j 中出现的次数，而分母是在文件 d_j 中所有字词出现的次数之和。逆向文件频率（Inverse Document Frequency，IDF）是一个词语普遍重要性的度量。某一特定词语的 IDF，可以由总文件数目除以包含该词语之文件的数目，再将得到的商取对数得到

$$idf_i = \log\left(\frac{|D|}{|\{j:t_i \in d_j\}|}\right)$$

其中，$|D|$为语料库中文件的总数；$|\{j: t_i \in d_j\}|$为语料库中包含 t_i 的总数。之后可以得出词语的 TF-IDF 为

$$TFIDF_{ij} = TF_{ij} \cdot IDF_i$$

3. Word2Vec 模型

词袋模型和 TF-IDF 都是 20 世纪出现的稀疏向量词表示方法，但是这种方法具有很大的弊端。首先就是当语料库中的词语数量很多时，会受到"维度灾难"现象的影响，导致很多分析不准确；另外这种表示方法忽略了语义关联，也就失去了进一步分析语义的可能性。

为了解决这些缺陷，Hinton 等人提出了词语的分布式表示（Distributed Representation），将单词转换为低维度连续空间的向量。这种分布式表示方法可以将语义信息融合到词向量中，根据两个词向量之间的距离就可以判断两个单词语义的相关程度。

Word2Vec 模型就是由谷歌提出的一类高效训练词语分布式表示的模型，其在神经网络语言模型（Neural Network Language Model，NNLM）的基础上进行了改进。该模型不断地"阅

读”文本，并且“拉近”文本中相邻较近的模型对应的词向量。

下面具体介绍最常用的Word2Vec模型——Skip-Gram模型。Skip-Gram模型分为输入层、投影层和输出层三部分，如图4-15所示。称单词的“上下文”是该单词在句子中附近小窗口内的其他单词。模型是根据当前词w_t预测其上下文w_{t-2}、w_{t-1}、w_{t+1}，w_{t+2}出现的概率。

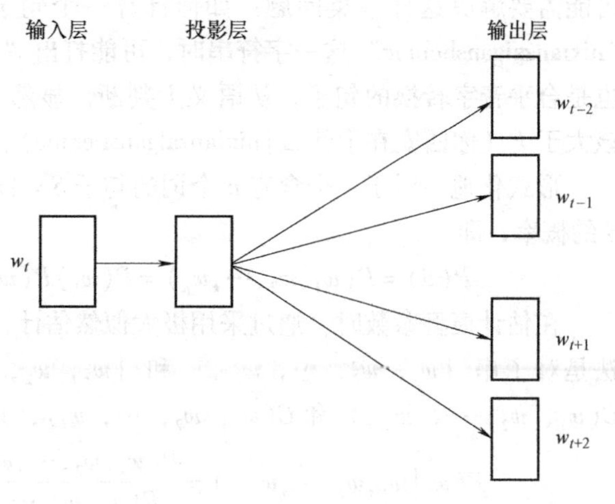

图4-15 Skip-Gram模型架构

给定一个长度为T的单词序列w_1，w_2，…，w_T，Skip-Gram模型的目标函数为

$$\mathrm{argmax}\ \frac{1}{T}\sum_{t=1}^{T}\sum_{-c\leqslant j\leqslant c,c\neq 0}\log p(w_{t+j}\mid w_t)$$

其中，c表示上下文窗口的大小，在有充足的训练数据时，增大窗口c的大小一般可以获得更高的准确率，不过对应的训练时间也会加长。Skip-Gram模型往往使用Softmax函数来计算$p(w_O\mid w_I)$：

$$p(w_O\mid w_I)=\frac{\exp({v'_{w_O}}^{\mathrm{T}}v_{w_I})}{\sum_{w=1}^{W}\exp({v'_{w_O}}^{\mathrm{T}}v_{w_I})}$$

其中，v_{wI}和v'_{wO}分别为单词w的输入和输出的词向量表示，W表示整个语料库中所有单词的数目。通过梯度下降的方法优化目标函数，不过由于每次计算条件概率需要Softmax函数枚举每个词典中的每个词，需要的时间代价非常大（与W的大小成正比），因此在实际中应用非常困难。

为了解决这个问题，可以使用层次化Softmax（Hierarchical Softmax）来计算$p(w_O\mid w_I)$，降低计算复杂度。层次化的Softmax函数利用赫夫曼编码的方式构建了一个包含W个单词的赫夫曼树，并用其叶子节点作为输出层。

通过使用层次化Softmax可以把$p(w_O\mid w_I)$的计算复杂度降低到$O[L(w)]$，算法的平均复杂度即变成了$O[LOG(w)]$，大幅提升了时间效率。除了层次化Softmax之外，还可以使用负采样（Negative Sampling）的方法对模型做出优化，负采样的目标函数定义为

$$\log\sigma({v'_{w_O}}^{\mathrm{T}}v_{w_I})+\sum_{i=1}^{k}\mathbb{E}_{w_i\sim P_n(w)}[\log\sigma(-{v'_{w_O}}^{\mathrm{T}}v_{w_I})]$$

用此公式代替原Skip-Gram中目标函数的每一个$\log p(w_O\mid w_I)$项，这样优化目标即转变为使用逻辑回归从k个噪声分布为$P_n(w)$的负样本中找出最优的目标单词w_O。

通过使用层次化的Softmax和负采样两种技术，可以大幅降低Word2Vec的时间复杂度，提升词向量训练效率。

4.5.2 语言模型

4.5.1节中介绍了如何使用Word2Vec模型来学习词的分布式表示，然而在实际应用中，

可能需要解决这样一类问题：如何计算一个句子的概率？例如在中文输入法中，若输入“nixianzaiganshenme”这一字符串时，可能打出“你现在干什么”，但是“你西安在干什么”也是合乎音字转换的句子，从语义上判断，显然 P（你现在干什么|nixianzaiganshenme）应该大于 P（你西安在干什么|nixianzaiganshenme）。

形式化地，对于一个含有 n 个词的句子 $S=\{w_1, w_2, \cdots, w_n\}$，语言模型可以计算产生 S 的概率，即

$$P(S)=P(w_1,w_2,\cdots,w_n)=P(w_1)P(w_2|w_1)\cdots P(w_n|w_1,w_2,\cdots,w_{n-1})$$

在估计模型参数时，通过采用极大似然估计，已知计算 $P(w_i|w_1, w_2, \cdots, w_{i-1})$ 的方法是对子串 $\{w_1, w_2, \cdots, w_{i-1}\}$ 和 $\{w_1, w_2, \cdots, w_i\}$ 在语料库中统计其出现的次数 $C(w_1, w_2, \cdots, w_{i-1})$ 和 $C(w_1, w_2, \cdots, w_i)$，并做除法，则有

$$P(w_i|w_1,w_2,\cdots,w_{i-1})=\frac{P(w_1,w_2,\cdots,w_{i-1},w_i)}{P(w_1,w_2,\cdots,w_{i-1})}=\frac{C(w_1,w_2,\cdots,w_{i-1},w_i)}{C(w_1,w_2,\cdots,w_{i-1})}$$

但是这里有两个重要的问题：①对很多子串来说，在语料库中根本没有出现，其条件概率值为0，因此数据稀疏问题很严重；②要计算一个新句子的概率，需要若干项条件概率，而要计算并存储它们有很大的代价，无法实用。

通常会放宽标准，使用马尔可夫假设（Markov Assumption）来计算 S 的近似概率，即下一个词的出现仅依赖于它前面的一个或几个词。具体来说，若假设每个词出现均独立于其他词，即依赖于前面的0个词，则为 unigram 模型：

$$P(S)=P(w_1)P(w_2)P(w_3)\cdots P(w_n)$$

若假设下一个词的出现依赖它前面的一个词，则为 bigram 模型：

$$P(S)=P(w_1)P(w_2|w_1)P(w_3|w_2)\cdots P(w_n w_{n-1})$$

若假设下一个词的出现依赖它前面的两个词，即 trigram 模型：

$$P(S)=P(w_1)P(w_2|w_1)P(w_3|w_1,w_2)\cdots P(w_n|w_{n-2},w_{n-1})$$

以此类推，下一个词的出现依赖前面 $n-1$ 个词的模型被称为 n-gram 模型。n 越大，对下一个词出现的约束信息更多，模型具有更大的辨别能力。n 越小，在训练语料库中出现的次数更多，具有更可靠的统计信息。在实际应用中，由于计算资源的限制，往往使用 bigram 或 trigram 模型。n-gram 模型参数估计的方法也是极大似然估计。

4.5.3　话题模型

分析文本的话题是一种重要的数据分析手段，通过区分微博中不同话题文本量，可以了解社会热点；通过联系话题和常见词，可以加深对词的理解，优化词向量学习。文本话题对于构建用户肖像、优化推荐系统等任务也至关重要。

21世纪的前十年，以隐含狄利克雷分布（LDA）为代表的概率生成模型在话题挖掘方法中取得了突破性的进展，这类模型也被直接冠以“话题模型”（Topic Model）的称号。LDA 是一个描述离散数据（这里以文本数据为例来阐述，每个单词可以看作一个随机变量，在所有的单词词典里取值）的生成模型。它假定文本中的每个单词是由一些混合的“话题”产生的，每个“话题”都有一定的权重，即 $p(w)=\sum p(w|z)p(z)$，而 $p(z)$ 又由一个狄利克雷（Dirichlet）分布产生。LDA 模型中的变量和标记见表4-3。LDA 是概率隐含语义分

析（PLSA）的延伸。提出这些模型的动机都是为了分析文本的潜在结构，也就是“话题”。这些话题能够捕获文本的语义信息，帮助找到文本里意思相同或相近的单词，这使得信息检索时能够找到和查询中的单词语义相关的文档而不只是包含查询单词的文档。定义超参数 α 和 β，生成单词的过程可以使用一个概率图模型表示出来，如图4-16所示。图4-16中，箭头表示生成的前提，超参数 α 和 β 分别可以确定分布 $\theta = p(z|d)$ 和 $\Phi = p(w|z)$，分布 θ 进行采样可以得到话题 z，已知 z 和条件分布 Φ 则可以采样生成单词。若只考虑话题，可以抛弃掉单词之间的顺序，认为每个单词都是通过如上采样过程产生的。

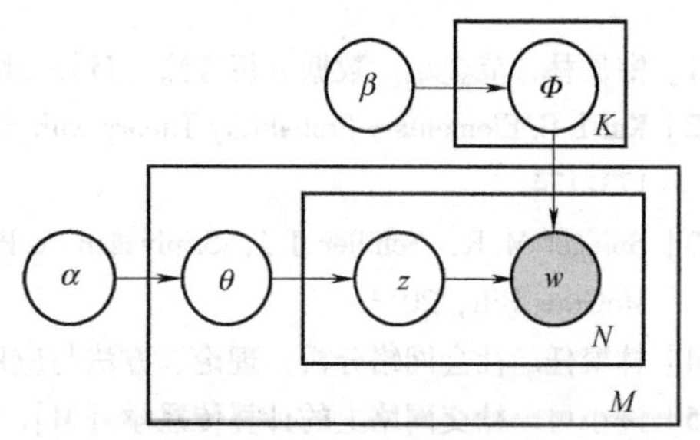

图4-16 话题模型的概率图

表4-3 LDA模型中的变量和标记

标记	含义
M	语料库中的文档个数 Number of documents in the corpus
K	潜在的话题个数 Number of latent topics
V	词典中单词个数 Number of unique words in vocabulary
α	话题先验分布的参数 Hyper-parameter on the topic（K-vector or scalar if symmetric）
β	单词先验分布的参数 Hyper-parameter on the word（V-vector or scalar if symmetric）
θ	文档生成话题的概率 Notation for $p(z\|d)$，document-topic distribution，size $M \times K$
Φ	话题生成单词的概率 Notation for $p(w\|z)$，word-topic distribution，size $K \times V$
N	文档中的单词个数 Number of words in one document
z	文档中每个单词的话题 Topic assigned for each word in each document
w	文档中的单词 Word in each document

如何求得模型中的参数则需要共轭先验分布和吉布斯采样（Gibbs sampling），感兴趣的同学可以通过参考文献及扩展阅读资料进一步了解。

习题

4.1 大数据分析的方法分为哪些类？

4.2 统计分析方法中，哪些指标可以描述数据的离散程度？

4.3 哪些统计分析方法可以分析数据两个特征之间的关系？它们有什么区别和联系？

4.4 小明在使用基于机器学习的分析方法时训练了一个分类模型，他尝试了20种不同的超参数取值，并选择了在测试集上表现最好的一组结果当作模型最终效果。他这种做法是否妥当？为什么？

4.5 试证明k-means算法的收敛性。

4.6 决策树有哪些构建方法？它们有何不同？

4.7 社会网络中有哪些度量中心性的指标？你认为哪种指标高的点对信息传播最重要？试通过查阅资料或寻找数据动手实验来验证你的观点。

4.8 在分析自然语言数据时使用了哪些假设？这些假设分别能简化哪些问题？

参考文献及扩展阅读资料

[1] 梅长林，范金城．数据分析方法［M］．北京：高等教育出版社，2006.
[2] Kai L C. Elementary Probability Theory with Stochastic Processes［J］. American Statistician, 1975, 58 (2): 173-174.
[3] Spiegel M R, Schiller J J, Srinivasan A. Probability and statistics: Schaum's outlines［M］. New York: McGraw Hill, 2013.
[4] 林聚任．社会网络分析：理论、方法与应用［M］．北京：北京师范大学出版社，2009.
[5] 许小可．社交网络上的计算传播学［M］．北京：高等教育出版社，2015.
[6] 殷剑宏，吴开亚．图论及其算法［M］．合肥：中国科学技术大学出版社，2003.
[7] 扎法拉尼，阿巴西，等．社会媒体挖掘［M］．刘挺，等译．北京：人民邮电出版社，2015.
[8] Page L. The PageRank Citation Ranking: Bringing Order to the Web［J］. Stanford Digital Libraries Working Paper, 1998, 9 (1): 1-14.
[9] Moens M F, et al. Fast and Flexible Top- k, Similarity Search on Large Networks［J］. Acm Transactions on Information Systems, 2017, 36 (2): 13.
[10] Kempe D, Kleinberg J. Maximizing the spread of influence through a social network［C］. ACM SIGKDD International Conference on Knowledge Discovery and Data Mining. ACM, 2003: 137-146.
[11] Mark G, Mark E J N. Community structure in social and biological networks［J］. Proc Natl Acad Sci U S A, 2002, 99 (12): 7821-7826.
[12] Blondel V D, Guillaume J L, Lambiotte R, et al. Fast unfolding of communities in large networks［J］. Journal of Statistical Mechanics, 2008 (10): 155-168.
[13] Quinlan J R. Induction of decision trees.［J］. Machine learning, 1986, 1 (1): 81-106.
[14] Breiman Leo. Classification and regression trees［M］. London: Routledge, 2017.
[15] Quinlan J R. C4.5: programs for machine learning［M］. Amsterdam: Elsevier, 2014.
[16] Hosmer J, David W, Stanley L, et al. Applied logistic regression［M］. New York: John Wiley & Sons, 2013.

第 5 章　数据可视化

导　读

可视化是理解、探索、分析大数据的重要手段。本章主要阐述数据可视化的基本理论、模型与流程，通过介绍主要数据类型及其对应的可视化技术，探讨应对大数据场景的可视化方法和交互技术。

知识点：

知识点 1　数据的可视化模型和基本流程
知识点 2　主要数据类型与相应可视化方法
知识点 3　高维数据可视化、网络数据可视化、文本数据可视化
知识点 4　数据可视化中的交互方式

课程重点：

重点 1　数据可视化的模型和基本流程
重点 2　针对同一数据类型的多种可视化方法之间的差异比较
重点 3　数据可视化中的交互方式

课程难点：

高扩展可视化方法

5.1 概述

可视化（Visualization）通过将数据转化为图形图像提供交互，以帮助用户更有效地完成数据的分析、理解等任务。从生物的基因序列数据到人体全身的成像，从设计高速喷气飞机机翼的多维仿真到宇宙百亿年的演化，从个人的日常生活数据到城市中成千上万居民的运动，可视化可以迅速有效地简化与提炼大量的数据，并从中寻找新的线索，发现和创造新的理论、技术和方法，改善大众的日常生活。

随着大数据时代的到来，数据可视化在过去数十年间快速地发展，然而可视化的历史却可以追溯到史前时代，很早以前，人类就开始使用图画的方式记录事件。公元前 600 年前

后，巴比伦人在黏土板上刻下他们对于世界以及宇宙的认知，这也是目前已知最早的“世界地图”。图 5-1 所示的南宋时期《平江图》石碑是世界上最早、最详尽的石刻平面城市图，清晰地反映了我国古代的城市建设。16 世纪之后，随着观测技术和设备的发展，人类逐渐采用手工方式制作可视化作品，但是这段时间的可视化作品主要集中于简单的几何图表以及地图。18 世纪之后，图形化形式制作的信息图被发明用来帮助数据的表达与交流。图 5-2 给出了苏格兰工程师 William Playfair 制作的 1700—1780 年间英国与丹麦和挪威贸易进出口顺逆差变化图。最为著名的是法国工程师 Charles Joseph Minard 制作的 1812—1813 年拿破仑进军莫斯科的失败信息图，如图 5-3 所示，这幅图生动地展现了军队的位置，行军方向、军队人数变化等多个维度的信息。

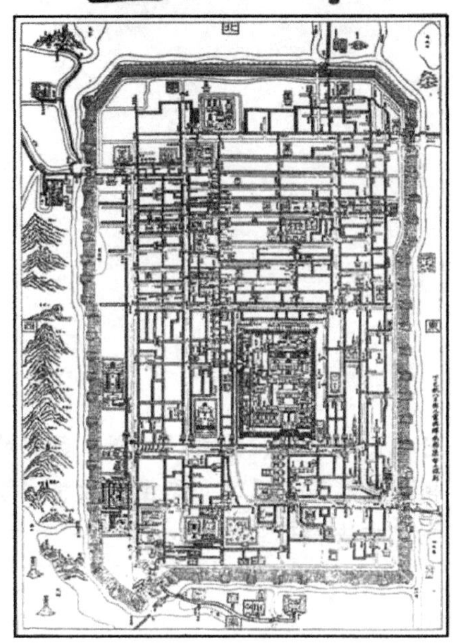

图 5-1 南宋《平江图》石碑

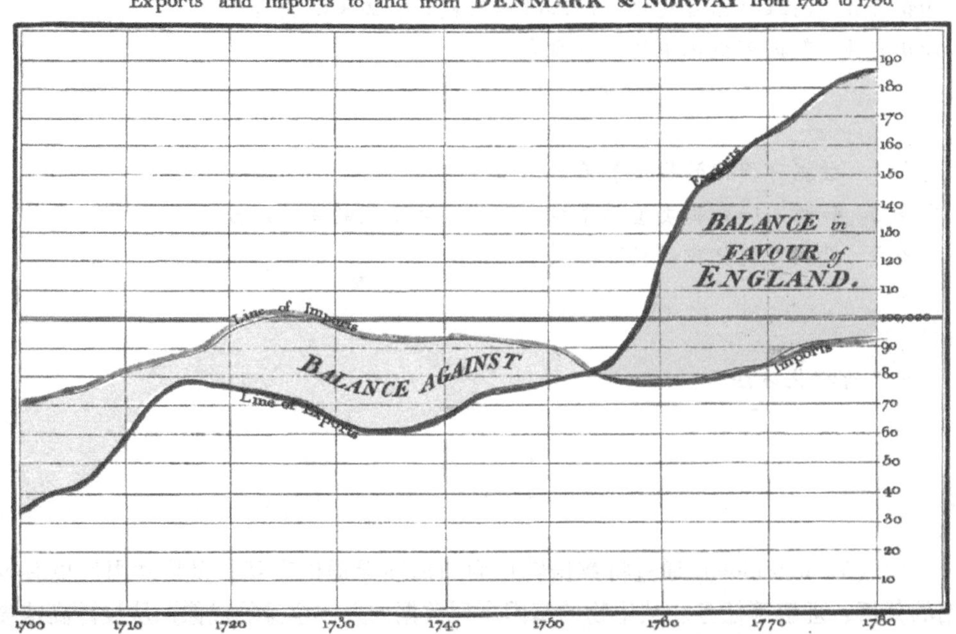

图 5-2 William Playfair 制作的贸易进出口顺逆差变化图

20 世纪 70 年代以后，桌面计算机系统、图形显示设备以及人机交互等技术的进步极大地促进了可视化的发展。进入 20 世纪 80 年代，可视化发展逐渐成形。1987 年 2 月，美国国

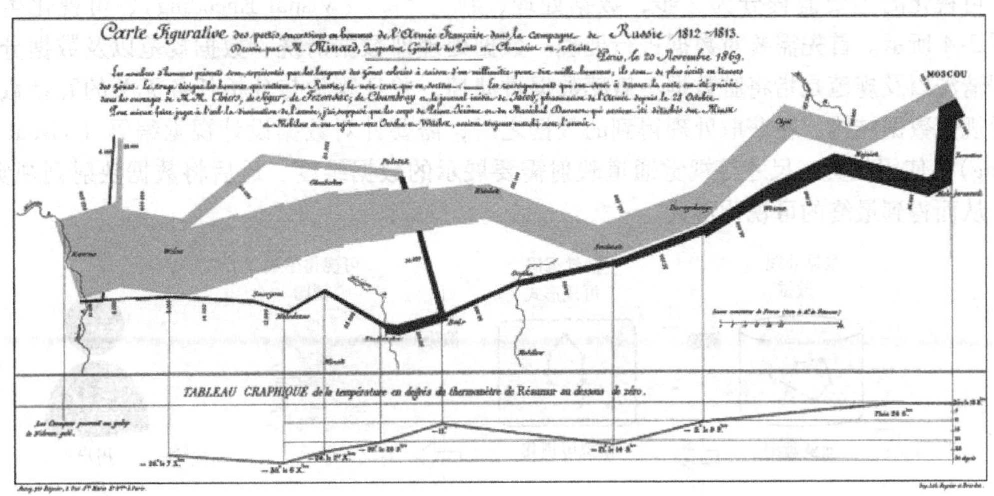

图 5-3　法国工程师 Charles Joseph Minard 制作的 1812—1813 年拿破仑进军莫斯科历史事件的可视化图

家科学基金会召开了首次有关科学可视化的会议，这一标志性的事件吸引了众多来自学术界、工业界以及政府部门的研究人员。在这次会议中正式定义并且命名了科学可视化（Scientific Visualization），并且概括总结了科学可视化的前景及其未来需求。可视化具有培育和促进主要科学突破的潜力。因此需要将计算机图形学、图像处理、计算机视觉、计算机辅助设计、信号处理以及人机交互等多方面的工作综合成为一个新的研究方向。在此之后，科学可视化获得了很大的关注，迅速发展成为新的学科方向。1990 年，IEEE 举办了首届可视化会议（IEEE Visualization Conference）。在 2012 年，该会议更名为 IEEE Conference on Scientific Visualization。在统计图形学出现之后，随着数字化的非几何抽象数据的不断增加，如层次结构数据、文本数据等，对于多维、时变、非结构化信息进行可视化成为一个非常重要的问题。在 1988 年，William Cleverland 在《Dynamic Graphics for Statistics》一书中总结了面向多变量统计数据的动态可视化手段。1989 年，Stuart K Card、George G Robertson 和 Jock D Mackinlay 将这一学科命名为信息可视化（Information Visualization）。1995 年之后，IEEE Information Visualization 以研讨会的形式附属于 IEEE Visualization 会议。2007 年，信息可视化研讨会改名为 IEEE Conference on Information Visualization。进入 21 世纪之后，海量、高维、异构以及动态数据对现有的可视化技术提出了很高的挑战，分析这一类数据，从中快速挖掘出有用的信息，从而做出有效的决策是非常重要的任务。这需要可视化、图形学、数据挖掘、人机交互等多个学科的综合，为了应对数据分析的这一挑战，可视分析（Visual Analytics）应运而生。2005 年发布的“可视分析的研究和发展规划”报告全面阐述了可视分析的挑战。2006 年，IEEE 开设了国际会议 IEEE Symposium in Visual Analytics Science and Technology。2012 年会议更名为 IEEE Conference on Visual Analytics Science and Technology。1990 年至 2007 年，IEEE 可视化会议的名称为 IEEE Visualization Conference。2008 年至 2011 年，IEEE 可视化会议简称为 VisWeek，包括 Vis、InfoVis、VAST 三个并行的会议。2012 年至今，IEEE 可视化会议简称为 VIS，包括科学可视化（SciVis），信息可视化（InfoVis），以及可视分析（VAST）三个会议。最新的变化趋势是几个不同的分会将融合为一。

可视化的主要流程分为三步，数据处理、视觉编码（Visual Encoding）、可视化生成，如图5-4所示。首先需要对数据进行处理。数据处理即数据清洗、数据规范以及数据分析，数据清洗以及规范是指将脏数据、敏感数据过滤掉，并且删除与分析任务无关的冗余数据，然后规范数据结构。在获取处理得到的数据之后，需要针对数据设计视觉编码（Visual Encoding），使用位置、尺寸等视觉通道映射需要展示的数据维度。最后将数据映射到视觉编码，从而得到最终的可视化形式。

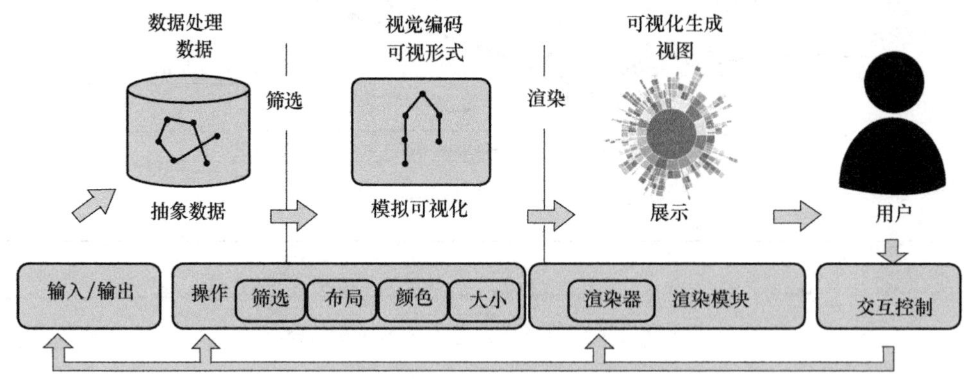

图5-4　可视化流程图[2]

可视分析针对大量并且复杂的数据，将自动化的分析技术与交互（Interactive Analysis）的可视化方法相结合，帮助用户高效地理解、分析数据并辅助用户做出决策。图5-5所示为可视分析的流程图。

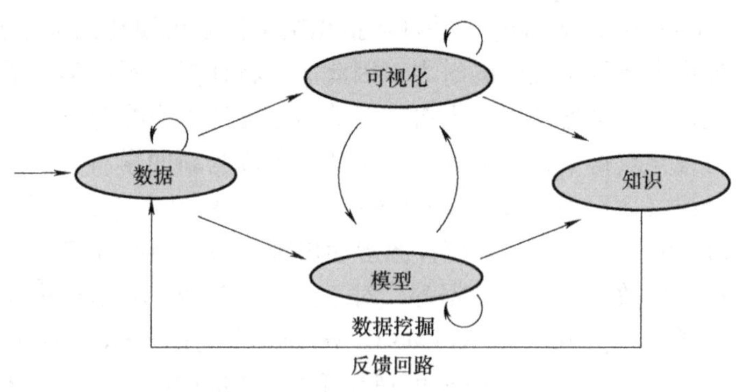

图5-5　可视分析流程图[1]

本章主要按照数据类型讨论在数据可视化中应用的主要技术，包括高维数据（High-dimensional Data）、网络数据、层次结构数据、时空数据以及文本数据，重点介绍在大数据的场景下数据可视化的挑战以及对应的解决方法。本章总结了一系列高可扩展的可视化技术，最后利用实际案例具体分析可视化技术的应用。

5.2 数据可视化主要技术

数据可视化的方式和数据内容是密切相关的，不同的数据类型，决定了数据内部之间依存的关系，也决定了需要不同的可视化映射（Visual Mapping）方法。

属性或变量是度量某一指标的数据。属性可以分为类别型、序数型和数值型。类别型属性自身没有顺序，只能比较相同与否。序数型（Ordinal）属性可以比较顺序，但是不能进行代数运算。数值型属性可以进行比较和运算。数值型属性又可以分为间隔型和比率型。前

者包括温度、日期等，只能计算两个属性值的差，但是不能计算比率；后者包括长度、重量等，可以计算两个属性值的比率。需要根据属性类型选取合适的映射方式。

数据集是数据的集合，它的基本组成单元依据不同的结构或数学含义，可以分为：对象、对象的关系、属性、网格和空间位置。对象是离散的个体，网格和空间位置则是连续的对象。数据集可以是结构化的数据，也可以是非结构化的数据。

结构化数据（Structural Data）包括四个基本类型：表格数据（Tabular Data）、网络数据（Network Data）、场数据（Field Data）和几何数据（Geographical Data）。表格数据包括关系型表格数据和多维数据，区别在于前者只需要一个属性作为每个对象的标识符，后者则需要多个属性。网络数据也称图数据（Graph Data），包含对象和对象的关系，分别称为节点和边。节点和边可以有各自的属性。没有环的图数据又称层次结构数据，或树结构数据。场数据来自对连续空间的采样，每个采样点称为格点。采样点之间的数据通常需要使用插值的方法计算。几何数据关注物体的形状，在图形学等领域更为常见。其他还有一些数据集类型，将数据按照不同的方式组织起来。如聚类将相似的数据聚集在一起，集合将不重复的若干数据无序地聚集在一起，数组则允许聚集的数据重复和有序。

非结构化数据（Non-Structural Data），包括自然语言文本、图片、视频等，常需要转换为结构化的数据以便进行可视化。

可视化映射可以分为两部分：视觉标记（Visual Marks）和视觉通道（Visual Channels）。视觉标记是表现数据项或关系的视觉元素；视觉通道、又称为视觉变量，可根据属性值控制视觉元素的外观。

映射数据项的视觉标记包括点、线、形状以及不常使用的三维体。映射关系的标记包括连接和包含。

视觉通道包括适合映射序数型或数值型数据（Numerical Data）的大小通道和适合类别型数据（Categorical Data）的身份通道。前者包括位置、大小、角度、深度、颜色亮度（Illumination）、饱和度（Saturation）和曲率等；后者包括区域、色调（Hue）、运动、形状等。不同的视觉通道的重要程度或者有效性不同，常常需要映射最重要的属性。不同通道属性有效性排序见表 5-1。

表 5-1　不同通道属性有效性排序（>代表前者更有效）[20]

大小通道	位置(对齐) > 位置(未对齐) > 长度 > 角度 > 面积 > 深度 > 亮度 ≈ 饱和度 > 曲率 ≈ 体积
身份通道	区域 > 色调 > 运动 > 形状

本节将依据数据类型，讨论高维、层次、时空、网络等主要数据类型。

5.2.1　高维数据可视化

高维数据是一种十分常见的数据类型。其数据样本拥有多个属性，譬如包含多种指标的环境监测数据，包含多种信息的个人档案等。以图 5-6 所示的个人档案为例，每一列（如“姓名”“性别”“身高”等）称为数据的一个维度（Dimension）或变量（Varable），而每一行称为数据的一个样本（Sample）或数据对象（Data Item）。在笛卡尔坐标系（Cartesian Coordinates）下，各维度数轴相互正交形成高维数据空间（High-dimensional Data Space），每个样本都是其中的一个数据点。

如何高效地展现与分析高维数据，对分析人员来说是一个巨大的挑战。一方面，人们并不具备高于三维的空间想象力，无法直观想象高维空间中数据分布的情况；另一方面，人们也并不善于同时处理多种属性信息，尤其当数据拥有成百上千个维度时。在过去的数十年里，高维数据可视化领域产生了大量优秀的技术，如降维投影图、子空间分析、散点图矩阵、平行坐标等，以帮助人们应对以上种种挑战。

姓名	性别	身高/cm	体重/kg	年龄
张三	男	184	80	22
李四	女	165	60	24
王五	女	173	65	20
赵六	男	176	82	28

图 5-6　高维数据：以个人档案为例

1. 散点图矩阵

散点图矩阵（Scatterplot Matrix，SPLOM）是双变量（Bi- variate）散点图在多变量情况下的拓展，展现了各维度两两之间的数据关系，例如图 5-7 所示的四变量汽车数据的散点图矩阵。在矩阵中，每一行、每一列均代表一个维度，行与列的维度次序相同。格点（Cell）中是相应行、列维度所组成的双变量散点图。其中上、下三角矩阵相互对称，可仅展示其中一个三角矩阵以节省显示空间（Display Space）。对角线上则是每个变量的一维数据分布，可利用直方图代替散点图进行展示。

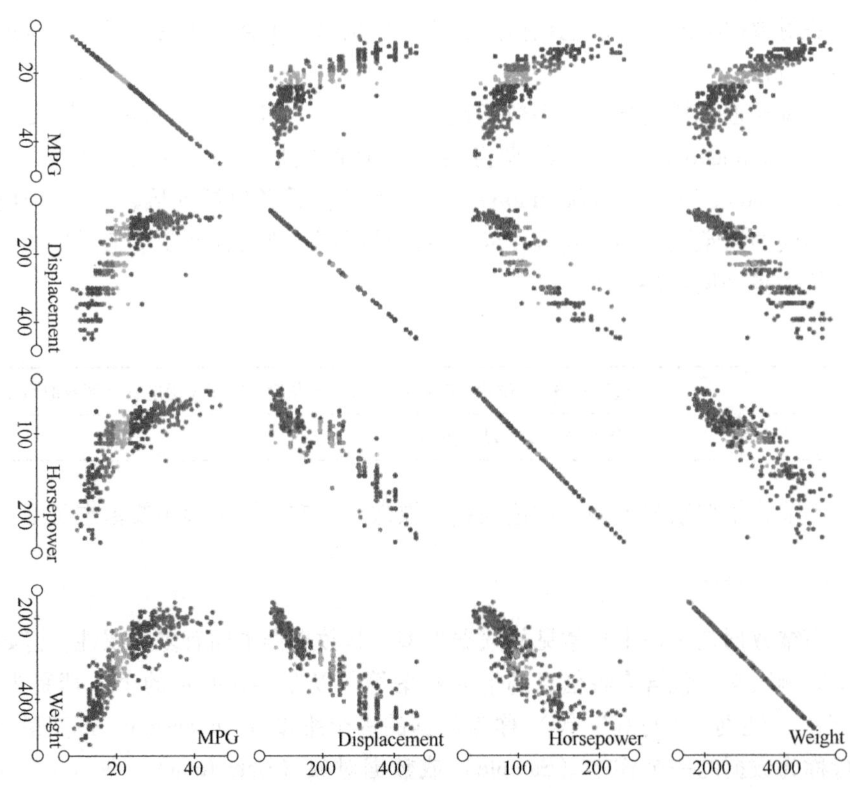

图 5-7　四变量汽车数据的散点图矩阵（来自 http://vis. pku. edu. cn/mddv/val/）

散点图矩阵的形式直观易懂，且有利于进行双变量数据分析，但可扩展性（Scalability）较差。随着维度数目增加，散点图数量呈平方量级增长，每个散点图的可视面积迅速缩减。用户难以分析大量散点图，也难以看清单个视图的数据分布。

2. 平行坐标

平行坐标（Parallel Coordinates）[3]是一种经典的高维数据可视化方法。它将多个维度的坐标轴并列摆放，并利用一条折线来表现每个数据，折线在轴上的位置表示数据在各维度上的取值，如图 5-8 所示。因其形式的紧凑性和表达的高效性，平行坐标被广泛应用在实际的数据分析中。

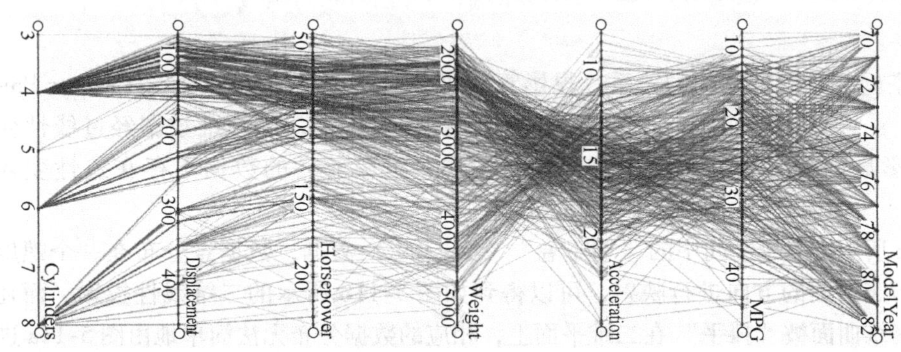

图 5-8　平行坐标示意图

然而相比于散点图中的点，平行坐标的折线需要利用更多像素来表达每个数据，因此当数据量增大时，显示空间更容易产生视觉混淆（Visual Clutter），如图 5-9a 所示。通过适当设置折线的不透明度（Opacity）可以有效减轻视觉混淆问题，如图 5-9b 所示。

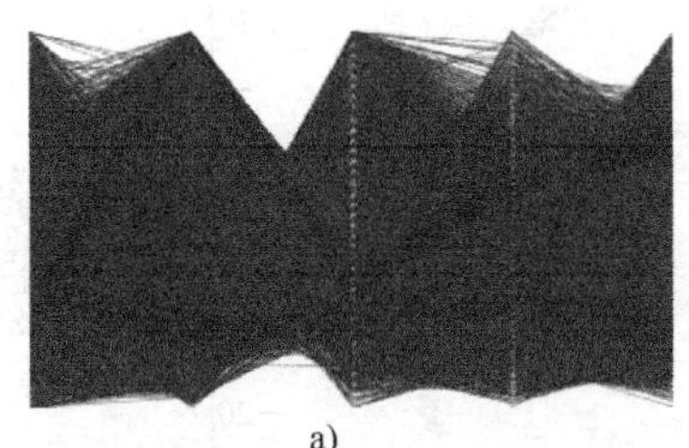
a)
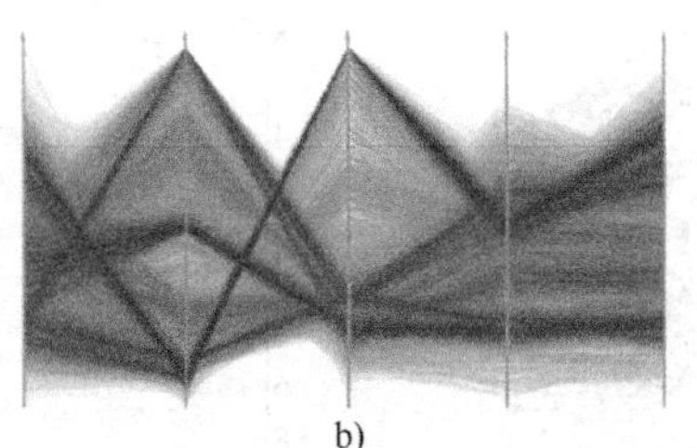
b)

图 5-9　改变折线不透明度以减轻视觉混淆问题

此外，平行坐标只能表现相邻两轴之间的数据关系，不相邻的维度难以直接进行比较。可见维度顺序对平行坐标至关重要，不合理的排序往往容易掩盖重要的数据特征，如图 5-10 所示。

3. 降维投影图

在高维数据中，如何尽可能地减少维度数目，一直是备受关注的研究课题。降维投影（Dimension Reduction）是一类十分经典而常用的机器学习方法，它通过构造低维空间中的数据分布，来近似展现高维空间中的数据关系。投影算法因其直观易懂、概括性强的特点，被广泛应用于展现高维数据分布的各类应用场景中。

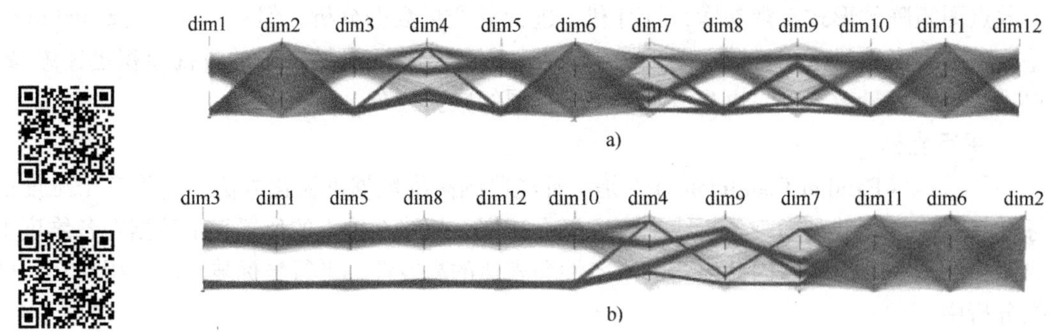

图5-10 改变维度顺序以突显重要的数据结构与维度关系

按照投影空间与原数据空间的关系，投影算法可分为两类：即线性投影（Linear Projection）与非线性投影（Non-Linear Projection）。在线性投影中，原高维数据经过线性变换能够得到投影后的低维数据。而在非线性投影中，投影前后的数据不存在线性变换关系。

如图5-11a所示为三维空间中的“瑞士卷”（Swissroll）数据，数据点分布在一个螺旋曲面上。由平行于曲面的方向进行映射，可以得到如图5-11b所示的二维线性投影。而在图5-11c中，三维曲面被“摊平”在二维平面上，相应的数据分布无法简单地由图5-11a进行线性映射得到，因此为非线性投影。

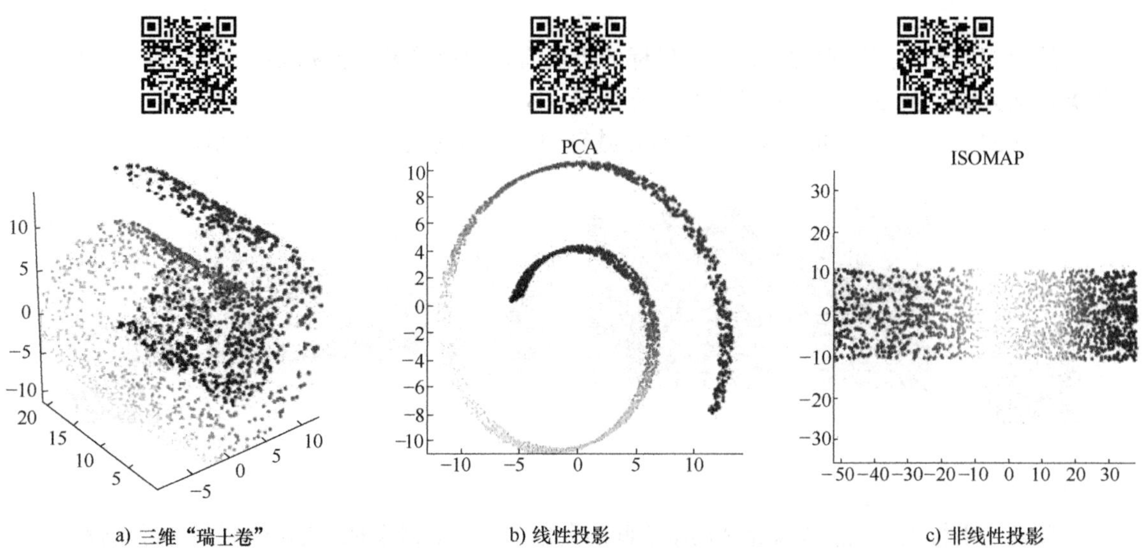

图5-11 三维“瑞士卷”数据的线性投影以及非线性投影

线性投影的优点在于算法结果稳定、直观易理解，且保留了原有的数据维度、方便用户进行维度语义的解读。但线性投影往往只适用于线性结构较好的数据（如高维空间中的低维平面），缺乏刻画复杂结构的能力。主元分析投影（Principal Component Analysis，PCA）方法[4]是线性投影算法的典型代表。

相比之下，非线性投影能够更好地捕捉非线性的数据结构，包括数据聚类（Cluster）、数据异常（Outlier）、流形拓扑（Manifold Topology，如上例中的曲面数据）等。此外，非线

性投影对于维度增长所带来的维数灾难（Curse of Dimensionality）不敏感，具有更好的可扩展性。t-SNE[5]是非线性投影算法的典型代表。

4. 高维度数据可视化的方法比较

除了前面所介绍的降维投影、散点图矩阵、平行坐标以外，高维可视化还有许多其他的方法，包括星型坐标（Star Coordinates）、RadViz 等。它们各有优缺点，在实际应用中需要根据数据与任务进行相应的选择。

降维投影图直观易懂，对于高维数据关系有较强的刻画与概括能力，但缺少各维度的细节信息。星型坐标与 RadViz 在投影图的基础上增加了维度信息，然而各维度之间容易产生相互干扰。散点图矩阵能帮助分析二元数据关系并展现各维度细节，但可扩展性较差。平行坐标可扩展性强，但其形式不够直观，容易产生视觉混淆，并受限于特定的维度顺序。

从维度数目上看，适用于不同维度数据的高维可视化形式如表 5-2 所示。事实上，不同方法之间并非互斥关系，在实际应用中可以相辅相成、互为补充。

表 5-2　适用于不同维度数据的高维可视化形式

维度数目	适用的可视化形式
<10	降维投影图、星型坐标、RadViz、散点图矩阵、平行坐标
10～100	降维投影图、平行坐标
>100	降维投影图

5.2.2　网络数据可视化

网络，也称作图，由节点和边组成。节点通常表示现实世界中的实体，而边代表实体之间的关联。生活中处处存在网络数据：微信、微博等社交网站中好友关系构成了社交网络；不同学者合作发表论文的关系构成了学术合作网络；城市之间的往来航班构成了航空网络。如图 5-12 所示，网络中节点代表《悲惨世界》中的不同人物，颜色代表人物所在群体，节点之间相连的边代表两个人物共同出现过。网络数据可视化关注分析网络的拓扑结构以及网络的演变过程。传统的可视化方法只能分析少量的节点网络，近年来涌现出大量优秀的技术以应对大规模网络数据分析带来的挑战。

1. 大规模网络可视化

大图（Large Graph），通常指图中包含的节点数量在万级以上，直接布局会产生视觉混淆。针对大图可视分析，下面介绍布局算法的设计以及表现形式。

（1）布局算法

针对图的布局算法主要有力导向布局（Force-directed Layout）和基于距离的多维尺度分析（Multi-Dimensional Scaling，MDS）两种。力导向布局最早由 Peter Eades[10]提出，这个方法借用弹簧模型模拟布局过程，相邻节点之间存在弹簧弹力，过近的节点会被弹开，而过远的节点会被拉近，不相邻的节点之间存在排斥力，通过迭代，整个系统达到动态平衡，趋于稳定。力导向布局算法易于理解、容易实现，有较好的对称性和局部聚合性，比较美观。算

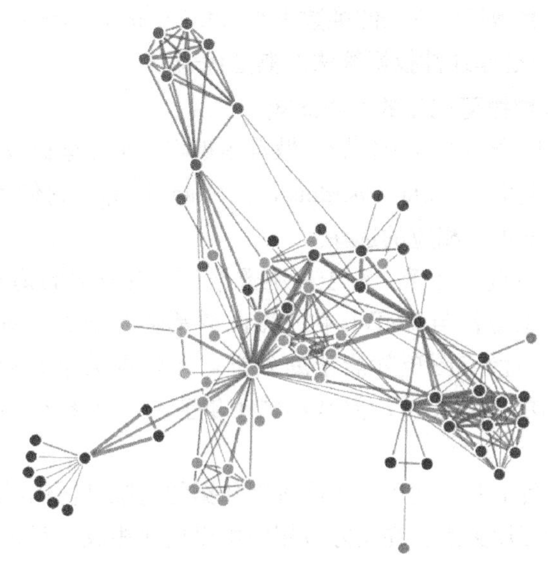

图 5-12 《悲惨世界》中人物的共现网络

法的交互性较好，用户能够观察到整个布局逐渐趋于动态平衡的过程，对于结果更容易接受。然而算法的复杂度高，每次迭代都要计算任意两点之间的力，复杂度是 $O(n^2)$，迭代次数往往与节点数量有关，认为是 $O(n)$，所以整个算法的复杂度是 $O(n^3)$。为了提高大图的布局效率，有降低迭代时间和迭代次数两种方式。在每次迭代时，可以通过四叉树分解的方式将平面划分成网格，对于较远的网格内节点可以当成一个超级节点来计算斥力。为了降低迭代次数，可以多层次布局[11]的方式。针对原有的大图 G，通过合并 G 的邻近节点得到近似图，在近似图上继续合并操作，直到图的规模够小。这样得到了对原图的一系列多层次近似图，对最后的近似图采用力导向布局算法，然后逐步回溯计算前一层的近似图布局，最后得到关于原图的全局最优布局。力导向布局的方式在图近似平面时，局部区域内节点之间的距离能够较好的保持，但在图规模变大的情况下，很难保持局部与局部的整体关系。

MDS 布局算法将节点数据看成高维空间的点，利用了降维投影的方式，使得投影后平面节点之间的距离尽可能与它们图上距离保持一致。算法的输入是任意两点之间的距离矩阵，输出是每个节点在低维空间的坐标，实现过程涉及最优化问题的求解。图 5-13 给出了一个 MDS 布局算法实例。

（2）表现形式

对于大规模图数据，采用直接绘制的方式往往会产生大量的边交叉和节点遮挡，带来视觉混淆，既增加了绘制的难度，又影响用户对真实数据的认知。为了解决这些问题，已有的研究工作可以分为两种基本思路，一种是对拓扑进行简化，另一种是从原始的图结构中提取骨架。

在对图的拓扑进行简化时，应从节点和边两个方面考虑。一方面可以采用聚类等方法将节点聚合，聚合的节点用单个节点表示，同时也减少了边的数量，这样极大减少了网络的规模。另一方面可以采用过滤的方式，过滤掉网络中不重要的节点或者边。为了分析网络的结构特征，提出一个预处理方法[12]，自动地选择最佳阈值，过滤掉小世界网络中不重要的边。如图 5-14a 所示，对比过滤后的图与原图，可以看出过滤后的图更能反映出原图的结构特

征。图的拓扑简化减少了图的复杂程度，减轻了图绘制的压力，但是不可避免地造成了信息的丢失，无法从简化的图中得到原有的所有拓扑信息。

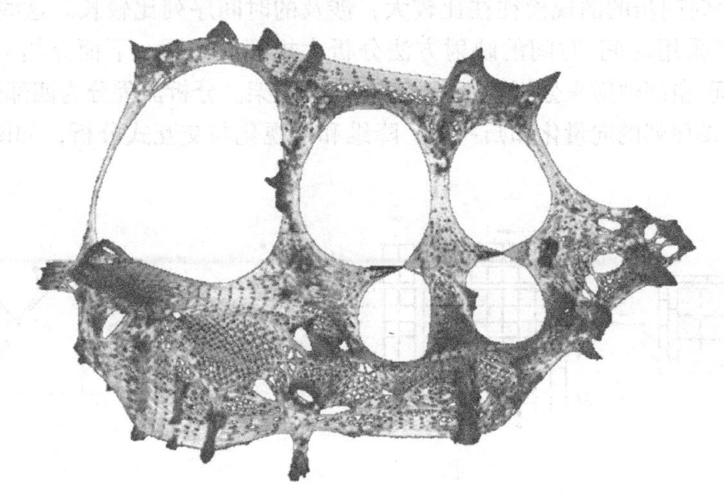

图 5-13 MDS 布局算法实例（节点数量 47072，边数量 1144913）[11]

对于针对边的交错、重叠问题，常采用边绑定的方式。这种技术不减少边和节点的总数，将空间相近的边捆绑成束，使视觉复杂度大大降低，节点间的连接关系也更加清楚，如图 5-14b 所示[13]，经过边绑定处理后的图更清楚地反映了网络的骨架。

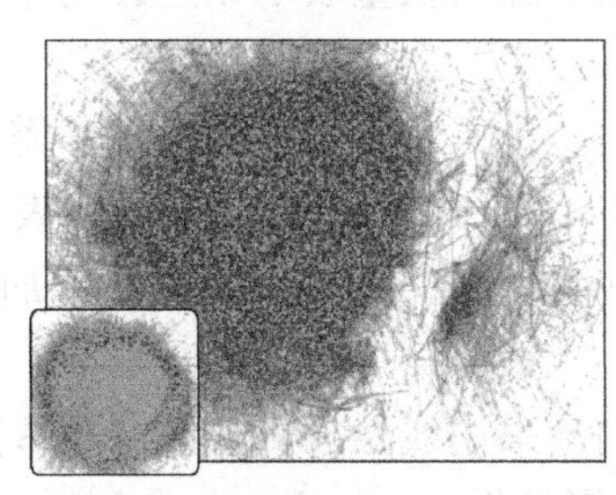

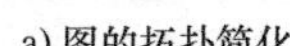

a) 图的拓扑简化

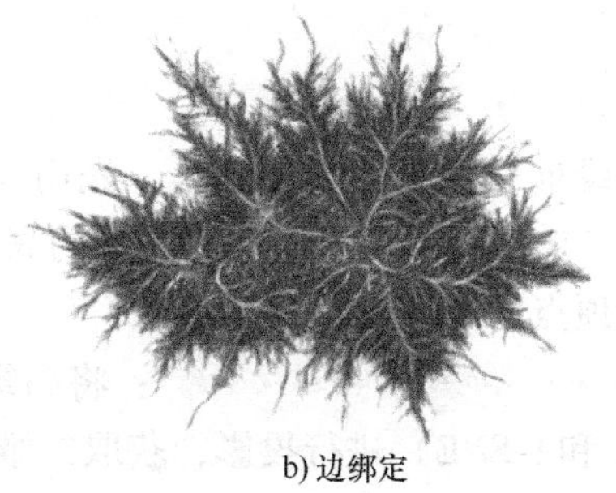

b) 边绑定

图 5-14 不同大图可视化表现方法

2. 动态网络可视化

动态图（Dynamic Graph）数据指会随时间变化的网络数据，包括网络中节点和边的拓扑变化，以及节点和边的属性变化。经典的动态图可视化方法，根据时间映射方式的不同，可分为两大类：

1）时间-时间映射方法：通过动画的方式，直接展现点边图（Node-Link Graph）的变化过程，但这种方法会给用户带来强认知负担，因为用户需要同时关注诸多节点和边的变化。

2）时间-空间映射方法：将每个时间步的图以某种策略放置在可视化空间维度，可以创建一个静态的包含完整图序列的视图。但可视化空间有限，动态图序列往往较长，使得这种展示方法需要考虑如何在有限空间上，展现尽可能多的细节信息。此外，在时间-空间映射方法中，用户需要同时关注多个图布局，并将这些布局联系起来，比较、分析图的变化。

大规模动态图，每个时间步的图规模往往比较大，涉及的时间序列比较长。这些特征，导致目前几乎没有研究者采用时间-时间的映射方法分析大规模动态图。下面介绍 van den Elzen 等人提出的通过时间-空间映射来分析动态图演变的流程框架。分析流程分为四部分，分别是连续事件的离散化、图序列的向量化和归一化、降维和可视化与交互式分析，如图 5-15 所示。

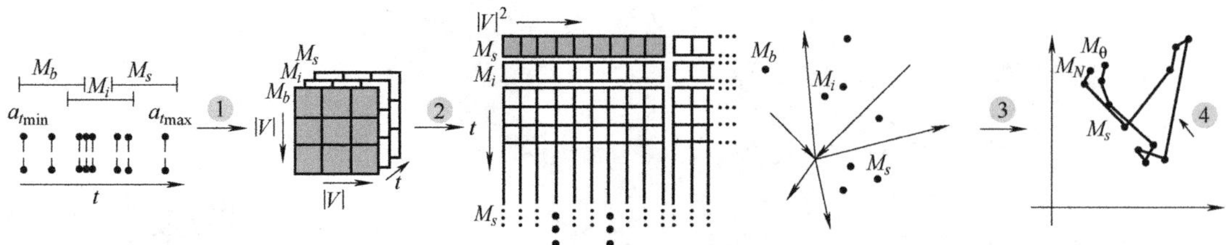

图 5-15　动态图演变可视分析步骤

离散化（Discretization）：原始数据由一系列的事件组成，每个事件均发生在两个实体之间。为了将原始数据离散化，构造一系列的快照（Snapshot）。采用滑动窗口在事件序列上滑动的方法，生成一系列的时间窗（为了最后投影结果的连续性，建议时间窗之间的重叠率 50% 以上），然后将每个时间窗内的所有事件转换成一个等价的图。图中的顶点和边分别是这个时间窗内出现的顶点和边，其中边的权重表示该边在这个时间窗出现的次数。

向量化和归一化（Vectorization and Normalization）：为了进行投影，需要将每个快照转化成一个高维向量。具体的做法是，先用邻接矩阵（Adjacency Matrix）表示每个时间步的图，然后将 $n\times n$ 的矩阵，转化为 $1\times n$ 的高维向量，也可在高维向量中添加一些额外的属性，比如活跃顶点的个数等。

投影（Dimensionality Reduction）：将高维向量采用线性投影方法（PCA）或非线性投影方法（MDS 和 t-SNE）进行投影，获取二维投影结果。

通过将复杂的图数据直接降维到二维空间，用单个节点表示每个时间步的图的方式，可以处理长序列动态图，清晰地呈现动态图的演变状态，比如稳定状态、异常状态、循环状态等。通过进一步的交互，可以分析网络变化的原因。

5.2.3　层次结构数据可视化

层次结构数据（Hierarchical Data）是现实应用中常见的一类数据，其特点是在数据中的个体之间存在层次关系。层次结构数据可以抽象为树形结构，相比于图结构，树形结构中的节点之间不存在环，并且除根节点外，每一个子节点存在一个指向该节点的父节点。在树形结构中，最上层（即不存在父节点）的节点为根节点；最下层（即不存在子节点）的节点为叶节点；同一个层次且具有相同父节点的节点为兄弟节点。

层次结构数据的其中一个典型例子是计算机文件组织结构目录，如图 5-16a 所示，该数据展示了文件之间的包含关系；另外一个例子是生物进化的层次树状图，该数据表明

了生物物种之间的进化关系，图 5-16b[7] 给出了地球生物遗传系统的层次结构，在该图中包含 93891 个物种，仅仅占据当今地球上生物物种的一小部分。图中所展示物种的根节点（Life on earth）位于图的左下角，在图中其连接了植物（Plantae，绿色部分）、动物（Animalia，红色部分）、菌类（Fungi，黄色部分）、原生生物（Protista，橙色部分）等不同子树部分。

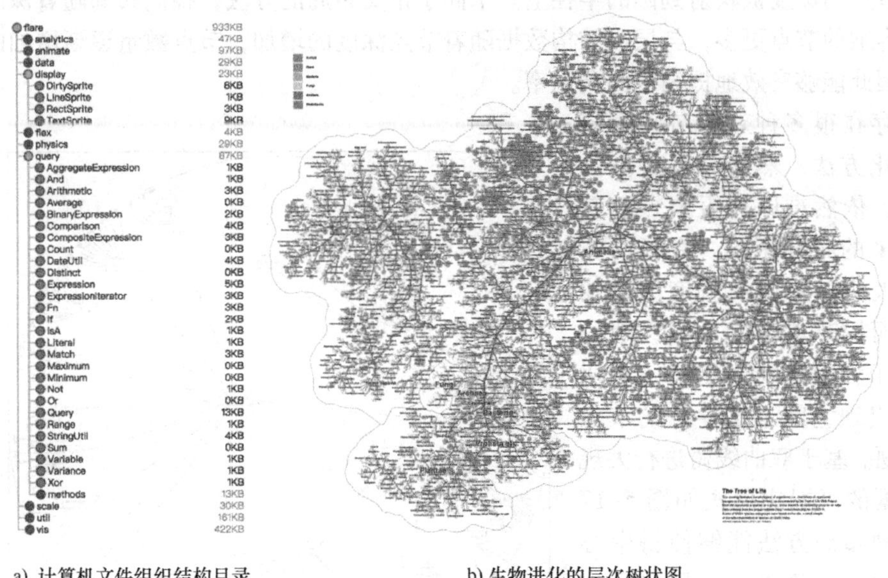

a) 计算机文件组织结构目录　　　　b) 生物进化的层次树状图

图 5-16 层次结构数据的典型例子

对于层次结构数据的可视化是信息可视化中被广泛研究的一个重要方向。针对不同应用场景的需求，层次结构数据可视化的方法多种多样，目前存在的树可视化形式有三百多种[8]。对于树可视化形式的研究也启发了在可视化的布局方式以及交互方式方面的创新。层次结构数据所描述的是节点之间的父子关系，按照父子关系的视觉映射方式的不同，可将层次结构数据可视化分为显式映射和隐式映射两种。

1. 显式映射

显式映射指将层次结构数据中的元素映射到节点上，节点之间的父子关系映射到节点之间的连线上，即节点-链接（Node-Link）的可视化方法。对于层次结构数据，这种方法是最为普遍的可视化方法，该方法能够直观清晰地表达层次数据的拓扑结构，所得到的可视化形式符合用户对于层次结构数据的认知，然而该方法会导致层次结构数据可视化形式的空间利用率较低。

节点-链接方法的核心在于对层次结构数据中的节点进行布局。针对该问题，大量的层次结构数据布局算法被提出。其中最为常用的布局算法是由 Reingold 和 Tilford 在 1981 年提出的 Reingold-Tilford[9] 布局算法。该算法采用自底向上的递归计算；在确保子树绘制的前提下绘制上层的父节点；使用二维的包围盒技术尽可能地包裹子树的部分，并且使相邻的两个树之间尽量靠拢；将父节点放置在各个子树的中心位置处；使用 Reingold-Tilford 计算得到的树可视化形式注重布局的对称性以及紧凑性，是目前最为常见的树布局方式。Reingold-Tilford算法将树中的节点采用与横纵坐标轴平行的方式放置，所得到的树可视化形式将节点的深度映射到不同的纵轴位置处。然而对于大规模的层次结构，在保证下层节点不重叠显示的前提下，该方法会导致上层空间的严重浪费。

采用径向布局（Radial Layout）的方法能够一定程度上减少上述布局中的空间浪费问题。径向布局将树的根节点置于圆心，不同层次的节点布局在以根节点为圆心的不同半径的圆周上，因此节点的深度被映射到圆的半径上。不同于正交布局的方法，径向布局随着深度的增加，能够容纳的节点更多，与层次结构数据随着节点深度的增加，节点数量逐渐增加的特点相一致，因此能够有效地提高空间利用率。

即使目前存在很多种对于节点进行布局的树可视化方法，然而对于大型的层次结构数据，依然难以克服节点随着指数增长所带来的布局困难。在径向布局中，圆周的大小随着层次深度的增加呈线性增长，而树节点则是几何级数的增长，因此对于大型的树形结构，在树的底层仍然会出现空间不足导致的节点相互覆盖的问题。基于双曲线树进行大规模层次结构数据的可视化形式如图5-17所示，采用这种布局方法能够使得中心布局具有较低的显示密度，让用户更加清晰地看到该部分的信息，同时底层部分的结构能够放置到该空间中。用户可以通过交互的方式将感兴趣的节点拖拽到中间区域，放大显示该部分的信息。

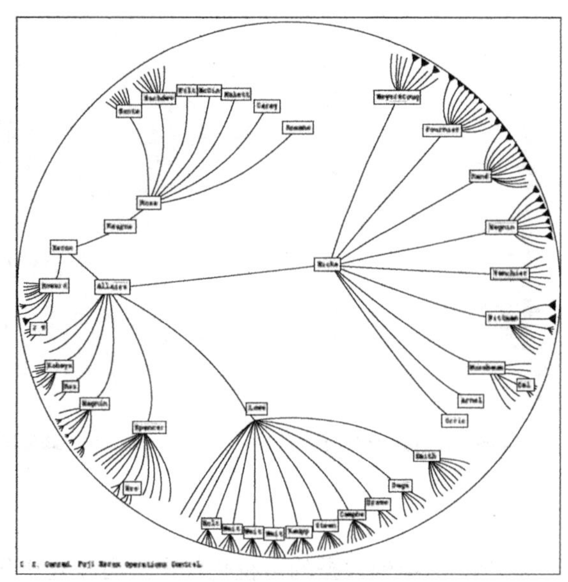

图5-17　基于双曲线树进行大规模层次结构数据的可视化形式

2. 隐式映射

显式映射的方法直接将节点之间的父子关系映射到视觉元素中，而隐式映射将层次结构数据的父子关系映射到节点的相对位置关系上。在隐式映射中，最常见的方法是将节点之间的父子关系使用矩形之间嵌套的方法进行表达，即树图（Treemap）的方法。这种方法能够充分利用所有的屏幕空间，并且有效地映射节点上的属性值信息，其中节点的面积表示节点的属性值。树图的可视化方法将每个矩形按照相应节点的子节点递归地进行分割，直至分割到叶节点为止。

树图对于屏幕空间利用率比节点-链接的方法更高，特别是当处理大规模的层次结构数据时，树图的方法能够在有效空间中得到较好的可视化效果，图5-18给出了包含970000个文件的层次结构数据的树图表示。每个矩形的大小映射文件大小，颜色映射文件的类型，文件的深度越深，则节点的深度越深。然而采用节点嵌套的方式表达层次结构数据，导致层次结构数据的视觉效果不如节点-链接的方法更加直观。当树的深度较大时，用户会难以区分不同关系的节点，从而导致无法理解该层次结构数据的信息。

除高效地编码层次结构数据中节点的层次结构信息外，树图的层次结构数据可视化研究主要针对两个方面。一个方面是针对大规模的层次结构数据，使得树图中的叶节点如何保证

更好的长宽比，从而使得用户容易对于树图中的节点进行选择、浏览等交互操作；另一个方面是当层次结构数据发生增加、移动等改变时，树图的节点变化如何尽量保持稳定，从而使得用户能够在动态的层次结构数据中更加容易对于树图的节点进行追踪。

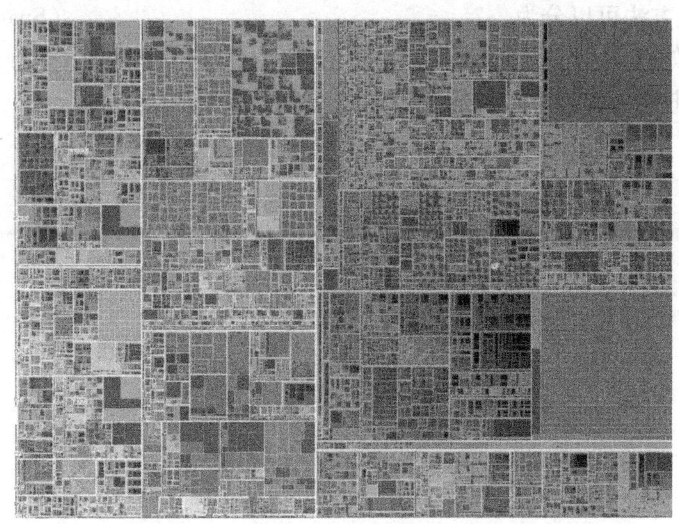

图 5-18　包含 970000 个文件的层次结构数据的树图表示

对于父子关系的隐式映射，除包含关系的映射方式外，还可以采用节点之间的相邻关系进行映射。例如，冰柱图、旭日图就采用相邻关系映射节点之间的父子关系，同时节点的深度信息被映射到节点的纵轴位置以及不同的径向位置处。

采用节点-链接的可视化方法能够清楚直观地反映层次结构数据的拓扑结构，可以适用于较深的层次结构数据，但是这种可视化形式的空间利用率相对较低，对于具有较多节点的大规模层次结构数据，使用这种可视化形式往往会导致节点的重叠。

空间填充方法将层次结构数据中的父子关系映射到节点包含关系，该方法能够有效地利用空间，从而支持大规模的层级结构数据，但是却无法直观地反映层次结构数据中的拓扑关系，尤其是对于具有较深层级的层次结构数据，用户难以从最终的可视化形式中识别出节点的层级。

采用相邻的位置映射节点之间层次关系可以被认为是空间填充法与节点-链接法的结合。由填充区域表示节点，相邻节点之间的位置关系编码层次关系，可以在具有较高的空间利用率的同时清楚地反映层次结构。

5.2.4　时空数据可视化

随着移动采集技术的发展，人们经常对物体的移动行为进行采样，而时间是自然地存在于记录数据中，因此产生了大量的时空数据（Spatio-Temporal Data）。交通、气象、生物等领域通过收集物体的空间位置信息来分析其潜在的运动规律。例如在交通领域，科学家采集车辆的移动轨迹数据（Trajectory Data）来研究道路拥堵问题。而在社交媒体数据中往往蕴含着人们的社会活动、社会事件与空间位置之间的关联。

针对时空数据，按照可视化在分析流程中位置的不同，相关方法可以分为三种[14]：

①直接可视化，直接把时空信息展现出来，例如绘制出单个轨迹；②聚集可视化，针对大规模的时空数据，先对数据进行抽象和聚集；③特征可视化，先计算出时空分布模式或提取出相关事件，然后通过直接或者聚集的方法绘制这些特征。

对于直接可视化，相关方法可以分为位置动画、路径可视化、时空立方体（Space-Time Cube）、时间轴可视化等。如图 5-19 所示的时空立方体技术[15]，该技术使用 x 和 y 轴表示物体的二维位置。z 轴表示时间，这样方向的斜率就大致表示了移动速度。

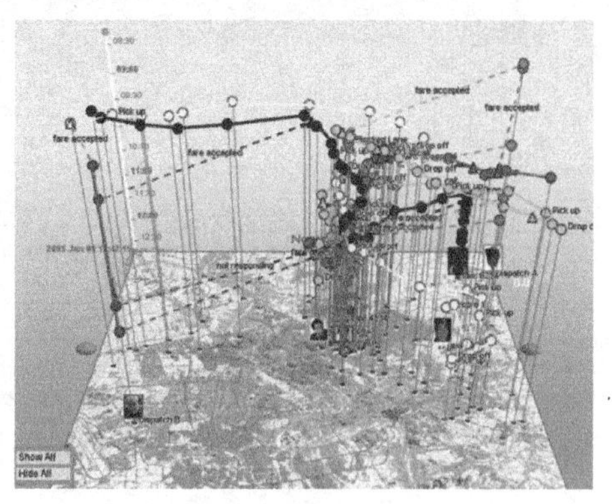

图 5-19　时空立方体技术

面对大规模的时空数据，直接可视化因为可能产生大量的遮挡等问题而不再适用，这时候就需要对数据进行抽象聚集处理。聚集操作可以针对时空属性或者空间位置关系进行聚集。

下面根据时空属性在时间和空间上是连续还是离散分别进行讨论。对于连续的空间聚集操作，通常使用其产生平滑的表面或区域来展现空间密度，如空间热度图和密度图（Density Map）等。如图 5-20 所示密度图，Willems[16]使用核函数（kernel）对原始的密度进行了平滑。这里通过使用两种不同大小的核，可以得到一个在空间上平滑变化的密度场和一个显示轨迹细节的密度场。为了在密度图中映射运动方向，可以在密度图的基础上使用动态粒子来展现交通流的方向。在空间连续聚集之后可以针对时间进行连续或离散聚集。可以将空间密度的思想扩展到时空密度，将二维点数据的标准二维核密度推广到三维数据周围的三维密度，在三维时空连续体中将轨迹聚合成密度体积，产生的密度体积以时空立方体的形式表示。对于离散的时间聚集，可以将空间的聚集结果以动画或者组图的形式进行展示。

对于离散的空间聚集往往需要进行空间划分，如根据地域单位划分或自定义的感兴趣区域。如图 5-21 所示，Andrienko[17]等将意大利米兰划分成均匀网格区域，并绘制了各区域的交通流方向分布和时间分布。空间划分还可以以行政区间为依据，例如在行政地图上嵌入环形图案，用以表示人们在不同区域的活动强度随一天 24 小时的变化。

以上空间划分方法并不能反应数据本身的空间密度分布，因此可能造成少数区域密度高，而其他大部分区域密度极低等不理想情况。此外，数据自然形成的高密度区域更接近多边形的，而不是均匀网格或者行政区域。为了解决以上问题，可以基于数据点的分布将空间区域划分为大小近似相等的凸多边形。这样空间密度的划分也反映了数据的空间分布。

图 5-20　基于核函数的连续空间聚集密度图

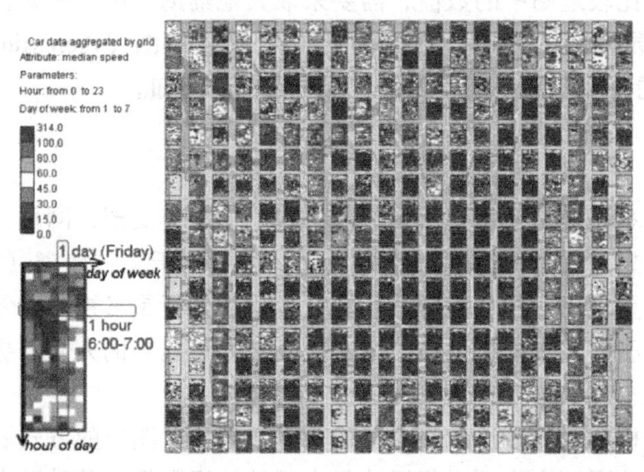

图 5-21　离散空间聚集：城市不同区域不同时间的平均车速

对于时间聚集，可以根据空间及其他属性的相似性设定合适的时间间隔，然后对每个时间间隔的数据进行聚集，来探索时间分布模式。

当把空间进行划分后，还可以把时空数据进一步的转化为源-目的地（Origin-Destination，OD）数据，来展现区域间的移动特征。对于 OD 数据，一般的可视分析方法包括流向图、OD 矩阵和 OD 图等。

前面所描述的聚集方法都是建立在事先对空间、时间或者属性进行划分的基础上，而路径聚集则直接研究空间位置信息的分布。该方法先通过聚类算法得到经过不同路径的空间位置轨迹，再将每类轨迹的路径显示出来。比较有代表性的轨迹数据聚类算法包括基于概率的聚类、基于分割的聚类、基于密度的聚类、基于子轨迹的聚类和基于流场的聚类。

特征可视化需要事先通过分析时空数据提取出特征，再将这些特征绘制出来。这些特征包括事件和某些属性的时空变化模式。这样在分析任务明确的时候可以给出最相关的结果。特征可视化的方法大致可以分为事件可视化和模式可视化[14]。事件可视化关注的是满足特定条件的部分轨迹及其相关的事件，例如交通拥堵事件；模式可视化关注的是所有轨迹数据体现出的某种模式，例如道路通行状况随时间和路段的变化。

当然，地图是更直观和传统的用于展示地理相关信息的可视化方式。很早的时候，人类就开始用简单的地图来记录周边环境和空间。1854 年伦敦霍乱流行时，约翰·斯诺医生在伦敦城区地图上标注出感染者位置，分析后成功定位到水井是可能的病源所在。这张霍乱地图开启了利用地图融合数据进行分析决策的先河，也是可视化的经典案例。

由于地球本身是球形的，地图投影是实现大范围地图绘制的必要步骤，最常用的是墨卡托投影（Mercartor Projection）。该方法将区域投影到一个与地球相切的圆柱上，再展开成平面，保持了方向和角度不变。其缺点在于形状面积变形严重，高纬度地区则更加严重。其他的投影方法还包括最小化面积、方向和距离的失真的温克尔投影（Winkel Tripel Projection）、阿尔伯斯等面积投影（Albers Equal-Area Projection）等。

在地理地图上，每个被划分的地区可用不同的颜色或图案来表示所要展示的统计变量（例如人口密度等），称之为区域分布地图（Choropleth Map）。区域分布地图是被广泛使用的一种地图可视化形式，能给出地图覆盖区域数值分布范围的概览，方便进行整体理解。但是，其缺点是无法准确读取或比较地图中的数值，需要采取其他辅助方法。例如，可以使用圆圈或者其他的符号来表示数据值的大小，称之为比例尺符号地图（Proportional Symbol Map）。此外，地区之间面积的巨大差异一定程度上影响对数值的感知。

5.2.5 文本数据可视化

在繁杂的信息世界里，文本是最为普遍交流沟通的手段。书籍、文档、网页、新闻、社交网络上充满了丰富的文本信息，文本信息越来越海量化。当然由于文本数据（Text Data）来源越来越丰富，文本信息也呈现出多样化和即时化。文本可视分析是可视分析领域一个重要的方向，辅以聚类、主题模型等文本挖掘手段，结合交互技术可以帮助人们根据自己的需求进行快速、深入的研究，是提高文本分析效率的一个重要途径。

文本可视分析是大数据分析的重要方法，将大量的文本数据通过图形的方式展示，并通过交互的手段，让研究者以及普通用户都可以很迅速且直观地认识数据，并借助人类敏锐的视觉能力在短时间内发现数据中有趣的特征和模式。

1. 大规模文本数据整体可视分析

标签云（Tag Cloud）是一种最典型的文本可视化技术。这个方法把对象文本数据中的关键词根据出现的频率等规则进行统计，然后进行布局排列，利用颜色、大小等视觉属性编码其频率信息，该技术可以帮助用户对大规模文本数据有一个概览，此技术已经被广泛应用在众多的网站和博客中，来引导用户快速地了解其中的内容。Wordle[18] 则是一种更为美观、灵活的标签云形式，如图 5-22 所示。

对于海量的文本数据，聚类分析也是一种十分常见的方法。聚类分析技术是将抽象的对象按照其相似性进行分组分析的技术。通常情况下，文本聚类技术是在划分类别未知的情况下，将文本数据按照其内容或其他维度特征分成不同的簇的过程。聚类分析技术可以很好地将大量的文本数据集划分为若干类，每一类中的文档都有一些相似的特征，这可以很大程度上帮助人们进行海量数据的分析。

聚类算法中常见的方法有基于划分的方法、基于层次的方法、基于密度的方法、基于网

图 5-22　Wordle

格的方法和基于模型的方法等。对于层次聚类，树图（Tree map）是一种常用的表达方式，有 Tree Diagram、Venn Diagram、Nested Tree map 等表现形式；而对于其他的聚类结果，常常是利用空间向量模型将文本通过降维的方式将其映射到平面上，文档之间的语义距离与二维平面上的距离相近，相似的文本数据在视觉上形成聚类的效果。在文本可视化中常用的布局算法有 MDS、力导向布局算法等。特别地，基于主题的文本聚类是近期大规模文本数据挖掘和可视分析中一个重要的研究内容。Jigsaw（http://www.cc.gatech.edu/gvu/ii/jigsaw/）就是一个对大量文档集聚类结果可视化并可视分析的一个典型例子。

2. 大规模文本数据特定维度可视分析

当然，文本数据中还有时间、地点等其他维度的信息，这些维度的信息与文本的形成和变化密切相关。在通过可视化表达文本本身语义的同时，还可以结合文本的空间、时间等属性信息。

时间属性使得人们可以分析信息的演化过程。在新闻报道中，所涉及的事件从发生到结束总是在时间维度上展开；在社交媒体中，人们谈论的主题也会随着时间的推进而发生演变。而随着微博等新兴社交媒体的发展，信息的实时性得到了极大的提高，很多时候可以利用社交媒体中的时间信息来进行态势感知。因此，时间维度也是文本可视化中一个重要的元素，充分利用文本数据中的时间信息，可以帮助人们分析事件随时间的发展。图 5-23 给出了 Theme River 河流隐喻可视化方式[19]，其利用河流流向表示文本内容的变化，具体文本中的主题演化编码为不同的颜色的色带，主题设计文本量的多少以色带的宽窄表示。

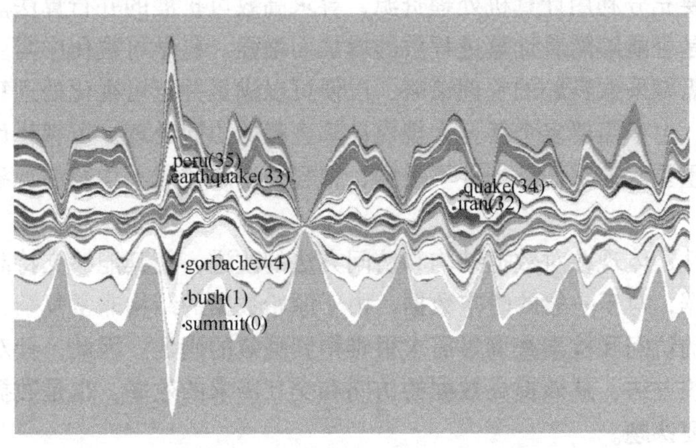

图 5-23　Theme River 河流隐喻可视化方式

许多文本数据中的地理信息也极其丰富。文本数据中的地理信息主要来自两个部分：①通过移动设备采集到的地理坐标，通常来说，该坐标表示了信息发布者在发布信息当时所处的地理位置；②信息文本中所提到的地理位置，它们常常是事件讨论中真正被人们所关心的地点。基于大数据的事件地理分布模型将比通过传统信息收集方法建立起的模型提供更多的信息，支持更深入的分析，可以快速地感知到突发事件，并对事件的发展态势进行追踪。其中，将文本信息映射到地理空间中，一种常见而有效的方法是使用基于地理位置的标签云。

另外，文本数据中可能存在大量的人名、地名、组织等实体。随着文档数量的逐渐增加，文档中的实体集也变得越来越大，使得分析人员的分析和评估更加困难。因此，探究实体之间的关系，进而分析不同文本数据之间的关系并进行可视化显示是有意义的。ListView是一种十分直观地通过连接关系的方式来探究实体关系，并通过多种交互方式来进行可视分析的控件。

社交媒体数据（Social Media Data）也是目前文本大数据分析中一个很重要的研究内容。社交媒体情感分析是文本大数据分析的典型应用之一，通过对大量的社交媒体文本数据进行情感分析来预测和推荐的工作也越来越多。

文本可视分析是一种直观、有效的对于大规模文本数据进行处理分析的手段。充分利用文本数据中附带的时间信息、地理空间信息、实体关系信息，结合文本词语和语义内容，可以更全面地分析大规模的文本数据，也能够更容易地从中提取知识。

5.3 高可扩展可视化技术

分析数据时，不仅需要组合不同的数据可视化方法，还需要考虑可扩展性的问题。数据可视化中的可扩展性可以理解为可视化算法随着数据处理规模和复杂性的增长，仍然保持良好的效率。随着信息技术的飞速发展，现代社会产生的数据在规模上出现了爆炸性增长，其结构和包含变量上的复杂性也与日俱增，如何对这些大数据进行高效可扩展的处理计算和可视化成为一个极具挑战性的问题。

数据可视化的高可扩展性（High Scalability）涉及多个方面。在科学可视化领域，针对庞大的数据集，科学家需要充分利用计算机处理资源，寻求高效可扩展的并行算法。并行算法的可扩展性是指其性能是否能够随着计算进程数的增加而增强。科学可视化中需要处理的数据量非常大，这些数据需要采取良好的管理策略，以便可以满足并行可视化处理算法对数据的快速访问要求。另外，由于需要多个甚至大规模计算进程的协同处理，可视化计算任务在这些进程上的分配至关重要。如果任务划分不平均，很容易造成负载不均衡的现象，极大地影响并行算法的效率。

另一方面，高可扩展性还体现在对数据结构和访问方法的改进，使其能够支持高效的存储和检索。不仅是科学数据，对于一般的时空数据，由于原始数据的结构非常复杂，可视化设计和交互过程中对数据的访问和检索查询等需求很难得到高效的满足。因此，针对大规模数据设计好的数据结构组织方法，从而提高数据的访问和交互需求的效率，也是数据可视化高可扩展性研究的一个重要课题。

在最终的可视化上，设计的交互手段也需要进一步扩展，从而支持对大规模数据可视化

的探索。由于数据规模庞大，使用单一的可视化视图不能满足用户对所有数据的认知。一般来讲，初始的可视化只能展示数据的全局信息，对数据进一步细节信息的可视化需要利用合适的交互方法来实现，帮助用户进行多层次全方位的探索。此外，考虑到减小用户在这一过程中探索的负担，不同细节层次的切换也是需要考虑的问题，即如何对概览信息和用户感兴趣的焦点信息同时进行可视化和交互式探索。

5.3.1　科学可视化中的高可扩展性

高可扩展的可视化技术首先在科学领域涌现。超级计算的飞速发展极大地推动了计算科学的进步，使得科学家们在进行物理仿真等处理时可以得到之前难以获取的细节，在一些诸如高端的计算机断层扫描（CT）系统、大规模的高能物理实验都可以产生庞大的数据。对这些 TB 乃至 PB 量级数据的分析和可视化已经成为实际应用中的一个巨大挑战（参见《计算机百科全书》第 3 版大规模科学可视化部分）。

大规模数据的可视化和绘制主要是基于并行算法设计的技术，即合理利用有限的计算资源，通过高效的并行处理来分析特定数据集的性质。在很多情况下，这一过程通常还会结合多分辨率表示等方法，以获得足够的互动性能。在面向大规模数据的并行可视化工作中，主要涉及以下四种基本技术：

- 数据流线化（Data Streaming）。
- 任务并行化（Task Parallelism）。
- 管道并行化（Pipeline Parallelism）。
- 数据并行化（Data Parallelism）。

数据流线化的思想是将大数据分为相互独立的子块后依次进行处理，其在数据规模远大于计算资源的容纳能力时是一类主要的可视化手段。这类方法能够处理任意规模的数据，同时也可能提供更有效的缓存使用效率，并减少内存的交换。离核渲染（Out-of-Core Rendering）是其中的一种重要形式。但是，数据流线化方法通常需要较长的处理时间，不能够提供对数据的交互挖掘能力。任务并行化是把多个独立的任务模块进行并行处理的方法。这类方法要求将一个计算任务分解为多个独立的子任务，并对应地需要多重计算资源。任务并行化的并行程度主要受限于算法的可分解粒度以及计算资源中节点的数量。管道并行化则是同时处理面向不同数据子块的多个独立的任务模块。在任务并行化和管道并行化这两类方法中，如何达到负载平衡是一个难点问题。数据并行化是将数据分块后进行并行处理，其通常也被称为单程序多数据流（SPMD）模式。这类方法能达到高度的并行化，并且在计算节点增加的情况下仍然可以获得较好的可扩展性。对于超大规模的并行可视化，节点之间的通信往往是制约并行计算效率的关键因素。提高数据局部性（Data Locality）是其中的一个解决思路。在实践中，以上所讲的技术往往需要相互结合，从而构建一个更高效的解决方法。

在可视化算法中，图形的绘制是一个计算密集型的处理工作，通常要求达到大于等于 24 帧/秒的速度，这样才能让用户顺畅地观察数据并与可视化结果进行交互。但是对于大规模数据来说，这个要求通常超出了单一 CPU 和 GPU 的计算能力。因此，数据并行绘制方法被普遍地用于提升可视化系统的显示与交互速度。应用最为普遍的并行绘制算法是基于绘制流水线中图元排序的位置的算法，可以大致分为首排序（Sort-first）、中排序（Sort-middle）

和末排序（Sort-last）。

首排序算法在绘制流水线的起点分配基本图元。这类算法中首先对输出图像区域进行分割，给每一个处理节点分配一定的子区域。之后，每一个处理器会完成与其子区域相关的整个图形管线的处理，生成最终的子图像。这些子图像自然拼合为完整的输出图像。先排序算法可以充分发挥每个节点图形硬件加速器的性能，处理器间的通信要求低，从而能以较低的开销获得更高的性能。其主要缺点是工作量分配不平衡的问题。

中排序算法中，数据的分配发生在绘制流水线的几何处理和扫描转换阶段。绘制流水线的分裂是中排序方法的最大不足。在早期，它很难充分利用图形硬件加速器来实现。但随着可编程图形硬件加速器的发展，该问题得到部分解决。此外，该算法也会有工作负载量不均衡的问题。

末排序算法把排序推迟到绘制流水线的最后阶段。基本图形的初始化分配是采用随机的方式，每个处理器绘制其相应的最终图像。所有的这些子图最终复合成一个完整的图像。处理器间通过高速网络来满足交互绘制的需求。末排序可以完全利用整个图形处理器的渲染性能，并能较好地平衡工作负载。其主要的缺点是在图像合成阶段，需要发送大量的数据。其中，二分交换合成法（Binary-Swap Compositing）是一种经典的方法，较好地利用了图像合成中有限的计算和通信能力。

近年来受到广泛关注的一种针对模拟计算产生的超大规模数据的可视化模式被称为原位可视化（In Situ Visualization）[21]。通过将模拟计算和可视化方法进行紧密结合，这种原位可视化模式可以极大地降低数据传输和存储的成本。传统的可视化模式将模拟产生的全部原始数据传输到存储设备，再经过处理后用于可视化，如图5-24a所示，在这一过程中，数据传输是整个可视化系统的主要瓶颈，其带来的I/O操作将占据绝大部分的处理时间。而在原位可视化模式中，数据在模拟计算后直接被原位缩减和前处理，再用于随后的分析与可视化中，如图5-24b所示。经过缩减后的数据通常比原始数据的规模小多个数量级，能够极大地降低数据传输和存储的开支。

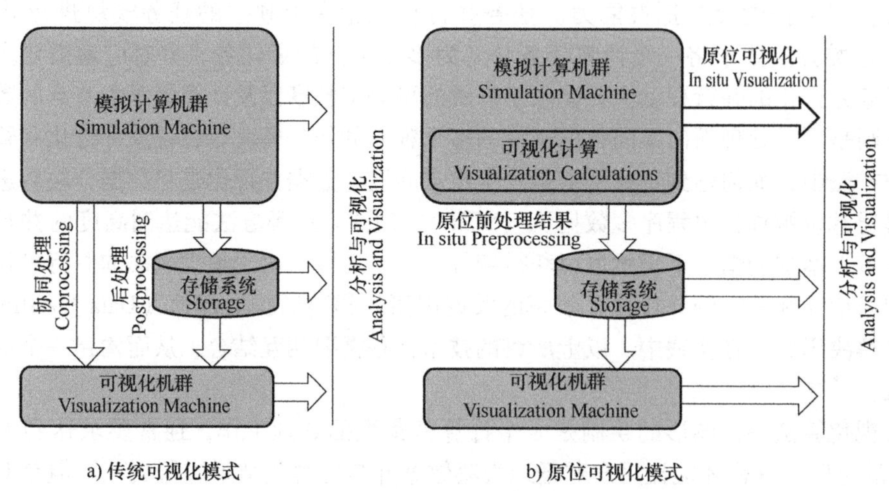

图5-24　传统可视化模式与原位可视化模式

需要注意的是，图形硬件对于大规模数据可视化也具有重要意义。最新的超级计算机大

量地应用GPU作为计算单元。如何更好地发掘最新的图形硬件潜力，提供更加灵活的大数据可视化和绘制的解决方法，是一项具有重大意义的课题。另一方面，除了科学计算数据外，也要关注信息可视化中大规模数据的涌现，在不远的将来，此类数据的大规模分析处理方法可能会成为研究的重点之一。

在对大规模数据进行处理的过程中，由于数据规模巨大，这些数据往往不能够被一次性载入到处理器内存中。而当今的超级计算机注重更多的是计算处理的能力，其在单个处理器上的内存一般都比较小，因此对大规模数据的载入往往采取按需读取的方式。但是，CPU的处理速度和I/O设备的访问速度存在巨大的鸿沟，使用按需载入的数据读取方式会带来非常大的性能瓶颈。为了减轻这一问题，研究者使用了数据预取的方法，在载入所需要数据的同时，将接下来可能用到的数据也一并载入，从而减小I/O的频率，将I/O时间“隐藏”在计算过程中。使用数据预取提高I/O效率的关键在于保证所预取数据的准确性。

在大规模流场可视化中，针对场线的计算（即追踪在流场若干初始放置的粒子的运动轨迹），研究者提出了访问依赖图[22]的概念，即建立数据块之间的访问转移关系，并计算从一个数据块到其邻接数据块的访问转移概率。这样，在场线计算过程中，当载入数据块时，根据访问转移概率可以将下一步有可能访问到的数据块预取到内存中。这种访问依赖图还可以进一步拓展到高阶的情况[23]，在计算访问转移概率时将场线的历史数据访问也考虑进去，生成数据块间的高阶访问依赖，可以得到更加精确和可靠的数据访问模式。这种高阶的方法支持对数据进行高阶数据预取，能够提高数据预取的准确率和并行场线计算的效率。

大规模数据的并行处理中另一个重要的问题是负载失衡问题，这一问题在大规模流场可视化中尤为明显。由于场线的不可预测性以及其完成时间的不确定性，不论是任务并行化还是数据并行化，都很难给不同的计算进程分配到相等的计算负载。解决这一问题的方法主要分为两类，即静态和动态负载平衡（Load Balancing）方法。静态负载平衡方法中比较典型的是静态负载预估的方法，在预处理阶段结合初始粒子的位置和数目估算出每个数据块的负载，然后使用划分算法对所有数据块进行划分，使得每个进程可以分配到总负载量相等的若干数据块。除此之外，还有一些诸如基于流场方向的划分或者使用层次聚类的划分方法。不过，这些方法都需要进行数据预处理，并且对流场特性或者初始粒子分布有一定先验的了解。动态负载平衡方法主要有工作窃取和工作请求，即在场线计算过程中，将繁忙进程处的计算任务不断转移到已完成所负责计算任务的空闲进程，保证所有进程在整个计算过程中都处于工作状态。但是这种方法需要专有进程对数据和任务进行调度，其可扩展性受到了很大的影响。

针对大规模流场可视化的负载失衡问题，最近北京大学和美国阿贡国家实验室合作提出了一种基于k-d树分解的动态负载平衡算法[24]，可以通过动态的k-d树的分解方法重新分配各进程所负责计算的场线粒子，以达到负载均衡的目的，如图5-25所示。在初始数据划分时，该方法将每个数据块在进程可用内存限制下尽量进行扩展，使得相邻数据块之间产生数据重叠。在场线计算的过程中，k-d树分解的切分面被严格限制在数据块之间的重叠区域，这样确保场线粒子在被尽量均匀划分和分配的同时也始终处于对应进程的数据域内。这种方法在多达8192个进程的超算上进行了全面的性能分析，测试了不同要求下的并行场线计算应用。实验证明，该方法相比于基本的并行场线计算方法能够极大地提高负载均衡性和可扩展性，在部分测试中性能甚至可以提高3.58倍。与其他针对并行场线计算的负载平衡方法相比，该方法不需要任何预处理和流场特性分析，不需要在运行过程中移动数据，不需要专门的进程进行调度，非常适合于在超大规模计算平台上开展。

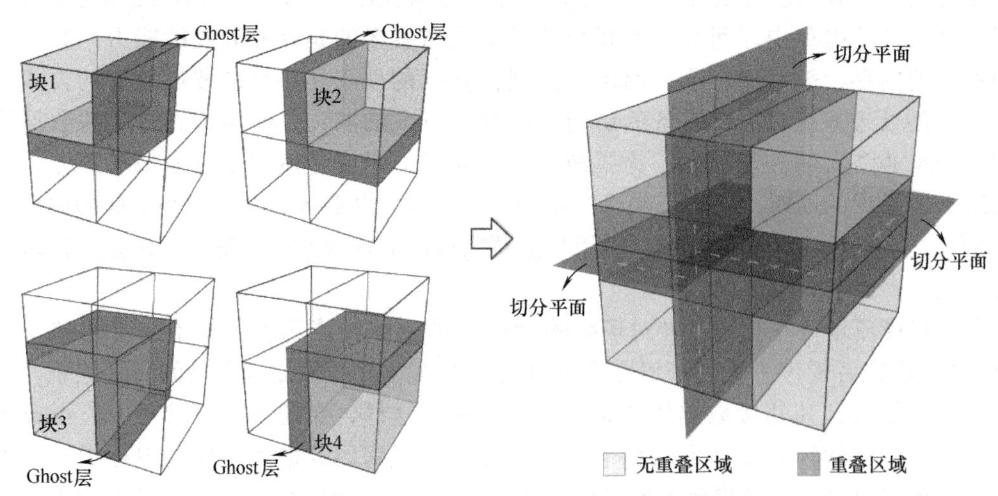

图5-25　基于k-d树分解的动态负载平衡方法

对于一类规模庞大的集合模拟数据（Ensemble Data），即同一物理现象使用模型在不同参数下模拟多次产生一组相关的模拟结果，如何比较它们之间的异同是一个十分困难的问题。相关可视化方法主要从比较个体成员和概括整体成员这两个不同的分析任务，以及基于位置和基于特征这两种分析策略的角度展开。

常用的比较可视化方法根据对象的不同组织方式可分为并列（Juxtaposition）、重叠（Super Position）和显式编码（Explicit Encoding）这三种手段。按照比较对象的不同，集合模拟数据的比较可视化可以分为基于位置的和基于特征的比较可视化。前者关注空间点上各模拟成员的数值差异，后者关注集合模拟成员特征之间的差异。这些差异值可以直接是诸如均值、方差的一类统计值，也可以从数据的分布情况衍生。还有一些工作则提出一些新颖的方式来衡量差异。根据差异值的不同数据类型，可以选择合适的可视化形式进行展示，常用的有颜色、图元、曲线等。

5.3.2　支持数据高效的存储和检索的可视化

随着数据量越来越大，人们对时空数据的实时处理和探索显得越加困难。想象一下，假如你有一个微博数据集，它记录每条微博发布的时间、地点和发布设备。那么，你如何可以快速地知道微博的地理分布呢？是上海还是北京的用户发的微博更多？人们是工作日里发的微博多还是周末发的多？每天微博发布的高峰时间是什么时候？人们用什么手机系统发的微博多呢？是IOS还是Android？在2009年时候是什么情况呢？在2012年这种情况发生了变化吗？这些问题涉及各个维度上的聚合统计，并且在时间和空间维度还涉及不同的粒度。要回答这些问题，最简单的方法或许是扫描一遍数据集，然后获得统计值。但在日益增长的数

据量和实时性的要求下，这种方法显然不适用。

为了支持多维度、多粒度时空数据的实时聚合分析，Lauro Lins 等人在数据立方体的基础上提出了 nanocube[25]。简单地说，nanocube 是一种数据结构，它可以对高维多粒度的时空数据进行高效的存储和检索。nanocube 实际上是一种树形结构，在构建 nanocube 时，数据点是一个一个被插入到树形结构中的。图 5-26 展示了每一个数据点插入到 nanocube 后的情况，其中插入新的数据点造成的变化用背景色标出。图中每一个维度之间用一条横线隔开，可以看到最上面为空间维度，中间部分为设备维度，最下面则是各个数据点的索引。值得注意的是，在每个维度中，树的高度都等于该维度的层次数加 1。例如，空间维度包含了 2 个层次的粒度，则在空间维度上，树的高度为 3。树中的每一个节点都有一条边与下一维度的顶点相连。这样的目的是在检索的时候，可以不必到达最细的粒度，而可以在不同维度实现不同层次上的聚合。例如，如果只想搜索在［0，1］区域内使用 Android 设备的用户，那么只要在空间维度上进入［0，1］分支后即可直接进入设备维度，提高了检索效率。

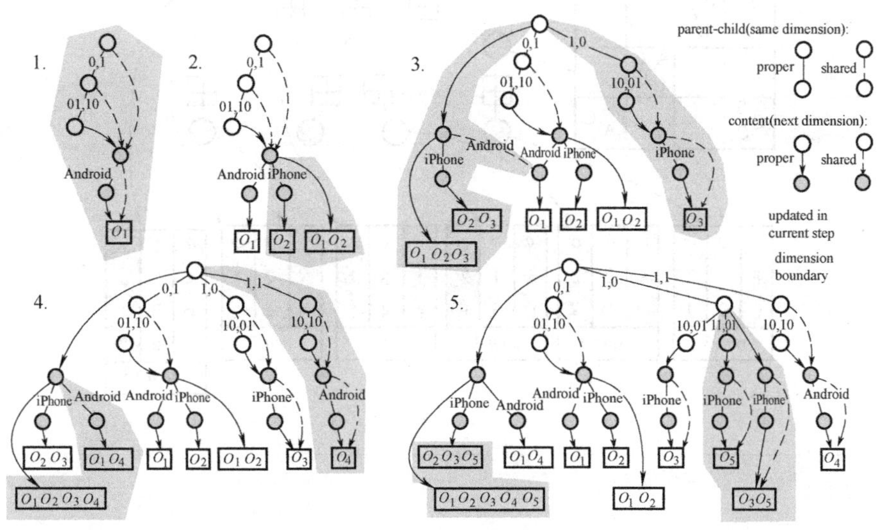

图 5-26　nanocube 构建过程示意[25]

可视化大规模数据的技术 imMems 可以支持快速的交互[26]。imMems 使用分箱聚合（Binned Aggregation）来减少操作的数据。分箱聚合指对若干维度按照维度值进行分箱，对箱内元素统计其数量。对数值型、序数型、时间和地理维度，分箱聚合适合应用于不同的一维和二维图表，包括柱状图、线图、热力图等。imMems 通过对数据立方体进行操作以支持刷选（Brushing）、平移、缩放（Zooming）等交互。对包含所有维度的数据立方体，其存储空间容易超出内存。考虑到交互最多涉及两个一维或二维图表，imMems 将数据立方体分解为子数据立方体，每个子数据立方体最多允许四个维度。对子数据立方体，还可以根据每个维度的范围进行划分，切分成多维数据瓦片（Data Tiles），进一步减少数据大小。最后，imMems 还可以通过并行计算以及使用 GPU 提高交互速度。

排序是用户探索时空数据的一个重要方式，允许用户探索给定指标下最重要的数据子集。比如，某城市里人们最常讨论的五个话题是什么，每天发布微博最频繁的三个时间段是哪些等。TopKube[27]是对 nanocube 的扩展，支持不同维度组合和粒度下，快速查询给定维度最重要的前 k 个值。其中待查询维度称为关键维度（key）。nanocube 提出的树形结构中，每个叶节点只存储了数据的聚合统计信息。TopKube 数据结构示意图如图 5-27 所示，其扩展了叶节点的表示，使用数组额外存储关键维度的各个值（q）在该叶节点对应的统计值（v），同时存储排名对应的关键维度的行号（σ）。查询时需要合并不同叶节点才能得到关键维度前 k 个最重要的值。对此，TopKube 提供三种算法，算法一按照关键维度值从小到大进行遍历求得所有叶节点下的统计值，返回关键维度中统计值前 k 的值；算法二每次取单个叶节点中使得统计值最大（或最小）的关键维度值进行统计，从而可能不必遍历关键维度的所有值；算法三使用算法一合并一定的叶节点，对合并后的叶节点使用算法二进行查询，从而避免叶节点包含的维度值稀疏造成算法二效率低下的问题。

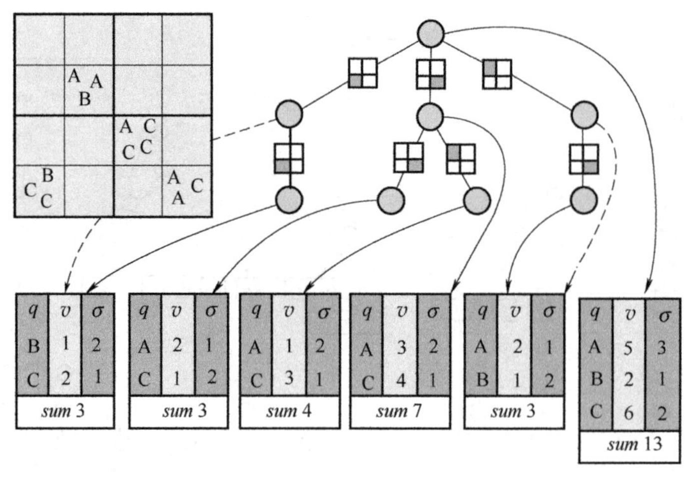

图 5-27　TopKube 数据结构示意图[27]

5.3.3　支持可扩展可视化的交互手段

当代的电子显示设备多种多样，有巴掌大小的手机屏幕，也有数米高宽的投影墙。但不论怎样的设备，其显示空间总是有限的，自然不可能容纳无限多的信息。当数据规模超出显示空间的信息容量时，不管设计得如何精妙，一个静态的可视化视图不可能同时展现所有数据。

而相比于纸张、画布等传统信息载体，电子显示的最大优势在于其可交互性（Interactivity）。用户通过交互表达自身需求，再由计算机有针对性地给予反馈，既节省了计算资源、又能够提高效率。在数据可视化的语境中，这就意味着任何可交互的视图都无须展现所有数据。用户通过交互提起信息查询的需求，再由视图给予响应，能够大大提高可视化的可扩展性。

1. 视觉信息搜索准则

想象一下，当你刚领到洗印出来的毕业大合照时，你会怎么做？你大概会先扫视一遍，

然后确定大体位置，逐一审视该位置附近的每个人，以寻找自己或是同窗好友。当信息量较大时，这一视觉行为总是十分类似的。Ben Shneiderman 将其总结为视觉信息搜索准则（Visual Information-Seeking Mantra）[28]："Overview first，zoom and filter，then details-on-demand"，亦即：先浏览全貌，然后平移视线、筛选关注点，最后放大并进行细致的观察。这一准则被广泛应用于可视化设计中，以支持可扩展的数据展现与交互。

大规模数据的可视化往往提供了多个细节层次的数据展示。例如在大规模动态图的可视化中，可以用散点图的形式作为概览、展现图数据的演变规律，如图 5-28a 所示。其中每个点表现一个时间步的图，点之间的连线表示时间顺序，距离则表现图之间的结构差异。用户在散点图中观察到有趣的数据区域（如图 5-28a 中 B 区域），可进入更细致的层次并观察具体的图结构，如图 5-28b 所示。

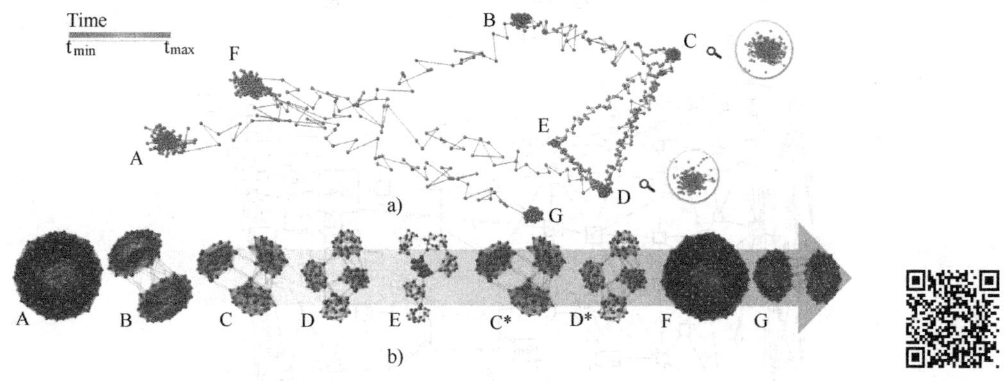

图 5-28　通过多层次细节展现大规模动态图的演变规律

2. 焦点 + 上下文

多层次的细节展示能够有效地容纳大量数据与信息。然而，不同层次之间的切换颇为考验用户的短时记忆，用户也难以直观比较不同局部的信息。为此，可以利用"焦点 + 上下文"（Focus + Context）的方式，允许用户在观察局部焦点的同时，仍能看到全局的概览信息（即上下文）。

鱼眼透镜（Fisheye Lens）[29]是应用这一策略的典型技术。如图 5-29a 所示的点边图，图中每个节点代表美国的一个城市，不同节点之间的连边代表城市之间的主要运输关系。在如此繁多的节点中，用户很难具体察看其中某个节点而不丢失全局背景信息。鱼眼透镜技术通过放大视图中的特定局部，压缩其他不被关注的节点与连边，来达到兼容背景与上下文的目的，如图 5-29b 所示。

在规模较大的表格数据中，表格的行和列容易超出显示范围，导致用户难以同时观察所有数据。此外，表格中的数值、文本等需要用户逐一阅读和比较，信息传递效率较低。表格透镜（Table Lens）技术[31]以紧凑的图表形式展现数据，能够大为压缩表格所需的显示空间，并提高数据感知的效率。其中，用户所关注的行、列和格点会通过鱼眼透镜的方式放大，展现其原始数值并压缩其余表格区域，从而使得用户在分析局部数据的同时，依然能够了解该局部在全局分布中处于什么位置。图 5-30 给出了一个利用表格透镜探索大规模表格数据的例子。

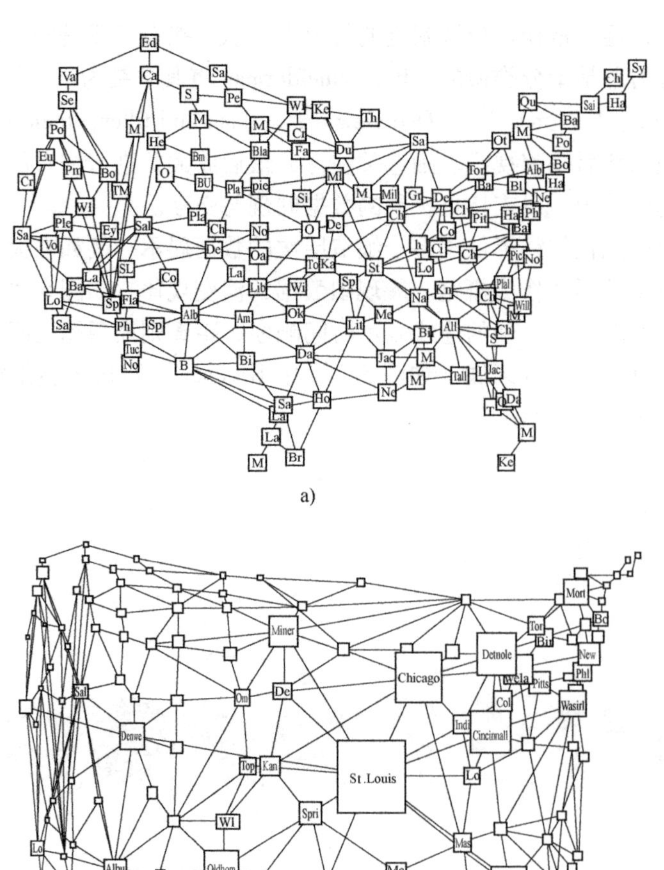

a)

b)

图 5-29　通过鱼眼透镜观察视图的特定局部

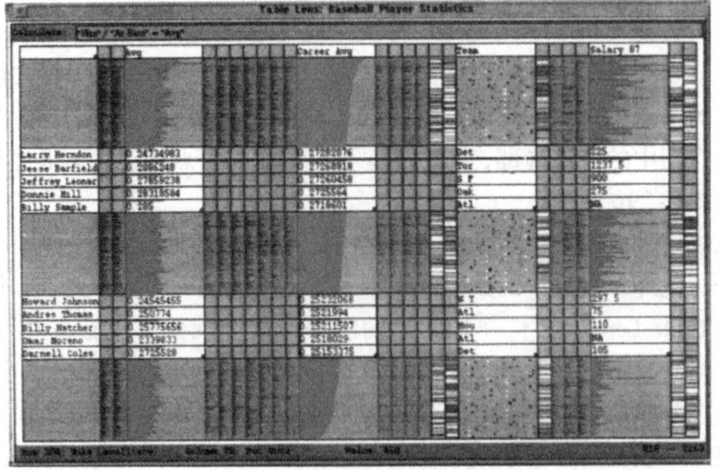

图 5-30　利用表格透镜探索大规模表格数据

5.4 大数据可视化与可视分析案例

5.4.1　VAST Challenge 2017 的可视分析案例

2017 年 IEEE 可视分析科学与技术会议数据挑战赛（VAST Challenge 2017）的案例描述了一种濒临灭绝的、名为红冠蓝雀（Rose-Crested Blue Pipits）的鸟类的故事。红冠蓝雀主要栖息在工业城市 Mistford 的野生动物保护区里。然而近十年来，鸟类的种群数量大幅下降，面临灭绝的风险。一位名为 Mitch 的鸟类学家，希望通过调查园区的各项数据，以发掘威胁红冠蓝雀生存的根源所在。

园区数据分为三类：交通数据、环境监测数据、以及卫星图像。

园区各处分布着数十个交通传感器，如图 5-31 所示，收集着过往车辆的通行数据（即车辆 ID 与通行时间）。Mitch 所得到的交通数据共包含 13 个月内 18000 辆车的通行记录。

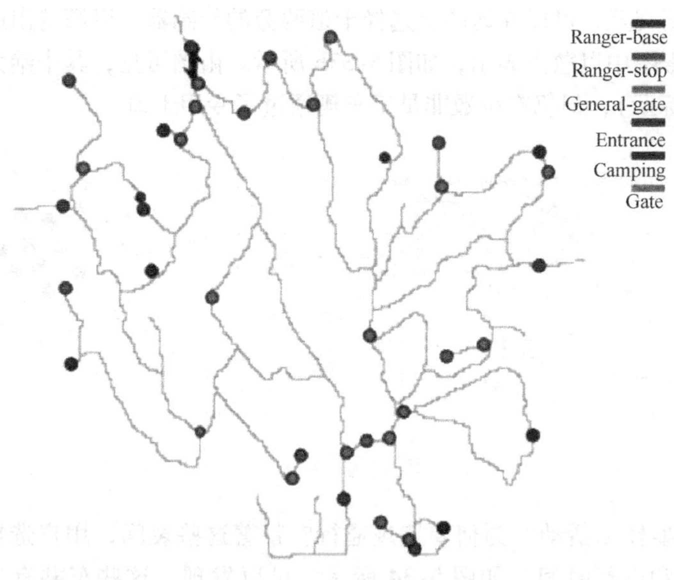

图 5-31　园区交通传感器

园区南边毗邻工业区，工业区各处设有环境监测器，收集 9 种有害化学物质的排放情况。此外，数据集中还包含了风向与风速的信息。

卫星图像数据记录了近三年内园区地理概貌的变化，其中不同的色彩通道反映了不同的地貌信息，如植被、水体、土壤类型等。

将交通数据看作高维数据，其中每辆车为一个样本、每个传感器为一个维度，维度取值是车辆通过传感器的次数。通过 t-SNE 降维投影，能够发掘车辆轨迹之间的相似性。图 5-32 给出了 10 种主要的交通模式及其中的绕路行为，在投影图中可以发现 10 个较大的聚类，代表了 10 种交通模式，即常见的车辆行驶路线。值得一提的是，其中 6 种路线都共享一段园区北部的通路，称之为北部干道。而在路线 1、3、5、9 中，车辆往往需要绕远路通过北部干道来横跨园区两侧。

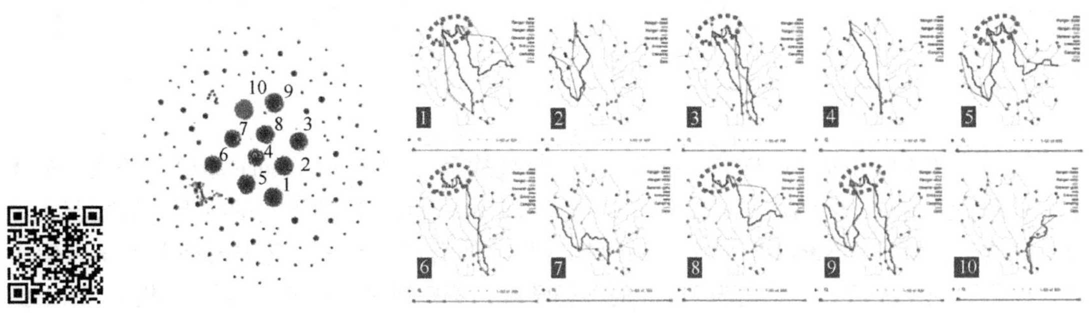

图 5-32　10 种主要的交通模式及其中的绕路行为

但事实上，园内还存在着另一条连接东西侧的南部干道，如图 5-33 所示。为何车辆不从南部干道通行，而一定要绕道到北边去呢？仔细探查可以发现，南部干道两侧有类型为“Gate”的仅限员工出入的大门，如图 5-33a 所示。换言之，这是一条园区员工的专用通道，普通车辆无法通行。通过视图交互，可以在地图上选择干道两旁的传感器，以筛选出通过南部干道的所有车辆，并在投影图中以散点表示，如图 5-33b 所示。由图可见，其中绝大部分都是员工车辆（以黄色边框标示），但仍有少数非员工车辆通过了专用干道。

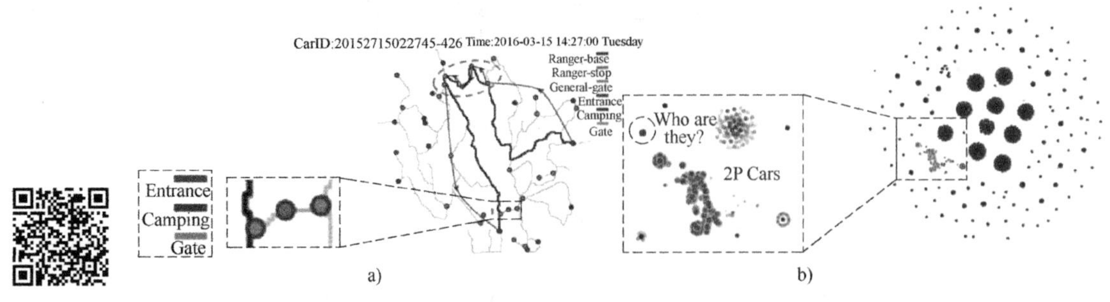

图 5-33　园区的南部干道

这些是什么车辆？在从事什么活动？为何要违规通行？带着这些疑问，用户选择了该部分车辆，观察其行车路线和出行时间，如图 5-34 所示。可以发现，这些车共有 23 辆，都是四轴货车。其行驶路线十分固定：从园区南部的工业区出发，到东北部的一个地点后沿原路返回。这样的短程往返每个月均有数次，且都在深夜两点到六点之间。这些货车通过南部干道，似乎只是为了抄近道迅速往返，而选择午夜时分行车，也多少有着避人耳目的意味。

为了进一步弄清这些午夜货车的可疑行为，可以在卫星图像中调查其路径的终点。首先，通过比较地貌特征，将园区路网与卫星地图进行匹配，从而找到终点区域在卫星图像中的大体位置，如图 5-35 所示。观察了不同通道的图像后，发现某通道（短波红外波段）中该区域的前后变化比较大，其中白色部分的面积有逐步扩增的趋势。由于该通道主要反映了土壤是否经受污染，因此可以推论午夜货车很有可能从工业区运输了废料到该区域倾倒。

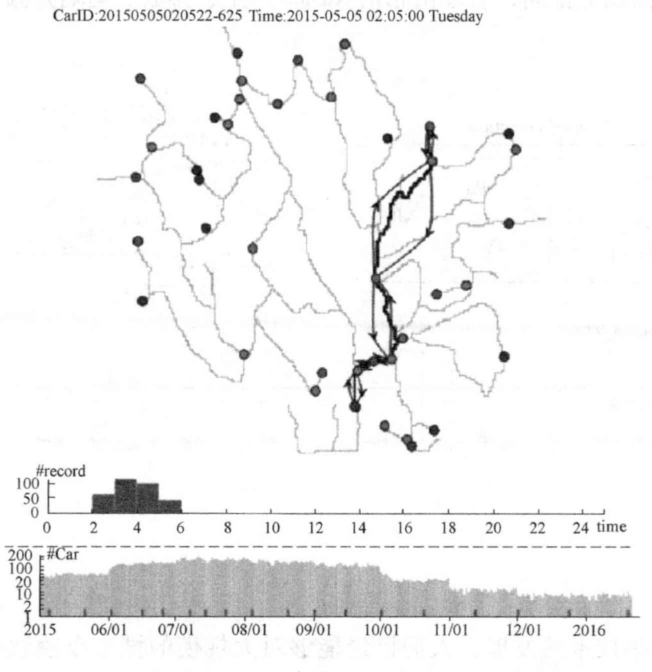

图 5-34　行车路线和出行时间

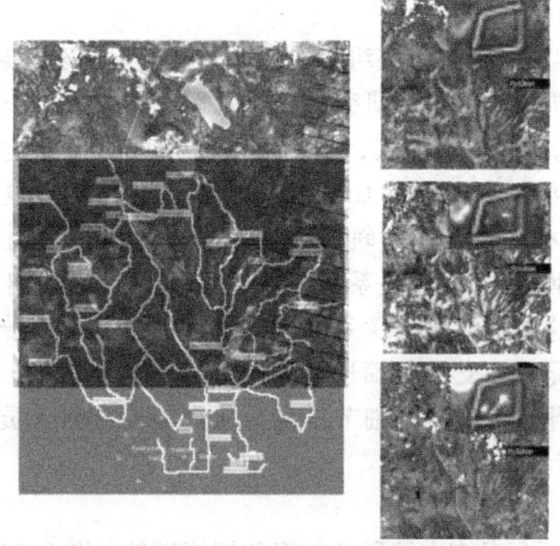

图 5-35　园区路网与卫星地图的匹配

最后，结合环境监测数据，分析工业区的污染物排放情况，能够发掘这些工业废料的源头。结合各个监测器的污染物读数，能够建立起污染水平的等高线图，从而观察污染扩散的方向和趋势，如图 5-36 所示。其中 Methylosmolene，一种危害鸟类健康的化学物质，尤为值得关注。Methylosmolene 的读数有过数次爆发，都基本集中在 S6、S7 两个监测器。在地图上借助风向进行比较，不难发现 S6 上游的 Kasios 很有可能是污染的源头。进一步计算 Kasios 与 S6 的风向相关性，并与污染读数进行对比，发现 Kasios 在每一次污染水平升高的时候均处于监测器的上风位置。根据以上推断，有理由相信 Kasios 产生、排放、运输并倾倒了包含 Methylosmolene 的工业废料。

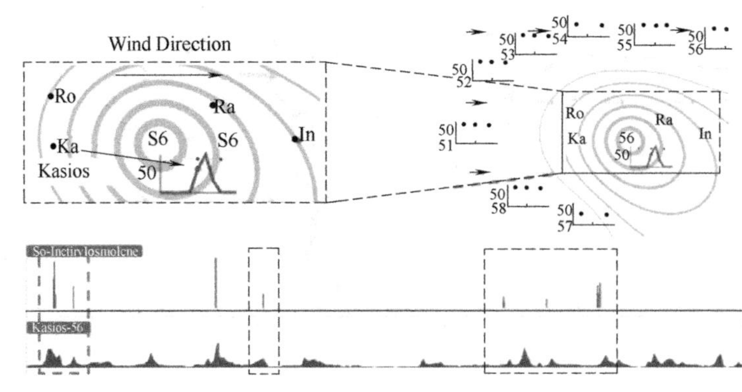

图 5-36　污染水平的等高线图

5.4.2　车辆轨迹数据的可视分析案例

随着利用 GPS 等移动采集技术的发展，人们已经能够对大规模的城市车辆轨迹数据进行采集和存储。交通监控和城市规划等领域需要可视分析这些轨迹数据来了解其潜在的交通行为。针对轨迹数据，可进行交通拥堵的传播行为分析，稀疏采样数据的宏观交通分析以及路口的微观行为分析。

针对交通拥堵现象，北京大学的可视化研究组实现了基于出租车轨迹数据的交通拥堵可视分析系统[30]。已有的可视分析工作独立地研究过每条道路上的拥堵状况，而该方法可以将不同的拥堵事件组织成拥堵传播图的形式，从而支持分析人员研究这些拥堵事件之间的相互影响关系。该方法主要基于出租车 GPS 数据。首先进行轨迹数据清理和路网绑定，利用一系列自动分析技术，从大量的轨迹数据中自动提取城市道路上的拥堵事件。然后，根据这些事件在路网上的传播关系等时空关联信息，推断出交通拥堵传播图。接着，该方法通过可视化这些拥堵传播关系在多个维度的分布，向分析人员展示整个城市在一段时间内的拥堵状况，并支持其筛选得到感兴趣的拥堵传播。此外，该方法还可以在多个层次展示一次交通拥堵传播的细节信息，从而辅助分析人员评价和解释其拥堵模式。

1. 路段分析

可以利用道路状态像素图来查看每条有向路段的速度和拥堵事件。图 5-37 展示了北京市几条有代表性的有向路段，不同的道路拥有不同的拥堵模式。可以看到，对于大多数的道路，交通流从早上 6 点开始出现。工作日的早晚高峰经常拥堵，而周末交通状况明显更好。图 5-37a 所示的就是这样一条道路，它在早上市民上班和晚上市民下班的时候拥堵。有些道路会受到周围单位的显著影响，如图 5-37b 所示道路会受到周边小学的影响，主要表现为上学和放学的时候拥堵。图 5-37c 和图 5-37d 是同一条道路的不同方向，但拥堵模式差别显著。一条是进城方向的道路，只在早上拥堵；另一条是出城方向的道路，只在晚上拥堵。图 5-37e 是另一个周围单位影响交通的例子，其中的道路只在附近展览馆举办展览的时候拥

堵。图 5-37f 中的机场高速大部分时候畅通，但偶尔会因为一些事故拥堵。图 5-37g 所示道路周边区域有大量的酒吧，夜生活丰富，因此主要在晚上拥堵。

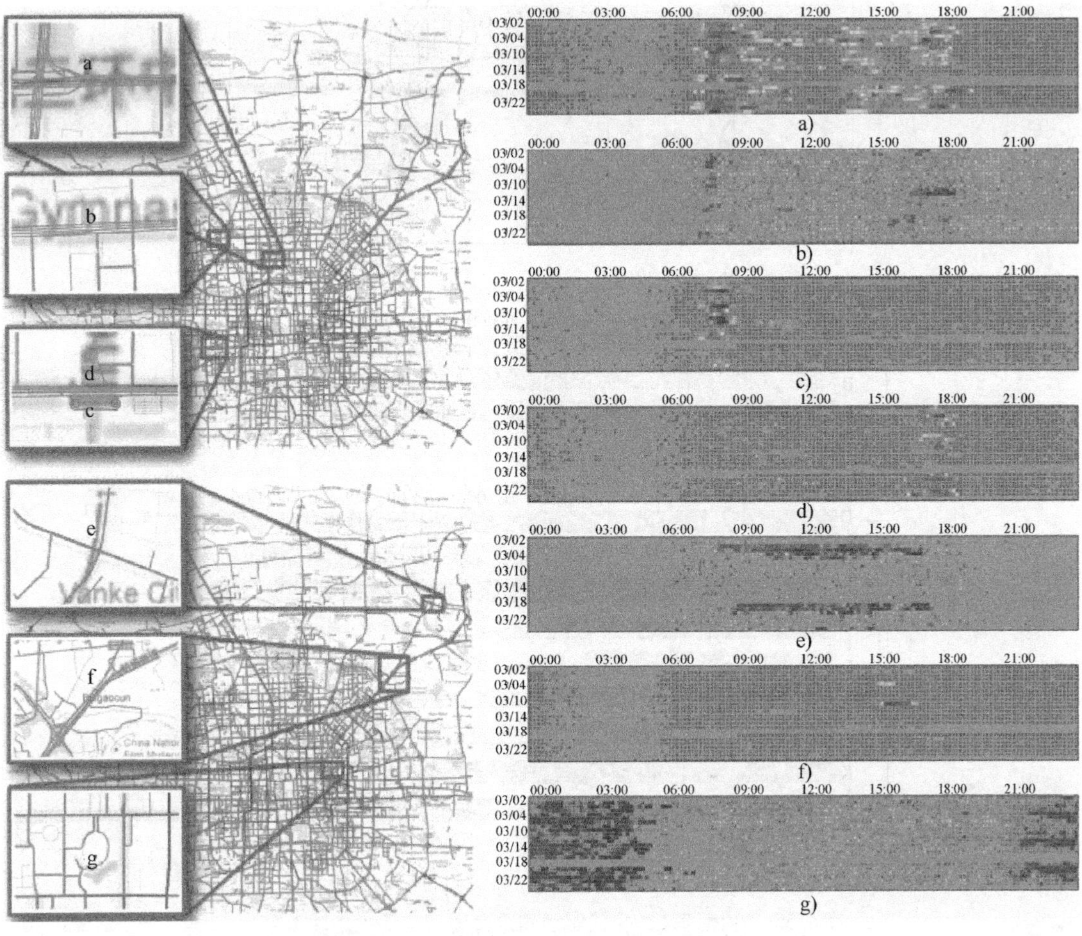

图 5-37　北京一些道路的典型拥堵模式分析

2. 拥堵传播图分析

可以通过多个可视化视图对拥堵传播图进行筛选，得到一些有代表性的拥堵传播图。利用传播路径图和道路状态像素图进一步研究这些传播图的细节信息。图 5-38 给出了交通拥堵的传播路径图及关键有向路段的速度变化，其中图 5-38a 和图 5-38b 显示了两个拥堵传播图，而图 5-38c 和图 5-38d 显示了它们的传播路径上一些有向路段的速度变化模式。在图 5-38a 中，可以看到有向路段 A 最先拥堵，并且在经过一些延迟后传播到了有向路段 B 和 C。B 和 C 几乎是同时开始拥堵的。图 5-38b 中的情况更加复杂。它有两个拥堵源头：有向路段 D 和 H。首先 H 发生了拥堵，接着 I、J、K 依次拥堵。当 D 拥堵之后，E 跟着拥堵，F 也同时拥堵。一

且 H 上的交通状态恢复正常，I 和 K 也恢复正常。E 却一直持续拥堵，直到 D 上的拥堵消除。

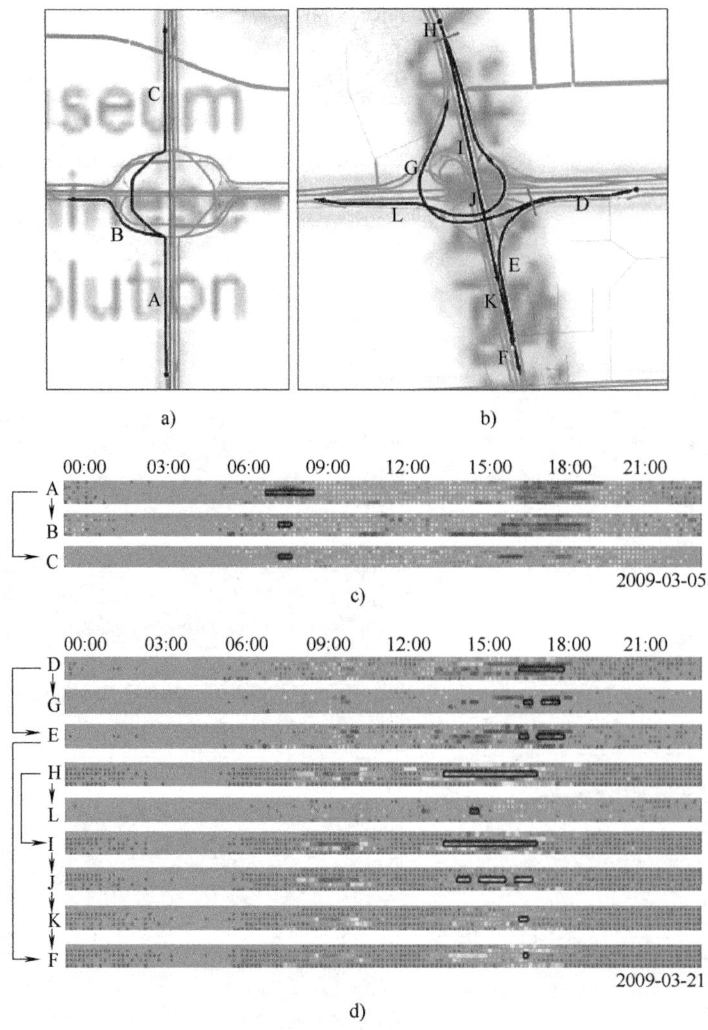

图 5-38　交通拥堵的传播路径图及关键有向路段的速度变化

3. 拥堵传播图比较

用户可以比较同一个地点不同时间的拥堵传播图。图 5-39 给出了万泉河桥区域拥堵传播图。除了 3 月 18 日数据缺失之外，拥堵的出现表现出了强烈的时间周期性。每个工作日，从早上 7 点到 10 点，道路基本都会拥堵，而周末的上午很少拥堵。大部分的拥堵源自中关村科技园，那里有许多科技公司。尽管拥堵路径存在一些细节上的差别，但大体形状相当一致：从东到西再到南。

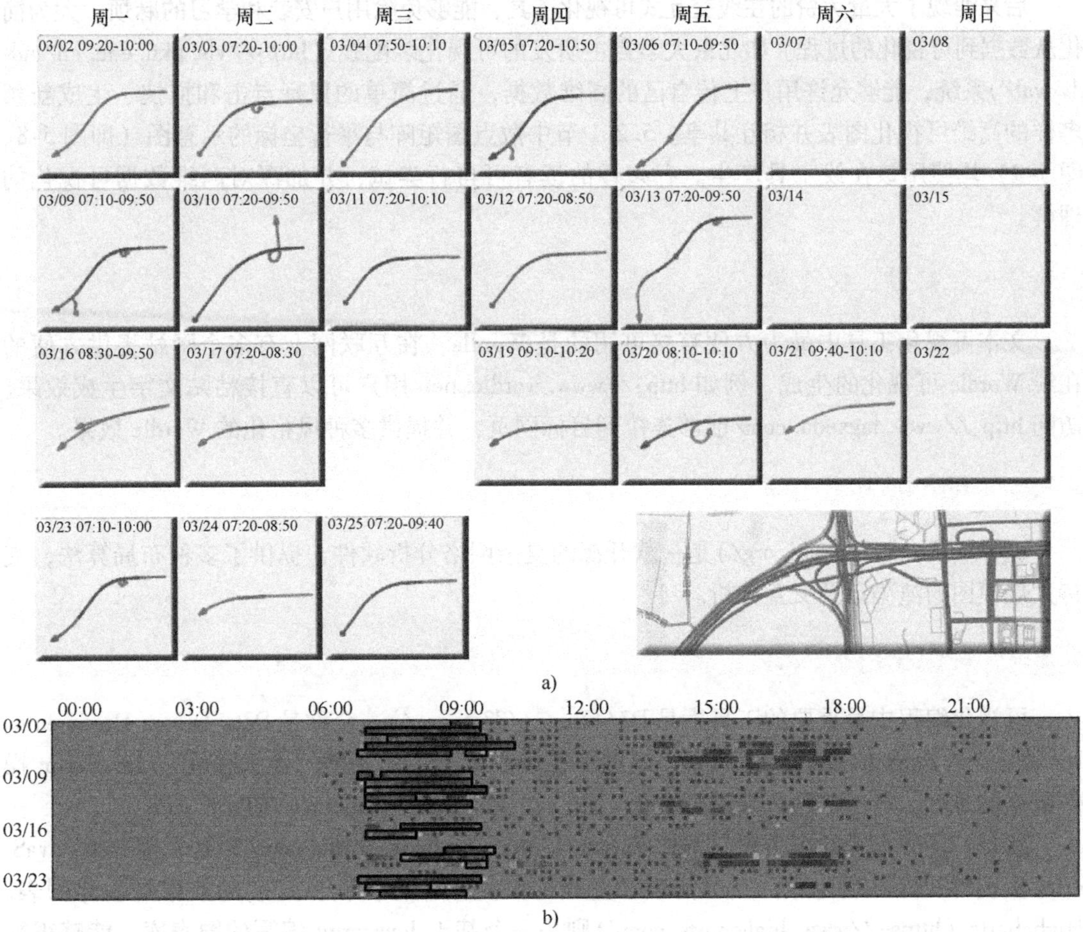

a)

b)

图 5-39　万泉河桥区域拥堵传播图

5.5 可视化工具和软件

5.5.1　高维数据可视化工具

高维数据可视化工具应用广泛、发展也较早。早期的软件如 Polaris[6] 主要用于配合数据库查询、帮助用户展现传统表格型数据。用户通过简单的图形界面交互，即可创造如平行坐标、柱状图等多种可视化形式。后来 Polaris 进一步拓展，容纳了更为丰富的可视化形式和交互方式，成为赫赫有名的可视化工具 Tableau（https://www.tableau.com/）。Tableau 迄今为止仍是功能最强大、应用最广泛的可视化工具之一。但其中功能繁多、需要用户进行一定的学习与训练。

后来涌现了大量免费的在线交互式可视化工具，能够免除用户安装和学习的麻烦，大为简化从数据到可视化的过程。如北京大学自主研发的可视化装配线（http://vis.pku.edu.cn/mddv/val/）系统，能够允许用户上传自己的高维数据，通过简单的鼠标点击和拖拽、生成新颖多样的高维可视化图表并相互共享。5.2.1 节中散点图矩阵与平行坐标的示意图（即图 5-8、图 5-9）均使用该在线工具产生。有兴趣的读者可自行尝试，并加深对高维数据可视化的理解。

5.5.2　文本可视化工具

文本可视化工具中最为方便直接可用的是 Wordle，在互联网上有多个网站提供方便的在线 Wordle 可视化的生成，例如 http://www.wordle.net/用户可以直接粘贴文字生成效果。访问 http://www.tagxedo.com/能够连接到目标网页，并提供多种风格化的 Wordle 效果。

5.5.3　网络可视化工具

Gephi（https://gephi.org/）是一款开源的复杂网络分析软件，提供了多种布局算法，支持大规模图的渲染以及交互分析。

5.5.4　可视化编程工具

可视化编程中最重要的工具库是 D3(https://d3js.org/)，全称是 Data-Driven Documents。D3 是一个开源的 JavaScript 函数库，提供了各种简单易用的函数，大大简化了 JavaScript 操作数据的难度。对于非网页端的可视化工作，往往需要用到 OpenGL 等图形 API。

此外，还有大量的图表库，例如 Echart（http://echarts.baidu.com/）是百度开发 JavaScript 实现的开源可视化库，底层依赖轻量级的矢量图形库，提供定制的数据可视化图表。Highcharts（https://www.highcharts.com/）则是一个基于 Javascript 编写的图表库，能够很简单便捷地在 Web 网站或是 Web 应用程序中添加交互性的图表。Highcharts 支持的图表类型有直线图、曲线图、区域图、柱状图、饼状图、散状点图、仪表图、气泡图、瀑布流图等多达 20 种。

习　题

5.1　描述数据可视化和可视分析的主要模型。

5.2　列举高维数据可视化的主要方法，并比较它们的优缺点和使用数据大小范围。

5.3　讨论层次结构数据可视化中显式和隐式方法的区别。

5.4　讨论在北京、上海这样的大城市，每天产生大量的数据可以怎样利用，以及发展什么样的可视化方法，可以支持对于城市大数据的分析和探索。

参考文献及扩展阅读资料

[1] Daniel K, Gennady A, Jean D F, et al. Visual Analytics: Definition, Process, and Challenges [J]. Information Visualization, 2008, 154-175.

[2] Card S K, Mackinlay J D, Shneiderman B. Readings in information visualization: using vision to think [J]. Morgan Kaufmann Publishers, 1999: 647-650.

[3] Alfred, Bernard D. Parallel Coordinates for visualizing multi-dimensional geometry [J]. Computer Graphics, 1987: 25-44.

[4] Tzay Y Y. Handbook of pattern recognition and image processing [J]. Computer Vision, 1994, 2: 129-136.

[5] Laurens M, Geoffrey H. Visualizing Data Using t-SNE [J]. Journal of Machine Learning research, 2008, 9 (11): 2579-2605.

[6] Stolte C, Tang D, Hanrahan P. Polaris: A System for Query, Analysis, and Visualization of Multidimensional Relational Databases [J]. IEEE Trans actions on Visualization and Computer Graphics, 2002, 8 (1): 52-65, 2002.

[7] Yifan H, Yehuda K. Extending the Spring-Electrical Model to Overcome Warping Effects [C]. Proceeding of IEEE Pacific Visualization Symposium, Beijing, China, 2009.

[8] Schulz H J. Treevis. net: A tree visualization reference [J]. IEEE Computer Graphics and Applications, 2011, 31 (6): 11-15.

[9] Reingold E M, Tilford J S. Tidier Drawings of Trees [J]. IEEE Transactions on Software Engineering, 1981, 7 (2): 223-228.

[10] Peter E. A Heuristic for Graph Drawing [J]. Congressus Numerantium, 1984, 42, 149-160.

[11] Yifan Hu. Efficient and High Quality Force-Directed Graph Drawing [J]. Mathematica Journal, 2005 (10): 37-71.

[12] Arlind N, Mark O, Ulrik B. Adaptive Disentanglement Based on Local Clustering in Small-World Network Visualization [J]. IEEE Computer Society, 2016, 22 (6): 1662-1671.

[13] Matthew V Z, Valeriu C, Alexandru T. CUBu: Universal Real-time Bundling for Large Graphs [J]. IEEE Computer Society, 2016, 22 (12): 2550-2563.

[14] Zuchao W, Xiaoru Y. Visual Analysis of Trajectory Data [J]. Journal of Computer-Aided Design & Computer Graphics, 2005, 27 (1): 9-25.

[15] Eccles R, Kapler T, Harper R, et al. Stories in GeoTime [J]. 2007 IEEE Symposium on Visual Analytics Science and Technology, 2007: 19-26.

[16] Willems N, Wetering H, Wijk J J. Visualization of vessel movements [J]. Computer Graphics Forum, 2009, 28 (3): 959-966.

[17] Andrienko G, Andrienko N. Spatiotemporal aggregation for visual analysis of movements [C]. Proceedings of IEEE Symposium on Visual Analytics Science and Technology. Los Alamitos: IEEE Computer Society Press, 2008: 51-58.

[18] Fernanda B V, Martin W, Jonathan F. Participatory visualization with Wordle [J]. IEEE Transactions on Visualization and Computer Graphics, 2009, 15 (6): 1137-1144.

[19] Susan H, Elizabeth H, Paul W, et al. Themeriver: Visualizing thematic changes in large document collections [J]. IEEE Transactions on Visualization and Computer Graphics, 2002, 8 (1): 9-20.

[20] Munzer T. Visualization Analysis and Design [M]. Florida: CRC Press, 2014.

[21] Kwan L M. In Situ Visualization at Extreme Scale: Challenges and Opportunities [J]. IEEE Computer Graphics and Applications, 2009, 29 (6): 14-19.

[22] Chen C M, Xu L, Lee T Y, et al. A flow-guided file layout for out-of-core streamline computation [J]. Proceedings of IEEE Pacific Visualization Symposium 2012, 2012: 145-152.

[23] Zhang J, Guo H, Yuan X. Efficient Unsteady Flow Visualization with High-Order Access Dependencies [J]. Proceedings of IEEE Pacific Visualization Symposium 2016, 2016: 80-87.

[24] Zhang J, Guo H, Hong F, et al. Dynamic Load Balancing Based on Constrained K-D Tree Decomposition for Parallel Particle Tracing [J]. IEEE Transactions on Visualization and Computer Graphics, 2018, 24 (1): 954-963.

[25] Lins L, Klosowski J T, Scheidegger C. Nanocubes for Real-Time Exploration of Spatiotemporal Datasets [J]. IEEE Transactions on Visualization and Computer Graphics, 2008, 19 (12): 2456-2465.

[26] Liu Z, Jiang B, Heer J. imMens: Real-time Visual Querying of Big Data [J]. Computer Graphics Forum, 2008, 32: 421-430.

[27] Miranda F, Lins L, Klosowski J T, et al. TOPKUBE: A Rank-Aware Data Cube for Real-Time Exploration of Spatiotemporal Data [J]. IEEE Transactions on Visualization and Computer Graphics, 2008, 24 (3): 1394-1407.

[28] Ben S. The Eyes Have It: A Task by Data Type Taxonomy for Information Visualizations [J]. Proceedings of the IEEE Symposium on Visual Languages, 1996: 336-343.

[29] Furnas G W. Generalized fisheye views [J]. CHI, 1986: 16-23.

[30] Zuchao W, Min L, Xiaoru Y, Junping Z, et al. Visual Traffic Jam Analysis Based on Trajectory Data [J]. IEEE Transactions on Visualization and Computer Graphics, 2013, 19 (12): 2159-2168.

[31] Rao R, Card S K. The table lens: merging graphical and symbolic representations in an interactive focus + context visualization for tabular information [J]. Proceedings of the SIGCHI conference on Human factors in computing systems, 1994: 318-322.

第 6 章　数据安全与隐私保护

☞ 导　读

本章主要阐述大数据在采集、传输、存储、挖掘、分析、处理、交互、共享及服务各环节可能出现的数据安全问题，尤其是在物联网、移动计算、云计算、人工智能及区块链等技术融合的环境下，上下游产业在数据安全管理及隐私保护等方面面临的挑战；介绍覆盖大数据全生命周期的数据安全防护体系，以及支撑该体系的关键技术，包括授权、鉴权、密钥共享、加密、脱敏、抗抵赖等数据安全及隐私保护技术。

☞ 知识点：

知识点 1　数据安全基本概念
知识点 2　数据安全与传统信息安全关系
知识点 3　数据安全威胁和挑战
知识点 4　数据隐私和服务安全关键技术
知识点 5　密码学关键算法
知识点 6　数据交互安全与脱敏

☞ 课程重点：

重点 1　数据生命周期与安全防护
重点 2　数据安全与传统信息安全区别
重点 3　数据脱敏技术实现

☞ 课程难点：

难点 1　大数据环境下的数据完整性、机密性、隐私性的安全保障
难点 2　智能分析挖掘及人工智能技术与隐私保护的协调工作
难点 3　不同应用场景下数据脱敏安全需求及实现方法

6.1 概述

一般说来，数据安全主要包含两个层面：一是数据防护的安全，二是数据内容的安全。

本章主要介绍支撑数据内容安全及隐私保护技术的密码学算法与关键技术，以及覆盖大数据全生命周期的数据安全防护及管理体系。

6.1.1　数据安全与传统信息安全的共异点

从表面看，数据安全与传统信息安全区别不大。数据安全与传统信息安全同样面临病毒、蠕虫、木马等恶意攻击、黑客攻击以及软件漏洞引起的信息泄漏等共性问题。然而在大数据时代，传统信息安全在丰富的应用场景下，信息安全的原则以及安全需求的内涵得到了展开和引申，数据安全更关注于数据全生命周期的内容安全防护及隐私保护。

传统信息安全主要关注个人电脑、智能终端、网络服务器等用户或系统的安全防护。而在大数据环境下，由于引入了数据服务提供商、云平台、智能互联网数据中心（Internet Data Center，IDC）、虚拟化等新的角色及技术，带来了新的安全隐患以及威胁。政府、企业、用户的数据存储或运行在云平台或智能 IDC 上，数据拥有者无法直接掌控数据的安全性。因此，提供安全管理及防护技术以保证用户数据不被滥用或损坏十分重要。

实体间的数据交互、共享与服务是大数据产业的重要应用，是对传统信息安全的引申。在丰富的应用场景下，为实体间的数据交互及共享提供各种各样的数据安全交互技术及管理措施是数据安全的重要任务，以防止敏感信息泄露以及数据非法滥用等带来的安全威胁与风险。

6.1.2　数据采集及传输中的安全与隐私

一般说来，大数据包括政府及公共大数据、企业大数据以及个人大数据。政府及公共大数据包含的敏感信息一旦被滥用将成为影响社会稳定的安全隐患；企业大数据包含的敏感信息如果被滥用将带来商业利益的冲突及纠纷；个人大数据囊括了个人敏感信息以及各种行为的细节记录，被非法使用将成为侵犯个人隐私和私人财产甚至危及人身安全的隐患。这些大数据在采集、传输、存储、挖掘、分析、处理、交互、服务各环节都可能出现数据安全问题。

1. 政府及公共大数据

政府及公共大数据是政府所拥有和管理的数据，如公安、交通、医疗、卫生、就业、社保、地理、文化、教育、科技、环境、金融、统计、气象等数据；也包括因管理服务需求而采集的外部大数据，如互联网舆论数据等，一般可分为五类：

1）拥有政府资源权利才有可能采集的数据：如税收类、财政类等数据。

2）利用政府资源权限才有可能汇总或获取的数据，如：建设类、农业类、工业类等数据。

3）事业单位产生的数据，如：城市建筑管理、交通设施管理、医院信息系统（Hospital Information System，HIS）管理、教育资源及管理等数据。

4）政府监管职责所拥有的数据，如：人口普查、食品药品管理等数据。

5）政府部门提供服务的数据，如：社保、水电、教育信息、医疗信息、交通路况、公安等数据。

这些数据的采集通常是由相关政府下属机构或事业单位通过网络与政府信息中进行交互传送，或直接存放在分支机构中。一方面，这些机构及单位的分散性以及与政府信息中心管

理方法的不一致性，有可能出现交互及管理漏洞；另一方面，内部人员或机器直接接触到数据也直接影响数据的机密性，这些政府及公共大数据可能携带与社会及国家机器相关的敏感信息，如果被非法使用或泄露将影响国家信息安全，并成为影响社会稳定的安全隐患。

2. 企业大数据

企业大数据的采集方法种类很多，一般包括以下几种。

（1）工业远程数据采集

在工业生产设备中，利用计算机固定终端或移动端实时、高效地进行数据采集及录入，可同时解决设备远程监控、调试运维问题。然而，远程采集及接入也带来了互联网、无线网络和移动网络等网络安全问题以及工业生产自身特殊的安全管控问题。例如，在智能制造环境下的工控系统中，引入工业大数据采集及控制模块，若没有进行有效的网络信息安全及数据安全防护措施，工业网络 IP 化就为非法入侵提供了攻击途径，增加了工控系统遭受网络非法入侵和恶意攻击的风险。

（2）基于物联网的大数据采集

物联网（Internet of Things，IoT）是实现物物相连的一种新的网络连接形态，是现代电子信息技术和网络技术深度融合发展的产物。通过 IoT 前端感知设备，采集监测物体的动态信息，实现物理世界与信息世界的无缝衔接，为各行各业提供新的应用模式，是实施智慧城市及智能生产的重要环节。然而 IoT 网络上的数据采集也面临一些安全挑战，智能传感监测节点和直接控制 IoT 网络的各种设备以及多源异构数据的实时采集，数据间都可能存在频繁的交互与协同工作，具有强冗余性和互补性。然而，采集点同时又是一个黑客可能入侵的场所，IoT 感知设备不仅能方便地被物体拥有者所感知，同时也不难被其他人或设备感知捕获。攻击方可以通过采集点向 IoT 设备发动分布式拒绝服务（Distributed Denial of Service，DDoS）攻击或其他恶意攻击，劫持甚至摧毁连上网络的感知设备，如网络摄影机、监测和报警、智能生产设备等。而且，由于各行各业、社会组织间数据的频繁交互，任何一家企业数据发生泄漏，随时可能危及其他组织或整个行业。IoT 数据采集的时效、交互及安全特性关系整个信息系统的安全性，重要性不言而喻。

（3）行业大数据采集

行业数据的采集通常包括企业内部数据的采集以及企业间互操作产生数据的交互采集。企业内部的数据采集一般在企业内网中完成，安全的威胁主要由内网的安全技术及管理的漏洞产生，如权限管理漏洞等。企业间互操作的交互数据采集，如果在专网或公网上通过建立基于 Web Service 的数据采集系统进行，利用现有的安全套接层（Secure Sockets Layer，SSL）和基于安全套接层的超文本传输协议（Hyper Text Transfer Protocol over Secure Socket Layer，HTTPS）可获得链接安全，保证数据传输的安全性，但并没有提供对敏感数据的脱敏防护。

3. 个人大数据

个人大数据通常是通过用户客户端与服务端之间的交互来完成。最常见的方法是通过客户端进行数据采集。通常利用安卓、iOS 或 Windows 的用户客户端进行用户应用及行为数据的采集，然后发送给服务端，再进行存储和分析，如图 6-1 所示。采用这种方式的数据采集可能带来个人隐私泄露等数据安全问题，主要包括以下三点。

（1）数据的隐私性问题

如果不采用任何安全保护措施数据在传输过程中可能会被截获，导致用户隐私泄露；另一方面，一些客户端应用程序（如APP）下载安装时便默认设置可获得用户隐私的权限，或被入侵的木马更改权限。例如，通过基于位置服务（Location Based Services，LBS），每个人的地理位置、去过哪些地方，都会被详细记录和收集下来。因此，如果用户不做设置或不更改应用程序的访问权限，就会造成隐私泄露或被劫持控制。

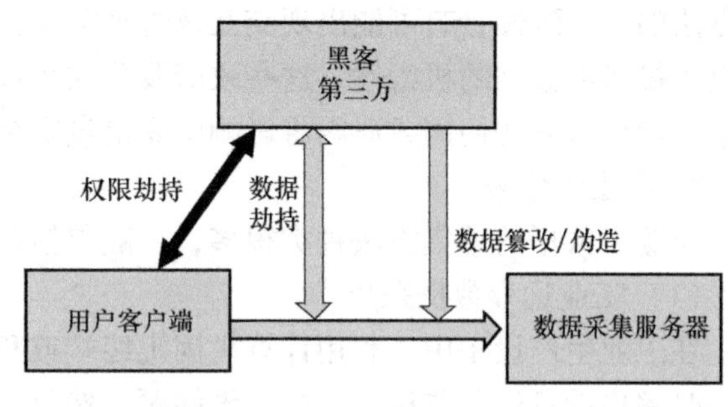

图6-1　数据采集及传输中可能带来的安全与隐私问题

（2）数据的可信性问题

数据在传输过程中也可能被黑客或恶意第三方劫持及伪造，这种伪造可能是直接利用传输中的API，也可能是模拟APP或木马，篡改或伪造数据，影响数据的真实性。

（3）数据的完整性问题

采用客户端采集数据时，为了保证尽量不影响用户的体验，一般在本地终端先进行缓存，然后再打包压缩并通过公网进行传输。如果客户端承载的网络因某种原因传输不成功，则数据会累积在本地缓存中。受缓存空间的限额，或在数据全部发送过程中，客户端被中断，都可能出现部分数据丢失，影响数据采集的完整及时效性，导致采集的数据缺少准确性。

6.1.3　数据存储的安全与隐私

大数据可通过云计算平台存储在云端，在基于云计算的大数据存储架构中，数据安全是云存储安全的一个重要问题。用户数据存储在云端可能出现被窃取、丢失等现象，导致信息泄露，将给企业和用户带来不同程度的经济损失。一般来说，基于云计算的云端数据存储方法，如果采取数据托管的应用模式，也就是说，将数据托管在网络营运商等商业机构提供的云服务器中，采用云端安全接入技术，用户通过有效的账户名和密码可对数据进行访问，根据其权限进行存取等操作，但仍可能存在风险。数据存储的安全与隐私如图6-2所示。

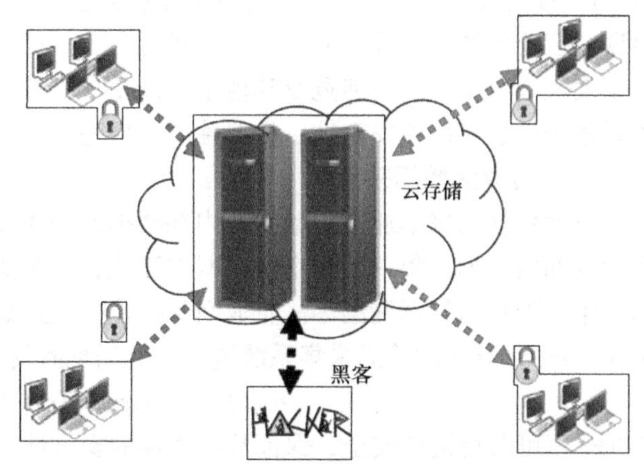

图6-2　数据存储的安全与隐私

1）如果用户的文档不进行加密存储，也就是说，以明文形式存于云端服务器，一旦云端服务器在技术或管理上存在安全漏洞，用户的数据就存在被非法阅读、窃取、篡改及伪造的风险。

2）用户的文档存放在云服务器中，云服务提供商的业务转型、云服务器的可靠性问题，或缺少容灾备份功能，都可能造成数据损坏丢失的风险。

6.1.4　数据分析挖掘及处理的安全与隐私

在大数据时代，可通过对数据的采集、识别、分析、提取等处理形成有价值的关联信息及知识，该过程涉及数据智能分析技术。人工智能技术的发展，使得数据智能分析挖掘及处理能力变得越来越强大，许多看似不相关的数据可被有机地联系起来，形成有价值的关联特征。例如，如果将某人在网上的浏览记录、聊天内容、购物过程、好友群和其他记录数据关联在一起，就可分析出其阅读及消费偏好和习惯，商家利用这些关联信息便可预测出其潜在的消费需求，提前为其提供必要的信息、产品或服务。进一步地，如果再将其个人信息以及移动接入网络的信息，包括手机号码、智能终端的硬件标识位置信息关联起来，就能勾画出某人的个人综合信息及行为轨迹，形成其个人画像。然而，这些过程伴随着个人隐私的曝光和泄露，带来一定的安全威胁及风险。值得指出的是，黑客也可同时拥有数据智能分析技术，分析挖掘所需的关联信息，给用户带来安全隐患和威胁。数据分析挖掘及处理的安全与隐私如图 6-3 所示。

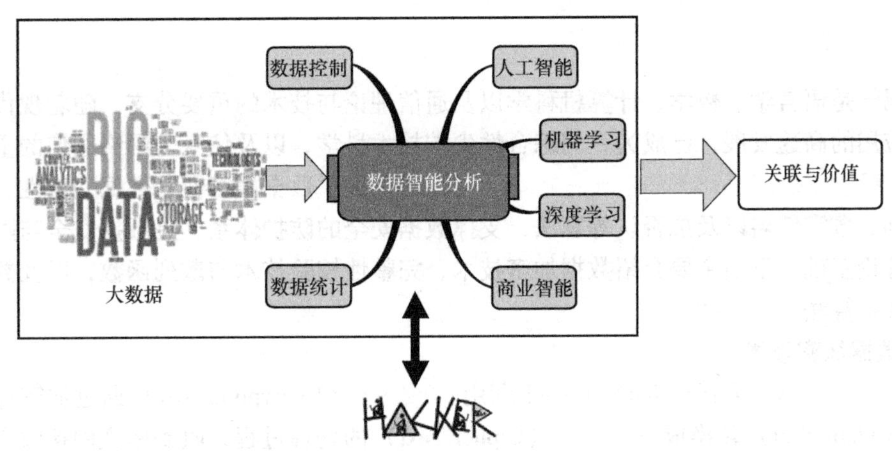

图 6-3　数据分析挖掘及处理的安全与隐私

6.1.5　数据交互、共享与服务的安全与隐私

实体间的数据交互、共享与服务是大数据产业的重要应用，丰富的应用场景数据交互及共享方式。在实际应用中，实体的数据交互及共享流程取决于其应用场景及商业模式，如果没有采取隐私保护措施，将带来敏感信息泄露等安全威胁与风险。图 6-4 给出一种三个实体间的数据交互应用场景。

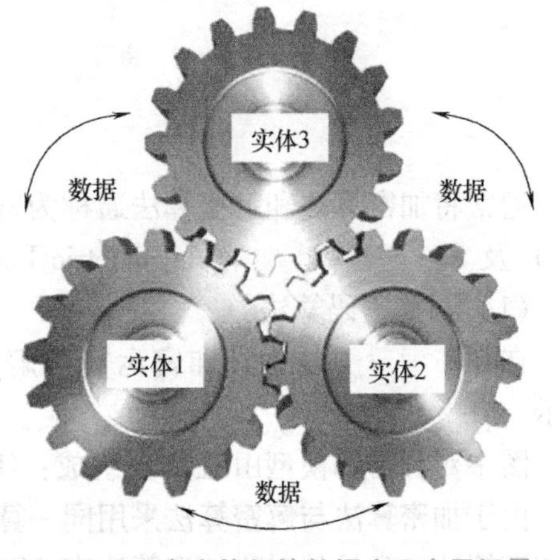

图 6-4　三个实体间的数据交互应用场景

场景 1：实体 1（用户）向实体 2（某企业）订购产品，订购过程需与实体 3（银行）交互，完成支付。如果不进行敏感信息保护，则将造成用户向银行透露了购买产品的具体信

息，用户向企业透露了其银行账户的具体信息。订购产品信息的泄露将导致商业秘密的公开，银行账户的信息泄露将暴露个人的敏感信息。

场景2：实体1、实体2和实体3之间共享数据，由于需求不同，实体1提供给实体2的数据版本及信息与提供给实体3的数据版本及信息不完全相同，如果不进行数据脱敏保护以及权限控制，汇总实体2和实体3得到的数据和信息，实体1的数据及信息就可能全面泄露，分别影响实体1与实体2以及实体1与实体3间的商业合约及承诺的实施。

6.2 数据安全及隐私保护支撑技术

本节主要讲述支撑数据全生命周期安全防护的基本理论及常用技术，重点介绍密码学基础及关键技术，公钥基础设施（Public Key Infrastructure，PKI）和授权管理基础设施（Privilege Management Infrastructure，PMI）协同工作的原理与实现，以及安全授权、鉴权、密钥共享、加密、脱敏、抗抵赖等安全服务的技术和方案。

6.2.1 密码学基础及关键技术

密码学是语言学、数学、计算机科学以及通信理论与技术的重要分支，随着现代信息技术及其应用的高速发展，已成为一门综合性尖端技术科学，以及信息与网络通信的重要支撑技术。密码学由密码编码学和密码分析学构成，通过提供数据机密性、数据完整性、身份与属性鉴别、数字签名以及抗否认等算法，支撑数据安全的防护体系，是数据安全与隐私保护的核心理论基础。下面主要介绍数据加密技术、完整性校验技术与散列函数，以及数字签名技术的关键算法。

1. 数据加密技术

数据加密（Data Encryption）是一个利用加密密钥（Encryption Key）通过加密算法将明文信息（Plain Text）转换成密文信息（Cipher Text）的处理过程，收到密文的接收方利用解密密钥（Decryption Key）通过解密算法还原成明文。加密技术是网络与信息安全的基础。在密码学中，加密与解密的过程如图6-5所示。

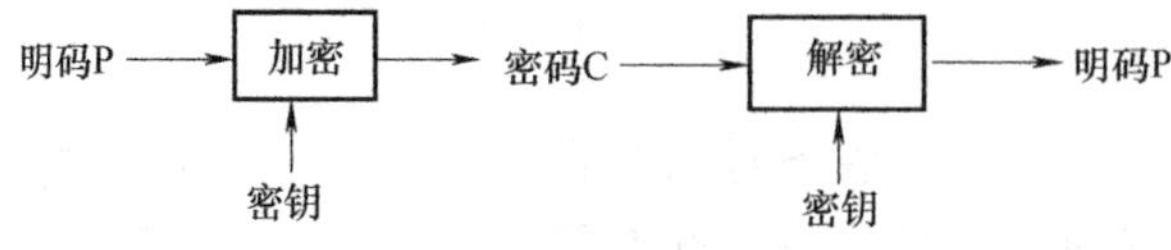

图6-5　加密与解密过程

通常将加密算法和解密算法通称为密码算法，并分为对称密码算法（Symmetric Encryption）及非对称密码算法（Asymmetric Encryption）两大类。

（1）对称密码算法

在对称密码算法中，加密运算与解密运算使用同一把密钥，对称密码模型如图6-6所示。

图中对称密码模型由五部分组成：①明文、②加密算法、③密钥、④密文、⑤解密算法。由于加密算法与解密算法采用同一算法，加密密钥与解密密钥为同一把密钥，故称为对称加密算法，常见的对称加密算法有AES、3DES以及国密SM4。

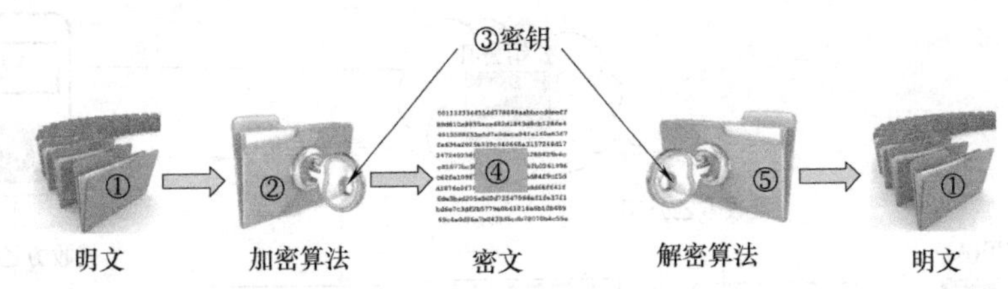

注：③密钥=加密密钥=解密密钥，加密算法②=解密算法⑤

图6-6　对称密码模型

如果用 X 代表明文，Y 代表密文，E 代表加密算法，D 代表解密算法，K 代表密钥，则加、解密过程可用下列公式描述：

$$Y = E_K(X) \tag{6-1}$$

$$X = D_K(Y) \tag{6-2}$$

对称密码算法的优点是加密和解密速度快，适用于直接对大量数据进行加密。其保密性主要取决于密钥的安全性，发送及接收双方需事先约定共有密钥。如何在公开及分布的计算机网络上安全、大量产生、保管以及分发密钥是一个挑战，且由于对称密码算法中双方使用相同密钥，因此无法实现数据签名和不可否认性等功能。

（2）非对称密码算法

非对称密码算法与对称密码算法不同，它具有两把不同密钥，一把称为公钥（Public Key），另一把称为私钥（Private Key）。两把相关的密钥形成一对密钥，根据应用需要，任何一把都可以用于加密，而另外一把则用于解密。非对称密码算法的特点是用公钥加密的文件只能用私钥解密，而用私钥加密的文件只能用公钥解密。公钥是公开存放的，所有的人或实体都可得到它；私钥是私有的，不应被其他人或实体获得，且需保持机密性。非对称密码算法又称为公钥密码算法（Public Key Encryption），图 6-7 给出了非对称密码模型。

非对称密码模型包括：明文、加密算法、公钥、私钥、密文、解密算法。常见的非对称加密算法有 RSA、ECC 以及国密 SM2。

对于信息保密安全应用，可采用图 6-7a 给出的保密模型，其工作过程是：假设接收方乙（B）具有 $\{PU_B, PR_B\}$ 密钥对，PU_B 为 B 的公钥，并将其公开，PR_B 为其对应私钥。若发送方甲（A）想发消息给 B，则 A 用 B 的公钥 PU_B 对消息 M 进行加密，由于只有 B 拥有私 PR_B，故只有 B 才能对收到的密文 C 进行解密得到原消息，其他任何接收方均不可能解密消息。该过程可描述如下：

$$C = E(PU_B, M) \tag{6-3}$$

$$M = D(PR_B, C) \tag{6-4}$$

式中，PU_B、PR_B 分别为 B 的公钥及私钥；C 为密文；M 为原文。

对于信息鉴别安全应用，可采用图 6-7b 给出的鉴别模型，其工作过程是：假设发送方甲（A）具有 $\{PU_A, PR_A\}$ 密钥对，PU_A 为 A 的公钥，并将其公开，PR_A 为其对应私钥，若 A 想发消息给接收方乙（B），则 A 用自身的私钥 PR_A 对消息 M 进行加密，B 只有用 A 的公钥 PU_A 才能对消息进行解密得到原消息。该过程可描述如下：

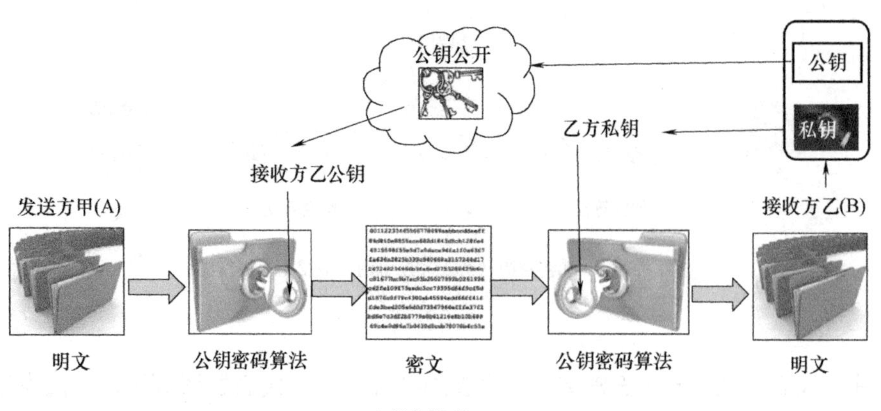

a) 保密模型

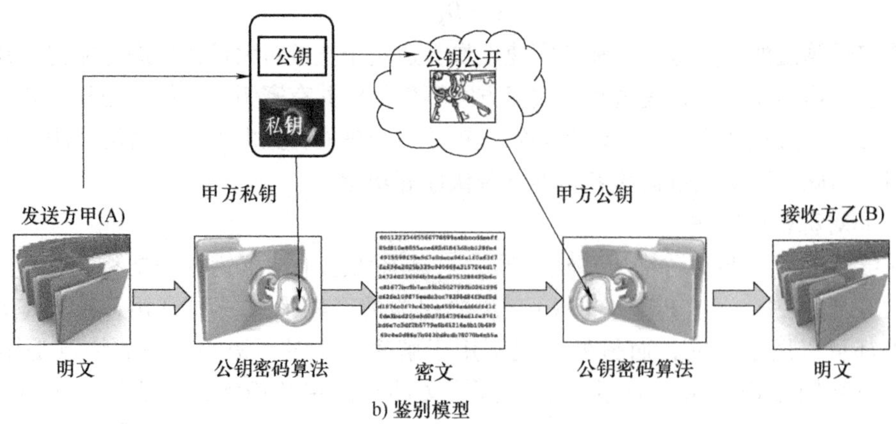

b) 鉴别模型

图 6-7 非对称密码模型

$$C = E(PR_A, M) \tag{6-5}$$

$$M = D(PU_A, C) \tag{6-6}$$

式中，PU_A、PR_A 分别为 A 的公钥及私钥；C 为密文；M 为原文。

值得注意的是，所有实体只要能获得 A 已公开的公钥 PU_A，都能对密文 C 进行解密得到原消息 M，因此该模型只用于鉴别数据来源于 A，即验证了该消息由 A 签发，但并没有对该消息进行保密。

为了同时提供消息的保密性并鉴别该消息的确是由 A 发出的，则 A 需先用的自身的私钥对消息进行加密形成“签名”消息，然后再用 B 的公钥对形成的“签名”消息进行加密得到最终密文，将最终密文发给 B，B 收到该密文后，用 B 自身的私钥解密出“签名”消息，再用 A 的公钥解密得到原消息，鉴别该消息的确是由来源于 A，如图 6-8 所示，其代价是要执行四次公钥密码算法。

2. 完整性校验技术与散列算法

数据完整性是用于评测数据在存储、传输、交互以及分享等各环节中，数据是否部分损坏、丢失或被篡改，目的是确保数据在整个生命周期各环节中的一致性。完整性校验技术是网络通信的重要支撑技术，更是数字签名及区块链的核心算法基础。

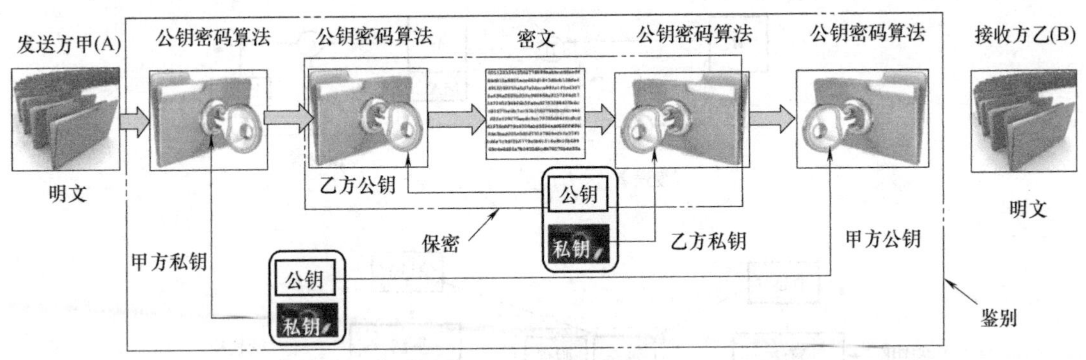

图 6-8　具有保密和鉴别功能的公开密码模型

消息摘要（Message Digest）算法也称为数字摘要（Digital Digest）算法，它是一种把任意长度的输入消息串变化成固定长度的输出串的函数，是一个单向函数。消息的转化是一个不可逆的过程。消息摘要算法模型如图 6-9 所示，它可以带有密钥，也可以不带密钥，是消息完整性检验的核心。

一般完整性校验机制通过消息鉴别机理来实现。而消息鉴别可利用带密钥消息摘要算法形成消息鉴别码（Message Authentication Code，MAC），或利用不带密钥的散列函数（Hash Function，俗称哈希函数）形成散列码对消息进行完整性检验。

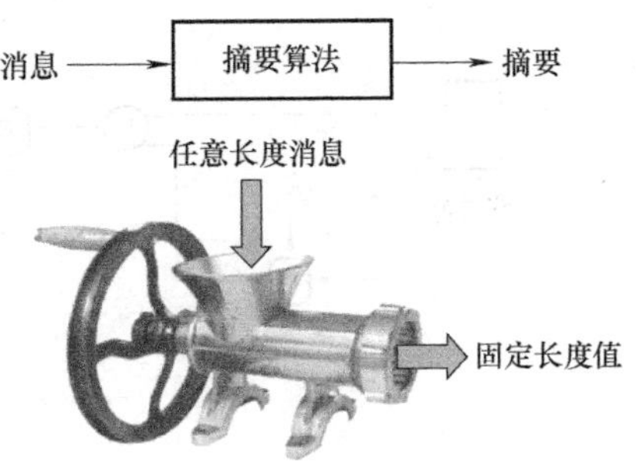

图 6-9　消息摘要算法模型

（1）消息鉴别码（MAC）

MAC 也称密码校验和（Cryptographic Checksum），是一种带密钥的消息摘要算法。图 6-10 给出 MAC 的一般鉴别模型，其鉴别原理是，通过消息摘要算法和密钥 K 将要传送的消息转化为一个固定长度的 MAC，将该 MAC 作为鉴别标识加入到要传送的消息中，接收方利用与发送方共享的密钥 K 以及约定的同一消息摘要算法对收到的消息 M 在本地产生一个 MAC，将其与收到的 MAC 进行比对，如果它们相同，可认为收到的消息在传输过程中没有被篡改，从而鉴别了消息的完整性，否则认为收到的消息不完整或被篡改过。

特别指出的是，MAC 仅用于鉴别消息 M 的完整性及可靠性，即保证消息没有被篡改，不是虚假或伪造的消息，但并不保证 M 被传输的保密性。由于 MAC 函数是单向函数，因此对 M 进行摘要计算的代价远比使用对称密码算法或公钥密码算法进行加密和解密的代价要小得多。图 6-11 给出了加密及鉴别模型。如果要保持传输的保密性，可以采用另一共享密钥 K_2 进行加密保护，如图 6-11a 所示，加密发生在加 MAC 之后，采用共享密钥 K_2 加密，在传输过程中，以密文形式转送，接收方收到密文后，用共享密钥 K_2 解密，后面完成的任务与图 6-10 完全相同。图 6-11b 所示模型的加密发生在加 MAC 之前，计算 MAC 时用的是密文，在传输过程中，也以密文形式转送，接收方收到密文后，计算 MAC 时也用密文，比较方法相同，如果在传输过程中密文是完整的，则用 K_2 进行解密获取消息明文。这两种方法的代价是增加密码算法，获得消息的保密性。

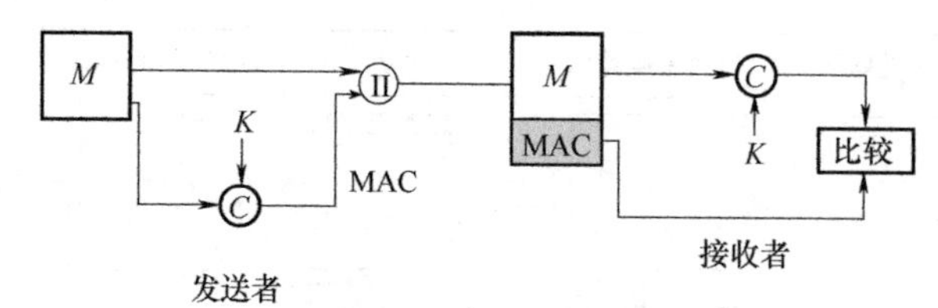

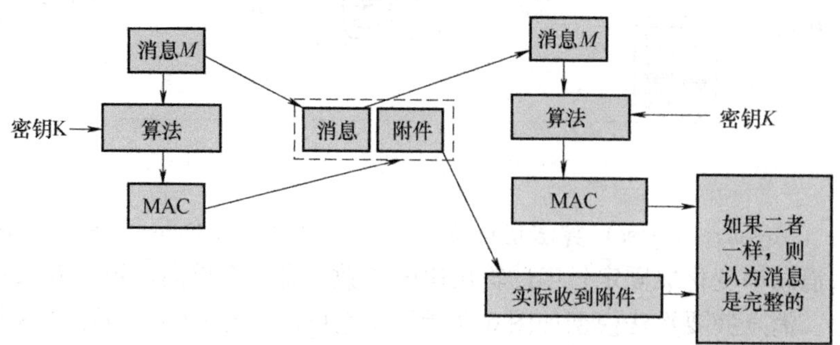

图 6-10　MAC 的一般鉴别模型

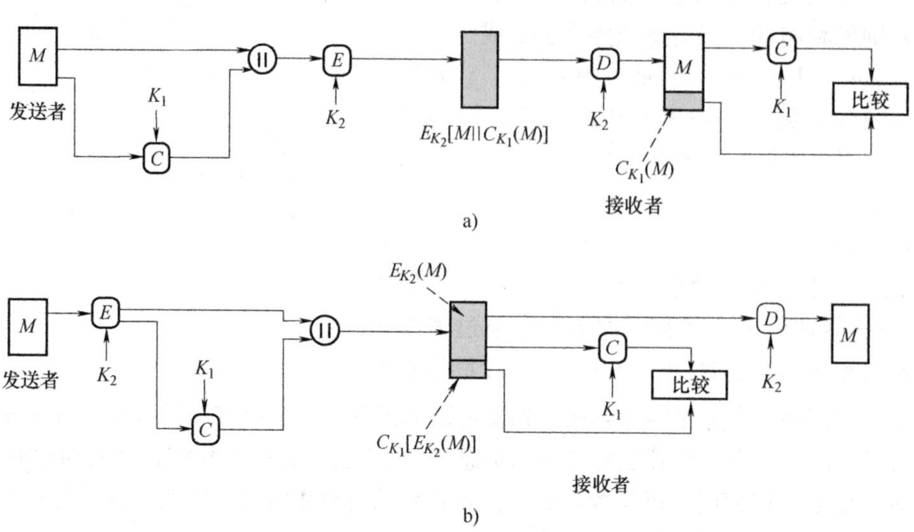

图 6-11　加密及鉴别模型

图 6-11a 所示的密文为

$$C = E_{K_2}[M \| \mathrm{MAC}] \tag{6-7}$$

$$\mathrm{MAC} = C_{K_1}(M) \tag{6-8}$$

图 6-11b 所示的密文为

$$C = E_{K_2}[M] \tag{6-9}$$

$$\mathrm{MAC} = C_{K_1}[E_{K_2}(M)] \tag{6-10}$$

（2）散列函数

散列函数又称杂凑函数或哈希函数，是一种不带密钥的消息摘要算法，它将任意长度的输入变换成固定长度的输出，该输出称为散列值。目前散列函数作为区块链的核心算法得到

广泛应用，为区块链技术提供重要的密码学支撑。该变换是一种压缩映射，也就是说，散列值的空间通常远小于输入的空间，不同的输入可能会散列成相同的输出，产生碰撞，所以从散列值来确定唯一的输入值是不可能的。图6-12给出散列函数校验模型。

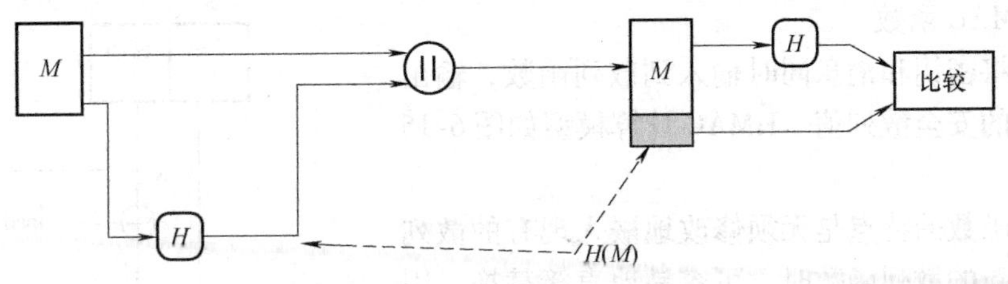

图6-12　散列函数校验模型

同样，散列函数是单向函数，仅用于鉴别消息 M 的完整性及可靠性，即保证消息 M 在传输过程中不被篡改和伪造，但并不保证 M 在传输中的保密性。如果要提供传输的保密性，可以采用另一共享密钥 K 对 M 及 $H(M)$ 进行加密保护，如图6-13所示。在传输过程中，以密文形式转送，接收方收到密文后，用 K 解密获取消息明文，计算 $H(M)$，比较方法与图6-12相同。

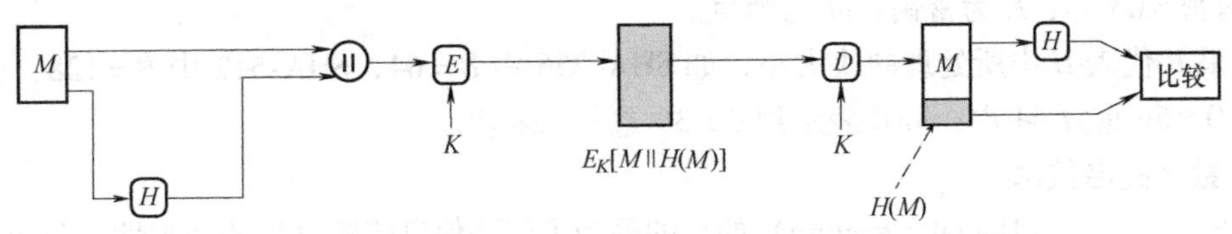

图6-13　散列函数加密及鉴别模型

散列函数的一种重要应用是用于签名校验，其模型如图6-14所示。

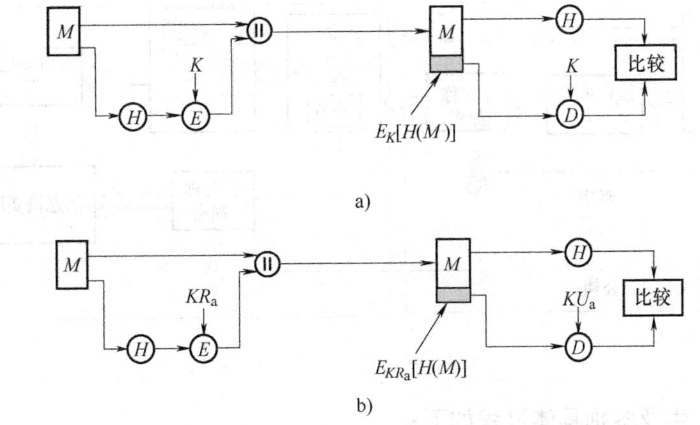

图6-14　散列函数的签名校验模型

在图6-14a所示的模型中，发送方采用共享密钥 K 对产生的散列值 $H(M)$ 加密形成签名值 $E_K[H(M)]$，发送方收到签名值 $E_K[H(M)]$ 后，采用共享密钥 K 解出散列值 $H(M)$，并与本地产生的散列值 $H(M)$ 相比，从而鉴别 M 确为与他拥有共享密钥 K 的发送方所发出。在图6-14b所示的模型中，发送方采用其私钥 KR_a 对产生的散列值 $H(M)$ 加密形成签名

值 $E_{KR_a}[H(M)]$，发送方收到签名值 $E_{KR_a}[H(M)]$后，采用发送方的公钥 KU_a解出散列值 $H(M)$，并与本地产生的散列值 $H(M)$ 相比，从而鉴别 M 确为公钥 KU_a的所有者所发出，该模型广泛用于数字签名中。

（3）HMAC 函数

HMAC 将密钥和消息同时输入到散列函数，输出为固定长度的安全散列值。HMAC 计算模型如图 6-15 所示。

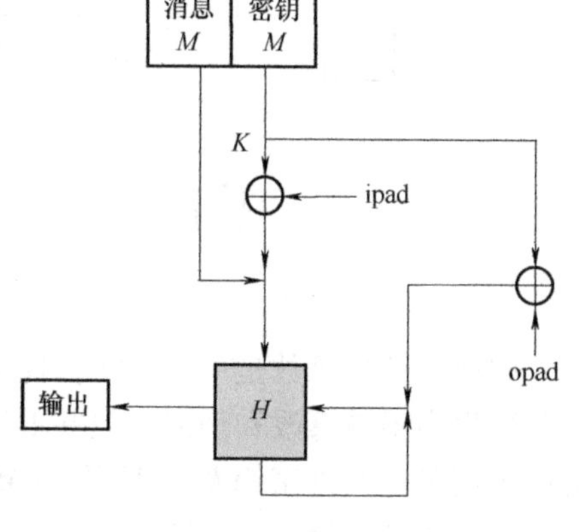

图 6-15 HMAC 计算模型

HMAC 函数的特点是无须修改地嵌入现有的散列函数，出现新的散列函数时，可容易地直接替换，因此它保持散列函数的原有性能，鉴别机制的安全强度与嵌入的散列函数有同等的安全性。使用和处理密钥的方式以及计算简单，计算公式如下：

$$\mathrm{HMAC}(K,M)=H(K\oplus \mathrm{opad}\,|\,H(K\oplus \mathrm{ipad}\,|\,M)) \tag{6-11}$$

式中，H 代表所采用的散列函数，如 SHA-256、SHA-512、国密 SM3 等；K 为密钥；M 为消息。

如果 B 代表 H 中所处理的块大小，如 SHA-256 中 $B=64$，SHA-512 中 $B=128$，则 opad 表示用 0×5c 重复 64 次；ipad 表示用 0×36 重复 128 次。

3. 数字签名技术

提出数字签名（Digital Signature）的目的是为了保证信息传输过程的完整性，防止信息交互中发生抵赖，即防止发送方否认已发送报文以及接收方伪造报文。数字签名模型如图 6-16 所示。

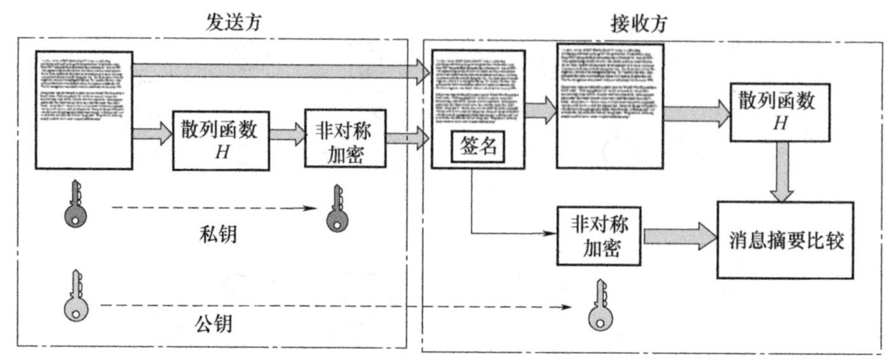

图 6-16 数字签名模型

数字签名的产生及鉴别具体过程如下；

1）发送方产生一对密钥，安全保存其私钥，将公钥向公众公开（包括接收方）。

2）利用散列函数将要发送的消息转为消息摘要。

3）用发送者私钥将消息摘要加密，形成数字签名，并与消息一起传送给接收方。

4）接收方在本地利用同一散列函数将收到消息部分转为消息摘要。

5）接收方利用发送方的公钥解密收到的签名部分，得到消息摘要。

6）将本地产生的消息摘要与解密得到的消息摘要对比。如果相同，则可断定：

- 收到的消息是完整的，在传输过程中没有被修改，否则消息被修改过。
- “签名”说明消息确实为持有公钥的发送方发出。

6.2.2　公钥基础设施

开放及分布互联网络上的各种应用必须有可靠及有效的信息安全保护机制。公钥基础设施（PKI）是建立在公钥密码技术基础上的安全基础设施，可提供公钥加密和数字签名等安全服务。采用 PKI 框架可以进行密钥和数字证书的自动管理，建立一个安全的网络环境。使各实体或用户可以在多种应用环境下方便地使用加密和数字签名技术，从而保证网络数据的机密性、完整性、有效性以及不可否认性。一般来说，PKI 采用数字证书管理公钥，通过第三方可信任认证机构（Certification Authority，CA），把实体的公钥和实体的其他标识信息捆绑在一起，供其他实体在互联网上验证该实体的身份。PKI 将公钥密码和对称密码有机结合起来，在互联网上实现密钥的自动管理，并保证数据的安全传输。

通常，PKI 的体系结构主要包括：

1. 认证机构

CA 是数字证书的签发机构，它负责颁发及管理 PKI 体系下所有实体的数字证书，是 PKI 的核心、权威、可信任、公正的第三方认证机构，同时管理实体数字证书的黑名单登记和黑名单发布。注册机构（Registration Authority，RA）分担 CA 的功能，增强可扩展负责数字证书申请者的信息录入、审核以及数字证书发放等工作，也可由 CA 直接实现。

PKI 的数字证书及密钥管理框架如图 6-17 所示。

2. 数字证书和数字证书库管理

数字证书是一个经由 CA 证书授权中心利用数字签名技术签发的数字文件，其格式采用 ITU-T X.509 国际标准，它包含数字证书拥有者的公钥、名称、CA 中心的数字签名以及有效时间段等信息，如图 6-18 所示。

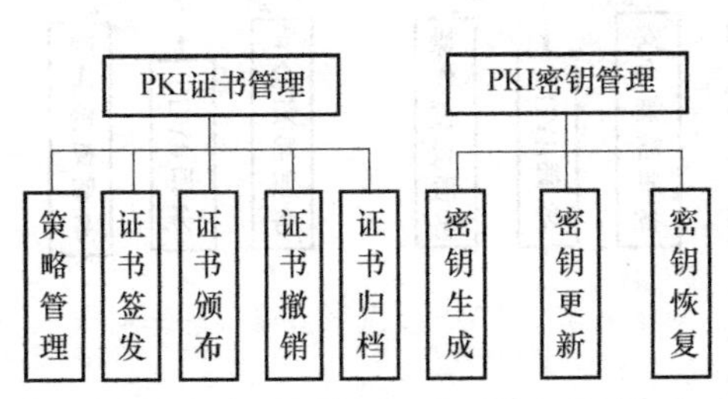

图 6-17　PKI 的数字证书及密钥管理框架

内容	说明
版本V	X.509版本号
证书序列号	用于标识数字证书
算法标识符	签名数字证书的算法标识符
参数	算法规定的参数
颁发者	数字证书颁发者的名称及标识符(X.500)
起始时间	数字证书的有效期
终止时间	数字证书的有效期
持证者	数字证书持有者的姓名及标识符
算法	数字证书的公钥算法
参数	数字证书的公钥参数
持证书人公钥	数字证书的公钥
扩展部分	CA对该数字证书的附加信息，如密钥的用途
数字签名	CA使用私钥对数字证书的签名

图 6-18　X.509 数字证书基本内容

数字证书库管理，主要包括数字证书的更新、存放及数字证书历史档案服务，提供给公众查询；也包含数字证书作废处理系统，通过数字证书作废列表（CRL）管理数字证书作废及终止使用等功能。

3. 密钥备份及恢复管理

密钥备份及恢复管理主要提供密钥的生成、更新、备份及恢复服务。一般说来签名密钥对的生命期较长，而加密密钥对的生命期较短，主要用于分发会话密钥，密钥更换频繁，为防止密钥丢失时丢失数据，解密密钥应进行备份。

4. 多个PKI间的交叉认证

一般来说，每个PKI独立运行。当有拓展应用需求时，如移动漫游业务，多个PKI可通过交叉认证建立相互信任以及互联关系。

5. 时间戳

由CA管理的时间戳是一个可信的时间权威，提供给各实体作为参照“时间”，协同完成PKI的各种事务处理。要求实体在需要的时候向CA请求在文档上盖上时间戳，时间戳涉及对时间和文档内容的数字签名，CA签名可为相关服务提供真实性和完整性服务。

6. 不可抵赖机制

PKI系统主要通过数字签名技术提供不可抵赖性服务。进行数字签名时，签名私钥只由签名者掌控，因此签名者就不能否认由其签署的文档。

6.2.3　授权管理基础设施

授权管理基础设施（PMI）是一个由属性证书、属性权威、属性证书库等构成的综合安全基础设施，用于实现权限和证书的产生、管理、存储、分发和撤销等功能，目的是向实体提供授权管理服务，提供实体身份到应用授权的映射，提供与实际应用处理模式相对应的授权和访问控制机制。PMI授权服务体系的总体架构如图6-19所示。

信任源点（Source of Authority，SOA）中心的主要职责是负责授权管理策略的管理、应用授权受理、属性机构（Attribute Authority，AA）的审核和管理以及授权管理体系业务的规范化。

属性机构的主要职责是负责应用授权受理、属性证书的发放和管理，以及AA代理点的审核和管理。

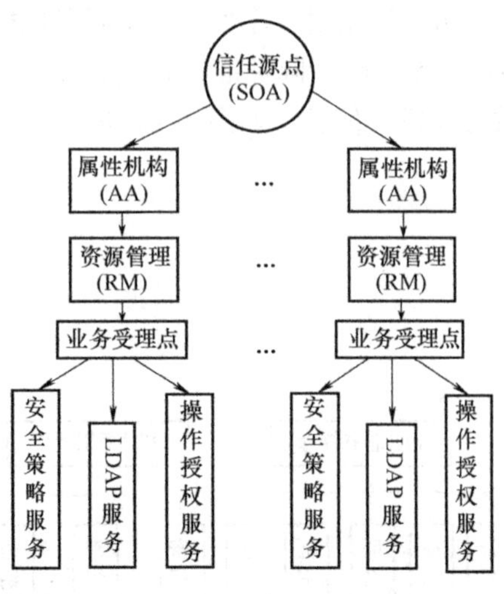

图6-19　PMI授权服务体系总体架构

资源管理（Resource Management，RM）中心作为AA的代理点，其主要职责是应用授权服务代理和应用授权审核代理，对具体的用户应用资源进行授权审核，并将属性证书的操作请求提交到授权服务中心进行处理。RM提供与具体应用实体的接口，接受AA中心的直接管理，报经主管SOA同意，并签发相应证书。PMI使用属性证书（X.509）表示和容纳权限信息，通过管理证书的生命周期实现对权限生命周期的管理。属性证书的申请、签发、注销、验证流程对应着权限的申请、发放、撤销、验证的过程。

业务受理点在RM的管理下，支持基于轻量级目录访问协议（Lightweight Directory Access Protocol，LDAP）的目录访问，目录数据的树形结构，可为PMI提供优化数据查询及

资源的管理；支持安全策略服务及操作授权服务，在授权管理系统间的互通将遵循相同的安全策略提供授权管理服务。相对于传统的授权管理模式，PMI 体现了其授权管理的灵活性，它通过属性证书的有效期以及委托授权机制进行授权管理，有机地将强制访问控制模式与自主访问控制模式相结合，提供更多的保护功能；授权操作与业务操作分离，明确业务管理和安全管理的职责，有效地避免业务管理人员参与授权管理带来的安全问题。

PMI 是一个信息安全保护基础设施，可系统地建立起对认可实体的特定授权，并对权限管理进行系统地定义和描述，提供了完整的授权服务，还可与 PKI 服务紧密地协同工作。

6.2.4　PKI 与 PMI 协同工作原理

本质上，PMI 是建立在 PKI 基础上的，以向用户和应用程序提供权限管理和授权服务为目标，负责向业务应用系统提供与应用相关的授权服务管理，提供用户身份到应用授权的映射功能，实现与实际应用处理模式相对应的、与具体应用系统开发和管理无关的访问控制机制，极大地简化应用中访问控制和权限管理系统的开发与维护，并减少管理成本和复杂性。

PMI 证书与 PKI 证书两者的联系与区别在于：PKI 证书用于鉴别用户是谁，而 PMI 证书用于鉴别该用户有什么权限，能干什么。PMI 需要 PKI 为其提供身份认证，它们之间的关系类似于护照和签证，PKI 证书的功能如同护照，是唯一标识个人信息的身份证明，证明你是一个合法的公民。而 PMI 证书的功能如同签证类别，证明持有者在该国家可以进行哪一类的合法活动。PKI 和 PMI 协同工作机理如图 6-20 所示。

PMI 与 PKI 在结构上是非常相似，信任基础都是基于权威第三方机构，建立身份认证系统和属性特权机构。在 PKI 中，由有关部门建立并管理根 CA，下设各级 CA、RA 和其他机构，相应的 X.509 证书称为公钥证书（Public Key Certificate，PKC）；在 PMI 中，由有关部门建立授权源 SOA，下设分布式的 AA 和其他机构相应的 X.509 证书称为属性证书（Attribute Certificate，AC）。可通过建立 PKI 和 PMI 的联合安全认证系统，完成从用户身份鉴别到用户权限鉴别的安全认证，从而提供访问控制以及权限控制的联动安全服务。

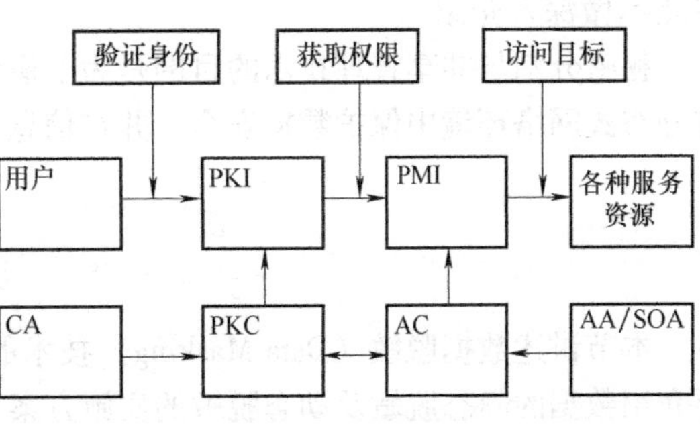

图 6-20　PKI 和 PMI 协同工作机理

6.2.5　秘密分割与共享管理技术

秘密分割（Secret Splitting）与共享管理技术是将秘密分割存储的密码技术，用密钥以适当的方式拆分，分割后的每一份额由不同的参与者管理存放，只有若干个参与者协同共享才能恢复秘密消息。

假定秘密 S 被拆分为 n 个：s_1，s_2，…，s_{n-1}，s_n，利用其中任意 t（$2 \leqslant t \leqslant n$）个或更多参与者一同协作才能恢复 S，而只获得其中任何少于或等于 $t-1$ 份，$t-1$ 个参与者则无法恢复 S，如图 6-21 所示。

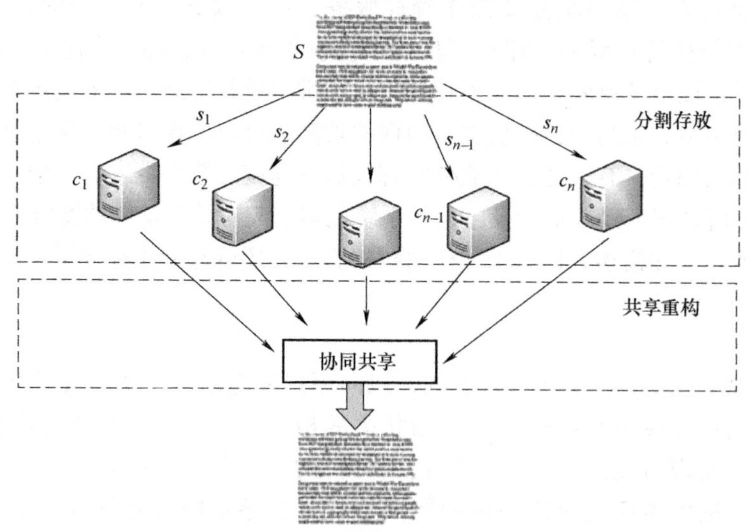

图6-21　秘密分割与共享管理技术

可见该技术具有强健性，即如果由于某种原因，其中有 x 份（$1 \leqslant x \leqslant t-1$）被泄露也不会暴露密钥，也就是说，少于 t 个参与者不可能共谋得到密钥。若一份丢失或损坏，仍可恢复密钥。因此 t 和 n 的选择，可权衡其安全性和可靠性，t 越高，则安全性越高，但可靠性越低；t 越低，则安全性越低，但可靠性越高。分割与重构涉及的数学理论较多，在此不做深入介绍。

秘密分割与共享管理技术的目的是为了避免密钥过于集中，以分散风险和容忍入侵，可在分布式网络环境中保护数据安全，并在信息和网络管理控制领域得到广泛应用。

6.3　数据脱敏技术与实践

本节讲述数据脱敏（Data Masking）技术的基本概念及常用方法，根据产业应用场景主要介绍数据的静态脱敏及动态脱敏的实施方案。

6.3.1　数据交互安全与脱敏技术

随着大数据产业的发展，数据挖掘产生商业价值，但同时也带来敏感隐私信息泄露的挑战。数据脱敏是指通过某种脱敏规则将数据包含的敏感隐私信息进行安全保护的技术。常见的敏感隐私数据包括：姓名、身份证号码、地址、电话号码、银行账号、邮箱地址、各种账密、组织机构名称、营业执照号码、交易信息（日期、金额）等。在6.1.4节中介绍了数据交互、共享与服务的安全与隐私的重要性，数据脱敏技术就是对其进行保护的一种重要技术。在实际应用中，通过对数据中的敏感信息通过脱敏规则进行数据变形，出现了各种各样的数据脱敏方法，如数据漂白、数据变形等，目的都是实现敏感隐私数据的安全保护。例如，一些商业性数据涉及客户的敏感信息，如身份证号、手机号、卡号、智能终端硬件ID、位置信息、消费行为、网络访问行为等，在数据交互及共享与服务中都需进行数据脱敏。

数据脱敏是按照脱敏规则进行的，通常将脱敏方法分为可逆脱敏和不可逆脱敏两大类。

1. 可逆脱敏

可逆脱敏也称可恢复脱敏，是指经脱敏后的数据可通过一定模式还原成脱敏前的原数据，例如加解密算法就是最简单的可逆脱敏方法。

2. 不可逆脱敏

不可逆脱敏也称不可恢复脱敏，是指采用任何方法都不能将经脱敏的数据还原成脱敏前的原数据。常用方法包括替换法和生成法。在替换法中，一般使用某些字符或字符串替换数据的敏感部分，虽易于实现，但容易被发现是经变形加工的数据。而在生成法中，则按照某种特定规则及算法，使脱敏后的数据具有合理的逻辑关系，看起来像真实的数据，不容易被发现。

在实际应用中，一般根据数据交互的应用场景，又将脱敏方法分为静态数据脱敏（Static Data Masking，SDM）和动态数据脱敏（Dynamic Data Masking，DDM）两类。

6.3.2　静态数据脱敏技术

静态数据脱敏一般是指脱敏发生在非生产环境中，即数据完成脱敏后，形成目标数据库并存储于非生产环境中。SDM 一般用于通用性数据交互，如测试、开发、外包、数据分析等，如图 6-22 所示。

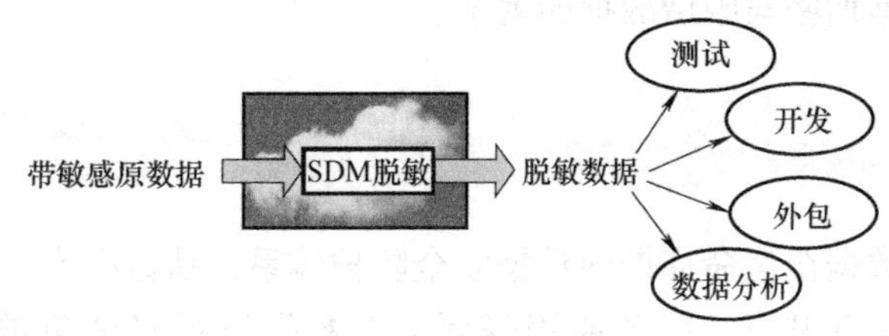

图 6-22　静态数据脱敏

6.3.3　动态数据脱敏技术

动态数据脱敏一般是指脱敏发生在生产环境中，在访问敏感数据时立即对数据进行脱敏。针对同一敏感数据源，可根据交互用户角色的差异进行脱敏，也可在权限读取时根据不同的脱敏规则进行脱敏，如图 6-23 所示。

DDM 在屏蔽、加密、隐藏、审计或封锁访问等安全管控下，需确保业务人员、运维人员以及外包人员严格遵守其工作的安全等级访问敏感数据。DDM 与 SDM 的区别在于是否在使用敏感数据时立即进行脱敏。

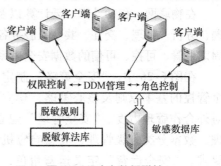

图 6-23　动态数据脱敏

6.3.4　数据脱敏实例

图 6-24 是采用加解密算法的可逆脱敏方法示意图。由图可看出，将张三的部分敏感信息加密，在密文中看不到张三的敏感信息，从而达到脱敏的目的，可通过解密方法还原张三

的详细信息。加解密算法是可逆脱敏的一种方法，还有很多其他算法可以实现可逆脱敏，取决于应用模式及相应的脱敏规则。

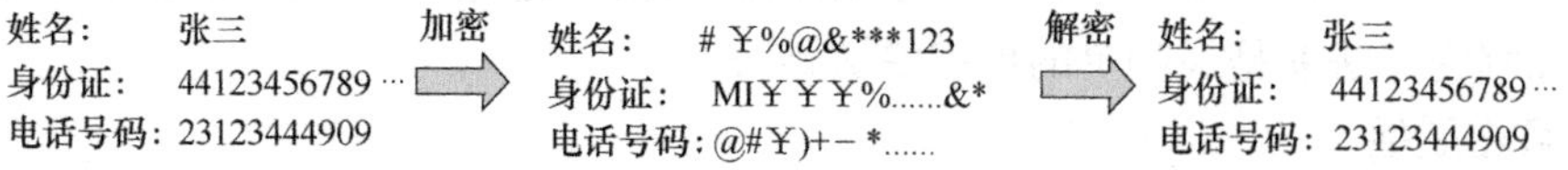

图6-24　采用加解密算法的可逆脱敏方法示意图

图6-25给出一种不可逆脱敏方法示意图。由图可看出，将张三转变为李四，对应的敏感信息也做转换，接收方得到的信息是从张三变换过来的信息，因此张三的隐私信息得到了保护。同样，也有很多方法可以做到不可逆脱敏，取决于应用模式及相应的脱敏规则。

图6-25　不可逆脱敏方法示意图

由上述实例可知，针对各种各样的应用模式，可采用不同的脱敏方法和规则进行脱敏，同时表明了传统的数据加密与脱敏数据的关系。

6.4　数据生命周期安全的防护及管理体系

本节介绍覆盖大数据全生命周期的数据安全防护体系，从数据产生源头到采集手段、传输存储、分析挖掘、交互共享、服务应用等环节对数据进行安全防护。在保障“进不来、看不懂、改不了、拿不走、赖不掉”的网络信息安全防护的基础上，提供“谁在取、从哪取、放在哪、谁在管、谁在挖、挖给谁、谁在用”等数据取证及追踪的能力。

6.4.1　数据安全防护体系

在物联网、移动计算、云计算以及智能分析的环境下，数据在采集、传输、存储、挖掘、分析、处理、交互、共享及服务各环节都可能出现数据安全问题，因此建立数据全生命周期可管、可控、可信的数据安全体系十分重要。图6-26给出了大数据安全保障体系。

在图6-26中，“安全策略”制定安全保障工作总体要求以及安全标准体系，给出安全管控的基本原则及核心策略，建立健全的大数据安全内部管理流程，持续强化大数据对外合作管理力度。“安全管理”建立安全管理措施，包括第三方合作管理、内部安全管理、数据分类分级管理、应急响应机制、资产设施保护和认证授权管理等安全管理规范要求。“安全运营”定义运营角色，包括大数据业务、数据全流程、数据全周期安全管理，涵盖了业务安全运营、数据安全运营、安全应急管控等运营流程。“安全技术”包括数据全生命周期各环节支撑数据安全的防护技术、大数据平台各类基础设施及应用组件安全基线配置、基于数据防护和大数据平台的安全防护体系架构、敏感数据安全脱敏技术等。“安全合规评测”提供包括安全运营管理合规评测和安全技术合规评测的评测方

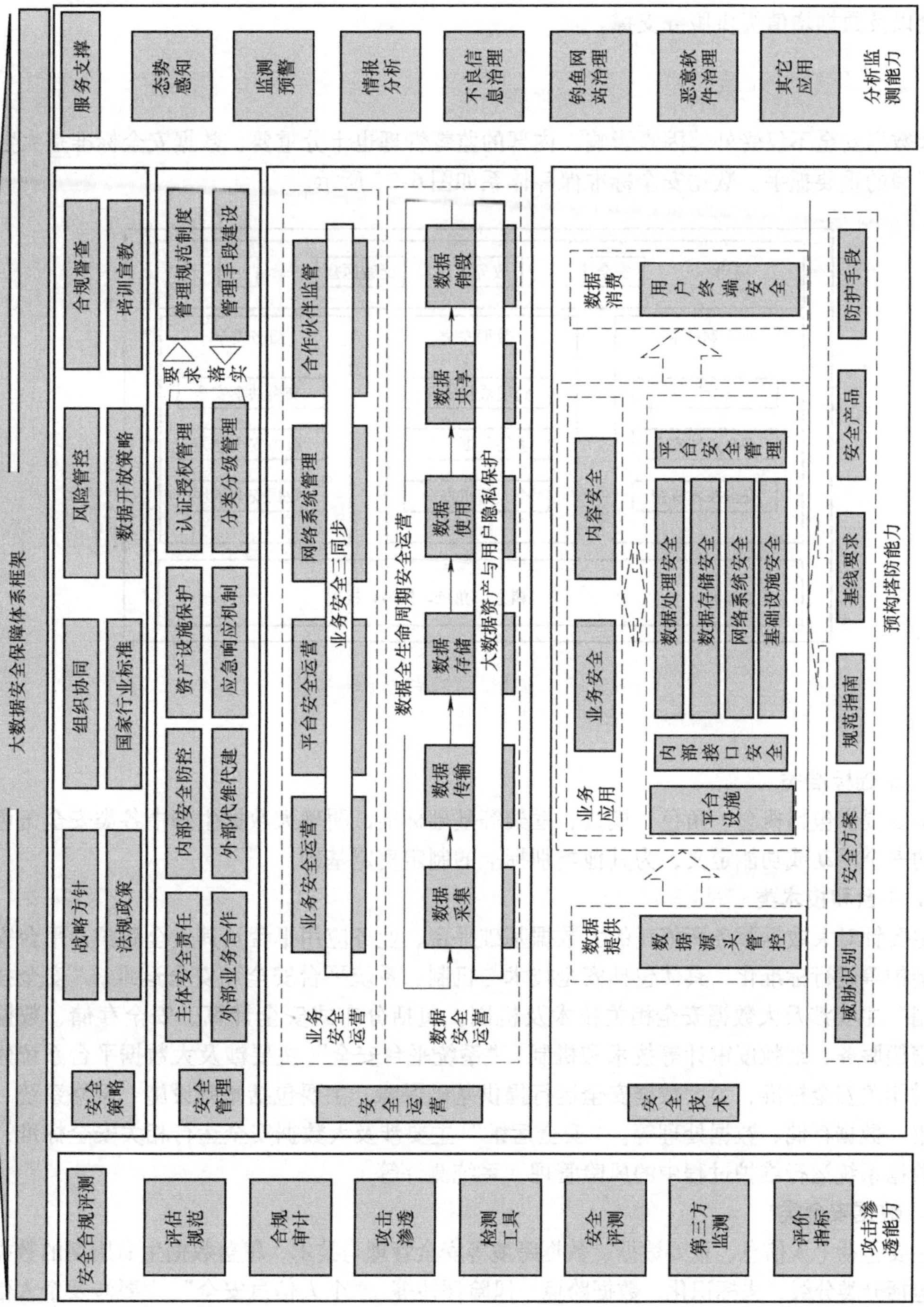

图 6-26　大数据安全保障体系

（引自全国信息安全标准化技术委员会的“大数据安全标准化白皮书”）

法、评测手段和评测流程，目标是持续优化安全评估能力，实现对大数据业务各环节风险点的全面评估，保障安全管理制度及技术要求的有效落实。“服务支撑”基于大数据资源为信息安全保障提供支撑服务，面向大数据安全研究及应用推广提供新型技术手段，同时为对外安全以及数据增值提供服务支撑。

6.4.2　数据安全标准

大数据安全不仅受外部因素影响，内部的监督管理也十分重要，数据安全标准是大数据安全保障的重要抓手。数据安全标准保障体系如图6-27所示。

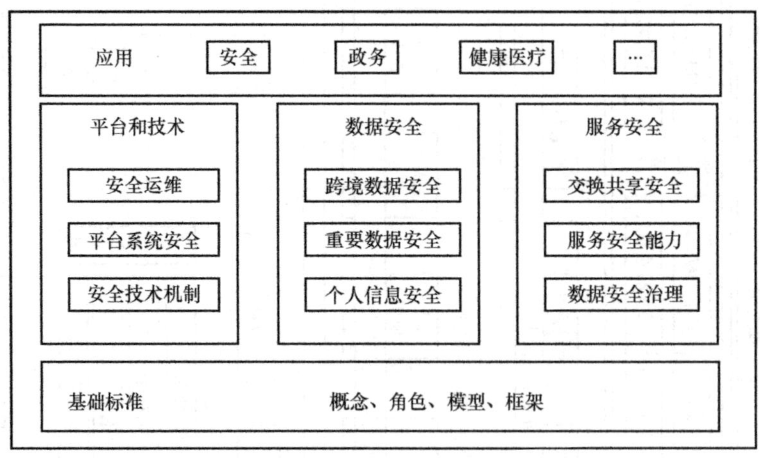

图6-27　数据安全标准保障体系

（引自全国信息安全标准化技术委员会的“大数据安全标准化白皮书”）

1. 基础标准类

主要提供包括概念、角色、模型、框架等基础标准，明确大数据生态中各类安全角色及相关的安全活动或功能定义，为其他类别标准的制定奠定基础。

2. 平台和技术类

主要针对大数据服务所依托的大数据基础平台、业务应用平台及其安全防护、平台安全运行维护等进行标准化，具体包括安全技术与机制、系统平台安全和安全运维。“安全技术与机制”主要涉及大数据安全相关技术及机制，包括分布式安全计算、安全存储、数据溯源、密钥服务、细粒度审计等技术和机制。“系统平台安全”主要涉及大数据平台系统建设和交付相关安全标准，为大数据安全运行提供基础保障，主要包括基础设施、网络系统、数据采集、数据存储、数据处理等。“安全运维”主要涉及大数据安全运行相关安全标准，包括大数据系统运行维护过程中的风险管理、系统测评等。

3. 数据安全类

主要包括个人信息、重要数据、数据跨境等安全管理与技术，覆盖数据生命周期的数据安全，包括分类分级、去标识化、数据跨境、风险评估等。“个人信息安全”主要涉及个人信息处理活动应遵循的原则和安全要求，个人信息安全影响评估等。“重要数据安全”主要围绕重要数据的生命周期，从重要数据治理、管理、技术、基础保障、安全评价等全方位、细粒度等方面制定对应的重要数据安全标准。“跨境数据安全”主要指导跨境数据处理，包括为国家开展数据

出境安全评估提供技术标准支撑，为企业开展数据出境安全风险自评估提供规范指南等。

4. 服务安全类

主要针对大数据服务过程中的活动、角色与职责、系统和应用服务等制定相应服务安全类标准；针对数据交易、开放共享等应用场景，提出交易服务安全类标准，包括大数据交易服务安全要求、实施指南及评估方法等，以及数据安全治理、服务安全能力、交换共享安全。“数据安全治理”主要保护数据应用过程中所涉及的相关数据安全，包括识别数据的敏感性及分类分级管理等。“服务安全能力”主要涉及大数据服务过程及支撑系统安全的规范。“交换共享安全”主要制定数据交换共享过程的安全性和规范性，保护个人信息安全不受侵犯、企业利益不受损害等，保证数据交易服务产业的健康规范发展，促进政府、企业、社会资源的融合运用，支撑行业应用和服务创新，提升经济社会运行效率等。

5. 应用安全类

主要涉及国家安全、国计民生、公共利益的大数据应用的安全防护，规范面向重要行业和领域的大数据安全指南，指导相关的大数据安全规划、建设和运营工作。“安全应用”主要是大数据保障网络空间安全标准化。“领域应用安全”主要是特殊性细化或适配相应的通用大数据安全标准。

6.4.3　数据生命周期安全实施方案与数据安全管理

数据生命周期安全实施方案如图 6-28 所示，包括从数据产生源头到采集手段、传输存储、分析挖掘利用、交互共享、服务应用、销毁等环节对数据全生命周期进行安全防护，可由 6.2 节及 6.3 节中介绍的关键技术及方法提供支撑。

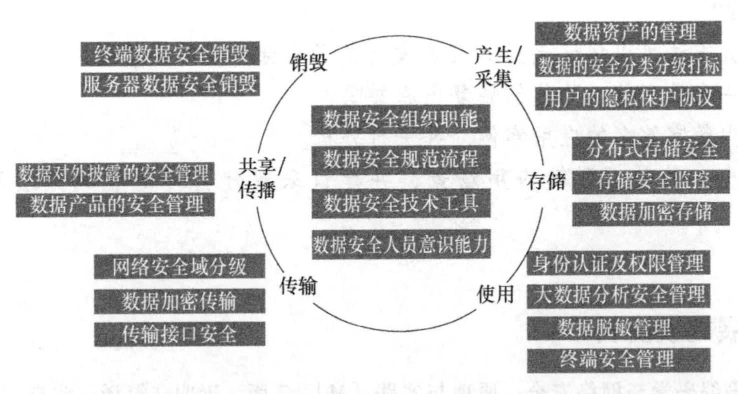

图 6-28　数据生命周期安全实施方案

（引自全国信息安全标准化技术委员会的“大数据安全标准化白皮书”）

数据安全的管理包括密钥管理体系、认证授权系统、数据安全保密、数据安全防护、加解密机终端管理、业务流程审批、终端行为管理、审计监控管理、系统防护体系、系统运维管理等板块的安全管理，如图 6-29 所示。

图 6-29 数据安全管理

习 题

6.1 举例说明智能手机可能出现的个人隐私泄漏。

6.2 对称与非对称密钥加密的主要区别是什么?

6.3 发送方 A 希望用非对称密钥加密方法将文档保密发给接收方 B，如何实现?

6.4 老师 A 要把习题公开发送给学生，如何用密码学方法，让同学们相信习题一定是老师 A 发出的?

6.5 用什么方法可以保证老师 B 公开发出的开会通知没有被篡改?

6.6 给你一个散列值，你能够恢复出原文吗?

6.7 试举出数字签名的应用案例，并进行分析。

6.8 试举出一种数据脱敏应用场景，并建议采取什么样的脱敏方法及相应脱敏规则。

参考文献及扩展阅读资料

[1] William S. 密码编码学与网络安全：原理与实践 [M]. 7 版. 唐明，等译. 北京：电子工业出版社，2017.

[2] 陈龙，肖敏，罗文俊，等. 云计算数据安全 [M]. 北京：科学出版社，2016.

[3] Terence C，Mary E L. Privacy and big data [M]. New York：O'Reilly Media，2011.

[4] 王元卓，范乐君，程学旗. 隐私数据泄露行为分析——模型、工具与案例 [M]. 北京：清华大学出版社，2014.

[5] Viktor M S. 大数据时代 [M]. 盛杨燕，周涛，译. 浙江：浙江人民出版社，2013.

第 7 章 大数据处理平台

导 读

本章主要介绍大数据处理平台的技术架构及典型的开源大数据处理平台，包括支撑大数据处理平台的主要分布式计算系统及其相互关系。针对三种不同类型的大数据：批量大数据、流式大数据、大规模图数据，阐述了各种类型大数据的特性和相应的典型计算系统，并结合微博大数据，介绍了三个不同类型大数据处理的典型实例。

知识点：

知识点 1　大数据处理平台计算特点
知识点 2　大数据处理平台架构
知识点 3　批量计算
知识点 4　流式计算
知识点 5　图数据计算

课程重点：

重点 1　大数据处理平台技术架构
重点 2　MapReduce 计算的原理与过程

课程难点：

难点 1　Storm 流式计算的原理与过程
难点 2　BSP 模型的基本原理

7.1 概述

随着数据科学和大数据技术的发展，通过大数据处理的手段分析和解决各类实际问题越来越被人们所重视。在大数据时代，随着互联网的广泛普及和物联网的迅速发展，数据的产生速度得到了极大提升，传统的基于单机模式的数据处理无论在存储容量还是处理效率上都越来越力不从心，分布式的大数据处理平台已逐渐成为业界的主流[1]。

大数据处理平台集数据采集、数据存储与管理、数据分析计算、数据可视化以及数据安全与隐私保护等功能于一体，为人们通过大数据处理的手段分析和解决问题提供技术和平台支撑。数据采集主要负责从不同数据来源获取不同类型的数据；采集到的数据在平台中被存储和组织管理；人们通过数据分析计算揭示其中隐含的内在规律、发掘有用的信息以指导人们进行科学的推断与决策；通过数据可视化进行更直观的数据展示和内容的展现；同时，由于数据中可能包含敏感信息和隐私，因此需要进行数据安全与隐私保护。7.2节将介绍针对上述需求的大数据处理平台的架构设计以及基于开源系统的一个典型实现。

数据分析计算是大数据处理平台的核心功能，主要通过分布式计算框架来实现。针对数据分析计算的分布式计算框架不仅要提供高效的计算模型和简单的编程接口，而且要有很好的可扩展性、容错能力和高效可靠的输入输出（I/O），以满足大数据处理的需求。可扩展性是指系统能够通过增加资源来满足不断增加的对性能和功能需求的能力。计算框架的可扩展性决定了其可计算规模和计算并发度等重要指标。容错和自动恢复是指系统考虑底层硬件和软件的不可靠性，支持出现错误后自动恢复的能力。高效可靠的输入输出能够缓解数据访问的瓶颈问题，以提高任务的执行效率和计算资源的利用率。

除了以上一些共性之外，针对不同类型的大数据，还需要一些专用的计算框架。根据数据的特性，常见的大数据有三种不同的类型：批量大数据、流式大数据和大规模图数据。批量大数据主要是指静态的大体量的数据。这些数据在计算前已经获取并保存，且在计算过程中不会发生变化。流式大数据主要是指按时间顺序无限增加的数据序列。这是一种动态数据，在计算前无法预知数据的到来时刻和到来顺序，也无法预先将数据进行存储。大规模图数据是指大规模的图结构数据，例如：互联网的页面链接图、社交网络图等。由于图数据存在较强的局部依赖性，使得图计算具有局部更新和迭代计算的特性。7.3节、7.4节和7.5节将分别介绍针对这三种不同类型大数据的计算框架和典型系统。

7.2 大数据处理平台架构

7.2.1 技术架构

从技术架构的角度，大数据处理平台可划分为四个层次：数据采集层、数据存储层、数据处理层和服务封装层，如图7-1所示。

1. 数据采集层

数据采集层主要负责从各种不同的数据源采集数据。常见的数据源包括：业务数据、互联网数据、物联网数据等。对于不同的数据源，通常需要不同的采集方法。对于存储在业务系统中的数据，一般采用批量采集的方法，一次性地导入到大数据存储系统中。对于互联网上的数据，一般通过网络爬虫进行爬取。对于物联网产生的实时数据，一般采用流采集的方式，动态地添加到大数据存储系统中或是直接发送到流处理系统进行处理分析。

2. 数据存储层

数据存储层主要负责大数据的存储和管理工作。大数据处理平台中的原始数据通常存放在分布式文件系统（例如HDFS）或是云存储系统（例如Amazon S3、Swift等）。为了便于对大数据进行访问和处理，大数据处理平台通常会采用一些非关系型（NoSQL）数据库对数

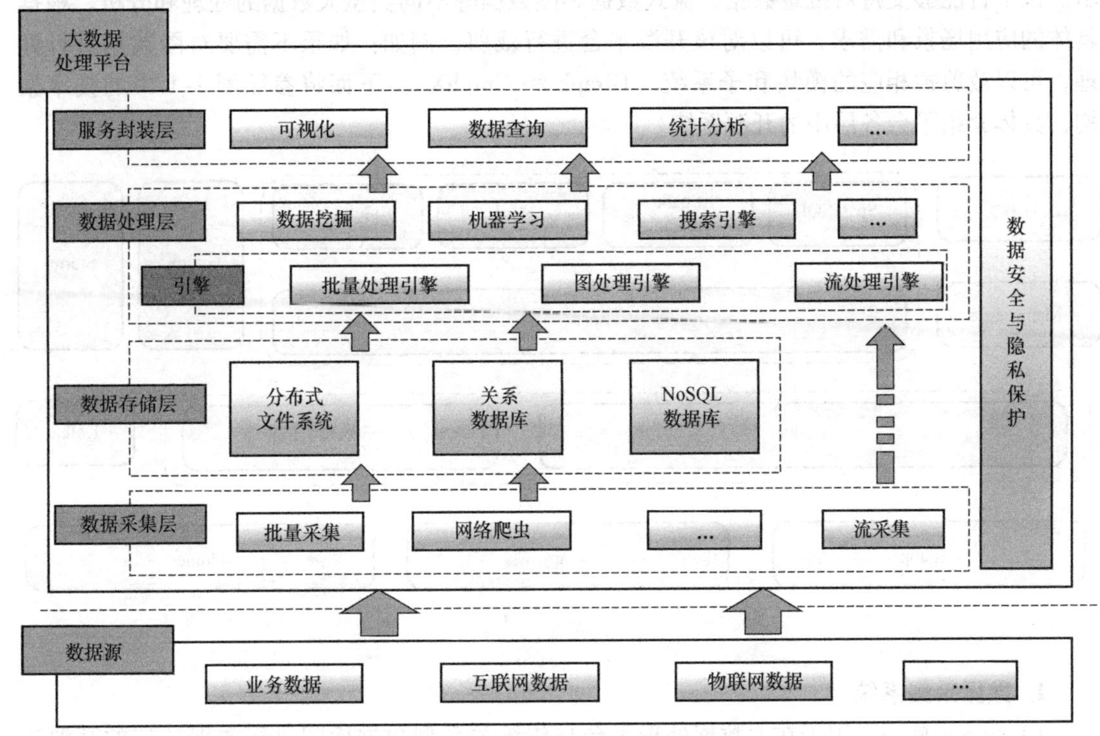

图 7-1 大数据处理平台技术架构

据进行组织和管理。针对不同的数据形式和处理要求，可以选用不同类型的非关系型数据库。常见的非关系型数据库有键值对（Key-Value）数据库（例如 Redis）、列族数据库（例如 HBase）、文档数据库（例如 MongoDB）、图数据库（例如 Neo4J）等。

3. 数据处理层

数据处理层主要负责大数据的处理和分析工作。针对不同类型的数据，一般需要不同的处理引擎。对于静态的批量数据，一般采用批量处理引擎（例如 MapReduce）。对于动态的流式数据，一般采用流处理引擎（例如 Storm）。对于图数据，一般采用图处理引擎（例如 Giraph）。基于处理引擎提供各种基础性的数据计算和处理功能。大数据处理平台中通常会提供一些用于复杂数据处理和分析的工具，例如：数据挖掘工具、机器学习工具、搜索引擎等。

4. 服务封装层

服务封装层主要负责根据不同的用户需求对各种大数据处理和分析功能进行封装并对外提供服务。常见的大数据相关服务包括：数据的可视化、数据查询分析、数据的统计分析等。

除此之外，大数据处理平台一般还包括数据安全和隐私保护模块，这一模块贯穿大数据处理平台的各个层次。

7.2.2 开源平台

基于上述技术架构，可以设计并实现一个基于开源系统的大数据处理平台，如图 7-2 所示。该平台能够支持对批量数据、流式数据和图数据等不同类型大数据的处理和分析。根据具体的应用场景和需求，可以对该开源平台进行裁剪，例如：如果不需要对图数据进行处理，可以裁剪掉相应的模块和子系统（Giraph 和 GraphX）。下面将参照图 7-1 中的技术架构，具体介绍平台各层中的开源系统。

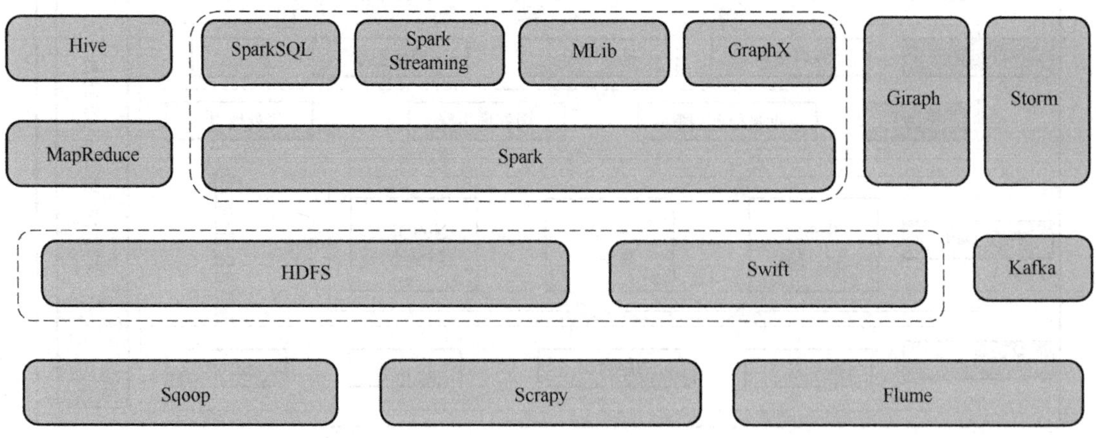

图 7-2　基于开源系统的大数据处理平台

1. 数据采集系统

1）Sqoop 是一个用于在大数据处理平台与传统关系型数据库间进行数据转移的开源工具。Sqoop 可以将传统关系型数据库（例如 MySQL、Oracle、Postgres 等）中的数据导进到 HDFS，也可以将 HDFS 中的数据导出到传统关系型数据库。

2）Scrapy 是一个基于 Python 语言开发的开源 Web 并行爬取框架，它能够快速地爬取 Web 站点并从页面中提取自定义的结构化数据。Scrapy 使用 Twisted 异步网络库来处理网络通信，用户只需要在 Scrapy 框架的基础上进行模块的定制开发就可以轻松实现一个高效的爬虫应用。

3）Flume 是一个高可用的、高可靠的、分布式的海量日志采集、聚合和传输的开源系统，主要作用是数据的收集和传输，支持多种不同的输入输出数据源，并提供对数据的简单处理。

2. 数据存储系统

1）HDFS（Hadoop Distributed File System）[2] 是参考 Google 的 GFS（Google File System）[3] 实现的一个开源分布式文件系统，是开源大数据处理框架 Hadoop 中的一个核心模块，具有高容错性、高吞吐量等特点。

2）Swift（OpenStack Object Storage）是开源云计算项目 OpenStack 的一个子项目，是 OpenStack 云存储服务的重要组件。Swift 能够在较便宜的标准硬件存储基础设施之上提供高可用、分布式、持久性、大文件的对象存储服务。

3）Kafka 是一种分布式的、基于发布/订阅的消息系统，其功能类似于消息队列。Kafka 可以接收生产者（例如 Webservice、文件、HDFS、HBase 等）的数据，并将其缓存起来，然后发送给消费者（例如 Storm、Spark Streaming、HDFS 等），进而起到缓冲和适配的作用。

3. 计算引擎

1）MapReduce是开源大数据处理框架Hadoop的核心计算引擎，它是Google MapReduce[4]的开源实现，主要用于对批量数据的处理。

2）Storm是Twitter支持开发的一款分布式、开源、实时的大数据流式计算系统。Storm能够快速可靠地处理源源不断的消息，并具有良好的容错机制。

3）Giraph是一个采用整体同步并行计算模型（Bulk Synchronous Parallel，BSP）的开源并行图处理系统，主要参照Google的Pregel系统并基于Hadoop框架实现。

4）Spark[5]是一个专为大规模数据处理而设计的快速、通用的计算引擎，是UC Berkeley AMP实验室开源的类Hadoop MapReduce的通用并行框架。Spark扩展了MapReduce计算模型，高效地支持除了批量计算以外的更多计算模式，包括流式计算、图计算等。

4. 数据分析工具

1）Hive是基于Hadoop的一个数据仓库工具。所有Hive的数据都存储在Hadoop兼容的文件系统（例如HDFS、Amazon S3）中。Hive提供了一系列的工具，可以用来进行数据提取、转化、加载（ETL）以及通过类SQL查询语言HiveQL进行统计分析和查询工作。Hive将SQL语句转换为MapReduce任务进行运行。

2）Spark SQL是基于Spark的一个数据仓库工具，其架构和功能与Hive类似，只是把底层的MapReduce替换为Spark，即所有的分析和查询工作都会被转换为Spark任务进行运行。

3）Spark Streaming是Spark提供的一个对实时数据进行流式计算的工具，支持对实时数据流的可扩展、高吞吐、容错的流式处理。Spark Streaming支持从多种不同数据源获取数据，包括Kafka、ZeroMQ、Kinesis以及TCP sockets等。从数据源获取到数据之后，可以使用诸如map、reduce、join和window等高级函数进行复杂地处理分析。

4）MLib是一个基于Spark的机器学习函数库，它是专门为在分布式集群上并行运行机器学习算法而设计的。MLlib中包含许多常用的机器学习算法，可以在Spark支持的所有编程语言中使用。

5）GraphX是一个基于Spark的分布式图处理工具，提供大量进行图计算和图挖掘的简洁易用的接口，极大地方便了用户对分布式图处理的需求。

7.3 批量大数据计算

7.3.1 基本概念

在传统的单机计算模式下，为保证计算效率，通常通过提高单机计算能力的方式来应对数据量的增长，但是单机的性能提升总有瓶颈。为进一步提升计算效率以应对更大规模的数据，通常采用分布式计算的方式，将一个计算问题划分成若干部分，分别分配给多台机器处理，最后把这些计算结果综合起来得到最终的结果。例如，如果对一万个数进行求和，只有自己一个人来计算的话，就算提升个人计算速度，算完也要相当长的时间。一种提高效率的手段是多找一些人来帮忙，比如有100个人，那每人只需要计算100个数的和，然后再将结果汇总起来即可。这种方式的计算效率要比单人快很多，并且可扩展性也比单人好很多，如果给你更多的数来求和，比如10万、100万甚至更多，只需要找更多的人来帮忙就可以轻松应对，而且总的计算逻辑并没有什么变化。在分布式计算中，用户仅需关心计算逻辑的设计和实现，问题划分、资源管理、作业调度、数据加载、容错控制等计算过程的管理由计算系统来完成。

批量计算（Batch Computing）主要面向离线计算场景，计算的数据是静态数据，数据在计算前已经获取并保存，在计算过程中不会发生变化，如图7-3所示。批量计算的实时性要求通常不高，比如在电商领域统计上一年的销售额，由于上一年的数据已经存在并且不会再增加和修改，因此该计算可以被允许计算一段时间而不必立即返回结果。

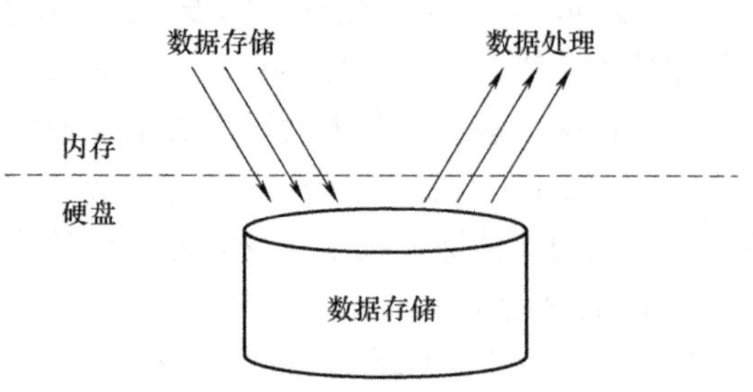

图7-3 批量大数据计算

批量大数据计算系统通常由计算请求输入接口、计算管控节点和若干计算执行节点共同组成。用户通过计算逻辑输入接口提交计算请求并指定结果输出位置。用户的一个计算请求在批量计算中通常被称为一个作业（Job）。批量计算的一个作业在提交到计算系统之后，会被分解成一组任务（Task）及其依赖关系，由计算管控节点负责任务的分发，将任务指派到具体的计算执行节点进行运算。每个任务在计算执行节点上可以有一个或多个执行实例（Instance）。实例是批量计算执行和管控的最小单元。

7.3.2 典型批量计算系统

MapReduce[4]是Google公司于2004年提出的一种典型的批量计算系统，如今MapReduce已经被Hadoop、Spark等多种计算平台所支持，成为到目前为止最为成功、最广为接受和最易于使用的大数据批量计算技术和标准。下面以MapReduce为例讲述批量计算系统。MapReduce的计算原理如图7-4所示。

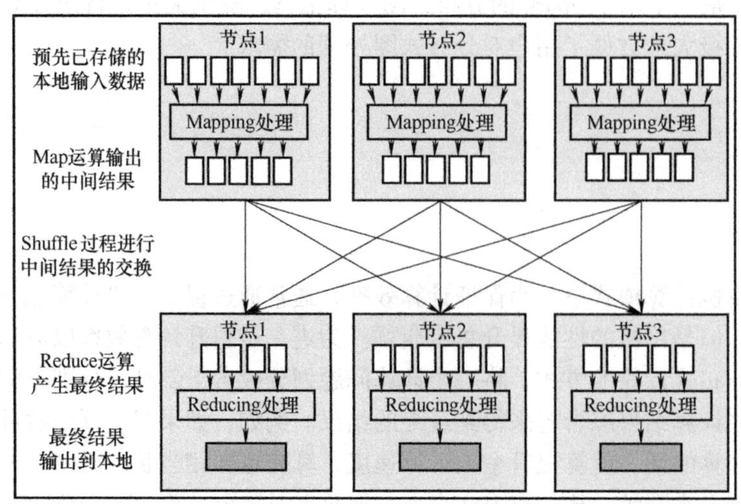

图7-4 MapReduce计算原理

在MapReduce中，一次计算主要分为Map（映射）和Reduce（规约）两个阶段。待计算的大数据被预先划分成多个数据块分别存储于各个计算节点。当计算作业被提交之后，该作业会被划分成若干Map任务和若干Reduce任务并由计算控制节点负责任务的调度和分配。各节点上的数据首先经过Map阶段的计算，形成中间结果（通常采用键值对Key-Value的方式）保存于负责执行Map任务的本地节点。中间结果经过排序后分给各Reduce任务。各Reduce任务的计算节点从各Map任务计算节点处读取各自Reduce计算所需的中间结果，然后计算得出最终的结果并输出。

MapReduce计算具有如下特点。

1. 数据划分存储

待计算的数据被划分成多个小的数据块，每个计算节点仅需计算若干数据块的数据。该方式使得当数据量大的时候，可以通过增加计算节点的方式减少每个节点上的计算量以提高整体的计算效率。此外，数据划分成小块也有利于计算的容错处理，当数据原因导致计算出错时，仅需重新处理出错数据块的数据而无需将所有计算重新来处理。

2. 数据/代码互定位

当计算程序和数据分处不同机器时，传统的计算模式通常是“数据找程序”，即将数据读取到计算程序所在的机器然后计算执行。在大数据的情况下，从传输的角度考虑，传程序要比传数据更为有效率。为减少网络带宽压力和传输通信的时间，MapReduce的计算主要遵循尽可能本地化数据处理的原则，即一个计算节点尽可能处理其本地磁盘上所保存的数据，计算程序可以从其他地方传输至数据存储所在节点，即“程序找数据”。当无法进行本地化数据处理时，比如Reduce阶段，此时需要从其他数据所在节点获取数据并从网络传送至计算节点，即“数据找程序”。目前，中间结果传输是影响MapReduce计算效率的主要瓶颈之一，可以通过增加网络带宽或者降低传输节点间的网络距离（比如尽量在同一机架等）的方式进行优化。

3. 中间结果的合并与分发

为了减少中间结果传输的通信开销，Map运算产生的中间结果会进行一定的合并和排序处理（Combiner），比如将具有相同Key值的键值对的Value部分进行合并。此外，由于一个Reduce节点所处理的数据可能会来自多个Map节点，各Map节点输出的中间结果通过数据分发机制（Partition）分发到各个Reduce节点。常见的分发方式是按Key分发，即拥有相同Key值的键值对会被分发到同一Reduce节点上进行处理。当然，同一Reduce节点可以同时接收多个Key的键值对。

4. 容错和系统优化

MapReduce计算系统的一个假设前提是节点硬件出错和软件出错是常态。在MapReduce计算过程中，计算管控节点通常不参与实际的计算工作，但该节点需要监控作业和任务的执行情况，及时发现并隔离出错节点以及调度分配新的节点接管出错节点的计算任务。此外，系统还基于大数据存储系统的存储备份冗余机制，能及时检测出错的数据并分配节点基于备份数据进行计算。同时，系统还进行一些计算性能优化处理，如在计算作业执行的后期，对尚未完成的较慢的计算任务采用多备份执行、选择最快完成者作为结果的方式进行优化。

7.3.3　实例：微博用户群体年度热词统计

批量计算的一个主要应用是对大数据进行统计分析。接下来，以微博的用户群体年度热词统计分析为例来看如何通过批量计算进行统计分析。年度热词统计是给定一个用户群体，统计该用户群体之前某一年度所发的所有微博内容中各个词出现的次数，然后根据次数进行排序，排名前 TopK（比如 Top1、Top3、Top5、Top10 等）的词作为年度热词。

因为统计的是之前某一年度某用户群体所发的所有微博内容，该内容已经全部发生，在计算前已被预先保存，并且不会被新增、删减或修改，所以这是一个典型的批量计算适用的分析场景。

首先应收集该用户群体该年度所发的所有微博的文本内容，然后经过数据的预处理，比如去掉符号、表情符等非文字内容，进行分词，去掉“的”“了”等停用词等。预处理之后得到的微博内容被保存到分布式文件系统中供后续的计算使用。分析的核心是统计该用户群体该年度所发的所有微博内容中各个词出现的次数，次数统计之后就可以通过排序得到热词结果，如图 7-5 所示。下面以 Google 的 MapReduce 计算系统为例解释如何进行该问题的批量计算。

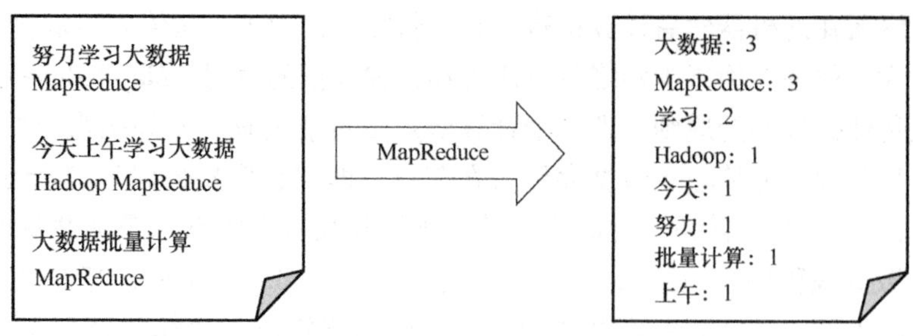

图 7-5　微博内容词数统计示例

MapReduce 算法的伪代码如图 7-6 所示。其基本思路如下：微博内容词数统计的中间结果和最终结果通过 Key-Value 对保存，Key 代表词，Value 代表词出现的数目。Map 部分的输入是待处理的文本，遍历文本，对文本中的每个单词产生一个 Key-Value 对（词，1），代表该单词出现 1 次。Map 计算的结果到 Reduce 的分发机制是按照 Key 分发，即相同的词发给同一个 Reduce 节点进行出现次数的汇总统计。Reduce 部分的输入是 Map 的中间结果 Key-Value 对的集合，输出是最终的统计结果。

```
Map(K,V){
    For each word w in V
        Collect(w,1);
}

Reduce(K,V[ ]){
    int count=0;
    For each v in V
        count +=v;
    Collect(K,count);
}
```

图 7-6　微博内容词数统计 MapReduce 伪代码

首先，用户可以通过客户端/命令行等方式提交用户的计算程序。计算程序作为 User Program 被提交到 Master 节点，Master 节点负责计算的管控，计算程序在 Master 中被定义为一个 Job，该 Job 被分解成若干 Map 任务和 Reduce 任务并分配给对应的计算节点 worker 执行，如图 7-7 所示。

计算程序的输入文件预先在大数据存储系统中进行分片，每个分片（split）对应一个 Map 任务，一个数据分片内的数据通过分块的方式存储，每块通常是 64MB，如图 7-8 所示。

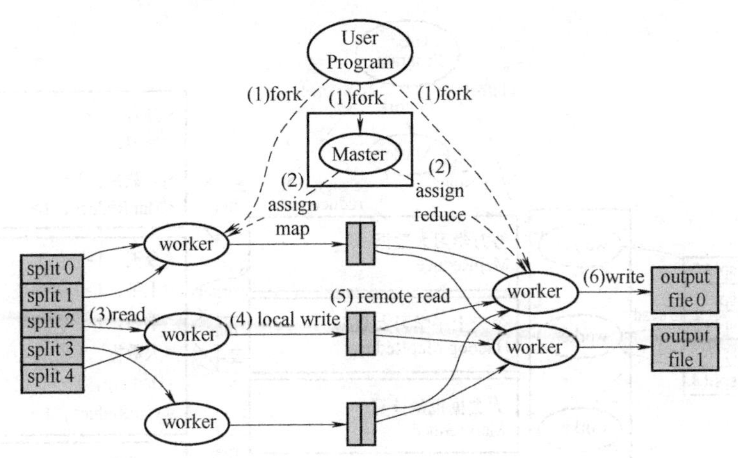

图 7-7　MapReduce 执行过程 1[4]

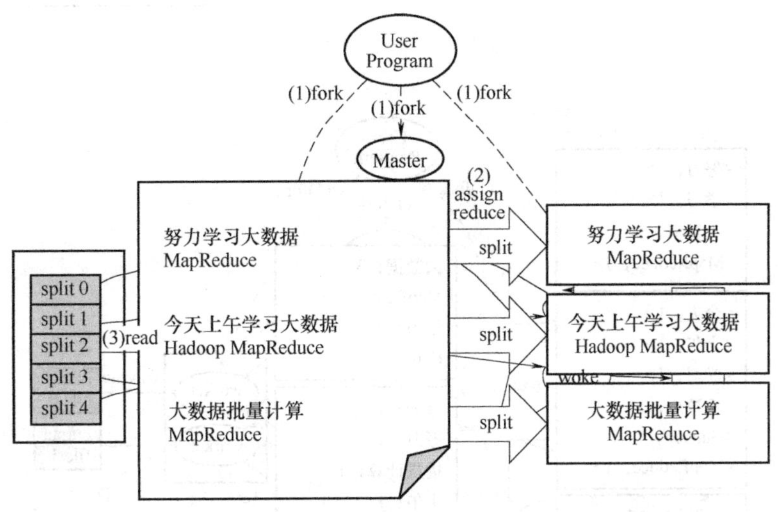

图 7-8　MapReduce 执行过程 2

被分配了 Map 任务的 worker 开始读取输入数据的数据块并根据计算逻辑生成键值对，Map 函数产生的中间键值对被缓存在本地内存中然后定期写入本地磁盘，写入磁盘时会被分为 R 个区，将来每个区会对应一个 Reduce 任务。这些中间键值对的位置会被通报给 Master，Master 负责将信息转发给负责执行 Reduce 任务的 worker，如图 7-9 所示。

被分配了 Reduce 任务的 worker 可能需要从多个 Map worker 上读取数据。当有 Map worker 执行完毕之后，Master 会收到来自该 Map worker 的通知，然后 Master 会通知 Reduce worker 可以开始从该 Map worker 中读取数据。当 Reduce worker 把它负责的所有中间键值对都读取后，先对它们进行排序，使得 Key 相同的键值对聚集在一起，因为同一 Reduce worker 可能同时负责多个 Key 的键值对汇总。在排序后，将每个 Key 的所有键值对都传递给 Reduce 函数进行计算，Reduce 函数产生的输出会添加到指定的输出位置。当所有的 Map 和 Reduce 任务都完成了，Master 会反馈给最终用户表示整个计算被执行完毕了，如图 7-10 所示。

目前常见的能够执行 MapReduce 计算的平台包括 Hadoop[2]、Spark[5]等。

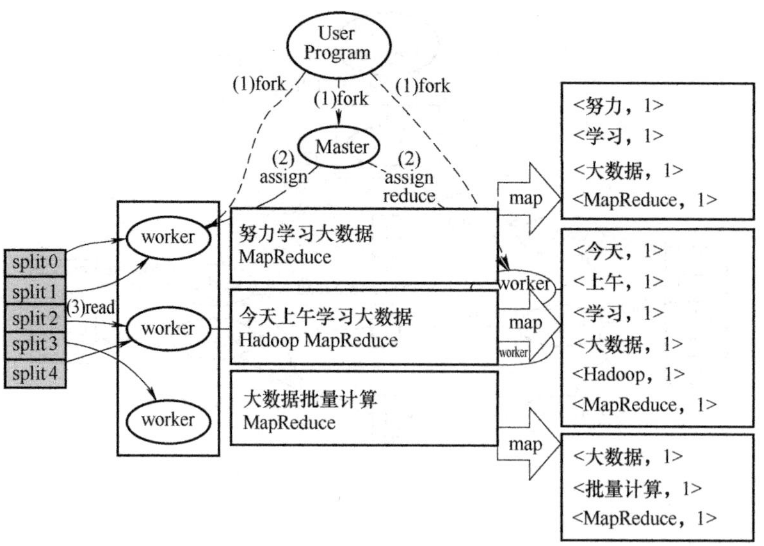

图7-9　MapReduce执行过程3

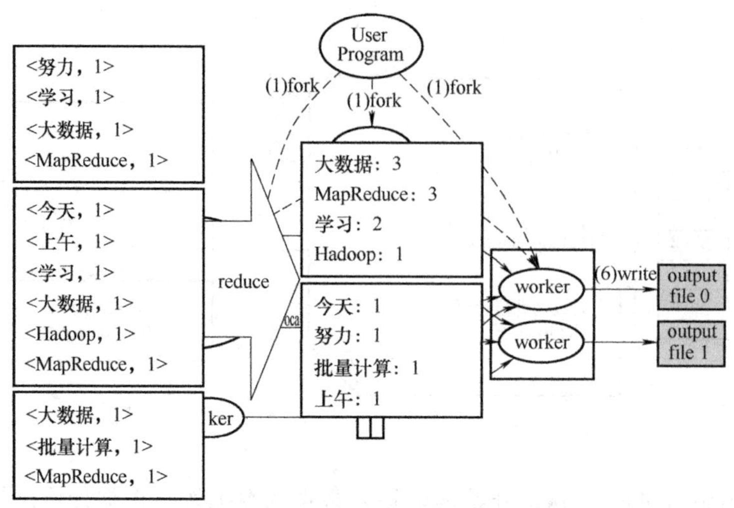

图7-10　MapReduce执行过程4

7.4 流式大数据计算

7.4.1　基本概念

流式计算（Stream Computing）主要面向在线计算场景，计算的数据是动态数据，数据在计算过程中不断的到来，计算前无法预知数据的到来时刻和到来顺序，也无法预先将数据进行存储[6]，如图7-11所示。通常流式计算是数据边到来边计算，计算的实时性要求高。比如网站在线统计访问总人数，当有一个新访客到来，计数器需要加1，通常无法预估未来会到来多少访客以及访客到来的时间，每当有访客到来时需要启动计算进行处理，处理的实时性要求高。

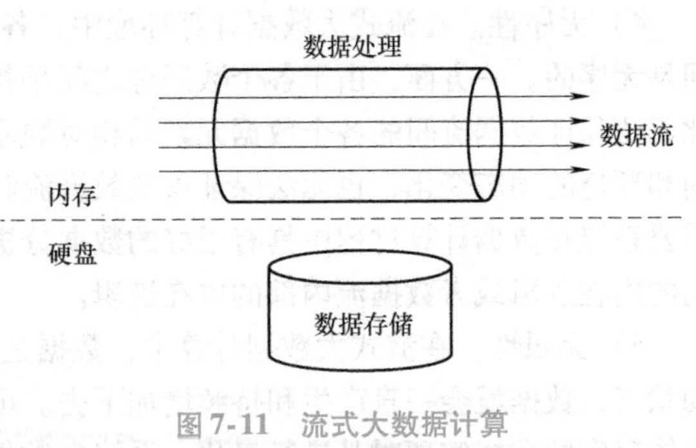

图 7-11　流式大数据计算

流式大数据计算系统通常是一个数据处理拓扑或管道，类似自来水或煤气的管道系统。该系统包括数据源节点、数据处理节点和数据分发逻辑。数据源节点是数据流的产生节点，该节点不断产生新的数据传递到整个拓扑中。数据处理节点是计算逻辑的执行单元。数据分发逻辑定义节点间的数据流向关系。

常见的数据分发逻辑包括：

1）随机分发、发牌式分发：流经该节点的数据会分别依次发给该节点的后续节点。例如某节点有三个后续节点 A、B、C，A、B、C 同时连接在该节点后面，该节点流经的数据为 1 ~ 7，当该节点给 A、B、C 的数据分发逻辑为发牌式分发时，A 节点得到数据 1、4、7，B 节点得到数据 2、5，C 节点得到数据 3、6。

2）按特定逻辑分发：流经该节点的数据会按照特定逻辑发给该节点的后续节点。接上例，如果该节点给 A、B、C 的数据分发逻辑为按特定逻辑分发，分发逻辑是数据标号为奇数且小于 5 的发给 A，数据标号为偶数且大于等于 4 的发给 B，其余的发给 C，则 A 节点得到数据 1、3，B 节点得到数据 4、6，C 节点得到数据 2、5、7。

3）广播分发：流经该节点的每个数据会分发给该节点的各个后续节点。接上例，如果该节点给 A、B、C 的数据分发逻辑为广播分发，则三个节点都会分别得到数据 1 ~ 7。

相比于批量计算，流式计算具有如下特点：

1）实时性。流式大数据是实时产生、实时计算，结果反馈往往也需要保证及时性。流式大数据价值的有效时间往往较短，大部分数据到来后直接在内存中进行计算并丢弃，只有少量数据才被长久保存到硬盘中。这就需要系统有足够的低延迟计算能力，可以快速地进行数据计算，在数据价值有效的时间内，体现数据的可用性。对于时效性特别短、潜在价值又很大的数据可以优先计算。

2）易失性。在流式大数据计算环境中，数据流往往是到达后立即被计算并使用，只有极少数的数据才会被持久化地保存下来，大多数数据往往会被直接丢弃。数据的使用往往是一次性的、易失的，即使重放，得到的数据流和之前的数据流往往也是不同的。这就需要系统具有一定的容错能力，要充分地利用好仅有的一次数据计算机会，尽可能全面、准确、有效地从数据流中得出有价值的信息。

3）突发性。在流式大数据计算环境中，数据的产生完全由数据源确定，由于不同的数据源在不同时空范围内的状态不统一且发生动态变化，导致数据流的速率呈现出了突发性的特征，前一时刻数据速率和后一时刻数据速率可能会有巨大的差异。这就需要系统具有很好的可伸缩性，能够动态适应不确定流入的数据流，具有很强的系统计算能力和大数据流量动态匹配能力。一方面，在突发高数据流速的情况下，保证不丢弃数据，或者识别并选择性地丢弃部分不重要的数据；另一方面，在低数据速率的情况下，保证不会太久或过多地占用系统资源。

4）无序性。在流式大数据计算环境中，各数据流之间、同一数据流内部各数据元素之间是无序的。一方面，由于各个数据源之间是相互独立的，所处的时空环境也不尽相同，因此无法保证数据流间的各个数据元素的相对顺序；另一方面，即使是同一个数据流，由于时间和环境的动态变化，也无法保证重放数据流和之前数据流中数据元素顺序的一致性。这就需要系统在数据计算过程中具有很好的数据分析和发现规律的能力，不能过多地依赖数据流间的内在逻辑或者数据流内部的内在逻辑。

5）无限性。在流式大数据计算中，数据是实时产生、动态增加的，只要数据源处于活动状态，数据就会一直产生和持续增加下去。可以说，潜在的数据量是无限的，无法用一个具体确定的数据实现对其进行量化。系统在数据计算过程中，无法保存全部数据。一方面，硬件中没有足够大的空间来存储这些无限增长的数据；另一方面，也没有合适的软件来有效地管理这么多数据。因此，需要系统具有很好的稳定性，保证系统长期而稳定地运行。

7.4.2 典型流式计算系统

现有的大数据流式计算系统有 Twitter 的 Storm 系统、Yahoo 的 S4（Simple Scalable Streaming System）系统、Facebook 的 Data Freeway and Puma 系统、Microsoft 的 TimeStream 系统、Hadoop 上的数据分析系统 HStreaming、IBM 的商业流式计算系统 StreamBase、Berkeley 的交互式实时计算系统 Spark Streaming 等。下面以 Storm 系统为例讲述流式大数据计算系统。

Storm 是 Twitter 支持开发的一款分布式的、开源的、实时的、主从式大数据流式计算系统[7]。一个 Storm 计算系统由一个主节点 Nimbus、一群工作节点 Supervisor 和分布式协调器 Zookeeper 组成。Nimbus 负责计算任务提交、分配、运行的监控和管理控制，不参与实际的计算过程。Supervisor 负责接收 Nimbus 分派的任务，运行工作进程和管理本机上的各个工作进程。

流是 Storm 中数据处理的核心概念，Storm 中的数据处理从最初输入到最终输出可以被看作是一个流，每个流构成了一个拓扑（Topology）。在 Storm 的 Topology 中产生源数据流的组件称为 Spout，在 Storm 的 Topology 中接收数据和处理数据的组件称为 Bolt，Spout 和 Bolt 以及 Bolt 和 Bolt 之间的一次消息传递的基本单元称为一个 Tuple。Storm 的基本概念如图 7-12 所示。

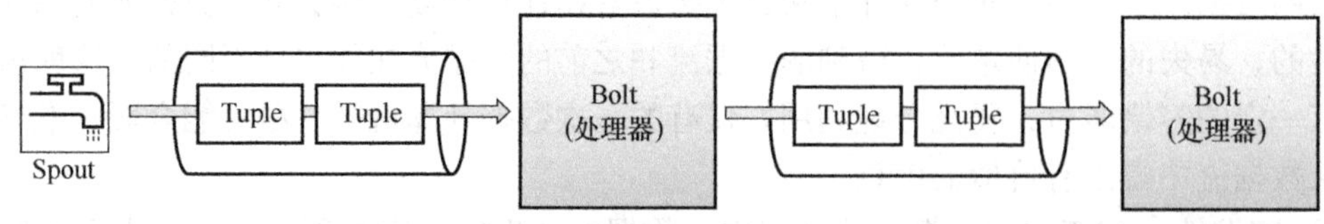

图 7-12 Storm 的基本概念

Storm 中运行的一个应用是一个拓扑（类似 MapReduce 里的 Job），拓扑中的每一步（Spout/Bolt）是一个任务（Task）。应用通过拓扑实现对数据的逐步处理，消息通过设置多个接收的 Bolt 实现分布式处理。Storm 通过消息分组方法（Stream Grouping）进行消息分发。Storm 常用的消息分组方法包括：

1）随机分组（Shuffle Grouping）：随机分发 Tuple 到 Bolt 的任务，保证每个任务获得相

等数量的 Tuple。

2）字段分组（Field Grouping）：根据指定字段分割数据流并分组，例如根据 Word 分组进行 Word Count。

3）全部分组（All Grouping）：Tuple 被复制到 Bolt 的所有任务。

4）全局分组（Global Grouping）：全部流被分配到 Bolt 的一个任务（例如分配给 ID 最小的 Bolt）。

此外还有无分组（None Grouping）和直接分组（Direct Grouping）等。

Storm 的计算过程如图 7-13 所示。

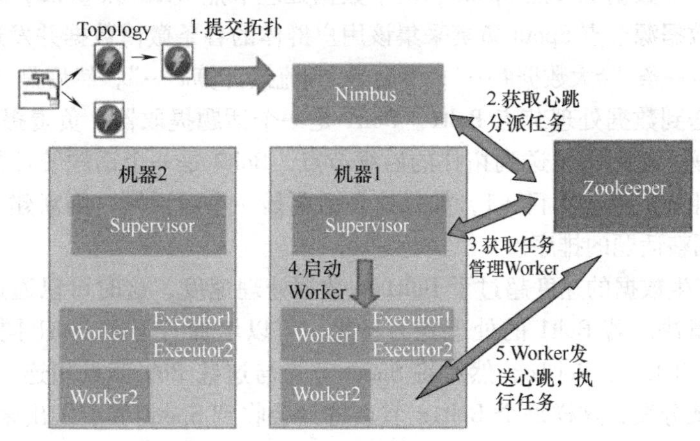

图 7-13　Storm 的计算过程

用户首先定义一个计算应用的拓扑，定义好的拓扑通过 Nimbus 进行提交。Nimbus 通过 Zookeeper 协调器获取计算系统中各个 Supervisor 的心跳，得知各 Supervisor 的活跃情况，然后进行任务的分派，为拓扑中的各个节点分配负责执行的 Supervisor。Supervisor 根据任务的分派指定执行的 Worker 并启动 Worker 的执行实例。除非用户关闭或出错，否则拓扑将会一直存在并执行下去，等待数据的流入然后按照拓扑的计算逻辑依次进行处理和流转。

7.4.3　实例：微博用户群体实时热门话题分析

下面以微博的用户群体实时热门话题分析为例来看如何通过流式计算进行实时分析。用户群体实时热门话题分析是给定一个用户群体，从某时刻开始实时统计该用户群体所发微博中各个话题的微博数，然后根据次数进行排序，排名前 TopK（比如 Top1、Top3、Top5、Top10 等）的话题作为热门话题。比如从某一天的 0:00 开始统计当天热门话题，或者从某一周的周一 0:00 开始统计本周热门话题。该应用场景与 7.3.1 节中批量计算的应用场景的区别是，批量计算所针对的数据已经全部获得并预先保存，然后在计算的过程中数据本身并不会发生变化，所有数据处理完毕之后计算结束。流式计算应用场景允许不断有新数据到来，计算预先并不知道数据到来的时间、内容和数量。因此，流式计算建立了一个拓扑，新的数据到来之后流过这个拓扑被计算处理，计算结束需要定义终止条件，比如统计当天热门话题则到当天晚 24:00 截止，终止条件未达到时计算会一直持续。

这里首先建立一个最简单的拓扑来实时分析微博的用户群体热门话题，如图 7-14 所示。

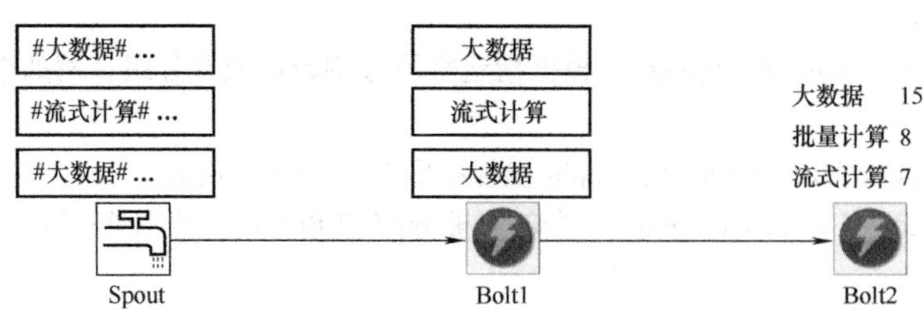

图 7-14　流式计算示例 1

该拓扑包括一个数据源节点 Spout 和两个数据处理节点 Bolt1 和 Bolt2，拓扑结构采用最简单的直线式。数据源节点 Spout 负责采集该用户群体的各条微博数据并发送到拓扑的后续节点，如首先产生一条“#大数据# …”，然后是“#流式计算# …”，然后是“#大数据# …”，各条数据依次被送到数据处理节点 Bolt1。Bolt1 是一个话题提取器，负责提取从 Spout 获取的各条微博的话题，然后再发送到拓扑的后续节点。Bolt2 是一个话题统计排序器，每收到一个话题，会将相应的话题数目 +1，如果这个话题是一个新话题，则新建一条记录并记录次数 1，然后再调整话题的排序。

如果 Spout 产生数据的速度超过了 Bolt1 的数据处理速度，这时可以通过改造拓扑利用分布式的思想来解决。若 Bolt1 的处理能力不足，可以增加若干跟 Bolt1 同样功能的节点，分别称为 Bolt1a、Bolt1b、Bolt1c，然后将 Spout 节点与这些 Bolt 节点相连，Spout 节点的消息分组采用发牌式分发，这样每个 Bolt1x 节点将只会收到 Spout 节点发出来的 1/3 的数据，大大的缓解了压力，如图 7-15 所示。

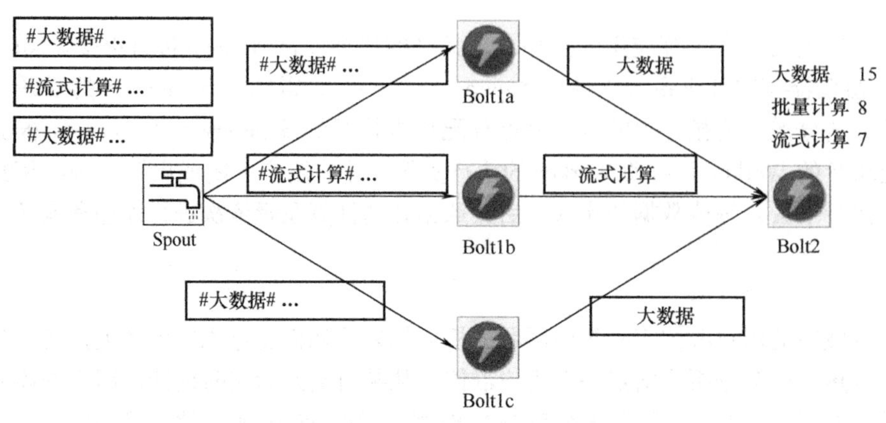

图 7-15　流式计算示例 2

7.5 大规模图数据计算

7.5.1　基本概念

图是表示物件与物件之间关系的数学对象。图数据是一种重要而且普遍的大数据，存在于人们生活的方方面面，例如：表示城市与城市之间关系的交通网数据、表示人与人之间关

系的社交关系网数据等，如图 7-16 所示。

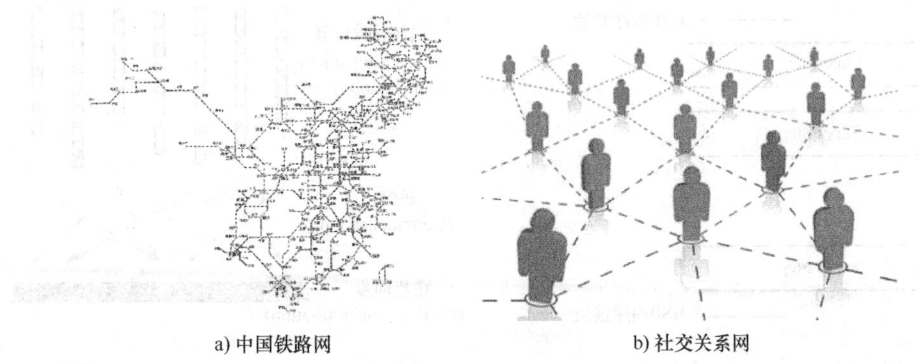

a) 中国铁路网　　b) 社交关系网

图 7-16　图数据示例

图计算（Graph Computing）是研究物件与物件之间的关系，并进行整体的刻画、计算和分析的一种技术。随着信息技术和大数据技术的发展，图数据的规模越来越大。2018 年，社交网络 Facebook 的月活跃用户数量已经超过 20 亿；Google 索引的网页数量已经超过 500 亿。传统的集中式图计算已经无法满足日益增长的功能和性能上的需求。

由于图数据存在较强的局部依赖性，使得图计算具有局部更新和迭代计算的特性，这也使得传统的基于 MapReduce 的批量大数据计算系统在进行大规模图计算时效率很低。为解决这一问题，Google 基于 BSP（Bulk Synchronous Parallel）[8]模型实现了一个称为 Pregel[9]的并行图处理系统。

BSP 是由哈佛大学的 Viliant 和牛津大学的 Bill Coll 提出的一种并行计算模型，也称为大同步模型。创始人希望 BSP 模型能够像冯·诺依曼体系结构那样，架起计算机程序语言和体系结构间的桥梁，故又称为桥模型。

从并行计算的角度看，BSP 是一种异步多指令流多数据流-分布式存储（MIMD-DM）模型。一个 BSP 并行计算系统由一组通过通信网络互连的处理器与内存单元组成。它主要有三个部分：

- 一组具有局部内存的分布式处理器。
- 全局数据通信网络。
- 支持所有处理单元间全局栅栏同步的机制。

BSP 程序执行过程如图 7-17 所示。一次 BSP 计算过程由一系列全局超步（Super Step）组成。超步就是 BSP 计算中的一次迭代，BSP 中每个超步的执行过程如图 7-18 所示，每个超步主要包括三个组件：

- 局部并发计算（Local Concurrent Computation）：每个参与计算的处理器都有自身的计算任务，它们只负责读取和处理存储在本地内存中的数据。这些计算都是异步并且独立的。
- 通信（Communication）：处理器之间可以相互交换数据，由一方发起推送（Put）或获取（Get）操作来实现数据交互。
- 栅栏同步（Barrier Synchronisation）：当一个处理器遇到栅栏时，会等到其他所有处理器完成它们的计算步骤。每一次同步是一个超步的完成，也是下一个超步的开始。

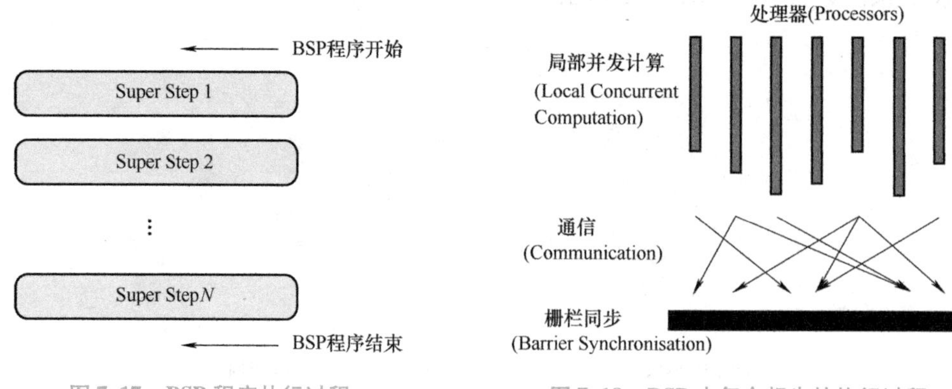

图 7-17　BSP 程序执行过程　　图 7-18　BSP 中每个超步的执行过程

7.5.2　典型图计算系统

Pregel[9] 是 Google 基于 BSP 模型实现的一个并行图处理系统。最初只是为了解决 PageRank 计算问题。由于 MapReduce 并不适合于 PageRank 的计算，所以需要一种新的计算模型。通过逐步提炼，最后得到了一个通用的图计算框架，并可用来解决更多的图计算相关问题。

Pregel 计算系统的输入是一个有向图。图中的每一个顶点都有一个与之对应的可修改的用户自定义值。图中的每条有向边都和其源顶点关联，并且拥有一个可修改的用户自定义值，同时还记录了其目标顶点的标识符。

一个典型的 Pregel 计算过程如图 7-19 所示。①读取并初始化输入的有向图；②当图被初始化好后，运行一系列的超步直到整个计算结束，这些超步之间通过一些全局的同步点分隔；③输出结果并结束计算。在每个超步中，顶点的计算都是并行的，每个顶点执行相同的用于表达给定算法逻辑的用户自定义函数。每个顶点可以修改其自身及其出边的状态，接收前一个超步发送给它的消息，并发送消息给其他顶点（这些消息将会在下一个超步中被接收），甚至是修改整个图的拓扑结构。

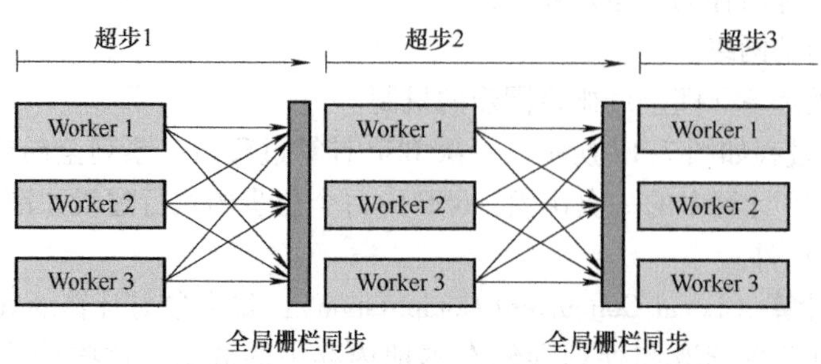

图 7-19　Pregel 计算过程

Pregel 计算是否结束取决于是否所有的顶点都已经标识其自身达到非活跃（Inactive）状态。在第 0 个超步，所有顶点都处于活跃（Active）状态，所有的活跃顶点都会参与当前超步中的计算。顶点通过将其自身的状态（Status）设置成停机（Halt）来表示它进入非活跃状态。这就表示该顶点没有进一步的计算需要执行，除非再次被外部触发。Pregel 系统不会在接下来的超步中执行非活跃顶点，除非该顶点收到其他顶点传送的消息。非活跃顶点在接收到消息后将被唤醒进入活跃状态。整个计算在所有顶点都达到非活跃状态，并且没有消息在传送的时候宣告结束。Pregel 中的顶点状态机如图 7-20 所示。

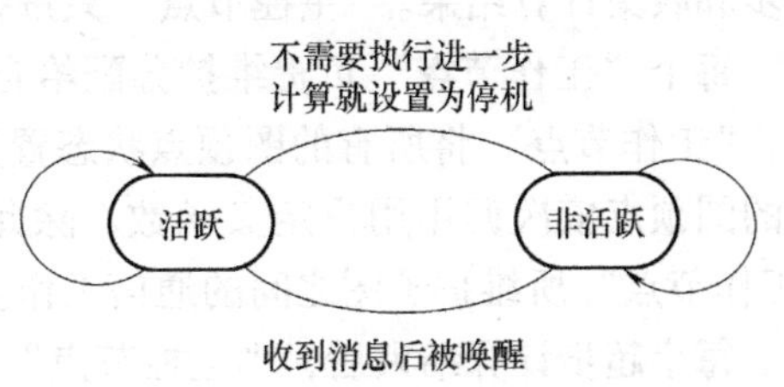

图 7-20　Pregel 中的顶点状态机

Pregel 程序的输出是所有顶点输出的集合，通常是一个跟输入同构的有向图，但这并不是系统的一个必要属性，因为顶点和边可以在计算的过程中进行添加和删除。比如一个对图的挖掘算法就可能只输出从图中挖掘出来的聚合数据。

Pregel 采用的是一种以图节点为中心的计算模式。边（Edge）在这种计算模式中并不是核心对象，没有相应的计算运行在其上。

图 7-21 是利用 Pregel 计算连通图中的最大值，图中实线表示图顶点之间的有向边，虚线表示计算过程中节点之间的消息传递，灰色节点表示处于非活跃状态。在 Pregel 计算的每个超步中，顶点会从输入边上接收关于其相邻顶点数值的消息，然后根据收到的消息和其自身的状态（自身的数值）判断是否有比它自身数值更大的相邻顶点，如果有，则对其自身的状态进行更新（更新为收到消息中最大的数值）。如果顶点的状态发生更新，则将其新的数值通过输出边传送到所有相邻的顶点；否则就将其自身设置为非活跃状态，直至收到新的消息将被再次激活。当某个超级步中已经没有顶点更新其值（即所有节点都进入非活跃状态），则算法宣告结束。

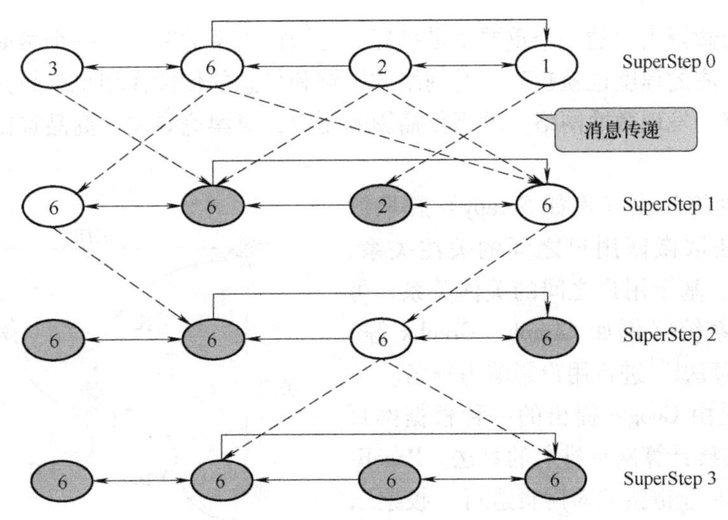

图 7-21　利用 Pregel 计算连通图中的最大值

Pregel 系统采用“主从结构”来实现其整体功能。整个分布式计算集群中有一台服务器充当“主控节点”（Master），负责整个图结构的任务切分，并把任务分配给众多的“工作节点”（Worker），“主控节点”命令“工作节点”进行每一个超步的计算，并进行障碍点同步和收集计算结果。“主控节点”只进行系统管理工作，不负责具体的图计算。

每个“工作节点”负责维护分配给自己的子图节点和边的状态信息。在运算的最初阶段，“工作节点”将所有的图顶点状态置为活跃状态。在每个超步中，对于目前处于活跃状态的图顶点依次调用用户定义函数。除此之外，“工作节点”还负责管理本机子图和其他“工作节点”所维护子图之间的通信工作。

每个超步计算结束后，“主控节点”通过命令通知“工作节点”开始新一轮超步的计算，“工作节点”依次对活跃图顶点调用用户定义函数。当所有的活跃顶点运算完毕，“工作节点”通知“主控节点”本轮计算结束后剩余的活跃顶点数。当某个超步后，所有的图顶点都处于非活跃状态，计算结束。

Apache Giraph是Yahoo根据Google的论文《Pregel：大规模图处理系统》[9]实现的。后来，Yahoo将Giraph捐赠给Apache软件基金会。Facebook的图谱搜索（Graph Search）服务采用了Giraph，用其对有1万亿连接的真实社交图谱进行迭代的页面排名，并能在几分钟内完成对每月的活跃用户数据集的处理。

GraphLab是卡内基梅隆大学（CMU）的Select实验室在2010年提出的一个开源图计算框架，该框架使用C++语言开发实现。

Graphx是UC Berkeley的AMP实验室开发的一个分布式图计算框架，后来整合到Spark中成为一个核心组件。Graphx是Spark生态中的一个重要的组件，融合了图并行和数据并行的优势。虽然在单纯的图计算阶段的性能相比不如GraphLab等计算框架，但是如果从整个图处理流水线的视角（图构建、图合并、最终结果的查询）来看，其性能就非常具有竞争性。

7.5.3　实例：微博用户影响力排名

影响力作为微博用户的一个重要衡量指标，是微博关系的基础。一个微博用户的影响力越大，其受到关注的程度也就越高，对网络的影响和信息的传播作用也就越大。对微博用户影响力进行研究，发现微博网络中的高传播影响用户，对舆论导向、商品宣传和舆情预警等都有重要作用。

可以通过网络爬虫（例如Scrapy）爬取微博网络数据，获取微博用户之间的关注关系，如图7-22所示。基于用户之间的关注关系，可以利用图计算系统（例如Giraph、Graphx等）通过PageRank算法[10]进行用户影响力排名。

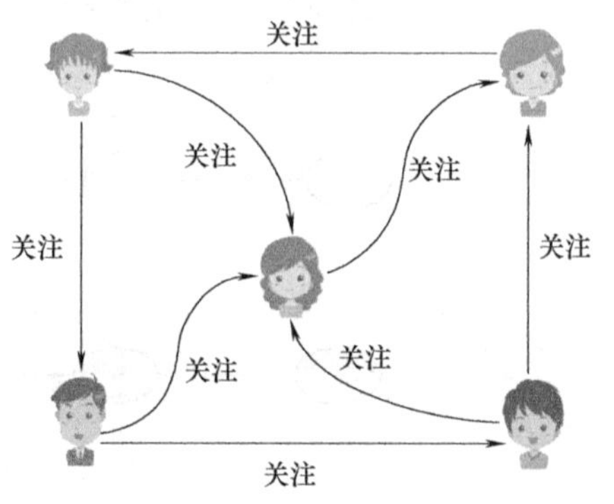

图7-22　微博用户之间的关注关系

PageRank是由Google提出的一种根据网页之间相互的超链接计算网页排名的算法。PageRank的基本思想是让链接来对网页进行“投票”，一个页面的“得票数”由所有链向它的页面（链入页面）的重要性来决定。到一个网页的每一个超链接相当于向该页面投了一票。PageRank本质上是一个基于图游走的迭代算法。每次迭代中，各页面按照式（7-1）更新其*PR*值，直到系统稳定为止。

$$PR(p_i) = \frac{1-d}{N} + d \sum_{p_j \in M(p_i)} \frac{PR(p_j)}{L(p_j)} \tag{7-1}$$

式中，p_i 和 p_j 表示待排名的网页；$M(p_i)$ 表示网页 p_i 的“链入页面”集合；$L(p_j)$ 表示网页 p_j 的“链出页面”集合；N 表示待排名页面的总数；d 是一个阻尼系数，表示用户会继续点击当前网页中链接的概率，默认 d 的取值为 0.85。

微博用户之间的关注行为也可以看作是一种“投票”行为。类似于网页排名，也可以利用 PageRank 算法来对微博用户进行排名，并采用基于 BSP 模型的图处理平台（例如 Pregel、Giraph 等）来实现该算法。具体而言，将 PageRank 算法中的每一次迭代设计成 BSP 模型中的一个超步。每轮迭代中，每个用户顶点根据式（7-1）并行地更新自己的 *PR* 值，并通过消息通信将其传递给相邻的节点，然后通过栅栏进行同步等待，直到所有节点都完成 *PR* 值的更新，并开始新一轮的迭代（下一个超步）。

7.6 内存大数据计算

7.6.1 基本概念

随着内存价格的不断下降、服务器可配置内存容量的不断增长，使用内存计算完成高速的大数据处理已成为大数据处理的重要发展方向。内存计算是一种通过对体系结构及编程模型等进行革新，将数据装入内存中处理，以尽量避免 I/O 操作的并行计算模式。在应用层面，内存计算主要用于数据密集型计算的处理，尤其是数据量大且需要实时分析处理的计算。这类应用以数据为中心，需要极高的数据传输及处理速率。

在内存计算模式下，所有的数据在初始化阶段全部加载到内存中，数据处理及查询操作都在高速内存中执行。CPU 直接从内存读取数据，进行实时的计算和分析，减少了磁盘数据访问频率，降低了网络与磁盘 I/O 的影响，大幅提升了计算处理的数据吞吐量与处理的速度。由于内存计算避免了 I/O 瓶颈，以前在数小时、数天时间内计算的结果，在内存计算环境中可在数秒内完成。

内存计算与传统的内存缓存的区别主要体现在数据在内存中的存储和访问方式上。在内存计算中，数据长久地存储于内存中，由应用程序直接访问。即使当数据量过大导致其不能完全存放于内存中时，从应用程序视角看，待处理数据仍是存储于内存当中的，用户程序同样只是直接操作内存，而由操作系统、运行时的环境完成数据在内存和磁盘间的交换。而传统的内存缓存则利用部分内存缓存磁盘或文件数据，应用程序通过文件系统接口访问缓存中的数据，而不是像内存计算那样直接访问。因此，内存计算和传统的内存缓存都可以通过减少 I/O 操作提升系统性能，内存计算支持数据直接访问，效率更高，也更适合大数据应用。

内存计算主要有以下特性：

1）硬件方面拥有大容量内存，可将待处理数据尽可能全部存放于内存当中，内存可以是单机内存或者分布式内存。

2）具有良好的编程模型和编程接口。

3）主要面向数据密集型应用，数据规模大，处理实时性要求高。

4）大多支持并行处理数据。

7.6.2 典型内存计算系统

内存计算系统以大数据应用为出发点，主要面向迭代式数据处理、实时数据查询等应用，通过提供编程模型或接口以及运行环境，支持这些应用在内存中进行大规模数据的分析处理和检索查询。此类系统的处理机制是：首先将待处理数据从磁盘读入内存，然后在这些数据上进行反复的迭代运算，除了第一次需要涉及I/O操作外，之后便一直从内存读写数据。其中最为典型的是加州大学伯克利分校开发的Apache Spark系统，在此基础上还有M3R系统等。

Spark是一个快速的、通用的集群计算系统。它对Java、Scala、Python和R都提供了高层API，并有一个经优化的支持通用执行图计算的引擎。它还支持一组丰富的高级工具，包括用于SQL和结构化数据处理的Spark SQL，用于机器学习的MLlib，用于图计算的GraphX和用于流水数据的Spark Streaming。Spark系统将数据第一次从磁盘读入内存时，生成一种抽象的内存对象，即弹性分布式数据集（Resilient Distributed Datasets，RDD）。此后，用户程序只操作在内存中的RDD，计算过程只涉及内存读写，因此大幅提升了数据处理效率。Spark运行的基本流程如图7-23所示，具体流程为：

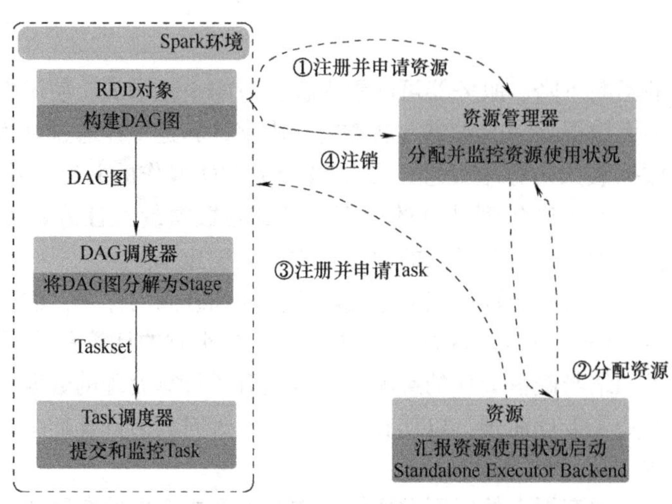

图7-23 Spark运行的基本流程

1）构建Spark Application的运行环境，启动Spark Context。

2）Spark Context向资源管理器（可以是Standalone、Mesos、Yarn）申请运行Executor资源，并启动Standalone Executor Backend。

3）Executor向Spark Context申请Task。

4）Spark Context将应用程序分发给Executor。

5）Spark Context构建DAG图，将DAG图分解成Stage，将Taskset发送给Task调度器，最后由Task调度器将Task发送给Executor运行。

6）Task在Executor上运行，运行完释放所有资源。

Spark批量计算架构如图7-24所示。其中驱动程序（Driver）运行用户编写的Spark应用程序（Application）中的main函数并创建Spark环境（Spark Context），创建Spark Context的目的是为了准备Spark应用程序的运行环境，并负责与集群管理器（Cluster Manager）通

信，进行资源申请、任务的分配和监控等。集群管理器在 Standalone 模式中作为主节点（Master Node）负责资源的分配，在 Hadoop Yarn 模式下作为资源管理器（Resource Manager）。从节点（Worker Node）是运行作业任务的工作节点，负责启动执行器（Executor）。执行器是 Application 运行在 Worker Node 上的一个进程，该进程负责运行某些任务（Task）线程，并且负责将数据存储到内存或磁盘上。

Spark 系统有以下运行特点：

1）每个 Application 都具有各自独立的一批 Executor 进程，且在 Application 运行期间一直驻留，以多线程方式运行 Task。

2）Spark 与资源管理器无关，只要能够获取 Executor 进程，并能保持相互通信即可。

3）应减少提交 Spark Context 的 Client 和 Worker Node（运行 Executor 的节点）之间的网络距离，比如尽量在同一个机架中，因为 Application 运行过程中 Spark Context 和 Executor 之间有大量的信息交换。

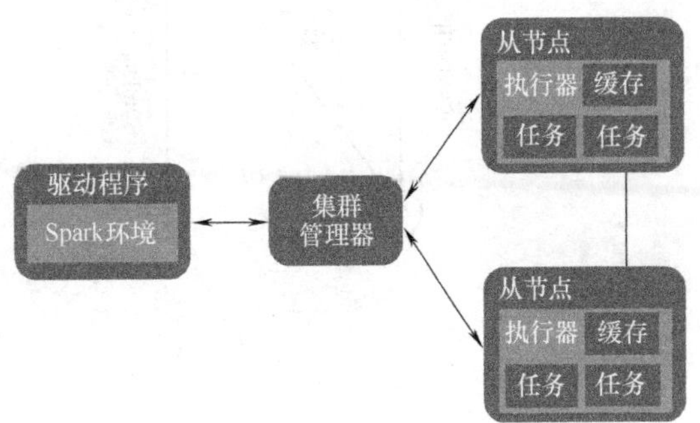

图 7-24　Spark 批量计算架构

4）Task 线程采用了数据本地性和推测执行的优化机制。

7.6.3　Spark Streaming 和 GraphX

Spark Streaming 是 Spark Core API 的扩展，它支持弹性的、高吞吐的、容错的实时数据流的处理。数据可以通过多种数据源获取，例如 Kafka、Flume、Kinesis 以及 TCP sockets，也可以通过例如 map、reduce、join、window 等的高级函数组成的复杂算法处理。最终，处理后的数据可以输出到文件系统、数据库以及实时仪表盘中。

Spark Streaming 接收实时输入数据流并将数据切分成多个 batch（批）数据，然后由 Spark 引擎处理它们以生成最终的分批流结果，其工作原理如图 7-25 所示。

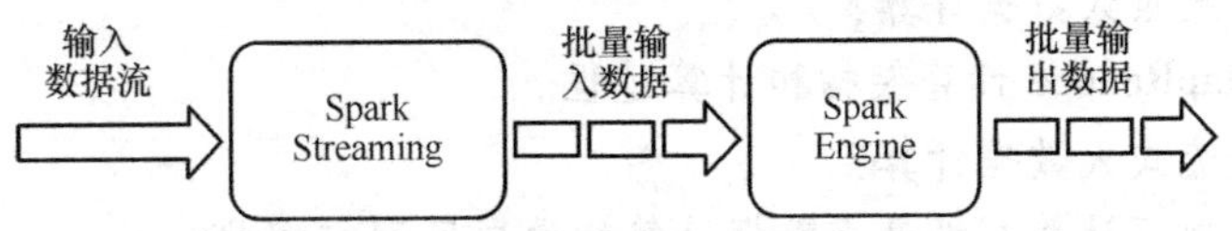

图 7-25　Spark Streaming 工作原理

GraphX 是 Spark 中用于图形和图形并行计算的新组件。在高层次上，GraphX 通过引入一个新的图形抽象来扩展 Spark RDD（一种具有附加到每个顶点和边缘属性的定向多重图形）。为了支持图计算，GraphX 公开了一组基本运算符（如 subgraph、join Vertices 和 aggregate Messages）以及 Pregel API 的优化变体。此外 GraphX 还包括越来越多的图形算法和构建器，以简化图形分析任务。

假设要构建一个由 GraphX 项目中的各种协作者组成的属性图，顶点属性可能包含用户名和职业，任务示意图如图 7-26 所示。

对 Graph 视图的所有操作，最终都会转换成与其关联的 Table 视图的 RDD 操作来完成。这样对一个图的计算，最终在逻辑上等价于一系列 RDD 的转换过程。因此，Graph 具备了

属性图

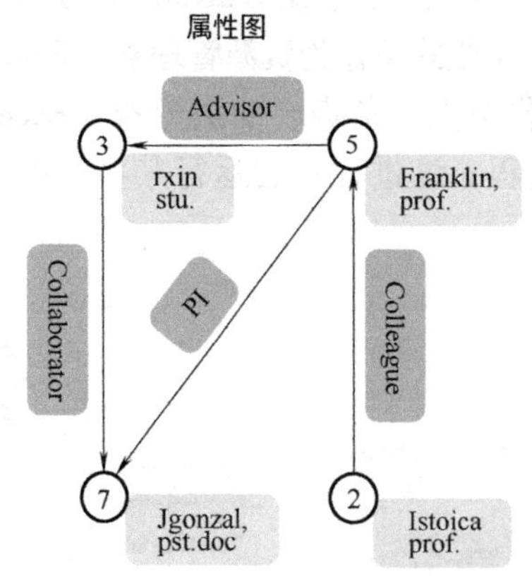

顶点表

Id	Property(V)
3	(rxin,student)
7	(jgonzal,postdoc)
5	(franklin,professor)
2	(istoica,professor)

边表

SrcId	DstId	Property(E)
3	7	Collaborator
5	3	Advisor
2	5	Colleague
5	7	PI

图 7-26　GraphX 的任务示意图

RDD 的三个关键特性：Immutable（不变性）、Distributed（分布性）和 Fault-Tolerant（容错性），其中最关键的是不变性。逻辑上，所有图的转换和操作都产生了一个新图；物理上，GraphX 会有一定程度的不变顶点和边的复用优化，对用户透明。两种视图底层共用的物理数据，由 RDD［Vertex-Partition］和 RDD［Edge-Partition］组成。点和边实际都不是以表 Collection［tuple］的形式存储的，而是由 Vertex-Partition/Edge-Partition 在内部存储一个带索引结构的分片数据块，以加速不同视图下的遍历速度。不变的索引结构在 RDD 转换过程中是共用的，降低了计算和存储开销。

习　题

7.1　大数据处理平台包括哪些部分？有哪些功能？

7.2　大数据处理平台的计算有什么特点？

7.3　什么是批量大数据计算？

7.4　简述 MapReduce 计算架构和计算过程。

7.5　什么是流式大数据计算？

7.6　流式大数据计算与批量大数据计算的主要区别有哪些？

7.7　简述流式大数据计算的拓扑。

7.8　流式计算中典型的数据分发机制有哪些？

7.9　图数据计算有哪些典型特征？

7.10　简述 BSP 模型的基本原理和 BSP 计算的主要步骤。

参考文献及扩展阅读资料

［1］黄宜华，苗凯翔．深入理解大数据：大数据处理与编程实践［M］．北京：机械工业出版社，2014．

［2］Tom W. Hadoop 权威指南：大数据的存储与分析［M］．4 版．王海，等译．北京：清华大学出版社，2017．

[3] Ghemawat S，Gobioff H，Leung S-T. The Google file system [C]. New York，ACM，2003：29-43.

[4] Dean J，Ghemawat S. MapReduce：Simplified Data Processing on Large Clusters [J]. Communications of the ACM，2008，51 (1)：107-113.

[5] Holden K，等. Spark 快速大数据分析 [M]. 王道远，译. 北京：人民邮电出版社，2015.

[6] 孙大为，张广艳，郑纬民. 大数据流式计算：关键技术及系统实例 [J]. 软件学报，2014，(4)：839-862.

[7] Peter T G，等. Storm 分布式实时计算模式 [M]. 董昭，译. 北京：机械工业出版社，2015.

[8] Valiant L G. A bridging model for parallel computation [J]. Communications of the ACM，1990，33 (8)：103-111.

[9] Malewicz G，Austern M H，Bik A J，et al. Pregel：A System for Large-Scale Graph Processing [C]. New York，ACM，2010：135-146.

[10] Page L，Brin S，Motwani R，et al. The PageRank citation ranking：Bringing order to the web [R]. California：Stanford InfoLab，1999.

应用篇

第8章 社会网络大数据

☞ 导 读

本章首先结合当前社会网络的发展状况，介绍社会网络大数据研究的背景和意义，概括该领域的发展历程及一些重要事件；然后列举在当前背景下，社会网络大数据研究面临的主要挑战；最后介绍当前社会网络大数据研究的主要问题，比如社会影响力研究和社会媒体信息传播研究，并概括其相关的部分模型和算法等。

☞ 知识点：

知识点1　社会网络大数据研究的背景和意义
知识点2　社会网络大数据研究的历史脉络
知识点3　社会网络大数据研究面临的主要挑战
知识点4　社会网络大数据研究的主要问题及相关模型和算法

☞ 课程重点：

重点1　社会影响力研究的模型和算法
重点2　社会媒体信息传播的模型和算法

☞ 课程难点：

难点1　独立级联模型和线性阈值模型的区别
难点2　影响最大化问题的目标函数的性质

8.1 概述

近年来，在线社会网络取得快速发展。截至2017年6月，Facebook月活跃用户数已经达到20亿，其中仅手机端的日活跃用户数就达到15.7亿，用户每天花在Facebook上的时间超过264亿min。截至2017年8月，Twitter的月活跃用户数依然保持3.2亿（日活跃用户1亿），虽然较鼎盛时期有所下降，但依然保持活力。截至2017年4月，新兴的以图片分享为主的社交工具Instagram月活跃用户数超过7亿（日活跃用户数达到4亿）。截至2017年8月，同样基于图片的社交工具Snapchat月活跃用户数也超过3亿（日活跃用户数1.73亿）。

国内在线社会网络起步不算晚，截至2017年8月，腾讯的“常青树”社交工具QQ目前依然保持8.61亿月活跃用户，新兴的社交工具微信月活跃用户数更是超过了9.6亿。截至2017年5月，新浪微博最新发布的数据表明，其用户数已经超过Twitter，达到3.4亿。国内今日头条的日活跃用户平均每天花在头条上的时间更是达到70min。一个初步统计表明，网络用户平均加入8个在线社会网络，超过2/3的网民通过社会网络来和朋友、家人以及商业伙伴保持联系。所有这些数据显示：在线社会网络已经成为连接网络信息空间和人类物理世界不可或缺的桥梁。这种连接给传统社会也带来了极大的改变。首先社会网络大大方便了人们的通信和交流。人们在使用和享受社会网络给人们生活带来的巨大便利的同时，也留下了海量的社交数据。通过对这些数据进行分析和挖掘，可以对各种社会热点问题进行预测。比如在美国总统大选时，就经常有各种社会网络平台通过分析社会网络大数据来预测选举结果。另外，通过对社会网络数据进行分析挖掘，还可以带来巨大的社会和经济效应，而这些在在线社会网络诞生之前几乎是不可能的。通过分析社会网络大数据，还有助于国家掌握网络舆情，从而维护社会稳定。另外，通过分析社会网络数据还可促进经济发展。比如，商家通过分析用户的历史数据以及社交网络上用户好友的数据，可以推断用户喜好，从而进行商品推荐或广告精准投放。

社会网络不仅带来了海量数据，还给传统社会网络分析和数据挖掘带来了全新挑战，亟需新的科学理论体系和计算方法来帮助理解在线社会网络的形成和演化机理，以及网络用户行为对互联网络发展的深层影响。正是在这样的背景下，哈佛大学的David Lazer、MIT的Alex Pentlan、Facebook的Lada Adamic和美国东北大学的Albert-László Barabási等人于2009年在《Science》上发表题为“Computational Social Science”的文章，从计算学、社会学、物理学、心理学、管理学等学科，定义了计算社会学的核心问题：“A field is emerging that leverages the capacity to collect and analyze data at a scale that may reveal patterns of individual and group behaviors”。该定义强调了社会大数据分析以及揭示个体和群体行为模式是计算社会学的主要任务。后来James Giles于2012年在《Nature》上也发表了一篇类似观点的文章。

本章以社会网络大数据分析为主题，重点探讨社会网络科学中的计算问题。相关研究可以追溯到早期物理学、社会学、图论以及数据。图8-1给出了社会网络科学简史，列出了该方向近30~60年的主要相关研究。总的来说，早期研究主要源自社会学和数学，例如20世纪40~50年代美国社会学奠基人、统计学会院士Paul Lazarsfeld提出的同质性（Homophily）和两阶段信息传播（Two-step Flow）理论基本上奠定了当前社会学中的社会关系形成和信息传播模型基础；而数学方面，沃尔夫奖获得者Paul Erdös与匈牙利科学院院士Alfréd Rényi等人提出的随机图（Random Graph）为后来网络形成模型的研究奠定了数学基础。20世纪70年代，美国艺术与科学院院士Mark Granovetter提出的弱连接（Weak Ties）理论成为后期研究社会关系形成的基础，也促成了后来结构洞理论的诞生，同时Granovetter还将该理论引入到经济学。20世纪90年代是社会网络研究百花齐放的一个时代，社会学方面，美国艺术与科学院院士Ronald Burt提出的结构洞（Structural Hole）理论将社会网络和社会资本有机结合起来，从此社会学和管理科学有了一个高效的结合点；物理学方面，包括Duncan J、Watts、Steven Strogatz以及Albert-László Barabási等几位著名学者分别提出小世界模型（Small World）和无尺度网络（Scale-free），这两个模型一方面可以看作是对Random Graph的扩展，但更重要的是奠定了近代网络生成模型的基石；同期还有两个重要的计算机学科成

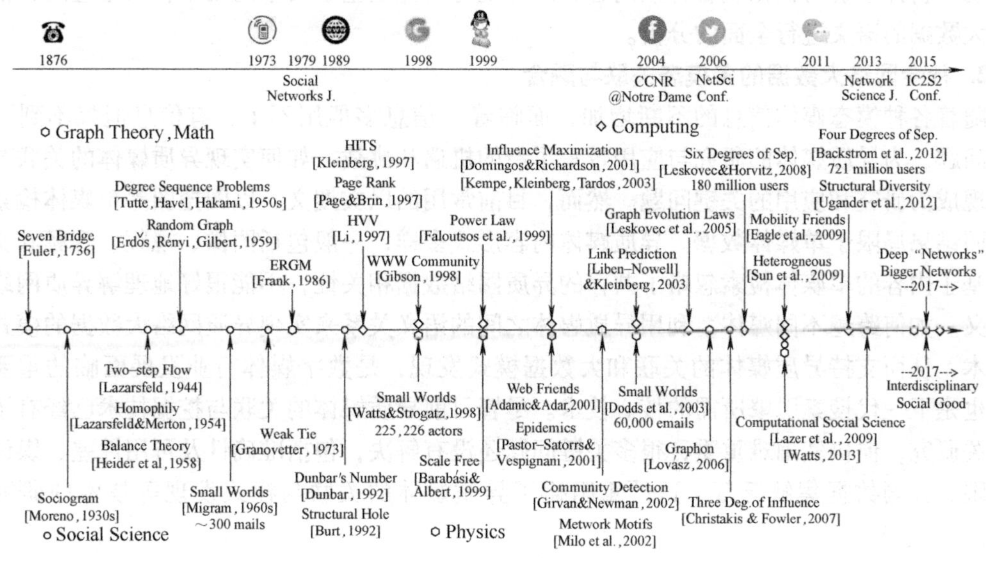

图 8-1　社会网络科学简史（该图源自微软研究院 Yuxiao Dong 博士）

果，一个就是美国三院（科学院、工程院、艺术与科学院）院士 Jon Kleinberg 的网络分析算法 HITS，另一个则是谷歌创始人 Larry Page 和 Sergey Brin 发明的 PageRank 算法，两个算法均成为后来网络分析的重要工具。进入 21 世纪，尤其是随着社会大数据的到来，计算机学科的重要性日益凸显，但更重要的是各个学科的加速交叉融合。Michelle Girvan 和 Mark Newman 提出的**社群发现**（Community Detection）很快吸引了大批计算机学家和物理学家的关注；Jon Kleinberg 等人提出的**影响力最大化**（Influence Maximization）和**链接预测**（Link Prediction）分别成为近代网络传播研究和网络关系研究的理论基础。近5 年，随着深度学习的兴起，融合网络科学与深度学习成为一个热点。

总的来说，社会网络科学处在一个蓬勃发展的时期，社会大数据的到来必然带来相关学科的深入交叉融合，本章首先分析社会网络大数据研究面临的挑战，然后在充分总结分析国内外相关研究的基础上，着重从社会影响力和信息传播两个方面阐述该学科方向的理论成果和发展趋势。

8.2　社会网络大数据面临的挑战

当前，社会网络大数据研究在以下几个方面面临着巨大挑战。

1. 社会网络大数据的语义理解与分析

以文本、图像、音频和视频等为载体的网络大数据已成为一种主要的形式。谷歌、百度等通用搜索引擎在很大程度上可以帮助用户快速检索图像等信息，YouTube、优酷网等则提供了视频检索机制，可以搜索网络上的视频数据，Facebook、Twitter、新浪微博、微信等社交媒体网站通过用户共享的形式也包含了海量的图像、视频等数据。海量的社会网络大数据带来了存储、检索、管理等多方面的挑战。百度、谷歌、YouTube 等商用搜索引擎均基于网络数据的文本描述进行检索。在社会网络大数据的背景下，很多数据缺乏文本描述，需要算法自动分析并理解可视化或者音频内容，因此现有的完全基于文本的技术将很难应用，需要网络大数据的语义进行全面的分析。

2. 社会网络大数据的多模态关联与融合

随着各种模态媒体信息的不断增加，面临着“信息多但用不了，有信息但找不到”的重要问题，为异质媒体的研究与应用带来了新的机遇和挑战。如何实现异质媒体的关联与模式发现成为研究和应用的关键问题。然而，目前常用的以文搜文、以图搜图等单媒体检索方式返回结果局限于单媒体数据。异质媒体内容形式多样，一般包括图像、视频、音频和文本等，基于内容的单媒体检索忽略了共存的异质网络数据相关性，不能很好地理解异质网络数据语义。如何跨越不同媒体，利用异质媒体之间的语义关系来实现异质网络大数据的模式发现技术，从而支持异质媒体的关联和大数据模式发现，是数字媒体行业发展面临的重要问题，也是下一代搜索引擎所需的核心技术。尽管目前异质媒体的关联与挖掘技术已经有了一些相关研究，但仍然困难重重，很多关键问题还没有解决，包括准确性及可用性差、媒体类型有限、评测数据集缺乏等，这严重阻碍了异质媒体的关联与模式发现等技术的研究及应用。

3. 社会网络大数据的群体行为分析与挖掘

社会网络的快速发展构建了网络化、数字化、虚拟化的工作和生活环境，给人们带来了前所未有的信息自主权，人类社会的信息化水平进入了一个全新阶段。社会网络的快速发展在使人们信息交流需求极大释放的同时，也带来了信息产生社会化、信息内容碎片化和信息传播网络化的问题，这对网络信息环境的科学管理和合理利用带来了新的挑战。图灵奖获得者 Hopcroft 教授在他 2012 年所著的《信息时代的计算科学理论》一书中提到，社会网络的不确定性使得传统物理学中的复杂动力学方程不再适用。社会网络中的群体行为模式尚未得到深刻理解和充分掌握，导致社会网络在信息的可信性、传播的可预测性、群体行为的可控性等方面仍处于一种无序状态，造成人们创造大量社会数据却对其知之甚少的现状。深入分析社会网络结构演化及群体行为的原动力和本质特征，对于提高社会网络管理的科学化水平、培育文明理性的网络环境都具有广泛的现实意义。

4. 社会网络大数据的多维分析与可视化

随着网络媒体的发展，各种新媒体平台迅猛发展，大量媒体内容产生。现有的媒体信息呈现方式一般采用简单罗列方式，如搜索引擎往往按照相关程度顺序排列结果，新闻网站采用人工编辑方式按类别分块呈现。这些媒体信息之间往往是孤立和单一的，浏览效率比较低下，无法满足网络大数据呈现的需求。上述问题导致人们无法快速感知社会网络热点信息的发生和对信息进行全面准确的了解。因此，对社会网络大数据的聚合与呈现技术进行研发，将能大大改变网络大数据的分析与理解，从而在很大程度上提高网络大数据的使用效率和效果。

8.3 社会网络中的用户影响力

社会影响力是社会网络中的个体由于社会地位、社会联系以及社会财富等因素，改变他人思想、行为或情感的能力。社会影响力在人们生活中无处不在，小到看一场电影，大到选择学校与工作，人们的各种选择与决策无不受到家人、同学、同事、朋友甚至普通大众的影

响。近年来，伴随着社会网络平台的蓬勃发展，包括社交网站（如 Facebook、LinkedIn、人人网等）、微博（Twiter、新浪微博等）以及购物网站（Amazon、淘宝）等，社会网络的规模与用户历史行为数据都呈爆炸式增长。社会影响力是社会网络中促使个人情绪变化、观点改变或者行为发生的一个重要因素。深入分析社会影响力，可以揭示网络信息传播的原动力和本质特征，对于推动电子购物的发展、激发新型政治活动、提高舆论监控能力以及加强社会学与信息学在大数据环境下的交叉合作等都具有广泛的现实意义。

社会影响力的研究在电子商务、新型政治活动、信息传播等领域有着广泛的应用价值。有调查表明，84% 的消费者认为自己的购物行为完全或者一定程度上会被家人、同事以及朋友的购物习惯与行为所影响；72% 的消费者认为读到其他人的正面评价可以增加自己对商品的信任度，且平均 2 ~ 6 个正面评价就可以提升 56% 的信任度；此外，58% 的消费者会分享自己的购物经验，同时会向他人咨询商品使用情况的反馈意见。朋友或他人的购物行为直接或间接地影响了人们的购物行为。从企业角度来讲，可以利用用户之间的影响力规律，选择有影响力的用户来帮助商品推广。在商业竞争日趋激烈的今天，谁率先掌握了人与人之间社会影响力的规律，就可以在市场营销中占据制高点。此外，Ipsos MORI 调查机构和伦敦大学国王学院共同调研表明：1/3 的年轻人认为社交媒体会影响他们的政治倾向。

另一方面，用户影响力有着众多表现形式，具体包括同伴压力（Peer Pressure）、从众影响力和意见领袖。同伴压力指的是两位个体用户之间的影响。从众影响力指的是个体用户受到群体用户的影响，从而使个体用户自身的行为与群体保持尽可能的一致。意见领袖指的是少数影响力较大的用户对群体用户的影响。如何在大规模社会网络中量化不同表现形式、不同纬度的社会影响力，是近年来的一大研究热点。

综上所述，在线社会网络的兴起通过“低成本替代”的方式，让人们可以用比传统社交中更低的沟通成本相互结识、交流、共享知识并分享生活中的点滴。用户之间的这种多方向、高频率、多维度的互动，使得用户影响力及其在网络中的传播过程更为复杂。而理解用户之间的影响力及其在社会网络中的传播过程，有助于人们更好地改善国民生活，同时对舆情监控、智能商务、用户个性化推荐等应用均有着重要的价值。

8.3.1　影响力检测实验

社会影响力检测的目标是给定某种行为，例如发帖或购物，验证用户与用户相同的行为（转发同样的帖子或购买同样的商品）之间是否存在互相影响的因果关系。最早的社会影响力检测实验于 20 世纪中叶，在社会学、心理学等领域开展。例如，1951 年，著名心理学家 Solomon Asch 设计并开展了著名的 Asch 实验。约 200 位大学生分为 8 人一组先后参加了实验。对于每一组学生，实验设计人向学生们展示了两张卡片，如图 8-2a 所示。第一张卡片画着一条直线，第二张卡片则画着三条直线，分别标注 A、B 和 C。然后，实验设计人逐一询问参加实验的学生：A、B、C 三条直线中哪一条的长度和第一张卡片中的直线最接近。答案显然是 C，然而令人大跌眼镜的是，大部分学生给出了错误的答案。原因在于，在每个实验组中，仅有一位学生是真正的实验对象，其余七人则被要求故意说出同一个错误的答案，而真正的实验对象总是会被最后一个问及问题。这个实验的真实目的，是验证真正实验对象是否会受到之前回答错误答案的学生的影响。结果显示，约 74% 的参与人会“从众”地选择和多数人的答案保持一致，尽管那个答案是明显错误的。

a)　　b)

图8-2　用于验证从众影响力的Asch实验

随着在线社会网络的兴起，海量的用户数据和用户平台为社会影响力的研究提供了崭新而又便捷的舞台。例如，2012年美国大选期间，加州大学的Robert Bond等人在Facebook上实施了一组用于验证好友之间影响力的实验[1]。在该实验中，Facebook上所有年龄超过18岁且拥有总统投票权的用户被随机分成了三组。其中，“信息组”的用户将被推送一条鼓励该用户参与线下总统投票的信息，并会收到一个显示周围最近投票点的链接，此外，用户界面上还有一个可以单击的“我已经投票”按钮，以及用于显示Facebook上已经参与投票用户数的计数器；“社交组”的用户也会收到这些同样的信息。不同的是，他们的界面上还会显示不超过六位已经参加投票的好友头像；“控制组”的用户则不会收到任何信息。各组用户收到的信息界面如图8-3a所示。

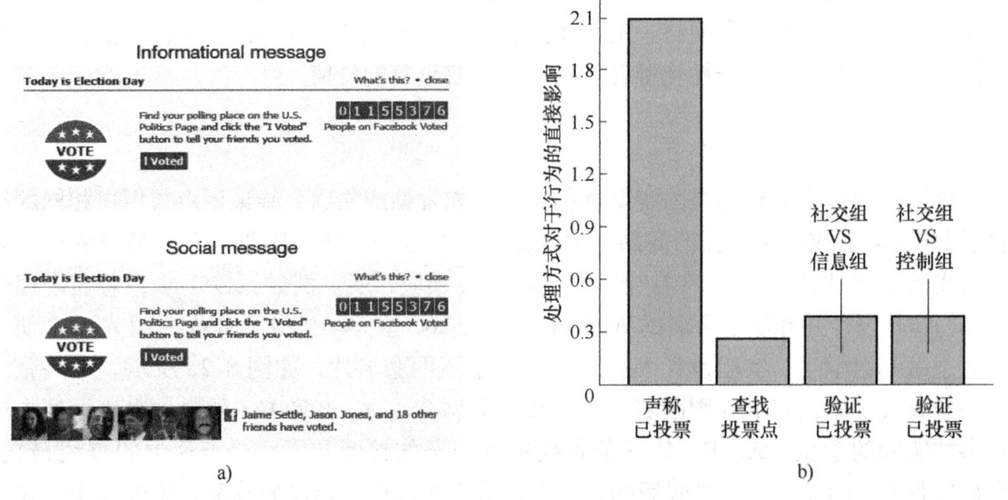

a)　　b)

图8-3　在Facebook上开展的社会影响力实验

实验表明，“社交组”用户比“信息组”用户更有可能单击显示最近投票点的按钮（+2.08%）。此外，“社交组”用户实际去投票的概率比“控制组”高了0.39%，如图8-3b所示。这个实验结果表明了两点：①在线社会网络的信息可以影响用户的线下行为；②包含用户社交关系的信息更有影响力。该实验结果发表在了 2012 年《Nature》杂志上。

另一个发表于 2013 年《Science》杂志上的实验则通过一个新闻网站进行[4]。在这个网站上，用户可以评论新闻，并且对其他用户发布的评论进行"点赞"或者"反对"。评论收到一次"点赞"会加 1 分，收到一次"反对"则会减 1 分，最终每一则评论都会有一个分值。在实验中，约 10 万条评论被分成了三个对照组，在第一个对照组中的帖子被手工增加了 1 分，第二个对照组中的帖子则被手工减少了 1 分，最后一个对照组则没有进行改动。接下来实验统计对评论进行修改后第一个收到的分数。结果表明，被手工减少分数的评论会收到更多"点赞"，从而体现其他用户修正被认为降低的分数的意愿；相对地，人们没有太大的意愿去降低被人为提高的分数。该实验进一步测试并验证了存在好友关系的用户之间互相打高分的概率（9.2%）高于互相不喜欢的用户（2.7%），以此进一步验证了用户之间的好友关系对用户影响力权重的关联关系。

8.3.2　影响力传播模型

用户之间的影响力会从一个用户传播到另一个用户，从而在社会网络中蔓延开来。如何量化影响力在网络中的传播过程也是重要的研究课题。最早的影响力模型可以追溯到 19 世纪 20 年代的传染病学领域，以生物学家 Kemack 和 McKendrick 所提出的传染病（SIR）模型为例，对疾病在人群中的传染过程进行建模。具体来说，SIR 模型假设每一个自然人会经历易感染阶段、感染阶段和康复阶段，通过一组动态方程描述不同时期处于不同状态的人口数量。在此基础上，一系列扩展模型如 SIS、SEIR、SEIS 均被广泛应用于不同类型的传染病之中。

上述传染病模型皆为确定性模型，另一类在计算机领域更为广泛应用的则是概率模型。其中最著名的当属独立级联（Independent Cascade，IC）[2]模型和线性阈值（Linear Threshold，LT）模型[3]。两者给定的都是一个图，其中节点表示用户，节点之间的边表示用户之间的关系。独立级联模型假设边上均有一个［0，1］区间内的参数 p_{ij}，表示节点 v_i 成功影响 v_j 的概率。并且，模型假设每位用户存在两种状态：激活状态和非激活状态。在第一个时间段，除了少数"种子用户"外，其余大部分用户处于非激活状态。处于激活状态的用户会有一次机会将周围的一位邻居"激活"，其成功的概率为对应边上的权重。一旦一位用户被激活后，其也会尝试激活自己周围的邻居。而在线性阈值模型中，除了边上的权重外，每个结点还存在一个对应的阈值。具体来说，在 LT 模型中，对于处于非激活状态的用户 v，倘若其周围已被激活的好友的边权和达到了阈值，则该用户就会在下一个时间点变成激活状态。图 8-4 展示了 IC 模型中信息的传播过程。IC 是以消息发送者为中心的模型，而 LT 则是以消息接收者为中心的模型。

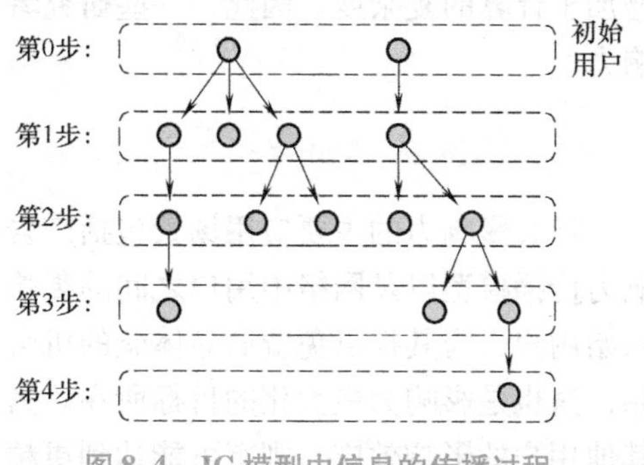

图 8-4　IC 模型中信息的传播过程

以上述两类模型为基础，衍生出了众多影响力模型及相关应用。例如，Galuba 等人[5]和 Goyal 等人[6]将 LT 模型应用于预测信息的转发过程。他们的模型依赖于三种信息：信息自身的"感染度"，用户之间的影响力，以及一位用户推送消息的倾向度。他们以最开始的传播过程作为训练集，用梯度下降法对LT模型的参数进行估计，然而最终的结果表明，他们的模型并不能重现比较好的传播过程。为了提升性能，Saito等人[7]对IC和LT模型中影响力传播时间的同步性假设（亦即所有的消息传递均在1个单位时间内完成）做了松弛，提出了异步模型AsIC和AsIL。他们在模型中的每条边上增加了时间延迟参数。例如在IC模型中，一位用户在时间t被激活后，并不一定在时间$t+1$便试图影响并激活周围的好友，而是存在一个更长的时间延迟，这样的假设更符合实际数据。

基于这些影响力模型，Kemp等人提出了影响力最大化问题[8]：在网络中找K个用户作为最初的“种子用户”，使得网络中最终被激活的用户数可以达到最大。例如一家公司想在微博做产品营销，该公司可以通过赠送试用产品等方式，激励K个用户首先转发自己的产品广告，而这些转发会激发别的用户带来更多的转发和传播，由此达到推广目的。其中K具体的取值则取决于公司的预算、试用产品数量等。

8.3.3　影响力度量算法

个体之间的影响力是影响力传播模型的重要参数，例如独立级联模型中的激活概率表征了个体之间的影响力大小。在对个体之间的影响力进行度量时，值得注意的一点是，个体之间的影响力与个体之间的同质性（或相似性）密切相关。它们之间的关系是：两个个体之间的相似性越强，则它们越容易做出建立相互之间关系的选择（Selection）；有关系的两个个体，互相之间的影响力会导致他们的相似性越来越强。这两者永远是交织在一起，不太好区分开来。Holme和Newman提出一个生成模型来平衡选择与影响过程[9]。基本思想是每次迭代时要么为两个节点之间建立关系（选择过程），要么将一个节点的属性变换为与其某个邻居节点相同的属性（影响过程）。Crandall等人提出一个更全面的生成模型来刻画一个人的行为。其基本思想是一个人的行为决策既取决于其本身的历史行为分布，又取决于邻居的行为分布，还取决于大众的行为分布[10]。由于相似性与影响力紧密交织在一起，区分的难度很大，因此除了以检测影响力为根本目标的研究，一般对这两者不做特别区分。

当同时给定社会网络结构与用户行为数据时，个体之间影响力估计的基本思想是，两个历史上经常在较短的时间间隔内发生相同行为的用户，与那些很少在较短时间内发生相同行为的用户相比，互相之间的影响力更强。个体之间影响力度量的主要方法包括频度统计法与最大似然法。最大似然法基于一个给定的影响力传播模型得到一次传播结果的似然度，然后通过最大化似然度来求解影响力传播模型中的参数——即个体之间的影响力大小。然而，最大似然法一般很难得到一个精确解，需要对似然函数做变换并采用近似迭代方法来求解，其增加了计算的复杂度。因此，一些研究者直接对给定数据进行频度统计来度量个体之间的影响力。

8.3.4　社会影响力应用

社会影响力的主要应用场景包括广告推荐、链接预测与用户行为预测等。例如，给定影响力传播模型以及网络中用户之间的影响力大小，便可以从整个网络中挑选出影响力最大的初始用户，为其提供免费商品体验的机会，使其将感受传播出去，影响最多的用户购买该商品，这也是影响力最大化的目标所在。另一方面，倘若在链接预测以及用户行为预测中考虑其他用户的影响效应，则有可能达到更精确的预测效果。

然而，用户影响力建模仍存在众多挑战与尚未解决的问题，例如本章所介绍的所有模型，均假设网络的结构并不会发生变化，亦即用户及用户之间的关系不会随着时间的推移而增多或减少。但是在现实应用中，网络结构往往是随着时间变化而变化的。如何在动态网络中对用户影响力进行建模，是未来工作的另一大挑战。

8.4 在线社会媒体中信息传播的建模与预测

在线社会网络中，每个人都是自媒体，扮演着信息生产者和信息消费者的双重角色，信息发布和信息传播的代价大大降低，每天有上千万甚至上亿条信息在网络平台上产生和传播。在线社会媒体中，信息借助用户好友关系或关注关系形成的社会网络进行传播，这样的信息网络化传播模式和传统的报纸、电视、网站等大众媒体的广播式传播模式不同，通常呈现出信息传播的级联效应——一个用户的信息传播行为会催发与其相连的其他用户的信息传播行为，如图 8-5 所示。

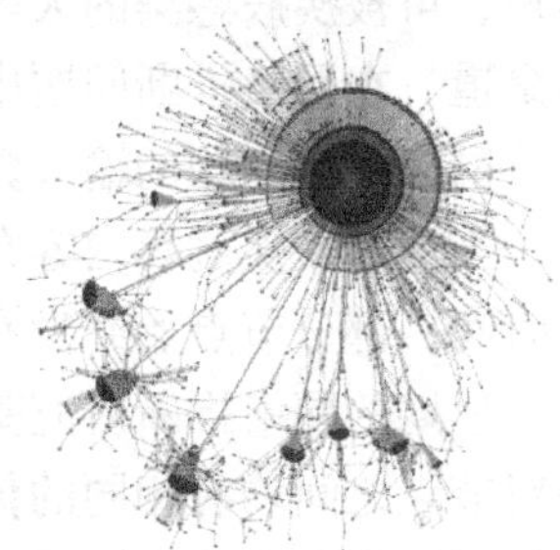

图 8-5 网络信息传播中的级联效应

在线社会媒体中信息传播服从哪些规律？该以怎样的模型来刻画网络信息传播的级联效应？如何从大量的信息传播轨迹中推断出用户之间的人际影响力或影响力传播网络？如何预测信息传播过程和传播范围？对于这一系列问题的解答，不仅能帮助人们更好地理解信息在社会网络上的传播，同时也能在信息爆炸的环境下更好地服务于平台的使用者和管理者，让信息更有效地到达对其感兴趣的用户，并实现对热门信息进行提前预知和管理，服务与提升对在线社会媒体的有效利用能力和科学管理水平。

8.4.1 网络信息传播模型

过去几十年，大量研究者对社会网络中信息的传播机制进行了模型建立和验证。经典的网络信息传播模型有两种，分别为线性阈值模型和独立级联模型。这两个模型都假设信息的传播依赖于一个静态的网络结构，网络的节点表示用户，网络的边表示用户间的社会关系或人际影响力。不同的信息在这样一个静态网络中进行传播，并且每个用户在同一个信息下最多只能被激活一次。这两个经典的信息传播模型，是对现实情况的一种简化，只考虑了信息在所有用户中一轮一轮地同步激活，同时也认为所有信息的传播所依赖的网络结构都是一样的。为了适应更复杂的实际场景，后来的研究者在这两个经典模型的基础之上，又对其做了许多变形和改进，包括从同步的激活时间到考虑连续异步的激活时间、考虑不同的内容在传播中的不同影响、将边上的影响力大小（传播概率）通过用户的表达来表示等。这一系列对信息传播建立的模型，有助于人们更好地理解信息传播的过程和其背后的机制。一方面，在这类传播模型中，通常都假设已有一个传播网络结构以及相应的传播概率，而这在真实的网络中显然是不存在的。因此，有大量的学者致力于通过观察大量信息的传播，来推断出真实的传播网络结构和相应的传播概率。另一方面，这类传播模型也为下游的一些应用做了一个良好的理论铺垫，如影响力最大化问题等。

8.4.2 传播网络推断

很多时候，人们仅观测到信息传播的过程，而观测不到信息传播网络。例如在微信中，仅能观测到用户在什么时间转发了某个公众号的消息，但是并不知道该用户是从哪个用户那里看到的这则消息的；在疾病传播领域，可以获取每个患者感染疾病的时间，但很难观测到是谁传染了谁；在营销领域，我们可以获取每位顾客购买商品的时间，但很难观测到是谁向他推荐这个商品。虽然传播过程在人们身边时刻发生，但传播所依赖的网络拓扑结构往往难以获得。

传播网络推断问题的目标，是仅根据节点激活时间，即级联数据，推断传播网络的拓扑结构。网络拓扑结构表示为有向图。图中的点对应着真实世界中的实体，如微博用户、商品客户、可被疾病感染的人等。图中的边对应为实体之间的关系，可解释为实体之间传播内容的渠道。在网络推断问题中，节点集合已知，需要推断边集。

网络推断问题的输入数据表示为级联集合。每条级联对应着一条消息在网络中的传播情况。当消息、疾病等内容在网络中传播时，部分节点被激活，将在级联中记录这类节点的激活时间；部分节点始终没有接收传播内容，将在级联中标记这类节点的激活时间为 $+\infty$。

早期的网络推断研究基于传播模型同质的假设，推断结果为无权图，即假设网络中任何一对节点之间均有相同的传播概率，每条边上的权重相等，例如 NetInf[11]模型即通过子模性和近似最大化方法推断无权的网络拓扑结构。带边权的网络推断模型融合了传播模型异质的假设，推断结果中的边权越大则传播概率越大、节点关系越紧密。这类方法在推断准确率上具有更好的表现。

真实世界的传播情景极为复杂，早期模型往往通过假设诸多复杂因素不存在，来降低模型的复杂度。后期的研究希望通过融合更多影响较强的因素，来提升推断的准确率。这类方法从增加考虑某些真实传播过程中的异质性的角度，优化现有研究思路。TopicCascade[12]模型考虑不同主题的消息在传播过程中具有不同的传播概率，使用主题模型 LDA 获得每条消息的主题向量，进而进行网络推断。KernelCascad[13]模型提出节点之间复杂的传播模型并不能用简单的参数模型刻画（传统方法使用的参数模型有指数分布、幂律分布、瑞利分布），作者使用核函数表示节点间的传播模型，且不同节点对具有不同的核函数参数。也有研究通过考虑级联异质性、生命阶段异质性等角度来对网络推断方法进行优化。拥有优质、大量的级联数据是网络推断研究的基础，然而研究者所能获取的级联数据往往存在着部分节点激活时间缺失的现象。针对缺失情景的网络推断方法，PSE 首先对缺失级联进行处理，进而进行网络推断。

网络推断领域已经取得了丰硕的研究成果，但时间效率是一项亟待解决的问题。现有研究方法应对上万节点的网络时效率已显不足。除此之外，推断准确率随输入级联数据量的减小而跌势显著。如何在保证准确率的前提下缩短运行时间、降低所需级联数量，是研究者未来努力的方向。

8.4.3 影响力最大化

社会网络中信息传播的级联效应为病毒式的广告营销也带来了一定程度上的便利和快捷。为了使广告投放利益最大化，广告商通常希望在相同的投放量下，产生尽可能大的影响

力。换言之，该如何选取初始投放广告的用户，使得该广告在社会网络上获得最大的影响范围是倍受关注的问题基于已有的传播模型可知，该问题是一个 NP- hard 问题，暴力地遍历所有可能性的时间复杂度非常高，显然不可行。如何设计一个快速有效的近似算法成为该问题求解的关键。

影响力最大化问题的目标函数具有三个性质：①非负性——对于任意节点集合，其传播影响范围不小于 0；②单调性——对于两个节点集合 S 和 T，如果 S 是 T 的子集，那么 T 的传播影响范围一定大于等于 S；③次模性，即边际效应递减性质——对于两个节点集合 S 和 T，如果 S 是 T 的子集，那么任意一个不属于 T 的节点加入到 S 所新带来的传播影响范围一定大于等于其加入到 T 中所新带来的传播影响范围。

常用的影响力最大化问题的解决方案有贪心算法和启发式算法这两类。启发式算法通常会根据一些启发式的规则进行种子节点的选取，速度较快，但面临着没有精度保证的问题。与此相反的是，贪心算法具有一定程度的精度保证，但由于其在进行种子节点选择的时候会通过蒙特卡洛模拟计算所有节点的边际效应，时间复杂度比较高，因此无法用于大规模网络。

基于这一研究现状，大量研究人员致力于在有精度保证的情况下，提升贪心算法的速度。Leskovec 等人基于原始的贪心算法提出，可以根据影响力最大化问题中的子模性，避免不必要的计算，每轮只对部分节点进行蒙特卡洛模拟即可（CELFGreedy）[8]。但此时贪心算法仍然面临着精度和速度之间的矛盾，即由于其精度的保证取决于蒙特卡洛模拟计算影响力范围的准确性，当增加模拟次数提高算法的精度时，算法的速度也会相应下降。基于这一困境，Cheng 等人提出了一个静态的贪心算法（StaticGreedy）[14]，即在贪心算法的迭代过程中，复用蒙特卡洛模拟的结果，比经典的 CELFGreedy 算法快了 1000 倍。

8.4.4　信息传播预测

在线社会媒体中，大规模信息竞争着人们有限的关注度，从而导致每条信息实际能够在在线社会媒体中存在、活跃的时间通常都很短。这样一来，就要求对信息传播的预测有很高的时效性保证，即算法必须能够在信息爆发或者消亡之前就能对其进行有效预测。而传统的传播模型通常都依赖于静态的网络结构，随着实际中社会网络规模的日益增长，这类方法所需要的时间和空间代价也呈爆炸式增长，很难满足如信息传播预测这类实时性要求高的需求。因此，在信息传播的预测问题中，涌现了一批常用的轻量级方法。

在实际进行信息传播预测时，根据预测时间和预测目标的不同，可以对这个问题进行不同的形式化定义。当在观测到信息的实际传播之前，就对信息未来的发展进行预测时，这类问题通常是真正意义上的“信息预测”；而当对信息的传播进行一段时间的观测之后，再对其未来的发展进行预测时，这类问题更确切地应该被称为“早期发现”。这两类问题都是一般意义上的信息预测问题，在实际的研究中，解决后一类问题的方法一般能具有更好的预测表现，也就意味着更高的实际应用价值。至于信息预测的目标，通常也可以分为两类：第一类可以形式化为二分类问题，即只需要给出信息在未来是否会达到某个阈值或者是否会是当前传播量的两倍等，第二类可以形式化为回归问题，即需要给出信息在未来某个时刻具体的传播量或者说转发量。显而易见，第二类预测目标相较于第一类而言，具有更大的挑战性和难度。因此，在实际的研究中，将更多地关注于“早期发现”预测问题并致力于提出对消息未来的传播量进行精确预测的方法。

1. 基于特征提取的信息传播预测

基于特征提取的信息传播预测方法将信息早期发现的预测问题形式化为机器学习中的回归问题，通过提取各种类型的特征，然后用机器学习的方法进行模型的训练和预测。这些特征主要包括内容特征、用户特征、结构特征、时序特征。

1）内容特征：主要指发布的信息本身，比如在新浪微博中，就是指发布的微博内容。也有研究者会对内容进行二次加工处理，包括使用LDA话题模型、情感分析模型等对内容进行进一步的分析。

2）用户特征：主要指信息的原始发布者和转发者的相关特征。有研究发现，粉丝数多的用户所发布的信息通常会具有更高的转发量，因此粉丝数会作为用户的一个重要特征。其他使用过的用户特征还包括用户之前发布过的信息、用户年龄、性别等。

3）结构特征：主要指社会网络的关注结构和信息传播过程中形成的传播图结构。

4）时序特征：主要包括消息在传播过程中的速度以及速度变化等特征。

斯坦福大学的Justin Cheng总结并分析了已有研究中所使用的各类特征（见表8-1），发现时序特征是最有效的特征，在预测中占据主导性地位，而内容特征是最弱的特征[15]。

表8-1 信息传播预测中使用的各类特征

类型	特征描述
内容特征	发布的信息中是否包含特定的特征，如食物、地标等
	发布的信息是否是英文
	发布的图片是否附有说明文字
	发布的信息中的情感：消极或积极
用户特征	直到第K个转发者到达时，有多少人浏览了这则信息
	原始发布者的关注数、粉丝数、年龄、性别、注册时间、活跃天数等
	前K个转发者的平均关注数、粉丝数、平均年龄、女性占比、注册时间、活跃天数等
结构特征	第K个转发者的粉丝总数、关注总数
	在传播子图上，第K个转发者的入度、出度、树的深度
	在传播子图上，前K个转发者的平均树的深度
	第K个转发者是否与原始发布者直接相连等
时序特征	第K个转发者距离原始发布者的时间间隔
	一定时间间隔内，有多少转发者到达
	前K个转发者平均转发时间
	转发时间间隔变化

基于特征提取的信息传播预测方法，可以非常直观地显示哪些特征对于传播的预测是有效的，有助于人们理解哪些因素在传播过程中起了重要作用。但与此同时，这类方法非常依赖于人工设计的特征好坏，而又没有一个统一的、具有明确指导意义的方法来指导特征的设计和提取。因此，研究者又提出用点过程来对信息传播的过程进行建模，并在点过程中显示出社会网络中信息传播的几大显著特点，包括富者愈富、级联效应等。

2. 基于点过程建模的信息传播预测

基于点过程建模的信息传播预测方法，将信息的传播积累看成是一个转发行为的到达过程，主要侧重于独立建模每条信息转发过程中的速率函数。在研究过程中发现，社会网络中信息的传播主要与三个因素有关，分别为：信息本身的吸引程度，信息的吸引程度随时间衰减的现象以及富者愈富机制，即消息当前的传播量越大，消息的吸引程度也越大。在这些观察的基础上，Shen 等人提出了用增强泊松过程（RPP）模型来建模社会网络中信息转发行为的到达过程[16]。该模型表示出了信息转发行为的到达，并能有效快速地预测信息在未来某时刻的转发总量。在这一研究基础之上，Shen 等人通过观察发现，一条信息的转发过程主要是由几个关键节点触发，因此可以通过一个混合的增强泊松过程来更好地建模这样的转发过程，进一步提升了信息传播预测的精度[17]。在之后的研究中，又有研究人员提出，可以引入霍克自激励过程（Hawkes Self-Exciting Process），直接通过建模每一个转发带来的影响（用户粉丝数）而不是用当前转发总量，来更精准化地建模富者愈富的机制[18]。这一方法可以自然地建模信息在社会网络中传播的级联效应。图 8-6 给出了信息传播过程中的传播树结构。

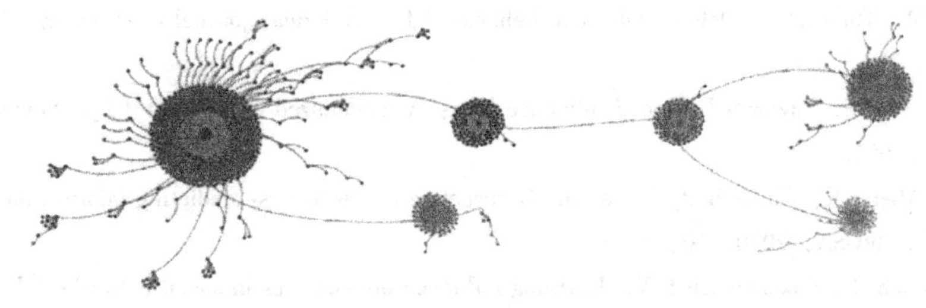

图 8-6　信息传播过程中的传播树结构

基于点过程建模的信息传播预测方法，以一种统一的框架揭示了信息级联传播背后的机制，具有较强的解释意义。但这类方法通常都是对每条信息单独进行建模，没有利用到其他信息传播过程中的丰富信息；同时，这类方法并没有直接优化要预测的目标，从而在一定程度上限制了其预测能力。因此，研究人员引入了端到端深度学习的框架，进一步提升预测的准确性。

社会网络的兴起，为人们研究信息的传播提供了新的应用场景和大量的数据支持。传统的基于网络结构的信息传播建模，可以有效地揭示信息在社会网络中的传播机制，帮助人们更好地理解信息传播的过程，也为后续的影响力最大化建模提供了良好的理论基础。但是，如何能够克服日益增长的社会网络规模为这一类方法带来的时间和空间上的困难，填补传播建模和传播预测之间的空缺，是亟待解决的一个问题。与此同时，基于特征提取和基于点过程建模的传播预测方法，为预测信息在未来的发展和规模提供了一种轻量级的解决方案。如何能够在这两类轻量级的方法中有效地引入社会网络中信息传播的机制和特点，考虑信息传播之间的规律共享，是我们在未来可以进一步考虑的方向。此外，信息的传播并不是一个独立的过程。不同的信息之间可能会产生相互的激励促进或者是竞争抑制的作用，如何在社会网络这样一个大环境下，同时考虑多个信息的未来发展，是未来的一大挑战。

习　题

8.1　你注册过哪些在线社会网络平台？请你谈谈你使用这些在线社会网络平台的心得。

8.2　当前社会网络大数据研究面临的主要挑战有哪些？

8.3　社会网络用户影响力主要体现在哪些方面？你的在线社会网络好友（比如QQ好友，微信好友等）对你的行为会产生影响吗？如果会，请举一个例子。

参考文献及扩展阅读资料

[1] Bond R M, Fariss C J, Jones J J, et al. A 61-million-person experiment in social influence and political mobilization [J]. Nature, 2012, 489 (7415): 295.

[2] Goldenberg J, Libai B, Muller E. Talk of the network: A complex systems look at the underlying process of word-of-mouth [J]. Marketing letters, 2001, 12 (3): 211-223.

[3] Granovetter M. Threshold models of collective behavior [J]. American journal of sociology, 1978, 83 (6): 1420-1443.

[4] Muchnik L, Aral S, Taylor S J. Social influence bias: A randomized experiment [J]. Science, 2013, 341 (6146): 647-651.

[5] Galuba W, Aberer K, Chakraborty D, et al. Outtweeting the twitterers-predicting information cascades in microblogs [J]. WOSN, 2010, 10: 3-11.

[6] Goyal A, Bonchi F, Lakshmanan L V. Learning influence probabilities in social networks [J]. WSDM, 10, 2010. 241-250.

[7] Goyal A, Bonchi F, Lakshmanan L V. Learning influence probabilities in social networks [C]//Proceedings of the third ACM international conference on Web search and data mining. ACM, 2010: 241-250.

[8] Kempe D, Kleinberg J, Tardos É. Maximizing the spread of influence through a social network [C]//Proceedings of the ninth ACM SIGKDD international conference on Knowledge discovery and data mining. ACM, 2003: 137-146.

[9] Holme P, Newman M E J. Nonequilibrium phase transition in the coevolution of networks and opinions [J]. Physical Review E, 2006, 74 (5): 56-108.

[10] Crandall D, Cosley D, Huttenlocher D, et al. Feedback effects between similarity and social influence in online communities [C]//Proceedings of the 14th ACM SIGKDD international conference on Knowledge discovery and data mining. ACM, 2008: 160-168.

[11] Gomez R M, Leskovec J, Krause A. Inferring networks of diffusion and influence [J]. ACM Transactions on Knowledge Discovery from Data (TKDD), 2012, 5 (4): 21.

[12] Du N, Song L, Woo H, et al. Uncover topic-sensitive information diffusion networks [C]//Artificial Intelligence and Statistics. 2013: 229-237.

[13] Du N, Song L, Yuan M, et al. Learning networks of heterogeneous influence [C]//Advances in Neural Information Processing Systems. 2012: 2780-2788.

[14] Cheng S, Shen H, Huang J, et al. StaticGreedy: solving the scalability-accuracy dilemma in influence maximization [C]//Proceedings of the 22nd ACM international conference on Information & Knowledge Management. ACM, 2013: 509-518.

[15] Cheng J, Adamic L, Dow P A, et al. Can cascades be predicted [C]//Proceedings of the 23rd international conference on World wide web. ACM, 2014: 925-936.

[16] Shen H W, Wang D, Song C, et al. Modeling and Predicting Popularity Dynamics via Reinforced Poisson Processes [C]//AAAI, 2014, 14: 291-297.

[17] Gao J, Shen H, Liu S, et al. Modeling and predicting retweeting dynamics via a mixture process [C]//Proceedings of the 25th International Conference Companion on World Wide Web. International World Wide Web Conferences Steering Committee, 2016: 33-34.

[18] Zhao Q, Erdogdu M A, He H Y, et al. Seismic: A self-exciting point process model for predicting tweet popularity [C]//Proceedings of the 21th ACM SIGKDD International Conference on Knowledge Discovery and Data Mining. ACM, 2015: 1513-1522.

第9章　城市大数据

导　读

本章从城市数据的分类和特点讲起，简要阐述智慧城市的概念、发展现状和未来发展趋势，特别指出智慧城市的技术框架以及以数据为中心的智慧城市研究特点，介绍智慧城市中的若干应用与服务，包括智慧医疗、交通、公共安全以及附加行业应用，并以城市交通大数据为例，介绍交通大数据平台的数据来源、数据处理与分析以及应用效果。最后，简要介绍智慧城市的未来研究方向。

知识点：

知识点1　城市数据分类与特点
知识点2　智慧城市的概念和技术框架
知识点3　以数据为中心的智慧城市研究特点和核心技术
知识点4　智慧城市的应用与服务
知识点5　交通大数据的分析与处理方法

课程重点：

城市数据的特点

课程难点：

城市数据的获取

9.1 概述

进入21世纪以来，全球城市化进程明显加快。城市承载的人口和功能越来越多，全球大部分城市都开始面临着越来越严重的环境、气候、能源、交通、食品与公共安全等问题，各类“城市病”日益凸显。如用水用电紧张、交通拥堵、环境恶化等社会问题，以及城市中的数据大多被条块管理体制分割导致的“信息孤岛”问题，极大制约着城市的发展。以大数据为代表的数据科学正在深刻改变着城市的运行方式和市民的生活方式，为解决人们日益增长的需求与城市日益有限的供给之间的矛盾提供了可能。

本节主要从服务需要和数据类型两个维度对城市数据进行分类，并讨论城市数据的典型特点。

9.1.1　城市数据的分类

城市数据即城市所涉及的所有数据的总和。城市所有的物理设施、各类系统、大气、水质、环境以及人的行为、位置甚至身体、生理特征等都成为可被采集的数据，所有这些数据都是城市数据的重要组成部分。

城市数据种类繁多，难以尽述。这里主要介绍一些较为常用的数据分类，便于更好地分析、理解和使用城市数据。

1. 按照服务需要划分

1）基础数据。基础数据是描述城市基本元素的数据，主要包括人口数据、法人单位数据、自然资源和地理空间数据以及宏观经济基础数据等。其中，人口数据主要包括本地常住居民身份信息、流动人口信息、已婚育龄妇女信息、社保缴纳和发放信息、居民收入基本信息和享受低保人员信息等人口生命周期各个阶段产生的所有信息；法人单位数据包括法人的机构代码、机构名称、机构类型、经济业务、业务经营范围、机构地址、法定代表人等基础信息以及机构变更、注销的相关信息；自然资源和地理空间数据主要包括土地资源、矿产资源、林业资源、渔业资源和航运资源等信息；宏观经济基础数据则主要涉及各种类型的宏观经济数据指标、行业数据、企业档案、企业名录等。

2）公共服务数据。公共服务数据根据其内容和形式分为四大类：基础公共服务数据、经济公共服务数据、社会公共服务数据和公共安全服务数据。基础公共服务数据包括水、电、气、交通与通信基础设施以及邮电与气象服务等数据。经济公共服务数据是指从事经济发展活动而提供的各种服务所需要的数据，如城市各种生产生活品价格数据与市场需求数据、科技创新与知识产权数据、政策性信贷数据等；社会公共服务数据包括公共教育数据、公共科普数据、公共医疗卫生数据、公共社会保障数据以及城市环境数据等；公共安全服务数据包括国防安全数据、事故灾害数据、地质灾害数据、地震防控数据、突发事件及预案数据、食品药品安全数据等。

2. 按照数据形态划分

1）静态数据。静态数据在很长的一段时间内不会变化，一般不随运行而改变，主要是指城市管理对象的属性数据。例如居民的姓名、性别、籍贯、出生年月等数据，政府部门的名称、类型、所在位置等数据，企业的名称、纳税人识别号、行业分类等数据。这些数据在一段时间内不会频繁发生变化，构成了智慧城市的基本属性。

2）动态数据。动态数据在系统中随着时间变化而经常发生变化，主要是指对象的记录数据或变化数据。例如居民的教育经历、工作经历等数据，政府部门各个时刻的状态、观测值等实时感知数据，企业的生产经营记录数据等。这些数据随着城市管理对象的发展、变化而经常更新，构成了智慧城市的全生命周期。

3. 按照数据类型划分

根据数据类型划分，城市数据可分为结构化数据、非结构化数据和半结构化数据。例如，传统的智能交通信息系统采集、加工过的数据是结构化数据，图片、摄像头采集的视频是非结构化数据，而在超文本标记语言文件中以 <table> 标签形式保存的数据则是半结构化数据。图9-1（王静远绘制）给出了三种城市数据类型示例，其中图9-1a是结构化数据示例，图9-1b为非结构化数据，图9-1c为半结构化数据。

姓名	年龄	性别
张三	18	女
李四	19	男
王五	17	男

a) 数据表

b) 监控视频数据

<student>
<name>张三</name>
<age>18</age>
<gender>女</gender>
</student>

c) XML标签文档

图9-1 城市数据类型示例

9.1.2 城市数据的特点

从城市数据的分类不难看出，城市数据具有以下特点。

1. 大数据特性

城市是人类活动最为密集的区域，海量的人类活动与社会运行数据不可避免地在城市当中爆发。以北京为例，每天有超过千万的市民出行，有900万的车辆在运营，交通一卡通每天产生5000万条的刷卡记录，仅出租车GPS数据每天就会产生8000万条左右。同时，城市中还有近万个交通固定检测器在采集车辆的瞬时车速，还有近亿万条的手机通信数据，还有千亿级的交通影视影像数据。城市数据种类繁多、规模庞大，其包含的信息与知识极为丰富，对推动人类认识扩展与科学技术进步有着巨大的价值。此外，人们既需要从海量的城市数据中获取有限知识，也要求数据具有一定的准确性。因此城市数据完全符合大数据所具备的大量（Volume）、高速（Velocity）、多样（Variety）、价值密度低（Value）和准确性（Veracity）这5V特性。城市数据是大数据概念范畴中一个极具代表性的样本。

2. 时空多维性

以地图为基础的空间结构是城市数据的一种基本组织方式，而城市快节奏的生活方式也使得城市数据对于时间维度的变化非常敏感。因此，时空特性是城市数据的一个重要特点。另一方面，城市数据还具有不同尺度的空间和时间跨度，表现出时间和空间的多维性特点。在空间上，根据城市的地理规模不同，城市数据可用不同尺度的空间跨度表示；在时间上，城市数据的覆盖时间可以短到一些事件的监控，长达上百年的城市变迁。在进行城市数据分析和应用时，一方面需要考虑时间和空间两个维度的数据演化特性，另一方面还需要充分利用时间和空间各自不同维度数据的关联关系。这无疑对城市数据的利用技术提出了很高的要求。

3. 多尺度与多粒度

研究和利用城市数据除了要考虑时间和空间等维度外，还需要考虑数据尺度和数据粒度对数据特性的影响。在规模尺度上，城市可分为小型城市、中型城市、大型城市和超大型城市等；在地理尺度上，对城市数据的描述可小到几个街区，大到数千平方公里。在地理采样粒度上，城市数据可以像遥感测绘数据一样精确到米，也可以像气象环境数据一样以区县、

地区，甚至省市为单位；在时间粒度上，城市数据更是可根据数据采样设备的时钟、存储与传输能力、计算速度等因素产生不同的时间粒度。在时空多维条件下，高效处理多尺度与多粒度的海量数据，是有效利用城市数据所必须解决的核心技术问题之一。

4. 多元与异构

正如上文所述，城市数据具有非常多的来源与类型，这表明城市数据的多元性。这些不同来源的城市数据无论是结构上、组织方式上，还是数据尺度与数据粒度上都存在着巨大差异，即表明城市数据具有异构性。现代化城市的应用需求要求必须将这些多元异构的城市数据进行有机地融合，通过挖掘活化数据之间的相关性和相互作用方式以获取新的知识。

城市作为人类活动最为密集的场所，所产生的数据类型和数量都是难以尽数的。通过上述介绍，可以初步认识到城市数据的复杂特性。但到目前为止，人们对于城市数据的开发还远远不足，应用还非常有限。

9.2 智慧城市

在城市化浪潮与大数据研究崛起的共同推动下，智慧城市不仅是当今世界的热点，也是全球范围内下一代城市发展的新理念和新实践。在我国，智慧城市建设已经全面铺开，各级政府陆续制定了“十三五”智慧城市建设规模，智慧城市成为大数据、物联网、云计算等新技术的重要实验场地，这些技术也推动着智慧建设的纵深发展和技术融合。

本节将简要介绍智慧城市的概念、发展现状以及未来发展趋势。

9.2.1 智慧城市的概念

“智慧城市”的概念首次由 IBM 在 2008 年提出，起源于 20 世纪 90 年代的“新城市主义”和“精明增长主义”运动，其目的是解决城市扩张带来的诸多问题。随后，智慧城市成为许多国家政府施政的愿景和目标。关于智慧城市，目前尚未有公认的统一定义。简单地说，智慧城市就是让城市更聪明，本质上是让作为城市主体的人更聪明。智慧城市通过互联网将无处不在的被植入城市中各物体的智能传感器连接起来，实现对城市的全面感知，利用大数据、云计算等处理技术对海量感知信息进行处理和分析，实现网上城市数字空间与物联网的融合，并发出指令，对包括政务、民生、环境、公共安全等在内的各种需求做出智能化响应和智能化决策支持。

关于智慧城市的概念，很多学者和机构从不同角度做过诠释。现举例如下：

1）IBM 在《智慧的城市在中国》白皮书中，将智慧城市定义为：“能够充分运用信息和通信技术手段感测、分析、整合城市运行核心系统的各项关系信息，从而对于包括民生、环保、公共安全、城市服务、工商业活动在内的各种需求做出智能的响应，为人类创造更美好的城市生活”。

2）根据欧盟委员会发布的《欧盟智慧城市报告》，智慧城市可从智慧经济、智慧流动、智慧环境、智慧公众、智慧居住和智慧管理六个方面界定。

3）两院院士李德仁认为：智慧城市是在城市全面数字化基础之上建立的可视、可量测、可感知、可分析、可控制的智能化城市管理与运营机制，包括城市的网络、传感器、计算资源等基础设施，以及在此基础上通过对实时信息和数据的分析而建立的城市信息管理与综合决策支撑等平台。

4）同济大学王广斌教授对智慧城市的内涵总结为以下三个方面：①以计算机、互联网等信息通信技术为支撑。在漫长的城市进化历程中，城市发展先后经历了从“城墙”到“集市”到“电力广泛应用”最后进入“计算机广泛应用”的过程，科学技术在城市发展中发挥了越来越重要的作用。光纤通信、无线互联网、物联网、云计算、三网融合等技术连接与融合将各种数据整合成城市核心系统的运行要素，为支撑智慧城市提供了信息通信的基础设施。②智慧城市是城市发展的高层次阶段。智慧城市体现为一种参与治理的体系，主要通过在人力和交通、通信设施、社会资本等方面的投资实现对社会资源和自然资源的科学管理。智慧城市既是新一轮技术变革的产物，也是工业化、城市化和信息化深度融合的产物。智慧城市不是全新的城市发展模式，而是改变传统发展模式，追求人口、资源、环境与经济、社会协调可持续发展的高层次阶段。智慧城市的核心是“以人为本”，注重低碳经济、清洁生产，追求资源节约型、环境友好型的高效率集约型经济增长模式。③智慧城市建设是一个复杂系统。传统城市中信息和实体资源在各个行业、主体、部门中的组织是分散且割裂的，成为“资源与应用孤岛”。智慧城市系统的复杂性主要体现在城市运行和参与主体两方面。智慧城市运行系统涉及政府治理、教育、生活、环境医疗、交通、公共事业及功能安全等方面，需要建立指挥决策、实时反应、协调运作的协同机制，才能真正实现集成化管理。在智慧城市的参与主体上，也涉及政府、企业、媒体、公众、第三方等，而且政府内部还存在职责重叠、局部利益等问题，参与方的目标差异明显，难以全面系统地推动各方共同发展。从战略规划到具体实时各个环节中，如何制定良好的机制激励各方协同和参与，达成共同目标仍有很长的路要走。

不可否认的是，智慧城市建立在数字城市的框架之上，从信息和通信技术的角度出发，通过感知、分析、整合各种城市数据，促进城市各类资源的合理调配与城市公共交通、城市服务、自然环境等领域的协调发展，更进一步实现人类和城市的和谐共赢。在智慧城市的建设过程中，城市数据作为城市的“数字皮肤”，已经将现实城市生活的方方面面映射到一个逐渐丰富的虚拟数字空间中。通过虚拟空间的数据可以实现现实城市在数字空间中的再现，特别是伴随着数据科学的发展，以数据为中心必将成为未来智慧城市发展的关键方向。

9.2.2　智慧城市的发展现状

智慧城市既是社会需求的产物，也是技术推动的结果。以计算机、网络通信等技术为代表的信息化技术，以及近十余年现代城市信息化与数字化建设，为实现从数字城市到智慧城市的转变提供了可能，主要表现在以下四个方面：

1）数字城市建设为智慧城市实现奠定了坚实基础。数字城市建设是建设智慧城市的先行和基础。简单地说，没有数字城市就没有智慧城市，因为智慧城市是通过物联网把数字城市与物理城市融合在一起的产物。相比于数字城市，智慧城市在数据采集、处理与分析、应用与服务等方面更加智慧化、实时化。

2）物联网为智慧城市战略提供了新一代信息基础设施。物联网是将传感器、通信网络与互联网技术、智能运算技术等融为一体，实现以全面感知、可靠传输、智能处理为典型特征的，连接物理世界的网络，其出现和发展为智慧城市的实现提供了强大的技术和物理支撑。

3）云计算为智慧城市提供了新的应用服务模式，能承载海量实时数据的存储和计算，为解决数据孤岛问题提供了技术支持。

4）目前出现的初级智慧城市应用案例为智慧城市建设提供了一定的技术积累。一些国家和地区出现的诸如“智能交通”中的“自动收费”、“智能医疗”中的“个人保健”等在关键技术方面已取得了一些突破，为实现智慧城市积累了经验。

世界各国，尤其是美、欧、日、韩等发达国家和地区都在积极开展相关理论研究与技术探索，发掘城市数据资源，研发城市智慧应用系统，开展城市试点。美国是智慧城市的领跑者。早在 2008 年，IBM 在纽约就提出了“智慧的地球”这一理念，进而引发了智慧城市建设的热潮。同时，纽约出台了智慧城市规划。2009 年，迪比克市与 IBM 合作建立了美国第一个智慧城市——一个由高科技充分武装的六万人社区。通过将城市的所有公用资源（水、电、油、气、交通、公共服务等）连接起来，分析和整合各种数据做出智能化响应，服务于市民需求。2010 年，美国先后发布《美国宽带计划》和《21 世纪美国的智能交通》，为智慧城市的具体建设制定了路线图和行动方案。瑞典的智慧城市建设主要体现在交通系统方面。2006 年，瑞典政府宣布征收“道路堵塞税”，通过在首都斯德哥尔摩实施一套先进的智能收费系统，极大降低了车流量和交通拥堵量。日本于 2004 年推出了“U-Japan”战略，旨在推进日本信息通信技术建设，发展网络产业，催生新一代信息科技革命。

在我国，从中央到地方也都在积极探讨发展和建设智慧城市。中国智慧城市建议始于 1995 年，当时以地理信息系统为核心进行数字城市建设，其主要特点是地理信息的数字化，应用范围只限于一些专业机构。随着互联网、宽带和无线技术的发展，智慧城市的建设从 2005 年起进入到互联城市或无线城市时代，其主要特点是全方位的信息化和互联化，应用范围扩大到几乎所有行业，但各类应用相对匮乏，数据孤岛信息大量存在。随着智慧地球的提出，中国智慧城市进入感知智慧城市阶段，其主要特点是物联网技术开始大量应用于前端的感知和数据采集，3G 或 WIFI 技术广泛应用于数据传输，云计算和大数据技术用于后端的数据存储与处理，应用范围对象更加广泛和深入。“十二五”以来，我国将智慧城市作为国家推进战略性新兴产业和城市信息化进程中的前沿理论和探索实践。前瞻产业研究院发布的《2017—2022 年中国智慧城市建设行业发展趋势与投资决策支持报告》指出，目前我国已经有超过 500 个城市在进行智慧城市试点，并出台了相应规划，计划投资规模超过万亿元。

9.2.3　智慧城市的未来趋势

关于智慧城市的发展趋势，不同学者有不同的观点。中国工程院院士李德毅认为智慧城市建设有五大要素：安全、高效、有序和谐、绿色和智慧。许庆瑞院士提出了未来智慧城市的金字塔-星状结构模型，认为智慧城市未来发展趋势是实现“经济-社会-生态”的全面可持续发展，最终满足市民生活的安全感和幸福感。《IBM 智慧城市白皮书》认为，21 世纪的智慧城市，能够充分运用信息和通信技术手段感测、分析、整合城市运行核心系统的各项关键信息，从而对于包括民生、环保、公共安全、城市服务、工商业活动在内的各种需求做出智能的响应，为人类创造更美好的城市生活。

下面，针对智慧城市的未来发展趋势，从绿色宜居、平安有序、集约高效和科学决策四个方面进行简要介绍[2]。

1. 绿色宜居

绿色是手段，宜居是目的。联合国第二届人类居住地大会提出了“城市应当是适宜居住的人类居住地”的概念，并形成了国际共识。绿色宜居包括：自然舒适的健康环境、新型社会形态的城市网络和绿色智能的生活社区。自然舒适的健康环境要求清洁的空气和卫生健康的水流；宁静的社区、美丽的公园和较多的绿化面积；建筑和周围的自然环境协调、和谐以及具有持续性。新型社会形态的城市网络表现为城市设计、城市生态、基础设施、生产设施的网络化。绿色智能的生活社区将成为绿色智慧城市中市民生活和工作的基本单元，依托智能化技术为市民的衣食住行等生活和工作的各个环节提供便捷服务，提高一切资源的利用效率；可通过对信息综合处理，为市民的未来活动或突发事件提供参考指导。

2. 平安有序

城市平安是对城市运行的最低要求，可通过智慧城市的智能化技术，如安防网络等来保证整个城市居民的生活工作场所安全。有序则要求城市运行有秩序，包括城市软硬件系统的有序和市民行为的有序，如市场有序、交通畅通、市民素质提升等。智慧城市建设为平安有序提供了支撑。通过构建安全保障体系，确保在充分互联、资源整合和数据共享下智慧城市的安全可靠，提高智慧城市安全保障能力。

3. 集约高效

所谓集约高效是指城市资源配置集约、经济发展方式低碳高效、公共管理和服务高效、民生改善高效、对资源和环境的使用更加科学等。集约高效必须充分利用和整合已有各类资源，着力打破固有行业和部门壁垒，加强行业与部门间的资源整合力度，促进共享、力求集约，实现城市的精细化运行管理、人与自然的和谐相处、市民生活品质的改善和提升。

4. 科学决策

智慧的城市服务于人，应当在具备完善基础设施的前提下，全面进行数据采集和处理，行成完备的数据库。在此基础上，通过大数据、云计算、物联网等技术手段，建设各类应用服务平台系统，实现对经济社会各个方面的有效监控、分析和预测，协同管理组织做出科学决策，提高城市的管理水平，从而为公众提供更加智慧的服务。

9.3 智慧城市的技术体系框架

9.3.1 智慧城市的技术框架

简单说，智慧城市的技术框架是指对整个智慧城市技术研究工作的顶层设计。该研究对于指导智慧城市领域技术的发展方向、明确研究工作的内涵与外延、优化现有研究资源的配置与分布等均具有极其重要的意义。微软亚洲研究院于 2013 年提出了一种“四层反馈”结构的技术体系框架[7]，如图 9-2 所示。该技术框架将智慧城市的技术框架细分为城市感知与数据捕获、城市数据管理、城市数据分析、应用以及服务四个层次。该框架的一个重要特色在于其引入了应用以及服务层对于真实物理世界的反馈回路，更加完善地考虑了智慧城市技术对于城市生活的影响。图 9-3 给出了国家科技部“八六三（一期）”智慧城市项目“六横两纵”的技术框架。该框架将智慧城市技术体系按照依赖关系划分为城市感知层、数据传输

层、数据活化层、支撑服务层、应用服务层以及行业应用层 6 个横向层次，即“六横”；同时还引入了贯穿 6 个层次的两大保障体系：标准与评估体系以及安全保障体系，即“两纵”。该框架具体细化了各层所应包含的技术集合及其间的相互依赖关系，为智慧城市技术的整体发展提供了详细的布局性指导。我国未来智慧城市的技术体系建设很可能将会参照该体系进行丰富和完善。

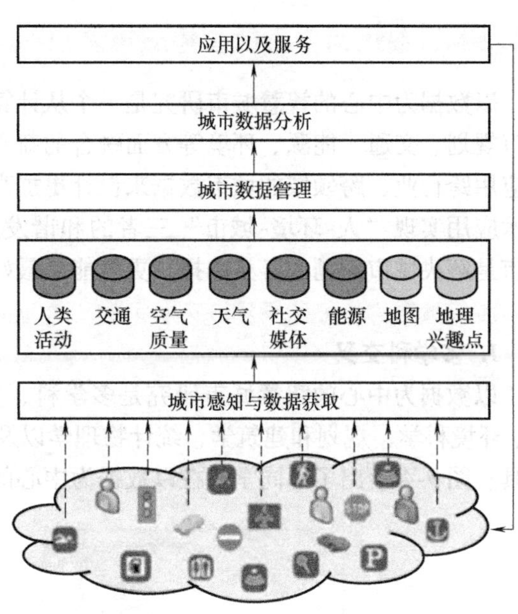

图 9-2　微软亚洲研究院智慧城市体系框架[7]

上述两种智慧城市技术框架具有一个共同特性，即以数据的获取与管理技术作为底层的支撑，以数据挖掘、处理和分析技术作为整个框架的核心构成，在此基础上为城市用户提供多样化的服务应用。换言之，未来智慧城市的技术发展方向必将是以数据为中心，在这一点上学术界已经从顶层设计的角度达成了基本共识。

标准与评估体系

智慧政务 | 智慧交通 | 智慧能源 | … | 智慧医疗

行业应用层

专用技术：智能交互平台；现代信息服务平台；社会组织生态与治理服务平台；应急联防服务平台；公共安全服务平台；视频监视网的共享感知和服务平台；行业内务共享平台；跨行业共享服务平台；综合环境评估与灾变预警平台

应用服务层

专用技术：网络监管工具与平台；面向业务数据集成和聚类服务；多模数据互连技术与支撑；多层多维智能决策平台；空天地融合的智慧城市信息共享；城市信息多层次智能决策技术；以人为中心的智慧城市公共服务；多源信息实时接入与异构信息加载；运行管理的数据分析与支撑平台；动态运行数据呈现与服务

通用技术：SOA；云平台；智能搜索引擎；可视化与仿真技术；虚拟现实增强现实技术；个性化智能门户技术

支撑服务层

海量数据存储；城市数据挖掘；海量数据清洗；关联数据动态建模；数据进化理论；数据描述与认知；数据维护与管理；多模式数据互联；数据关联和生长；活化数据安全与隐私保护

数据活化层

面向智慧城市传输控制技术；面向智慧城市的无线宽带新技术与产品；面向智慧网络传输的应用基础技术；面向专用智慧网络系统传输的控制技术

传输控制技术：实时接入技术；多源汇聚技术；可信可控可管网络技术；网络与信息安全技术

专网技术：物联网技术；WSN网络技术；社会网络；新一代互联网技术；新型网络体系和机制

通信技术：宽带聚合网；HSDPA与无线宽带网；光网络；IPv6；4G通信；宽带超宽带通信；三网融合

数据传输层

感知系统：环境与灾变检测感知；智慧城市立体感知网；空间信息感知获取系统；城市基础设施感知系统；航拍建模系统；车载感知网络

感知技术：感知建模技术；动态感知技术；地球观测与导航技术；可信采集技术

设备技术：泛在传感网；RFID；SoC；汇聚设备；采集设备；内容安全获取设备

城市感知层

安全保障体系

图 9-3　国家科技部“八六三（一期）”智慧城市项目“六横两纵”的技术框架[5]

9.3.2 以数据为中心的智慧城市特点

以数据为中心的智慧城市研究是一个从计算机科学和数据科学出发，以城市为背景，与城市规划、交通、能源、环境等方面融合的新兴领域。从城市的全局着眼，通过整合、分析和应用跨行业、跨领域的城市数据来设计更加高效的城市服务与应用系统，并希望通过这些技术应用实现“人-环境-城市”三者的和谐发展。在人工智能时代，以数据为中心的智慧城市是解决城市问题的必然选择，更可能是最好的途径。多学科交叉、数据驱动和区域特性是开展以数据为中心的智慧城市研究的三个主要特点。

1. 多学科交叉

以数据为中心的智慧城市研究是多学科、多领域相互交融的，涉及信息科学、交通科学、环境科学、规划和建筑学、统计物理学以及社会科学等众多不同领域的基本理论与技术工具。图9-4给出了不同学科在以数据为中心的智慧城市研究中所扮演的角色。

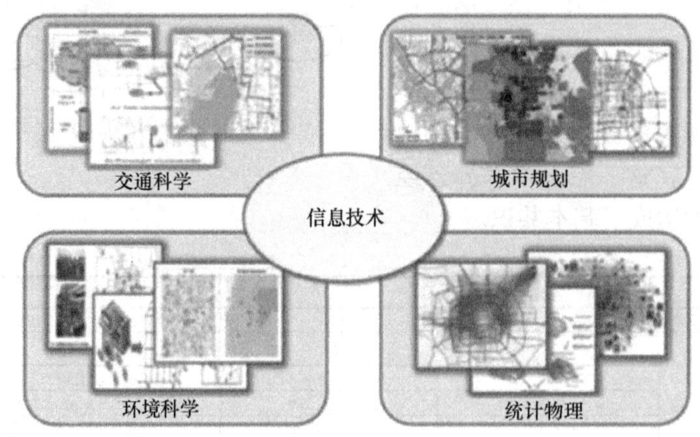

图9-4 不同学科在以数据为中心的智慧城市研究中所扮演的角色[6]

从图9-4可以看出，由于数据收集、管理、分析、处理与应用等均需依赖于信息技术，因此，信息科学在整个领域中起到核心作用。与城市运行密切相关的各项专业知识，如交通科学、城市规划、环境科学等作为信息科学在某一专业领域的知识补充，极大地扩展了信息技术所能覆盖的应用范围。在应用城市数据时，某一学科的专业知识能帮助信息技术建立所需的数据分析与处理模型。在整个智慧城市研究中，信息技术既是多学科进行交叉合作的关联核心，也是支撑各个学科发挥其专业优势的公共技术平台。

2. 数据驱动

为了理清智慧城市研究中城市信息基础设施、城市运行动态以及城市所扮演的不同角色及其相互关系，这里引入X-Ray模型说明城市数据应用的总体模式，如图9-5所示。

例如，可以将想要了解的城市运行动态比作一个需要检查身体的病人，病人身体中的神经、血管、肌肉、骨骼、内脏等器官分别代表了城市当中的社会、交通、能源、经济、环境等深层次的动态韵律。倘若想要了解一个城市的健康状况，就必须对这些深层次的动态进行感知。最直接的感知方式就是安装传感设备以便对想要了解的城市动态行为进行直接监测。考虑到成本、技术和隐私等问题，直接监测城市动态往往难以实现，只能使用从现有信息基

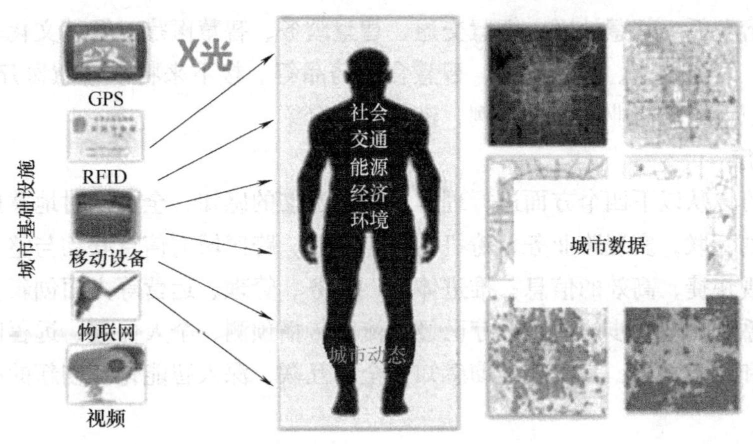

图9-5 智慧城市应用的X-Ray模型[6]

础设施中获得的外围数据来对城市进行分析。这就好比医生不能总是通过穿刺、手术等方式获取病人的身体状况一样，而需要通过一些类似X光的医学影像技术来了解病人。例如，车辆的GPS导航定位数据和手机通信的基站位置数据虽然并非是为了研究城市中人类活动行为而收集的，但却可以在不侵犯用户隐私和引起个体反感的情况下，对人类日常活动的行为方式进行研究。这些城市数据就像X光无损地透过城市的肌体，将城市内大量有用的信息呈现给科研人员。

在智慧城市研究中进行数据分析的研究人员，需要像医生将X光片影像同疾病建立起联系一样，将不同的城市数据同所要分析的具体城市动态特性建立起联系。在这一过程中，丰富的数据来源同精湛的分析技术都是不可或缺的因素。充足的数据来源可以极大降低问题的求解难度；分析的最终结果可靠性仍需依赖于研究人员对分析算法的设计和选取。这正如综合采用CT、核磁、超声等复合医学影像手段可以更好地帮助医生诊断病情，但最终的治疗效果依然取决于医生凭借专业知识与个人经验而给出的系统治疗方案。智慧城市领域的研究人员需综合运用信息科学、物理学、人类学、社会学等多学科知识，系统地分析所能获得的多种城市动态数据，对智慧城市的建设中所存在的问题做出精准判断，然后因地制宜、对症下药地解决所面临的问题。这就是以数据为中心的智慧城市技术的魅力所在。

3. 区域特性

城市是人们生活的空间，关注城市的科研人员也身处其中，因此在进行智慧城市研究时，科研人员受到自身知识感受环境和数据项目来源的影响，自觉或不自觉地优先选择自己身处或离自己较近的城市作为研究对象。这会导致智慧城市的研究工作具有较强的区域特性。美国科研人员往往选择纽约、洛杉矶等大型发达城市开展研究，欧洲的科研工作更多地集中在欧洲中小城市范围内，而中国和华裔科学家更加关注北京、上海等超大型发展中城市存在的问题。

9.3.3 智慧城市中的典型应用与服务

智慧城市应用涉及城市生活中诸如环境、天气、能源、经济、空气质量、交通、城市规

划、旅游、教育、公共安全、信息服务、政府治理、舆情监控等各个方面。相应的，其典型应用与服务内容包括：智慧社区、智慧交通、智慧政务、智慧医疗、智慧文化、智慧公共安全、智慧环保、智慧物流、智慧旅游、智慧食品药品等。接下来将以智慧医疗、智慧交通、智慧公共安全以及附加行业应用等为例，进行简要介绍。

1. 智慧医疗

智慧医疗可以从以下四个方面进行理解：通过透彻的感知，全面及时地掌握医药卫生信息；通过全面的互联，实现跨业务、跨机构、跨行业、跨区域的信息联动与整合；通过智能化，为用户呈现快捷、高效的信息；推进体制、业务、管理、运营等方面创新，保障智慧医疗整体运作体系。目前初步的智慧医疗已经在流感传播预测、个人保健、远程医疗等方面取得一定的技术和经验积累，为实现透彻感知、全面互联、深入智能化和创新的智慧医疗奠定基础。

2. 智慧交通

城市交通系统是城市中信息化程度较高的部分，浮动车、一卡通、摄像头等交通传感与信息化设备可以有意或无意地将城市交通参与者的交通行为记录下来，为数据驱动的科学研究提供研究样本。同时，由于城市交通领域自身的数据优势，又使得以数据为中心的智慧城市技术能够率先在智能交通领域中发挥重要作用，我们将这类技术称为数据驱动的智能交通技术。在这种技术研究中所采用的城市数据主要包括地图与兴趣点（Point Of Interest，POI）数据、GPS数据、客流数据、道路微波测量数据等，并通过多种手段对采集到的数据进行分析和理解，实现感知城市的交通运行状况，为市民提供交通引导、导航和推荐等智能服务。主要包括以下三个方面：

1）智慧的出行需求。具体包括出行前的信息服务，如公交时刻表和公交线路等实时信息；出行中的信息服务，如路网交通运行状态信息、交通事件等；停车诱导信息服务，如提供特殊停车场位置和使用状况等信息。

2）智慧的监管需求。具体包括交通政务管理、应急指挥管理、营运车辆管理、交通监控等。

3）智慧运营需求。具体包括公交智能调度与指挥、出租车管理与服务、维修检测服务和轨道交通运营管理等。

下面介绍一些应用较为成功的系统和研究。①B-Planner系统：使用出租车GPS数据所提供的城市需求信息，重新设计了杭州市夜间公交车的行车路线，满足不同时段人们对公交线路的不同需求。②T-Share出租车拼车系统：通过综合考虑打车人的位置、目的地以及出租车的行驶路径等因素，对出租车的拼车路线进行了合理的规划，在充分利用出租车自由灵活特性的同时提高了搭乘乘客的通勤效率。③Flexi系统：使用GPS数据设计了一种灵活性介于公交车和出租车之间的小型绿色公交系统。随着轨道交通系统在各个城市的发展，乘坐地铁出行成为市民越来越多的选择，针对地铁轨道交通的智慧城市交通数据研究也受到越来越多的重视。

除此之外，综合利用多种交通工具的客流数据，还可以实现对用户全出行路径的系统规划与通勤时间估计，以此为基础开发的城市交通公共服务系统，对于优化城市的整体通勤效率和改善市民的出行交通体验等有着非常巨大的帮助。

3. 智慧公共安全

公共安全是关系到整个社会平稳运行的重要因素之一，也是构建和谐社会、推动经济发展的必要保障。随着公共安全行业信息化建设的不断推进及业务的快速发展，公共安全系统多年运行积累的警务数据及相关的社会参照数据，如卡口、视频、犯罪人员信息、社会采集等数据快速增长。如何深化应用挖掘海量数据中的关联和价值，提升公共安全机构，维护社会和谐稳定，正逐渐成为公共安全的核心任务。智慧公共安全与传统社会管理和突发公共事件应急管理的区别在于政府管理、社会组织管理和企业社会服务的“智慧化”。各个主体间围绕信息获知、业务联动、管理服务等方面形成城市公共安全管理闭环。

4. 附加行业应用

以数据为中心的智慧城市技术也可以为不同的城市行业应用提供巨大的帮助。海量的城市数据收集过程本身就是为了支持与之相对应的行业应用。例如，GPS 浮动车数据是为了监测道路的拥堵状况；手机数据是为了提供手机通信服务；一卡通客流数据是为了提供方便的公共交通服务等。除了这些数据本身对应的专门应用之外，城市数据还可以用于提供与最初数据收集过程无关的行业应用，称之为附加行业应用。附加行业应用的一个重要特点是，人们无法获得充分的目标行业数据，而只能采用相关的外围城市数据，建立行业信息同外围数据之间的关联模型，再利用模型和综合数据反推行业应用所需的信息。如何从包含了城市综合特性的外围城市数据中提取某一特定附加行业应用所需要的信息，是附加行业应用研究所面临的主要挑战。一些具有代表性的研究工作包括能源消耗、空气质量、住房价格和地图测绘等。

1）能源消耗。能源是维系城市运转的动力所在，随着全球能源的日益枯竭，降低城市能源消耗、构建绿色城市早已成为智慧城市建设的核心目标之一。然而，城市作为一个复杂的能量代谢系统，即便是弄清楚城市对某一种特定形式能源的消耗量也是非常困难的。为解决这一问题，微软亚洲研究院利用出租车 GPS 数据和城市加油站的 POI 数据尝试对北京机动车辆的每日汽油消耗量进行估算。这一工作既可以为普通用户提供加油站的推荐服务，也可以为石油公司的加油站建设规划提供意见，同时还可以让政府了解和掌握整个城市的能源消耗情况，进而制定更为合理的能源管理政策。

2）空气质量。大气污染问题是我国主要大型城市面临的一个巨大环境问题。尤其是近几年，北京的空气质量问题受到了从政府到公众的广泛关注，PM2.5、雾霾、空气指数等不断成为新闻媒体热议的关键词。为解决我国城市近年来持续出现的空气污染问题，国务院于 2013 年印发了《大气污染防治行动计划》，提出要从 10 个方面采用综合手段防治大气污染。然而，空气污染的成因非常复杂，人们对大气污染的认识上依然存在着诸多空白。比如大气中的首要污染物究竟是由什么原因造成的；交通、工厂、气候、天气、人口、植被，究竟哪一个才是对空气质量影响最大的因素；现有的空气监控系统能否满足大气污染治理的实际需要等。只有回答了这些问题才能够真正实现对于大气污染的有效防治。

3）城市经济。城市经济学是经济学的一个重要分支，其研究对象是城市中各要素在社会经济系统中的相互作用关系和运行方式。以数据为中心的智慧城市技术采用全新的视角来分析城市经济学问题，与传统的经济学分析模型不同，数据挖掘、机器学习等人工智能技术在这里扮演了核心角色。英国科研人员设计开发的 Geo-Spotting 系统使用机器学习的方法，采用 Foursquare 应用提供的 LBS 数据，对纽约城区的店铺地理位置与营业收益的关系进行了分析，并以此为依据帮助商户进行店铺选址。

4）地图测绘 。城市交通数据在地图的测绘方面也能够发挥非常大的作用，对于城市当中一些新修建但并未进行地图测绘的街道，可以使用车辆的行驶轨迹数据进行测量，这样的测绘方式可以极大地提升城市地图的测绘效率并有效地降低测绘成本。使用 GPS 进行地图绘制是这个领域中最早和最重要的方法，后来也发展出一些可以对双向路段和城市中立交桥交叉点进行检测的地图绘制方法。

9.4 城市大数据应用案例

在9.3节中已经介绍了以数据驱动的智能交通技术的一些国内外研究和应用成果。交通治理作为城市发展过程面临的难点课题，一直以来都是国内外学者、企业和政府关注与研究的重点。得益于交通检测技术的日益成熟与检测设备的推广普及，交通数据不断丰富、积累，其技术体系不断成熟，相关研究成果在实际应用中取得了良好的效果，受到了社会各界的广泛关注。

本节主要以某市（以下简称“A 市”）“基于交通大数据的交通信号管控与评价”为例，从交通大数据的来源与种类、分析与处理的相关技术体系、典型应用成果三个方面进行介绍，使读者深入体会智慧城市从数据收集到具体应用的流程。

9.4.1 交通大数据的来源与种类

交通大数据是指反映交通需求与运行状态的各类数据。随着检测手段的成熟，已经能够获得城市运转过程中“人-车-路”产生的丰富数据。按照数据来源对这些数据进行分类，主要可以分为：基础数据、交警数据、泛交通行业数据、其他第三方数据。以 A 市交通大数据云平台为例，主要接入了交通、医疗、教育、互联网等13个行业的57类实时或离线数据，如表9-1所示。

表9-1　某市交通大数据云平台主要接入数据分类

数据类别	数据源
基础数据	车辆道路、人行道路等路网分布及道路特征数据，交通卡口、交通指示等数据，POI 位置数据
交警数据	视频卡口过车信息、流量、排队长度、微波速度、交通信号运行信息、交通事件数据等
泛交通行业数据	高德速度、高德拥堵状态、网约车信息、出租车 GPS 数据、公交车调度信息、公交车 GPS 数据、“两客一危” GPS 数据等
其他第三方数据	城管停车数据、医院就诊数据、网络舆情数据、地铁客流量数据、航班客流数据、体育赛事、会展信息、气象数据、节假日旅游数据等

9.4.2 交通大数据的分析与处理

交通大数据有着丰富的来源、海量的积累，云计算平台也为如此海量数据的计算存储提供了保证，但对于交通治理而言，如何利用这些数据获得及时、准确的交通运行信息、状态，是实现基于大数据交通治理管控的关键。

一方面，由于数据来源的差异，存在很多非结构化、非行业标准数据；另一方面，受到各类检测设备稳定性、检测数据种类的单一性的影响，数据普遍呈现出格式多样、品质较差、特征单一等现象。这样的数据往往不能直接被利用，数据的异常、缺失现象也影响着交通相关软件算法运行的准确性、稳定性，这就需要对交通大数据进行分析与处理并获得规范的交通特征参数。

A 市的交通大数据云计算平台在将各类数据接入云计算平台后，基于对各类数据完整性、准确性的分析，提出了多源数据分析处理体系，如图 9-6 所示（王磊绘制）。交通数据池中不同来源的数据分别经过数据重构后形成规范标准的数据结构与数据频率进入数据诊断与修复模块；数据诊断与修复模块利用时空关联分析技术对数据的质量进行诊断与修复；经过修复后的数据依据关联关系进行融合，得到带有置信度与特征标记的数据存入数据仓库，为交通态势分析、信号控制、效果评价等交通应用提供规范、稳定的数据支撑。

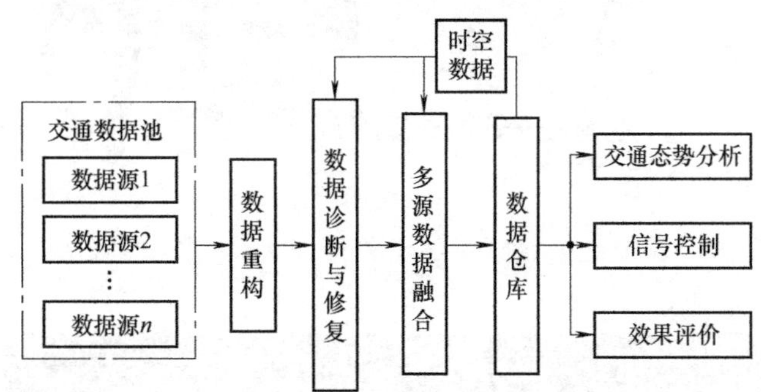

图 9-6　多源数据分析处理体系

图 9-6 所示的多源数据融合模块，其主要作用是根据交通大数据多维度、多类别、泛时空、异构、强弱关联及相互转化等特点，基于数据关联性、置信度等信息对多源数据进行融合，具体流程如图 9-7 所示。利用 Bayes 及其变形、D-S 证据推理、模式识别等方法，将经过时空关联诊断与修复的原始数据流进行数据关联分析，依据数据间的关联度、数据的置信度，分别进行像素级、特征级、决策级融合，得到交通管控所需的综合交通特征参数。

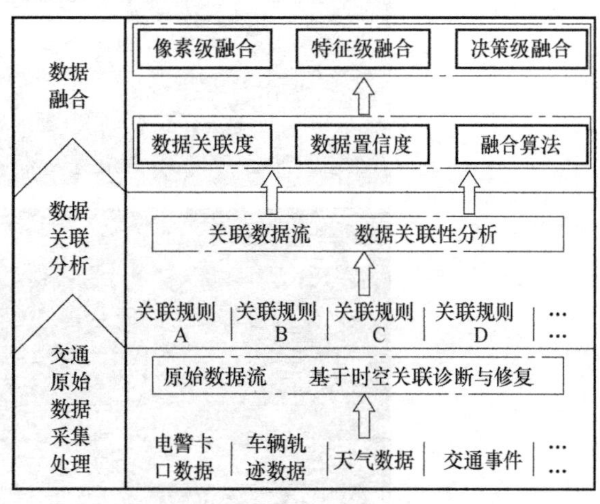

图 9-7　交通大数据融合流程

9.4.3　交通大数据的应用成果

以上述云平台汇聚的交通大数据为基础，以交通大数据分析处理体系为依托，A 市基于交通大数据的信号控制与效果评价方案得以有效实施。

1. 信号控制算法

将多维、海量、实时的交通大数据与传统经典的交通控制理论相结合，实现了全天候自动调度、多场景自动切换、多层级自动保护的广域自组织信号控制，覆盖了 A 市城区主要道路，目前已经实现数百个路口的全自动协调联动，基于交通大数据的区域信号自组织优化算法部署示意图如图 9-8 所示（王磊绘制），基于交通大数据的信号优化协同效果监控示意图如图 9-9 所示。

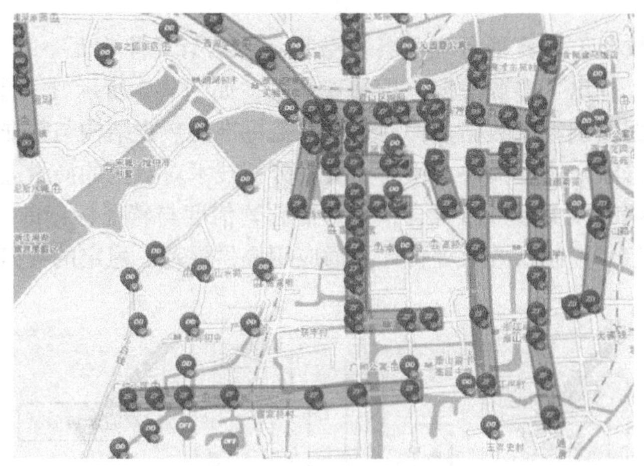

图 9-8　基于交通大数据的区域信号自组织优化算法部署示意图

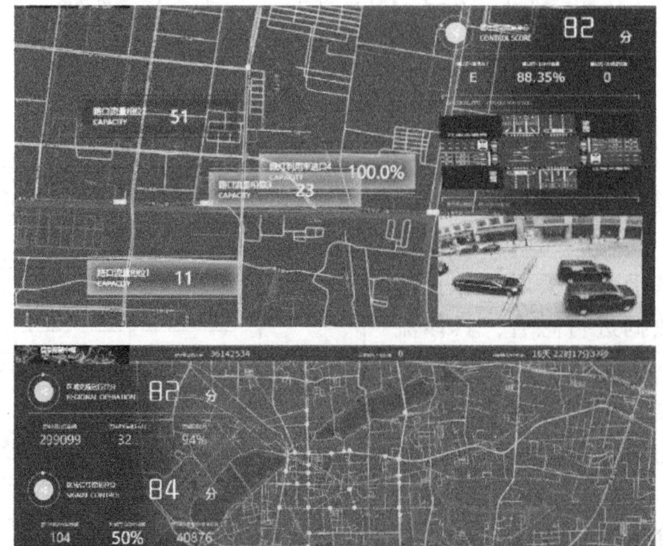

图 9-9　基于交通大数据的信号优化协同效果监控示意图

2. 效果评价体系

以数据评价为核心，建立了基于大数据的交通多维度效果评价体系。微观上，建立交通流量、车辆速度、车辆延误、路口运行效率、路口交通控制评分、路口负载度等指标，主要

用于反馈修正交通信号配时优化，指导战斗层交通调控；中观上，利用数据分析计算路口、路段交通态势评价等指标，评价其交通运行的综合水平，用于标识局部道路、路口交通拥堵，实施科学诱导，指导战术层交通管控；宏观上，建立城市道路网或局部路网的畅通里程比例、道路区域服务水平、区域管控水平等指标，用于信号控制策略选择、指挥调度等战略层交通决策。

总而言之，在政府、企业的共同推动下，交通大数据在城市交通治理领域已经开展了一定的研究与实践，初见成效。一方面彰显了交通大数据在科学交通管控中的重要价值，另一方面也为进一步利用数据认识交通、利用数据刻画交通、利用数据治理交通探索了正确的方向。可以预见，交通大数据将在未来交通治理中发挥更为重要的作用，也将成为中国“海绵城市”建设的有效着力点之一。

9.5 城市大数据未来展望

学术界和工业界围绕以数据为中心的智慧城市这一主题开展了多层次、多视角、多方位的理论与技术探索，并取得了令人瞩目的研究成果。然而，构建和谐宜居的智慧城市系统，实现人与环境、人与城市和谐发展的智慧城市愿景，依然存在诸多挑战，这些挑战需要多学科、多领域的研究人员相互配合、凝聚智慧、共同面对。下面对未来以数据为中心的智慧城市领域可能有所突破的研究方向和有待突破的研究问题进行展望。

1. 多源城市数据的紧耦合

城市是一个复杂、庞大的动态系统，其任何一方面的动态特性都会在不同的数据空间中有所体现。现有的智慧城市研究往往只能利用到城市数据空间中的一两种数据，即使是多源数据融合的研究工作也往往是某一类数据为核心，加之地图与 POI 等城市地理信息系统（GIS）锚定数据作支撑。由于多源数据的耦合度并不高，因此利用模式也相对单一。如何充分挖掘城市核心数据的关联性，实现多源数据之间的紧耦合，将会是未来智慧城市中数据应用技术发展的必然趋势。

2. 多源城市数据的互联互通和智能融合

城市数据涉及经济、交通、通信、教育、能源、安全、管理、服务、文化、医疗等各个方面，这些数据的格式、存储、语义、环境等各有不同，如何让这些数据实现物理和逻辑上的有效共享和互联互通是一个具有挑战性的问题，也考验着一个城市管理者的领导水平。在海量的多源异构数据完成共享后，就需要对这些数据进行高效的融合，数据融合是城市数据进行分析和管理决策的机制。城市数据的数据融合主要是将同一对象的不同来源、不同维度、不同格式的数据进行识别和规范化。然而，数据的种类丰富多样且经常变化，传统的人工适配方法很难满足海量城市数据的融合需求，因此研究数据的描述方法与描述语言、数据认知技术、关联数据动态建模技术、数据演化与自主生长机制和数据联网等技术，实现海量多源异构数据的自我认知、自主学习、主动融合，是有效发挥城市数据活力的重要方向。

3. 信息世界-物理世界的交互

开展智慧城市技术研究的根本目的是为了服务城市与市民，即将信息空间的智慧应用到真实的物理世界当中。同时，应用了智慧城市新技术的物理世界也会发生变化，并在信息空间中有所反映，研究人员还需要根据这些反馈进一步改进技术。这种信息世界同物理世界的

交互过程将不断地迭代进行，并且逐步实现自主演化，最终构成一个具有自我改进能力的反馈系统。目前业界还没有太多相关工作的报道，但相信不久的将来，物理世界与信息世界的交互将会成为智慧城市研究的一个重要方向。

4. 城市深层次数据的利用

城市的运行过程涵盖了交通、经济、社会、物流等多层次、多方面的社会活动。现有研究工作所采用的地图数据、交通数据、通信数据、环境数据等都只是反映了城市活动的物理与信息接触行为，并且均是以地理位置坐标进行锚定标注的。对于一些深层次的城市逻辑行为，例如资金流动、政策导向、社会心理、流行时尚等，现有研究工作都少有涉及。开发利用城市深层次数据、挖掘城市运行的内在逻辑关系将会是智慧城市技术发展的未来方向之一。

5. 城市行为动力学理论体系

城市行为动力学是理解城市内在行为与市民活动规律的基础理论，其在整个智慧城市研究的理论体系中扮演着非常重要的角色。目前的城市行为动力学理论研究还只是依附于人类活动时空动力学的一个统计物理学分支，尚未形成完整的理论体系，具体内涵与外延边界也不清晰。因此，未来完善和发展系统的城市行为动力学理论，构建完整独立的理论体系，将会是智慧城市基础理论研究的核心任务。

习　题

9.1　描述一些你身边所能接触到的城市数据及其特点。

9.2　结合自己专业，设想一下可以与哪些智慧城市相关理论相融合来解决具体的城市问题。

9.3　介绍与自身专业相关的智慧城市中某一智慧应用。

9.4　结合自己专业，试设计智慧城市中某一智慧应用的大致技术框架。

9.5　针对城市交通的数据的不同来源，分析并讨论城市交通数据的采集方法。

参考文献及扩展阅读资料

[1] IBM 商业价值研究院. 智慧地球［M］. 北京：东方出版社，2009.

[2] 李光亚，张鹏翥，孙景乐，等. 智慧城市大数据［M］. 上海：上海科学技术出版社，2015.

[3] 杨正洪. 智慧城市—大数据、物联网和云计算之应用［M］. 北京：清华大学出版社，2014.

[4] 沈国江，张伟. 城市道路智能交通控制技术［M］. 北京：科学出版社，2015.

[5] 863 计划“智慧城市（一期）”项目组. 智慧城市技术白皮书（2012）［R］. 2012.

[6] 王静远，李超，熊璋，等. 以数据为中心的智慧城市研究综述［J］. 计算机研究与发展，2014，51（2）：239-259.

[7] 郑宇. 城市计算与大数据［J］. 中国计算机学会通讯，2013，9（8）：8-18.

第 10 章　工业大数据

☞ 导　读

本章首先重点阐述工业大数据定义、空间分布、产生主体和发展趋势等内涵，接着分析工业大数据的特征和典型应用场景，然后介绍工业大数据分析的工作准备、实施流程和关键技术，最后给出了两个我国工业大数据的典型应用案例。

☞ 知识点：

知识点 1　工业大数据的定义
知识点 2　工业大数据的数据特点
知识点 3　工业大数据的应用特性
知识点 4　工业大数据的应用场景
知识点 5　工业大数据的关键技术
知识点 6　工业大数据的分析方法

☞ 课程重点：

重点 1　工业大数据的内涵
重点 2　工业大数据的特点
重点 3　工业大数据的分析重点

☞ 课程难点：

难点 1　工业大数据的分析流程
难点 2　工业大数据分析的技术挑战

10.1 概述

工业大数据是工业企业自身及生态系统产生或使用的数据总称，既包含企业内部来自 CAX、MES、ERP 等信息化系统的数据、生产设备、智能产品等物联网数据，也包括企业外部来自上下游产业链、互联网以及气象、环境、地理信息等跨界数据，贯穿于研发设计、生产制造、售后服务、企业管理等各环节。工业大数据作为制造业转型升级的关键抓手，受到国内外政府和企业的高度重视。工业大数据的数据特点与应用特性都不同于传统的商业数据，应用场景也有很大不同，传统的分析方法对于工业大数据具有较大的挑战。

10.1.1　工业大数据的内涵

本节主要讨论工业大数据的内涵，从空间分布、产生主体两个维度对工业大数据进行分类，并讨论数据产生主体和内容结构的演化路径。

1. 工业大数据的定义

工业大数据即工业数据的总和，可分成三类，即企业信息化数据、工业物联网数据，以及外部跨界数据。此三类数据也是工业大数据的来源，如图10-1所示。其中，企业信息化和工业物联网中机器产生的海量时序数据是工业数据规模增大的主要原因。

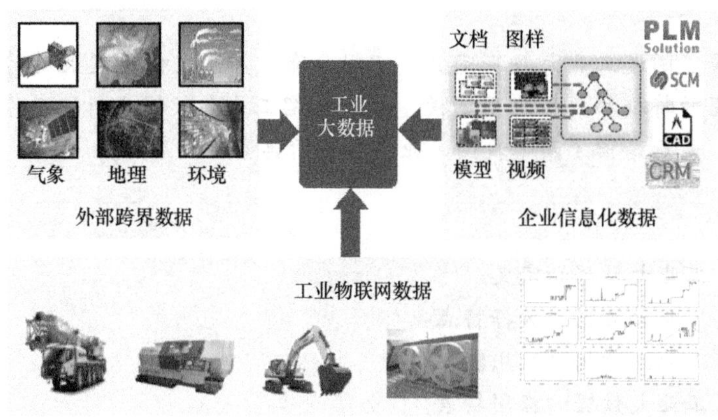

图10-1　工业大数据的来源

工业大数据是智能制造与工业互联网的核心，其本质是通过促进数据的自动流动去解决控制和业务问题，减少决策过程所带来的不确定性，并尽量克服人工决策的缺点。

首先，企业信息系统存储了高价值密度的核心业务数据。自20世纪60年代以来，信息技术加速应用于工业领域，形成了制造执行系统（MES）、企业资源规划（ERP）、产品生命周期管理（PLM）、供应链管理（SCM）和客户关系管理（CRM）等企业信息系统。这些系统中积累的产品研发数据、生产制造数据、供应链数据以及客户服务数据，存在于企业或产业链内部，是工业领域的传统数据资产。

其次，随着近年来物联网技术快速发展，工业物联网成为工业大数据新的、增长最快的来源之一，它能实时自动采集生产设备和智能化装备运行状态数据，并对它们进行远程实时监控。

最后，互联网也促进了工业与经济社会各个领域的深度融合。人们开始关注气候变化、生态约束、政治事件、自然灾害、市场变化等因素对企业经营产生的影响。因此，外部跨界数据已成为工业大数据不可忽视的来源。

2. 工业大数据的空间分布

工业大数据不仅存在于企业内部，还存在于产业链和跨产业链的经营主体中。企业内部数据主要是指MES、ERP、PLM等自动化与信息化系统中产生的数据。产业链数据是企业供应链和价值链中来自原材料、生产设备、供应商、用户和运维合作商的数据。跨产业链数据指来自于企业产品生产和使用过程中相关的市场、地理、环境、法律和政府等外部跨界信息

和数据。

3. 工业大数据的产生主体

人和机器是产生工业大数据的主体。人产生的数据是指由人输入到计算机中的数据，例如设计数据、业务数据、产品评论、新闻事件、法律法规等。机器数据是指由传感器、仪器仪表和智能终端等采集的数据。智能制造与工业互联网的发展，应致力于推动数据的自动采集。

对特定企业而言，机器数据的产生主体可分为生产设备和工业产品两类。生产设备是指作为企业资产的生产工具，工业产品是企业交付给用户使用的物理载体。前一类数据主要服务于智能生产，为智能工厂生产调度、质量控制和绩效管理提供实时数据基础；后一类数据则侧重于智能服务，通过传感器感知产品运行状态信息，帮助用户降低装备维修成本、提高运行效率、提供安全保障。

随着互联网与工业的深度融合，机器数据的传输方式由局域网走向广域网，从管理企业内部的机器拓展到管理企业外部的机器，支撑着人类和机器边界的重构、企业和社会边界的重构，释放了工业互联网的价值。

4. 工业大数据的发展趋势

从数据类型看，工业大数据可分为结构化数据、半结构化数据和非结构化数据。结构化数据即关系数据，存储在数据库里，可以用二维表结构来表达实体及其联系。不方便用二维表结构来表达的数据即称为非结构化数据，包括办公文档、文本、图片、各类报表、图像、音频、视频等。所谓半结构化数据，就是以 XML 数据为代表的自描述数据，它介于结构化数据和非结构化数据之间。

20 世纪 60 年代，计算机在企业管理中得到应用，经历了层次、网状等模型后，统一为关系模型，形成了以结构化数据为基础的 ERP/MES 管理软件体系。20 世纪 70 年代，随着计算机图形学和辅助设计技术的发展，CAD、CAE、CAM 等工具软件生成了三维模型、工程仿真、加工代码等复杂结构文件，形成了以非结构化数据为基础的 PDM 技术软件体系。21 世纪，互联网和物联网为企业提供大量的文本、图像、视频、音频、时序、空间等非结构化数据，工业数据中结构化数据与非结构化数据的规模比例发生了质的变化。

近年来，智能制造和工业互联网推动了以“个性化定制、网络化协同、智能化生产和服务化延伸”为代表的新兴制造模式的发展[1-4]，未来由人产生的数据规模比重将逐步降低，机器数据所占据的比重将越来越大。2012 年美国通用电气公司提出的工业大数据（狭义的），主要指工业产品使用过程中由传感器采集的以时空序列为主要类型的机器数据，包括装备状态参数、工况负载和作业环境等信息。

10.1.2　工业大数据的特点

在未来理想状态下，工业大数据应该作为工业系统相关要素在赛博空间的数字化映像、运行轨迹及历史痕迹。工业大数据的特点，应该体现工业系统的本质特征和运行规律，并推动工业进入智能制造时代。本节主要比较分析工业大数据的特点，进而为后续的讨论奠定基础。

1. 工业系统的本质特征

工业系统往往具有复杂动态系统特性。例如，飞机、高铁、汽车、船舶、火箭等高端工业产品本身就是复杂系统；产品设计过程首先要满足外部系统复杂多变的需求，生产过程更是一个人机料法环协同交互的多尺度动态系统，使用过程本质上就是产品与外部环境系统相互作用的过程。其中，人机料法环是对全面质量管理理论中的五个影响产品质量的主要因素的简称。人，指制造产品的人员；机，指制造产品所用的设备；料，指制造产品所使用的原材料；法，指制造产品所用的方法；环，指产品制造过程中所处的环境。由此可见，产品全生命周期相关各个环节都具有典型的系统性特征。

确定性是工业系统本身能够有效运行的基础。对设计过程来说，确定性体现为对用户需求、制造能力的准确把握；对生产过程来说，确定性体现为生产过程稳定、供应链可靠、高效率和低次品率；对使用过程来说，确定性体现为产品持久耐用、质量稳定和对外部环境变化的适应性。因此，人们总是倾向于提高系统的确定性，避免不确定性因素对系统运行的干扰。工业系统设计一般基于科学的原理和行之有效的经验，输入输出之间的关系体现为强确定性。有效应对不确定性是工业系统相关各方追求的目标。工业系统是一个开放的动态系统，要面临复杂多变的内外部环境。工业产品全生命周期的各个阶段都面临着不确定性，例如外部市场与用户需求等因素的不确定性，制造过程中人机料法环等要素的不确定性，以及产品使用和运行环境的不确定性。

应对不确定性的前提是感知信息。以工业互联网技术为代表的ICT技术的发展和普遍应用，能大大提升信息自动感知的能力，可感知到用户需求和市场的变化、感知到远程设备和供应链的异动、感知到人机料法环等诸多要素的状态，减少人在信息感知环节的参与，降低人对信息感知所带来的不确定性影响。

在感知信息的基础上，可以更快速、科学地应对不确定性：通过智能服务，解决用户使用过程中遇到的不确定性问题；通过智能设备，应对设备自身、原料以及运行环境所涉及的其他不确定性问题；通过智能生产，应对用户需求和工厂内部变化引起的不确定性问题；通过工业互联网，应对供应链、跨地域协同中的不确定性问题等。在此基础上，相关过程产生的大数据，能够帮助人们更加深入、准确地理解工业过程，进而将工业过程中的个性化问题归结成共性问题、形成知识，并用于优化和指导企业的各种业务。这样，通过工业互联网和大数据技术的应用，能将不确定性转化为开拓市场、提质增效、转型创新的能力，把工业带入智能制造时代。

由此可见，工业系统同时具有确定性和不确定性的特征，确定性是目标，不确定性则是机会。

2. 工业大数据的5V特征

工业大数据首先符合大数据的5V特征，即大规模（Volumn）、速度快（Velocity）、类型杂（Variety）、低质量（Veracity）、低价值（Value），如图10-2所示。

所谓“大规模”，就是指数据规模大，而且面临着大规模增长。我国制造业的大型企业，由人产生的数据规模一般在TB级或以下，但形成了高价值密度的核心业务数据。机器数据规模将可达PB级，是“大”数据的主要来源，但相对价值密度较低。随着智能制造和物联网技术的发展，产品制造阶段少人化、无人化程度越来越高，运维阶段产品运行状态监控度不断提升，未来由人产生的数据规模比重降低，机器产生的数据将出现指数级的增长。

所谓“速度快”，不仅是采集速度快，而且要求处理速度快。越来越多的工业信息化系统以外的机器数据被引入大数据系统，特别是针对传感器产生的海量时间序列数据，数据的

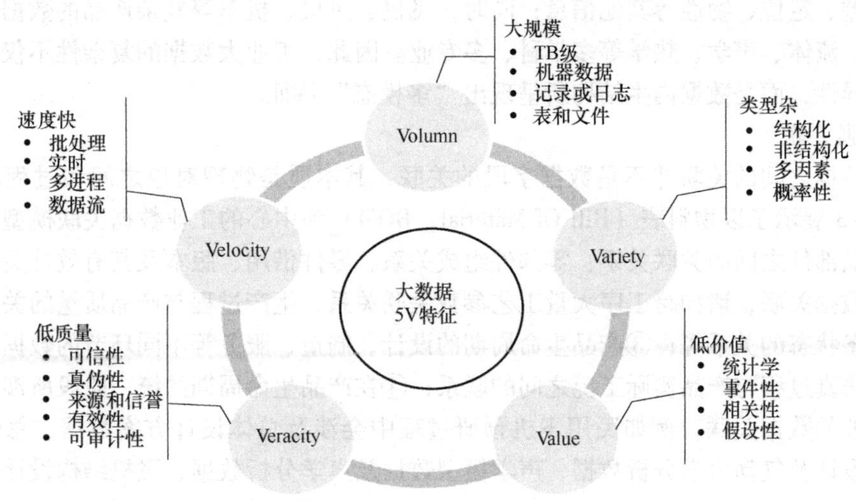

图 10-2　大数据 5V 特征

写入速度达到了百万数据点/秒甚至千万数据点/秒。数据处理的速度体现在设备自动控制的实时性，更要体现在企业业务决策的实时性，也就是工业 4.0 所强调的基于“纵向、横向、端到端”信息集成的快速反应。

所谓“类型杂”，就是复杂性，主要是指各种类型的碎片化、多维度工程数据，包括设计制造阶段的概念设计、详细设计、制造工艺、包装运输等各类业务数据，以及服务保障阶段的运行状态、维修计划、服务评价等类型数据。甚至在同一环节，数据类型也是复杂多变的，例如在运载火箭研制阶段，将涉及气动力数据、气动力热数据、载荷与力学环境数据、弹道数据、控制数据、结构数据、总体实验数据等，其中包含结构化数据、非结构化数据、高维科学数据、实验过程的时间序列数据等多种数据类型。

所谓“低质量”，就是真实性。相对于分析结果的高可靠性要求，工业大数据的真实性和质量比较低。工业应用中由于技术可行性、实施成本等原因，很多关键的量没有被测量、没有被充分测量或者没有被精确测量（数值精度），同时某些数据具有固有的不可预测性，例如人的操作失误、天气、经济因素等，这些情况往往导致数据质量不高，是数据分析和利用最大的障碍。对数据进行预处理以提高数据质量也常常是耗时最多的工作。

所谓“低价值”，就是数据价值密度相对较低，或者说是浪里淘沙却又弥足珍贵。随着互联网以及物联网的广泛应用，信息感知无处不在，信息海量但价值密度较低。如何结合业务逻辑并通过强大的机器算法来挖掘数据价值，是大数据时代最需要解决的问题。

3. 工业大数据的新特征

工业大数据作为对工业相关要素的数字化描述和在赛博空间的映像，除了具备大数据的 5V 特征，相对于其他类型大数据，工业大数据集还具有反映工业逻辑的新特征。这些特征可以归纳为多模态、强关联、高通量。

（1）多模态

工业大数据是工业系统在赛博空间的映像，必须反映工业系统的系统化特征和工业系统的各方面要素。所以，数据记录必须完整，往往需要用超级复杂的结构来反映系统要素，这就导致单体数据文件结构复杂。比如三维产品模型文件，不仅包含几何造型信息，而且包含尺寸、工差、定位、物性等其他信息；同时，飞机、风机、机车等复杂产品的数据又涉及机械、电磁、流体、声学、热学等多学科、多专业。因此，工业大数据的复杂性不仅仅是数据格式的差异性，而是数据内生结构所呈现出“多模态”特征。

（2）强关联

工业数据之间的关联并不是数据字段的关联，其本质是物理对象之间和过程的语义关联，图10-3展示了以物料表（Bill Of Material，BOM）为中心的工业数据关联模型示例。包括：①产品部件之间的关联关系：零部件组成关系、零件借用、版本及其有效性关系；②生产过程的数据关联，诸如跨工序大量工艺参数关联关系、生产过程与产品质量的关系、运行环境与设备状态的关系等；③产品生命周期的设计、制造、服务等不同环节的数据之间的关联，例如仿真过程与产品实际工况之间的联系；④在产品生命周期的统一阶段所涉及不同学科不同专业的数据关联，例如民用飞机预研过程中会涉及总体设计方案数据、总体需求数据、气动设计及气动力学分析数据、声学模型数据及声学分析数据、飞机结构设计数据、零部件及组装体强度分析数据、系统及零部件可靠性分析数据等。数据之间的“强关联”反映的就是工业的系统性及其复杂动态关系。

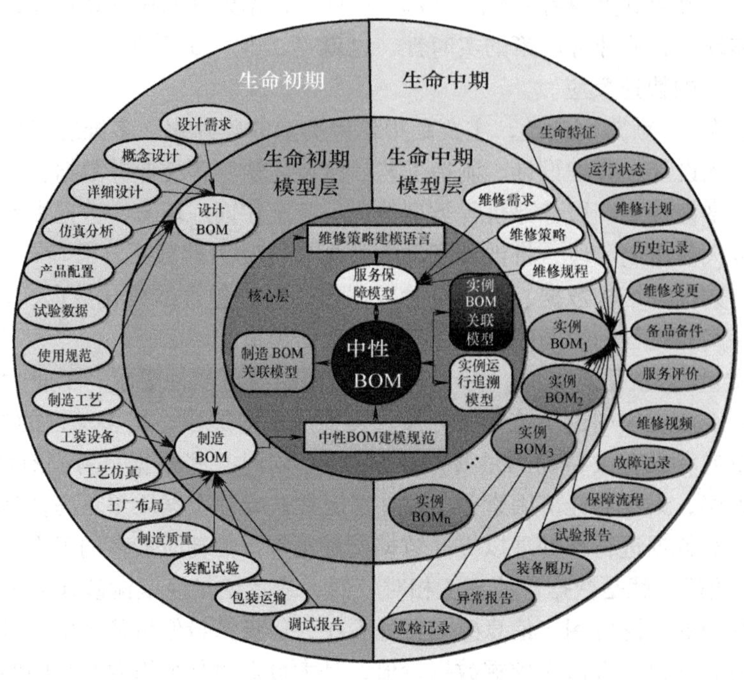

图10-3　工业数据关联模型示例

（3）高通量

嵌入了传感器的智能互联产品已成为工业互联网时代的重要标志，用机器产生的数据来代替人所产生的数据，实现实时的感知。从工业大数据的组成体量上来看，物联网数据已成为工业大数据的主体。以风机装备为例，根据IEC 61400-25标准，持续运转风机的故障状态其数据采样频率为50Hz，单台风机每秒产生225KB传感器数据，按2万台风机计算，如果全量采集，写入速率为4.5GB/s。具体来说，机器设备所产生的时序数据可以总结为以下

几个特点：海量的设备与测点、数据采集频度高（产生速度快）、数据总吞吐量大且持续不断，呈现出"高通量"的特征。

4. 工业大数据应用特征

工业大数据的应用特征可归纳为跨尺度、协同性、多因素、因果性、强机理等几个方面，这些特征都是工业对象本身的特性或需求所决定的。

跨尺度、协同性主要体现在大数据支撑工业企业的在线业务活动、推进业务智能化的过程中。

跨尺度是工业大数据的首要特征。这个特征是工业的复杂系统性所决定的。从业务需求上看，通过ICT的广泛深入应用，能将设备、车间、工厂、供应链及社会环境等不同尺度的系统在赛博空间中联系在一起。事实上，工业4.0强调的"横向、纵向、端到端集成"，就是把不同空间尺度的信息集成到一起。另外，跨尺度不仅体现在空间尺度，还体现在时间尺度，如业务上常常需要将毫秒级、分钟级、小时级等不同时间尺度的信息集成起来。为此，需要综合利用云计算、物联网、边缘计算等技术。

协同性是工业大数据的另外一个重要特征。工业系统强调系统的动态协同，工业大数据就要支持这个业务需求。进行信息集成的目的，是促成信息和数据的自动流动，加强信息感知能力，减少决策者所面临的不确定性，进而提升决策的科学性。

"牵一发而动全身"是对协同性的形象描述、是系统性的典型特征。具体到工业企业，就是某台设备、某个部门、某个用户的局部问题，能够引发工艺流程、生产组织、销售服务、仓储运输的变化。这就要通过整个企业乃至供应链上多个部门和单位的大范围协同才能做到。

多因素、因果性、强机理体现在工业大数据支撑过程分析、对象建模、知识发现，并应用于业务持续改进的过程中。工业过程追求确定性、消除不确定性，数据分析过程就必须注重因果性、强调机理的作用。事实上，如果分析结果是具有科学依据的知识，本身就体现了因果性。

多因素是指影响某个业务目标的因素特别多。事实上，许多大数据分析的目标，就是去发现或澄清人们过去不清楚的影响因素。多因素是工业对象的特性所决定的。当工业对象是复杂的动态系统时，人们必须完整、历史地认识考察它的全貌，才能得到正确的认识。对应到工业大数据分析，就体现为多个因素的复杂关系，进而导致了多因素的现象。

认清多因素特点对于工业数据收集有着重要的指导作用。人们往往需要事先尽量完整地收集与工业对象相关的各类数据，才有可能得到正确的分析结果，不被假象所误导。对于非线性、机理不清晰的工业系统，多因素会导致问题的维度上升、不确定性增加。对应在工业大数据分析过程中，人们常会感觉到数据不足、分析难度极大。

因果性源于工业系统对确定性的高度追求。为了把数据分析结果用于指导和优化工业过程，其本身就要高度的可靠性。否则，一个不可靠的结果，可能会引发系统巨大的损失。同时，由于工业过程本身的确定性强，也为追求因果性奠定了基础。为此，工业大数据的分析过程不能止步于发现简单的相关性，而是要通过各种可能的手段逼近因果性。

然而，如果用"系统"的观点看待工业过程，就会发现系统中存在各种信息的前馈或者反馈路径。工业技术越是成熟，这种现象也就越普遍。这导致数据中体现的相关关系往往并不是真正的因果关系。为了避免被假象迷惑，必须在数据准确完备的基础上，进行全面、科学、深入的分析。特别是对于动态的工业过程，数据的关联和对应关系必须准确、动态数据的时序关系不能错乱。

强机理是获得高可靠分析结果的保证。分析结果的可靠性体现在因果性和可重复性。而关联关系复杂往往意味着干扰因素众多，也就不容易得到可重复的结论。所以，要得到可靠性的分析结果，需要排除来自各方面的干扰。排除干扰是需要“先验知识”的，而所谓的“先验知识”就是机理。在数据维度较高的前提下，人们往往没有足够的数据用于甄别现象的真假。“先验知识”能帮助人们排除那些似是而非的结论。这时，领域中的机理知识实质上就起到了数据降维的作用。从另外一个角度看，要得到因果性的结论，分析的结果必须能够被领域的机理所解释。事实上，由于人们对工业过程的研究往往相对透彻，多数现象确实能够找到机理上的解释。

10.2 工业大数据典型应用场景

工业大数据可应用于现有业务优化、推动大中型企业实现智能制造升级和工业互联网转型。

10.2.1 现有业务优化

工业大数据可以在现有组织、流程保持不变的前提下，把各个部门和岗位的工作做得更好，促进整个企业的提质增效。

1. 研发能力提升

建立针对产品或工艺的数字化模型，用于产品、工艺的设计和优化。模型作为量化、可计算的知识载体，可提高企业知识重用水平并促进持续优化。将大数据技术与数字化建模相结合，可以提供更好的设计工具，缩短产品交付周期。

例如，波音公司通过大数据技术优化设计模型，将机翼的风洞实验次数从2005年的11次缩减至2014年的1次；玛莎拉蒂通过数字化工具加速产品设计，开发效率提高30%。

2. 生产过程优化

通过分析产品质量、成本、能耗、效率、成材率等关键指标与设备参数之间的关系，优化产品设计和工艺。以实际的生产数据为基础，建立生产过程的仿真模型，优化生产流程。根据客户订单、生产线、库存、设备等数据预测市场和订单，优化库存和生产计划、排程。

3. 服务快速反应

通过设备的智能化，可以由互联网获取用户的实时工况数据。当用户设备出现问题或异常时，帮助用户更快地发现问题、找到原因。通过数据分析，构建基于规则或案例的故障预测系统，对用户设备状态进行预测，帮助用户更好地维护设备。

4. 推动精准营销

利用工业大数据，可以分区域对市场波动、宏观经济、气象条件、营销活动、季节周期等多种数据进行融合分析，对产品需求、产品价格等进行定量预测。同时，可以结合用户当前对产品使用的工况数据，对零部件坏损进行预判，进而对零部件库存进行准确调整。此外，通过对智能产品和互联网数据的采集，针对用户使用行为、偏好、负面评价进行精准分

析，有助于对客户群体进行分类画像，可以在营销策略、渠道选择等环节提高产品的渗透率。更重要的是，可以结合用户分群实现产品的个性化设计与精准定位，针对不同的群体，从产品设计开始实现完整营销环节的精准化。

10.2.2　促进企业升级转型

随着工业互联网的深入发展，数据集成从企业内部发展到企业之间。业务应用也随之拓展至终端用户、全产业链和制造服务[5-7]等场景。这种变化可能导致企业业务定位、盈利模式的重大改变，甚至会导致核心业务的转型。这也就对应了《工业互联网体系架构》[1-2]中总结的工业智能化四类典型场景：个性化定制、智能化生产、网络化协同、服务化延伸[6-8]。

1. 创新研发设计模式，实现个性化定制

应用工业互联网和大数据技术，可有效促进产品研发设计的数字化、透明化和智能化。数字化能有效提升效率，透明化可提高管理水平，智能化可降低人的失误。通过对互联网上用户反馈、评论的信息进行收集、分析和挖掘，可发现用户深层次的个性化需求。通过建设和完善研发设计知识库，促进数字化图样、标准零部件库等设计数据在企业内部的知识重用和创新协同，提升企业内部研发资源统筹管理和产业链协同设计能力。通过采集客户个性化需求数据、工业企业生产数据、外部环境数据等信息，建立个性化产品模型，将产品方案、物料清单、工艺方案通过制造执行系统快速传递给生产现场，进行设备调整、原材料准备，实现单件小批量的柔性化生产。

2. 建立先进生产体系，支撑智能化生产

生产过程的智能化是智能制造的重要组成部分。要推进生产过程的智能化，需要对设备、车间到工厂进行全面的数字化改造。以下四点应该特别引起重视。

（1）数据驱动

定制化（小批量生产，个性化单件定制）带来的是对生产过程的高度柔性化的要求，而混线生产也成为未来工业生产的一个基本要求。于是，产品信息的数字化、生产过程的数字化就成为一个必然的前提。为此，需要为产品相关的零部件与原材料在赛博空间中建立相对应的数字虚体映射，并根据订单与生产工艺信息，通过生产管理系统与供应链和物流系统衔接，驱动相应物料按照生产计划（自动的）流动，满足混料生产情况下物料流动的即时性与准确性要求，从而满足生产需要。

（2）虚实映射

个性化或混线生产时，每个产品的加工方式可能是不一样的。这样，当加工过程中的物料按计划到达特定工位时，相应工序的加工工艺和参数（包括工艺要求、作业指导书甚至三维图样的信息等）必须随着物料的到达及时准确地传递到相应的工位，以指导工人进行相应的操作。更进一步的情况下，通过 CPS，生产管理系统将根据这些信息控制智能化的生产设备自动地进行加工。为此，必须实现数据的端到端集成，将用户需求与加工制造过程及其参数对应起来。同时，通过工业物联网自动采集生产过程和被加工物料的实时状态，反馈到赛博空间，驱使相关数字虚体的对应变化，实现虚实世界的精准映射。

（3）实时监控

生产过程及设备状态必须受到严格的监控。当被加工的物料与生产过程中的设备信息在赛博空间进行精准映射的状态下，可以实现生产过程或产品质量的实时监控。当发现生产过程中出现设备、质量等问题时，便可以及时地通过人或者系统的手段进行处理。对于无人化、少人化车间，还可以通过网络化的智能系统做到远程监控或移动监控。而要实现这一点，保证生产过程全流程的纵向集成，便成为必要的前提条件。

（4）质量追溯

从订单到生产计划、产品设计数据，最后到完整的供应链与生产过程，完整的数据将为生产质量的追溯提供必要的数据保证。信息化系统可以提供订单、供应链与生产计划的完整数据，工业物联网实现了设备、产品与质量数据的采集与存储。这些数据除了保证生产过程的顺利进行，也为未来生产过程的追溯与重现提供了数据基础。为了保证产品质量的持续改进，应实现从订单到成品的端到端系统的完整信息集成，对生产过程中人机料法环等因素进行准确记录，并与具体订单及相关产品对应，这也是实现完整质量追溯的前提。而系统数据的整合与互联互通以及不同系统之间数据的映射与匹配，则是实现这个目标的关键所在。

在此基础上，如果能够推进设备的智能化，不断地消除“哑设备”，通过对积累沉淀的工业大数据的深入挖掘，推进设备与生产过程控制的持续优化，做到设备的自诊断、预测性维护，则对提高设备运行效率、降低维修维护成本、提高产品质量都有着重大意义。

3. 基于全产业链大数据，实现网络化协同

工业互联网引发制造业产业链分工细化，参与企业需根据自身优势对业务进行重新取舍。基于工业大数据，驱动制造全生命周期从设计、制造到交付、服务、回收各个环节的智能化升级，推动制造全产业链智能协同，优化生产要素配置和资源利用，消除低效中间环节，整体提升制造业发展水平和世界竞争力。基于设计资源的社会化共享和参与，企业能够立足自身研发需求开展众创、众包等研发新模式，提升企业利用社会化创新和资金资源能力。基于统一的设计平台与制造资源信息平台，产业链上下游企业可以实现多站点协同、多任务并行，加速新产品协同研发过程。对产品供应链的大数据进行分析，将带来仓储、配送、销售效率的大幅提升和成本的大幅下降。

4. 监控产品运行状态和环境，实现服务化延伸

在工业互联网背景下，以大量行业、用户或业务数据为核心资源，以获取数据为主要竞争手段，以经营数据为核心业务，以各种数据资源的变现为盈利模式，可有力推动企业服务化转型[7-9]。首先要对产品进行智能化升级，使产品具有感知自身位置、状态的能力，并能通过通信配合智能服务，破除“哑产品”。企业通过监控实时工况数据与环境数据，基于历史数据进行整合分析，可实时提供设备健康状况评估、故障预警和诊断、维修决策等服务。通过金融、地理、环境等“跨界”数据与产业链数据的融合，可创造新的商业价值[10]。例如可通过大量用户数据和交易数据的获取与分析，识别用户需求，提供定制化的交易服务；建立信用体系，提供高效定制化的金融服务；优化物流体系，提供高效和低成本的加工配送服务。还可通过与金融服务平台结合实现既有技术的产业化转化和新的技术创新。

10.3 工业大数据关键技术

1. 工业数据采集技术

工业数据采集包括三种来源，首先是各类生产设备、智能化装备所产生的实时工况数

据，包括生产线上各类设备、装置、仪器等产生数据以及产品的运行数据等，从数据形态上表现为时间序列数据。大多数情况下，数据由传感设备所产生并归集到控制系统，完成工业协议的转换并由控制系统接口实现对外的数据传输。为了最终准确、高效地把这部分数据采集到大数据平台，需要的数据处理方法可能涉及时间序列数据的压缩、数据的预处理（包括滤波、傅里叶变化、特征数据提取等）、缺失值填补与异常值平滑等数据质量处理、数据队列传输等。

第二类数据来源于各类信息化系统，包括 PLM、ERP、CAX、MES、CRM 等系统产生的数据，其形态主要由关系数据和文件数据构成。这类数据的采集主要通过系统提供的数据访问接口或者直接通过底层数据库系统的 ETL 实现。这类数据既可以通过日志分析等技术实时捕获数据的变化实现实时采集，也可以通过批量 ETL 实现定时的批量同步。第三类数据是从外部系统或者互联网上采集的其他数据，技术手段主要通过数据交换网关的调用或者网络爬虫实现。这两类数据的采集技术与其他行业并没有显著差异。

2. 工业大数据高效管理技术

工业大数据管理主要有各类工业数据高效存储、查询以及异构工业数据集成两个技术难点。

面向工业应用特定数据结构带来的管理技术，特别是工业实时数据的时间序列管理引擎是工业大数据管理的第一个关键技术。以风力发电机为例，每台设备可采集的测点有 500 个，采集最高的频率可以达到 50Hz，而且 7 × 24 小时不间断地产生数据。因此，一个典型的时序数据管理系统在工业场景下需要支持百万数据点每秒的写入吞吐，保证数据的高压缩比存储，同时从数据使用的角度，需要针对按照不同的时间段、不同的传感器、不同的取值对历史数据进行低延时的查询。

除了时序数据类型外，工业大数据还存在着研发设计周期产生的非结构化工程数据，MES、ERP 等系统的结构化数据等，这些数据分别存储在文件系统、关系数据库等不同的数据引擎中，对于这些异构数据的一体化管理和查询是第二个关键技术。例如在一个设备运维的场景下，运维工程师同时需要根据设备标识关联时序数据库中的设备测点数据、知识系统（文件系统）中的设备维修报告、运维系统中的备件维修更换信息等，这就需要在异构系统之上架构统一的数据查询模块，降低系统使用的复杂性。

3. 低质量数据的处理技术

大数据分析期待利用数据规模弥补数据的低质量。由于工业数据中变量代表着明确的物理含义，低质量数据会改变不同变量之间的函数关系，给工业大数据分析带来灾难性的影响。但事实上，制造业企业的信息系统数据质量仍然存在大量的问题，例如 ERP 系统中物料存储的“一物多码”问题。物联网数据质量也堪忧，无效工况（如盾构机传回了工程车工况）、重名工况（同一状态工况使用不同名字）、时标错误（如当前时间为 1999 年），时标不齐（PLC 与 SCADA 时标对不上）等数据质量问题在很多真实案例中可以达到 30% 以上。这些质量问题都大大限制了对数据的深入分析，因此需要在数据分析工作之前进行系统的数据治理。

工业应用中因为技术可行性、实施成本等原因，很多关键的量没有被测量，或没有被充分测量（时间/空间采样不够、存在缺失等），或者没有被精确测量（数值精度低）。这就要求分析算法能够在不完备、不完美、不精准的数据条件下工作。在技术路线上，可大力发展基于工业大数据分析的“软”测量技术，即通过大数据分析，建立指标间的关联关系模型，通过易测的过程量去推断难测的过程量，提升生产过程的整体可观性和可控性。

4. 强机理业务的分析技术

工业过程通常是基于强机理的可控过程，存在大量理论模型，刻画了现实世界中的物理、化学、生化等动态过程。另外，也存在着很多的闭环控制和调节逻辑，让过程朝着设计的目标逼近。在传统的数据分析技术上，很少考虑机理模型（完全是数据驱动），也很少考虑闭环控制逻辑的存在。

强机理对分析技术的挑战主要体现在三个方面：

1）机理模型的融合机制。如何将机理模型引入到数据模型（比如机理模型为分析模型提供关键特征，分析模型做机理模型的后处理或多模型集合预测）或者将数据模型输入到机理模型（提供 Parameter Calibration）。

2）计算模式上融合。机理模型通常是计算密集型（CPU 多核或计算 Cluster 并行化）或内存密集型（GPU 并行化），而数据分析通常是 I/O 密集型（采用 Map Reduce、Parameter Server 等机制），二者的计算瓶颈不同，需要分析算法甚至分析软件特别的考虑。

3）与领域专家经验知识的融合方法。突破现有生产技术人员的知识盲点，实现过程痕迹的可视化，比如对于物理过程环节，重视知识的“自动化”，而不是知识的“发现”。将领域知识进行系统化管理，通过大数据分析进行检索和更新优化；对于相对明确的专家知识，借助大数据建模工具提供的典型时空模式描述与识别技术，进行形式化建模，在海量历史数据上进行验证和优化，不断萃取专家知识。

10.4 工业大数据分析技术

工业大数据分析是一种跨领域数据分析过程，欧盟起草的跨行业数据挖掘标准流程（Cross-Industry Standard Process for Data Mining，CRISP-DM）可以用来指导这一过程，如图 10-4 所示。按照这一流程，工业大数据分析工作可大致分为分析工作准备和分析工作实施两个阶段。分析工作准备包括业务理解和数据理解两个步骤。分析工作实施包括数据准备、分析模型设计、验证与评估和实施与运营等几个步骤。整个工业大数据分析工作是一个逐步循环迭代的过程。

10.4.1 工业大数据分析工作准备

数据分析的目的是什么？借用 DIKW 体系的提法，数据（D）分析最基本的目标有两个：感知信息（I），感知某些事件的发生或现状；提炼知识（K），描述相关或因果关系，可用来预见未来。在此基础上，在行动中运用信息和知识，控制未来的走势，体现出智慧（W）的特征。工业大数据分析的重点是感知信息、提炼知识。

工业大数据的分析技术，要基于工业本身的特点，满足工业界的业务要求。从工业本身的特点看，供应链、工厂、车间、大型生产设备和某些大型的工业产品，往往都可以看成复杂动态系统。人们从数据中观察到的现象，是多个要素复杂作用的结果，这是工业领域最重要的特点之一。从需求角度看，工业界对确定性、稳定性的追求特别强烈，要创造条件和机

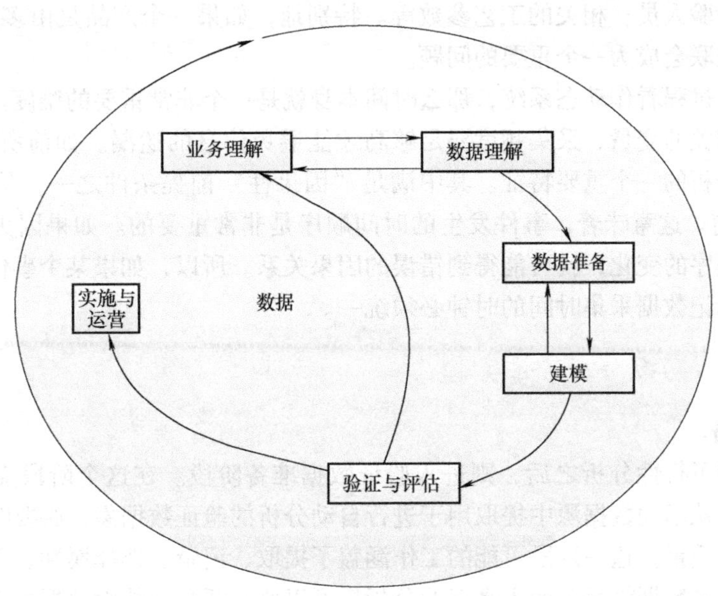

图10-4　CRISP-DM

制，尽量杜绝和减少干扰的影响。工业本身的这两个基本特点，最终决定了工业大数据分析技术（也就是感知信息、提炼知识）有其独特的地方。工业大数据“强机理”“重因果”的原因就在于此。

1. 业务理解

在设计工业大数据分析的初始阶段，首先应从业务角度去把握数据分析的需求与目标，在此基础上将业务的理解转化为可以进行数据分析的具体问题，明确未来数据分析可能解决的问题和发挥作用的环节。在此基础上为数据分析制定一个初步行动计划和预期达到的业务目标。一般而言，需要建立一个较为明确的判断依据以便确定大数据项目的价值。

2. 数据理解

在明确业务需求以后，就可以转入数据理解阶段，主要包括数据来源和数据质量分析。在数据理解阶段，应着重理解组织内部的主要数据源、数据管理现状以及数据处理的技能准备情况。调研的内容包括数据软件情况、数据的更新方式和频率、数据之间的相互联系与紧密程度、数据拥有者对大数据分析实施的意愿、执行层对数据分析的实施意愿与自身技能储备情况。在此基础上，从各个数据源进行初步提取，并采用工具进行描述性分析，以便了解数据的分布特征，同时通过访谈获得对数据真实含义的理解。这个过程可以初步识别出潜在的数据质量问题，从而评估是否可以进入下一阶段或提出整改意见。当然，通过数据理解也可能会获得对数据进行细分的依据进而揭示出潜在的有用信息。

工业相关的对象和过程往往可以用系统来描述，这意味着要素之间存在着复杂的关联关系。如果分析过程忽视了某些重要的要素或者关联关系，就可能得到完全相反的分析结果。例如，对生产过程来说，人机料法环等因素与产品的关联是最重要的关联。也就是说，产品的属性要和生产该产品的人机料法环等因素关联起来，要记录特定产品是用什么机器生产的以及生产该产品时设备的状态；产品所用原料和辅料的批次和质量特征；生产该产品的班组、操作工、检验人员；相关的工艺参数等。特别地，如果一个产品是由多个工序生产的，则工序之间的关联会成为一个重要的问题。

如果把工业过程看作动态系统，那么时间本身就是一个非常重要的维度。根据香农采样定理，与时间相关的变量、采集频度要足够高才能避免信息的遗漏。如前所述，“重因果”是工业大数据分析的一个重要特征。其中满足“因果性”前提条件之一，是“原因”发生在“结果”之前。这意味着，事件发生的时间顺序是非常重要的。如果因为数据采集的原因，导致时间顺序的变化，就可能得到错误的因果关系。所以，如果某个事件涉及多个变量或者对象时，标记数据采集时间的时钟必须统一。

10.4.2　工业大数据分析工作实施

1. 数据准备

理解数据和可行性分析之后，则进入验证数据准备阶段。在这个阶段需要利用各种技术、工具和方法从不同数据源中提取用于进行自动分析的验证数据集，必要时还需进行数据清洗，提高数据质量。这一阶段可能的工作涵盖了提取、记录、选择属性、清洗、转换等一系列任务。获得的数据将用于输入真正的分析模型以便判断和评估大数据技术的可行性。数据集准备阶段需要注意对数据规模进行规划，因为工业大数据很有可能同时存在多维度和容量大的特点，建立不同规模的验证数据集，可以用较小的代价进行反复试错以暴露问题。在这个阶段还需要做好充分的思想准备，因为数据准备工作很可能会和模型建立的过程交织反复执行，而且往往没有预定好的规程可以遵照执行。

工业企业对确定性的要求体现在数据分析上，就是要求分析结果尽可能准确。分析结果要想达到业务需要的可靠程度，良好的数据质量是基础和保证。在从事工业大数据分析时，数据质量差是个普遍存在的问题，往往严重制约着业务目标的实现。所以，在进行数据分析之前，一定要尽量提高数据的质量。必要的时候，要对数据质量进行评估，判断能否达到预定的分析效果，以避免做长期的无用功。

在理想的前提下，高质量的数据可以完整地复原相关对象和过程。但现实中，数据质量不可能是绝对理想的。于是，我们把高质量与具体的分析目标联系起来，即能够支撑分析目标的数据，就是高质量的。从这种意义上说，数据质量包含多个方面的要求，如数据项以及数据关联的完整性、数据的精度和采集频度、数据分布范围和数量等。

在实际的数据分析过程中，只能依赖已有的数据。如果数据质量很低，就达不到预定的分析效果。在这种情况下，分析花费的时间越多，人力和资源的浪费就越多。为此，当分析工作遇到困难时，首先应该做可行性分析，即判断现有的数据条件能否达到分析的目的。这样，才能集中精力去做能够做成的事情。

数据的信噪比是一种常见的影响分析结果的因素。导致信噪比低的一个重要原因，是系统常常工作在某个工作点附近。这时，数据变化的范围往往和检测误差的范围大体处在一个等级上，数据的信噪比就是很低的。另外，受到物料跟踪条件的限制，数据对应往往也会产生一定的误差，等价于数据信噪比的降低。这时，需要采取一定的手段估计数据的信噪比。信噪比过低时，就不能期望给出高精度的预报。同时，如果信噪比低到一定程度，所有追求“误差最小化”的方法都会失灵，故需要对相关的建模方法进行针对性的修订。另外，数据的信噪比过低，还会导致数据需求量的急剧上升。

由于工业大数据跨尺度、多因素、信息系统缺陷等原因，常常会导致大量的系统性干扰，甚至有些是不可见的。这些系统性的干扰包括生产线或流程的变更、机器的维护、数据采集方式的变更、产品种类规格的变更、生产异常等。这些问题常常比可见、可控变量的影响更大。如果重要的变更因素没有记录或者区分，也不可能得到非常可靠的结果。

数据分布的范围也是影响分析结果的重要因素之一。一般来说，离开机理的支撑，单纯的数据分析结果是“不具备外推性”的。所以，要得到可靠的分析结果，需要分析数据分布的范围，尽量不要把分析结果用于数据范围之外。

与传统的数据分析相比，大数据分析的特点之一是数据为“全集”而不是部分样本。事实上，大数据不同于传统数据集的本质优势，就是能够从历史数据集中找到相似的、可以模仿的对象，甚至可以从数据中提炼出共性。所以，大数据中样本的分布范围，很大程度上决定了大数据的应用范围。

另外，如前所述，当实时采集数据的采样频度不够高、变量之间的基准时钟不统一时，有许多结果是没办法确认的。

2. 建立分析模型

完成数据准备工作以后，即可进入建模阶段。在这一阶段，将选择和使用各种各样的建模方法，在备选的工业数据集合上，通过反复执行不同种类的分析方法获得最佳的模型或者模型组合，以及最优的参数配置与处理方案。一般而言，针对同样的业务目标会有多种分析方法可供选择，不同的方法对数据的要求也会不同，因此会与数据准备阶段的工作交替进行。在模型设计的过程中不断进行试错和迭代，一方面可以提前发现潜在的数据质量问题，而且可以根据模型的优劣提出有针对性的评估指标，从而进一步保证工业大数据产品在实际应用中的可行性。

如前所述，数据分析最基本的工作是通过数据完成对信息和知识的确认。在这个过程中，从发现“可能性”开始，逐步剔除各种干扰和假象，最终得到确定、准确的结果。

所谓发现“可能性”，包括发现可能的影响因素、导致事件发生的可能原因、可能导致的结果等。发现“可能性”有很多方法。一般来说，专业人士的领域知识是个重要的来源。另外还可以采取一些相对单纯的数据分析方法，如回归、方差分析、聚类、决策树、人工神经元方法等。

从某种意义上说，数据分析的过程是确定性增加、不确定性减少的过程。分析过程何时终止，决定于业务对可靠性和精度的要求，要求越高，这一过程持续越长，困难越大。至于能把不确定性减少到何种程度，是方法和数据基础共同决定的。其中的一个极端是业务的要求不高，上述方法有可能直接给出用户所需要的结论；另外一个极端是用户需求很高，如果数据质量相对较低，无论采取何种方法，都达不到业务的需求。相对而言，工业领域的数据分析往往对可靠性、精度的要求很高，这就是工业大数据分析相对困难的原因。

当一种“可能性”提出之后，就是对其论证的过程。论证的过程，本质是去除各种干扰、发现真实影响的过程，也是对各种“可能性”进行比较、去伪存真的过程。

所谓的干扰，本质上也是对特定结果产生影响的因素。一般可分为随机干扰和系统性干扰两种；也可以分成可感知的干扰或者难以感知的干扰。其中，最难处理的情况是遭遇不可感知的系统性干扰。比如，某测量仪器发生更换，但相关过程没有记录在案。这个过程遇到的困难，本质是多变量的问题。也就是说，当专注于分析一个或者少数因素的影响时，其他的因素会导致分析过程的失真。其中，只要忽视一个关键因素的系统性影响，分析的结论可能就会是错的。

在这一点上，工业大数据的难度尤其显著，因为很多数据分析都涉及多变量问题。在工业以外的场景，常常能把多变量问题拆成若干相对简单的问题。但是，工业过程和对象往往可以看成复杂动态系统，变量之间存在强耦合，其相互影响往往非常显著。这意味着我们往往难以把一个高维问题拆分成若干相对简单的低维问题。

多变量带来的问题很多。从数学的角度看，多变量意味着高维度。如果希望单凭数据本身发现规律，所需的数据量可能是维度的指数函数。这意味着，如果分析的问题涉及20个以上的变量时，数据需求量将会成为天文数字，单凭数据本身已经无法证明分析结果的对错。这时，就需要借助领域知识，也就是相关机理来帮助我们分辨“可能性”的真假。也就是说，机理可以起到一个降低维度，进而降低数据需求量的作用。事实上，加入机理的解释，也就使得因果性得以体现。

在工业大数据分析过程中，人们常犯的错误是重视参数，而忽视参数产生的环境。比如，人们会关注产品生产的温度、压力等，却忽视产生这些数据的环境和条件。但事实上，同一个参数，在设备、工艺、测量方式、操作人员等不同的条件下，含义可能是不可比较的。如果忽视了这一点，就会对分析带来更大的不确定性。

3. 验证与评估

在分析过程接近中后期时，主要工作倾向于对分析结果的进一步验证和精度的提高，在这个过程中，往往需要防止“相关性”和“因果性”的混淆。由于工业系统中变量之间存在强关联，还存在反馈、前馈等回路，因此“相关性”和“因果性”的混淆是很容易发生的事情。一般来说，如果仅仅是为了预测未来，则不必区分“相关性”和“因果性”；但是，如果要把分析得到的结果用于控制和决策，尤其当把预测所用的变量作为控制变量时，那么区分两者的差异就变得非常重要了。

行业的背景和专业知识，有助于区分“相关性”和“因果性”。但是，对于复杂问题，单凭行业知识是不够的，需要把数据方法和机理方法融合起来才行。

按照某些科学哲学的观点，科学的结论可以不断“证伪”，却不可以“证实”。这意味着，在满足时序要求的前提下，人们无法通过数据证明自己的猜想是绝对正确的。证明猜想的过程，其实是不断否定“证伪”的过程。具体地说，结果验证的过程，就是寻找各种不同的证据来表明某个结论一直成立、未被“证伪”。具体的做法是：从不同的维度，对数据进行分组，在各个组别中，尽量严格地验证人们所关注的结论是否依然成立。

一般来说，要验证一个结论的成立，其本身需要一定的精度。所以，高精度是支撑结论成立的重要依据。但是，由于数据质量等方面的原因，现实中的高精度是很难取得的。在大数据的背景下，可以把预测的“数学期望”和现实的“数学期望”进行对比。如果系统性的干扰因素可以充分排除，并且数据量足够大，那么高精度就容易取得了。

确定最佳的分析模型以后，不要急于投入生产，而需要再进一步确认数据产品在实际环境中生产的可行性。这需要各个部门配合参与，以便更加全面地评估数据产品是否适合形成最终实施方案。该过程需要逐步评估从数据准备到分析执行的各个环节是否存在风险，包括：确保数据产品在产生的过程中，其原始数据来源质量的可靠性；分析方案不会随着数据的变化而发生错误；计算能力可以随着数据的规模有效供给；背后的商业模式可以适应时

间、地域、用户等外部因素的变化。最终在整个工业大数据产品的过程中建立一套完备的质量评估模型，持续保证数据产品的品质。

4. 实施与运营

最终方案实施完成以后，并不意味着工业大数据实施流程的结束。在工业大数据产品面世后，需要持续对目标客户进行跟踪分析，并且不断改进数据产品的生产过程，从而达到提高品质的目的。在这个过程中需要建立有效的数据运营团队，从硬件、软件等层面保证数据产品的生产不会受到干扰，并且还需要设计各种手段不断收集用户的反馈信息，以便形成闭环，改进数据产品以及对应的物理产品。

10.5 工业大数据分析案例

10.5.1 大唐集团工业大数据应用实践

1. 基本情况

中国大唐集团公司（以下简称“大唐集团”）是在电力体制改革中组建的中央直接管理的特大型发电企业。主要从事电力、热力生产和供应，与电力相关的煤炭资源开发和生产，以及相关专业技术服务，重点涉及发电、供热、煤炭、煤化工、金融、物流、科技环保等业务领域。2010 年首次入围世界 500 强，居 412 位，2016 年居第 406 位。其装机容量和发电量均占全国的 9% 左右。

大唐集团自 2012 年起，耗费近 3 年时间研究了大数据、云计算、物联网、人工智能等关键技术，开发了大数据建模、实时数据库、数据甄别等领域新产品，建立了集团数据共享和可视化分析中心，实现了科学预测与智能决策等全集团、全过程、全要素的数据深度分析与挖掘，充分发挥数据的价值，用数据说话，以数据决策。

2. 业务痛点

发电集团企业资产遍布全国，经营区域广、资产规模大、管理链条长、技术含量高，传统的管理手段已经不能满足集团整体管控能力的要求，尤其体现在生产管理、燃料管理等方面。

（1）生产管理不集中，实时监控能力较弱

发电集团主要是为电网提供清洁电力，对电力生产过程安全可靠、经济环保有很高的要求。生产实时监控能力较弱，非停事故预防能力不强，早期状态诊断缺乏有效手段，优化运行分析指导缺乏有效平台是大部分发电企业面临的主要问题。

（2）燃料管理粗放，燃料管控能力不强

火电企业 70% 以上的成本属于燃料成本，燃料在火电企业的生产、经营、管理等方面发挥了极其重要的作用，也是关键的影响因素，抓住了火电企业的燃料管理就抓住了火电企业的命脉。因此，燃料的管理创新成为火电企业的永恒主题，也是电力行业共同研究的方向。目前大部分发电企业燃料管控能力不强、数据实时性不足、掺烧手段单一，成为困扰其精细化管理的瓶颈。

3. 数据来源

当前，大唐集团大数据平台数据来源主要包含以下三大类：

（1）物联网数据

发电企业是设备密集型、技术密集型、资金密集型企业，发电设备各种各样的传感器在每时每刻都会产生海量数据。以典型的2×600MW燃煤火电机组为例，它拥有6000个设备和65000个部件，DCS测点数平均达到28000个（不含脱硝等新上环保设施）。如果仅考虑生产实时数据（不包括图像等非结构化数据），按扫描频率为2s/次计算，2×600MW机组的年数据容量中实时数据为114GB。再加上水电、风电机组产生的数据，保守估计大唐集团一年的生产实时数据超过200TB。

（2）业务系统数据

业务系统数据包含ERP系统数据、综合统计系统数据、电量系统数据、燃料竞价采购平台相关的设备台账数据、发电量数据、燃料竞价采购数据等，每年共500GB左右。

（3）外部数据

外部数据包含地理信息数据、天气预报数据等，每年共500MB左右。

4. 技术方案

大唐集团自主研发的大数据平台X-BDP，是基于Hadoop的企业级大数据可视化分析挖掘平台，集数据采集、数据抽取、大数据存储、大数据分析、数据探索、大数据挖掘建模、运维监控于一体。图10-5给出了大唐集团工业大数据技术架构。

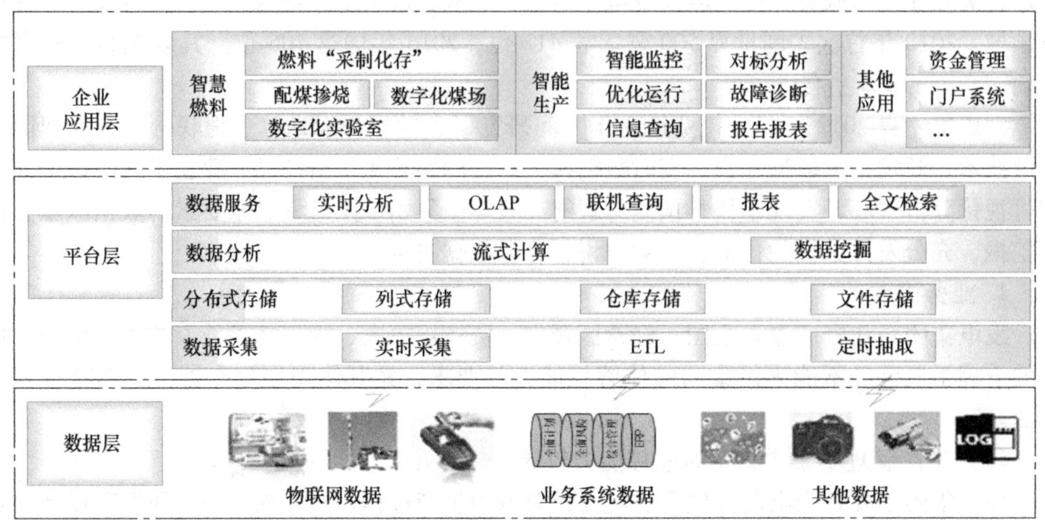

图10-5　大唐集团工业大数据技术架构

平台应用大数据、云计算、物联网、人工智能等关键技术，提供多种存储方案和挖掘算法，支持结构化数据、半结构化数据和非结构化海量数据的采集、存储、分析和挖掘，提供多种标准的开放接口，支持二次开发。平台采用可视化的操作方式，降低数据分析人员和最终用户使用难度。

（1）研发了智能数采通、智能隔离网闸等支撑设备，为大数据平台的搭建奠定了基础

开发了数据采集装置与系统、隔离网闸、实时数据库、数据甄别装置与算法以及电厂机组性能数据分析装置等新产品，并得到大规模应用，大部分技术与设备获得国家

专利。

为解决电力自动化系统中的设备在通信协议复杂多样化的情况下相互通信、控制操作与通信标准化的问题，研发了电厂数据采集装置、电厂数据采集系统和用于电厂具备安全隔离功能的数据采集装置，保证稳定、可靠、实时地进行数据采集。

为解决复杂网络环境数据安全传输问题，研发了复杂网络环境数据安全传输系统，提供集数据采集、传输、保存等功能于一体的整套解决方案。

为对快速变化的实时数据进行长期高效的存储和检索，自主研发了实时和历史数据库（X-DB实时数据库），支持千万级标签点，采用独有的X-BIT按位无损压缩编码算法，保证在数据不失真的情况下，提高数据的压缩率。

为能够主动地发现测点异常，研发了一种在线测量数据准确性甄别方法、一种改进53H算法的数据检验方法和一种数据甄别与预处理物理卡。

（2）通过互联网技术、传感器技术，对实时能源数据进行汇集与分析，形成了大数据分析平台

通过互联网技术，应用智能数采通，实现对大唐集团国内外所有发电设备主要生产实时数据（含环保数据）的集中和统一，并以此为基础建立集团公司生产数据中心，实现生产数据的有效链接、集中、共享和应用。通过互联网技术、传感器技术，对实时能源数据进行汇集与分析，把大量分散在生产现场的测量仪表作为网络节点，构建了覆盖全集团、全过程的生产、燃料、资金智能互联网体系，实现了人与发电机组、机组与机组的有机结合，提升了发电企业的效益。

（3）通过自适应模式识别算法，实现了机组远程诊断与优化运行

根据发电设备海量的历史运行数据，采用先进的模式识别算法，建立了数据驱动的自适应于该发电设备的运行状态模型。完善了包括安全仪表系统（Safety Instrumented System, SIS）与辅控网在内的互联网智能功能，实现了电厂设备与互联网的信息融合，电厂设备状态实时监视，捕捉设备早期异常征兆，设备运行健康度监测、劣化趋势跟踪及设备故障早期预警，以提高现场运维水平。基于智能挖掘的电力生产优化诊断技术，构建了发电机群远程集中故障诊断和设备优化运行的非线性状态估计等数学模型。

（4）通过智能进化多目标优化算法，实现了燃料“采制化存”和配煤掺烧最优方案

基于燃料的消耗情况及实时价格等数据，通过智能优化算法达到最优的燃料采购方案及储存方案，为发电企业节约资金。通过物联网技术搭建的GPS平台，实时对运输公司的车辆路线监控，减少运输过程中的损失。在满足配煤掺烧的约束条件下，系统使用智能进化算法对其进行多目标优化，自动生成同时满足单位质量燃料成本最低、锅炉燃烧效率最高以及氮排放量最少的配煤掺烧方案。

5. 应用效益

（1）经济效益

大数据、工业互联网与发电工业融合创新显著提高了效率，使得生产力获得巨大提升。

应用智能进化算法自动生成的配煤掺烧最优方案，使得2015年掺烧经济煤种原煤量共计6398.34万t，每吨节约32.5元，节约成本共计20.81亿元。2016年掺烧经济煤种原煤量共计8296万t，每吨节约23.11元，节约成本共计19.34亿元。

通过自适应模式识别算法的实时机组远程诊断优化技术，保证了机组的连续安全运行，

提高了机组的经济性。2015年，大唐集团发电量为3793亿kW·h，入厂煤的平均单价为463.23元/t，发电煤耗同比下降2.55g/kW·h，节约4.48亿元。2016年，大唐集团发电量为4699亿kW·h，入厂煤的平均单价为407.79元/t，发电煤耗同比下降2.34g/kW·h，节约4.48亿元。

（2）社会效益

通过对设备污染物排放数据的实时在线监控，实现排放超标的预警，同时由于采用了最优的配煤掺烧方案，且设备处于最优的运行状况，极大降低了污染物的排放。自应用以来，平均每年减少二氧化硫排放84.98万t，减少氮氧化物排放125.34万t。

中国大唐集团公司通过大数据应用，推动发电工业领域乃至整个工业领域的创新，加速能源市场自由化的进程，为中国发电工业升级转型提供了典型范例。

10.5.2　中联重科工业大数据应用实践

1. 基本情况

中联重科股份有限公司（以下简称“中联重科”）创立于1992年，主要从事工程机械、环卫机械、农业机械等高新技术装备的研发制造，主导产品覆盖10大类别、73个产品系列、1000多个品种，截至2017年，工程机械、环卫机械均位居国内第一，农业机械位居国内前三。公司先后实现深港两地上市，是业内首家A+H股上市企业，注册资本76.64亿元。中联重科成立20多年来，先后并购了意大利CIFA、LADURNER、德国M-TEC、荷兰RAXTAR，以及浦沅集团、新黄工、奇瑞重工等一大批知名的国内外企业。

当前公司正积极推进“2+2+4”战略转型，立足产品和资本两个市场，推进制造业与互联网、产业和金融两个融合，做强工程机械、环境产业、农业机械、金融服务四个板块，实现公司“产品在网上、数据在云上、服务在掌上”新商业模式的转型升级。

国内工程机械行业中，中联重科的物联网技术起步较早，相关信息化基础较为完善，多年数据的持续积累为后续大数据分析和应用提供了良好基础。2006年中联重科开始工程机械设备远程监控管理研究及应用，并建立物联网服务平台；2012年实现业务系统运营环节全覆盖；2015年建立新一代大数据平台，全面打通物联网平台、企业业务系统相关数据，并在此基础上实现了一系列深层次的数据分析和应用，智能化应用水平处于国内行业领先地位。

2. 业务痛点

工程机械市场进入转型期以来，行业面临如下问题和机遇：

（1）新机需求疲弱与巨大的服务后市场潜力

国内经济增速下滑，投资放缓及房地产市场疲弱，导致工程机械行业设备供过于求，新机需求放缓。而与此对应的是潜力巨大的服务后市场。按全国工程机械保有量700万台，维保费用一年2万元/台（估算），市场规模近1500亿元/年。通过工业大数据技术，对设备、客户等数据进行深度挖掘，实现上下游信息充分共享和深度融合，降低成本的同时形成良性服务生态圈，将进一步拓展行业盈利空间。

（2）施工行业向规模化、集约化、专业化方向发展，对施工安全、效率、成本管控的重视程度不断提高

行业的调整将一批实力较差的“散客”淘汰出市场，市场集中度不断提高，专业化大

客户比例增加。下游客户对施工安全、效率及成本管控的重视，要求设备厂商持续提升设备质量的同时，进一步强化设备智能化水平和数据分析处理能力，将服务从“被动服务”向“主动服务”升级，降低施工风险，提升无故障工作时间，实现“降本增效”。

（3）严峻的工程机械市场环境要求企业进一步精细化管理、高效科学决策，加速从传统生产制造型向高端服务型的转型升级

近年来工程机械市场需求持续下滑，以靠主机销售收入支撑发展的我国工程机械行业面临着严峻的生存考验。与此同时，我国工程机械行业客户也面临着工程项目减少，设备开工率与设备运行效率双低，运营管理成本及维修保养成本双高等困难局面，不利于行业客户的生存和发展。

严峻的工程机械市场环境对企业经营管理及决策提出了更高要求，如何通过大数据分析使企业更加贴近市场、更加理解客户，提升企业运营管理和决策效率，快速从传统生产制造型向高端智能服务型的转型升级是行业内每个企业面临的重大问题和挑战。

3. 数据来源

当前，中联重科大数据平台数据来源主要包含三大类：

（1）物联网数据

物联网数据主要包含中联重科设备实时回传的工况、位置信息。目前，中联重科物联网平台已累积了近10年数据，监控设备12余万台套，存量数据量40TB，每月新增数据300GB。数据通过移动网络以加密报文方式回传，通过平台解析后实时保存至大数据平台。目前，数据采集频率为每5min一次，根据数据分析需要可进行调整，设备传感数据采集点将近500个。

（2）内部核心业务系统数据

内部核心业务系统数据包含了中联重科在运营过程中产生的业务信息，主要包括ERP、CRM、PLM、MES、金融服务系统等数据，涵盖研发、生产、销售、服务全环节。目前，业务系统已累积近10年数据，存量数据量约10TB，数据每天进行更新。

（3）外部应用平台数据

外部应用平台数据包含了中联重科相关应用平台（官方网站、微信公众号和企业号、中联商城、中联系列移动APP、智慧商砼、塔式起重机全生命周期管理平台）积累的数据、从第三方购买和交换的数据以及通过爬虫程序在网络上搜集的舆情及相关企业公开数据。除结构化数据外，平台还以日志方式保存了大量的用户行为数据。相关平台大多于2016年推出，存量数据量约为1TB。

4. 技术方案

中联重科工业大数据应用从“硬”“软”两方面同时着手。“硬”的方面，通过研发新一代4.0产品和智能网关，进一步提升设备的智能化水平，丰富设备数据采集维度，提升设备数据采集和预处理能力；“软”的方面，基于大数据分析挖掘技术，形成多层次智能化应用体系，为企业、上下游产业链、宏观层面提供高附加值服务。

（1）通过研发新一代4.0产品和智能网关，大幅提升设备智能化水平，夯实工业大数据应用基础

中联重科“产品4.0”是以“模块化平台＋智能化产品”为核心，深度融合传感、互联等现代技术，研发性能卓越、作业可靠、使用环保、管控高效的智能化产品。

通过在设备上加装大量的高精度传感器，实时采集设备的运动特征、健康指标、环境特征等相关数据，结合智能网关的本地分析功能，真正实现设备的“自诊断、自适应、自调整”。数据通过多种传输渠道（移动网络、WiFi、蓝牙等）回传至中联重科大数据平台，通过相关建模分析为客户提供包括设备实时定位、工况监控、油耗分析、异常分析、故障预警、工作运营统计在内的高附加值信息服务。

（2）打通多方数据，形成统一的工业大数据分析平台，对内辅助科学决策，对外提供智能化服务

中联重科大数据分析平台融合了物联网平台、业务系统、应用系统及第三方数据。分析角度涉及产品、经营、客户、宏观行业等方面，服务涵盖轻量级应用（中联 e 管家、中联 e 通等）和重量级专业领域应用（智慧商砼、建筑起重机），并通过移动端 APP、PC 端、大屏幕等多种方式提供高效增值服务。

工业大数据平台整体采用成熟的 Hadoop 分布式架构进行搭建。通过流式处理架构，满足高时效性的数据分析需求；通过分布式运算架构，满足对海量数据的离线深度挖掘。前端通过统一接口层以多种通用格式对外提供数据分析服务。图 10-6 给出了中联重科工业大数据平台架构。

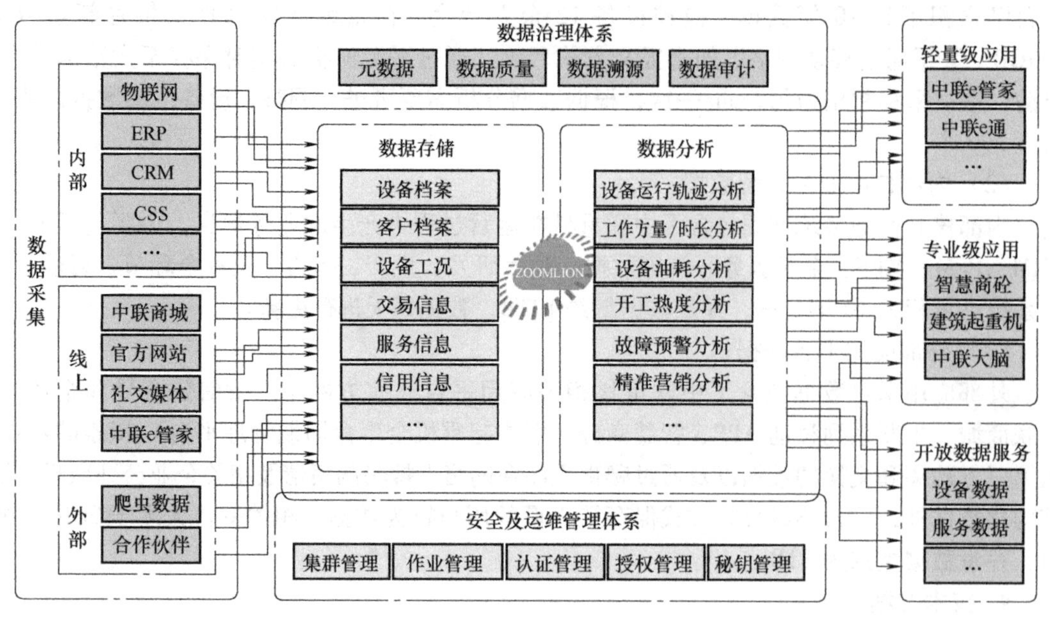

图 10-6　中联重科工业大数据平台架构

考虑到大数据平台汇集了企业内外多方敏感数据，为保证数据安全，平台引入了企业级数据治理组件，实现统一的元数据管理、数据质量控制、数据溯源、数据操作权限管控、数据脱敏及数据使用审计功能，并贯穿数据存储和应用的全周期。

5. 应用效益

（1）项目经济效益

中联重科工业大数据的应用实践为公司带来了以下经济效益：

1）降低服务成本：服务成本下降 30%，零配件周转率提升 20%。

2）提升后市场服务收入：设备租赁服务、二手设备交易以及零配件销售占比销售额提升 10%。

3）增值服务收益：深度数据分析带来的增值服务收益提升 30%。

（2）客户预期经济效益

项目实施后，预计将帮助客户提升自身经营管理的能力，为客户降低包括人力、燃油、维修、设备管理等设备运营主要成本。

1）通过中联 e 管家为客户提升设备管理效率 30%。

2）通过建筑起重机全生命周期管理平台为客户降低安全事故率 20%，设备有效工作时长提升 20%，人力、维修成本降低 30%。

3）通过智慧商砼应用提高搅拌站生产效率，每年新增利润 1.6 亿元（按一年每个搅拌站提高 2 万 m^3，利润为 40 元/m^3，200 个搅拌站测算）。

当前，全球主要工程机械厂商均在尝试工业大数据应用转型，大都处于探索、孵化阶段，尚未出现明显的成功案例和成熟的解决方案。中联重科作为工程机械行业的领军企业之一，其在工业大数据应用方面的积极探索和实践为我国装备制造领域的转型升级起到了示范带头作用，提升了国产工程机械产品的全球竞争力，打造良性生态圈的同时，促进行业向规范化、智能化方向发展。

习　题

10.1　工业大数据包含工业企业的哪些数据源？

10.2　工业大数据的应用场景有哪些？

10.3　工业大数据的特点是什么？

10.4　工业大数据的关键技术与通用大数据技术相比有什么特殊之处？

10.5　工业大数据的分析流程是怎样的？

10.6　工业大数据分析与经典数据分析方法的异同点有哪些？

参考文献及扩展阅读资料

[1] 刘默，张田. 工业互联网产业发展综述 [J]. 电信网技术，2017 (11)：26-29.

[2] 工业互联网产业联盟. 工业互联网体系架构（版本 1.0）[R]. http://www.aii-alliance.org/index.php?m=content&c=index&a=show&catid=23&id=24.

[3] 工业互联网产业联盟. 工业互联网平台白皮书 [R]. http://www.aii-alliance.org/index.php?m=content&c=index&a=show&catid=23&id=186.

[4] 工业互联网产业联盟. 工业大数据技术与应用白皮书 [R]. http://www.aii-alliance.org/index.php?m=content&c=index&a=show&catid=23&id=142.

[5] 董伟龙，屈倩如. 装备制造业服务化转型与创新 [J]. 中国工业评论，2015，2 (3)：80-87.

[6] 曹晖，林雪萍. 服务型制造趋势：走向服务闭环 [J]. 科学论坛，2017 (9)：94-99.

[7] "制造业服务化发展战略研究"课题组. 制造服务化发展战略 [J]. 中国工程科学，2015 (7)：

29-31.

[8] 崔海明. 我国制造企业服务化商业模式创新水平及影响因素研究 [J]. 文摘版：经济管理，2015 (7)：247.

[9] 童有好. “互联网+制造业服务化”融合发展研究 [J]. 经济纵横，2015 (10)：62-67.

[10] 刘译文. 制造企业服务化战略研究综述 [J]. 科学论坛，2016 (12)：243-244.

第11章　教育大数据

☞ 导　读

本章将首先概述教育大数据的发展现状，接着介绍常见的教育大数据采集和应用场景，如信息化校园、智能辅导系统和在线题库、大规模开放式网络课程等，总结其数据特点和具有代表性的应用功能点。然后，选取教育大数据领域中的四类实际技术任务，详述当前可用的分析思路和方法。最后，将以两个教育大数据应用的实际案例为例，展示如何在教育实践中融合大数据分析的技术。

☞ 知识点：

知识点1　教育大数据应用场景
知识点2　个性化学习
知识点3　认知诊断
知识点4　知识跟踪
知识点5　MOOC 平台特点

☞ 课程重点：

重点1　教育大数据涵盖的重点领域
重点2　教育大数据的典型应用场景
重点3　教育大数据的特点

☞ 课程难点：

难点1　认知诊断分析技术
难点2　知识跟踪分析
难点3　练习资源分析方法

11.1 概述

教育大数据是指整个教育活动过程中所产生的以及根据教育需要所采集到的，一切用于教育发展并可创造巨大潜在价值的数据集合[1,2]。教育大数据对于如何更好促进学生的个人发展，如何更好发掘教育教学规律，如何更好提升教育管理服务和教育治理水平，如何更好制定教育决策，支撑国家发展战略等重大教育问题具有重要的指导意义。

受限于过去的教学条件，存在着同质化、填鸭式教学等问题的传统教育模式，难以适应学生个性化的学习目标、碎片化的学习时间安排，也无法充分利用音、视频资源，多知识点融合地进行教学。为了解决这些问题，我国一直在不断推进教育信息化进程，各式各样的多媒体技术出现在了传统课堂，校园中各项服务设备也逐渐数字化，信息化的发展使教学硬件又能够进一步记录和积累前所未有的教育数据。教育大数据分析就是要从这些海量、多维度的教育数据中提取出有益的信息，进而研发各种教育大数据应用服务于整个行业，帮助改进现有的教育模式。

教育大数据及应用已经引起世界范围内的广泛重视。联合国教科文组织统计研究所于2017年发布了一份报告，呼吁各国发起教育数据革命，并对教育目标进展情况进行监测和规划。同时，我国于2017年下发的《新一代人工智能发展规划》中指出，“利用智能技术加快推动人才培养模式、教学方法改革，构建包含智能学习、交互式学习的新型教育体系。开展智能校园建设，推动人工智能在教学、管理、资源建设等全流程应用”。

教育大数据在中国既有政策保障，又有现实需求支撑。2016年，全国共有各级各类学校共51.2万所，全国各级各类学历教育在校生达2.65亿人，非学历教育注册人数为5325.5万人，中国香港、中国台湾和中国大陆家长的平均教育支出分别居全世界第一、第五和第六位。

在学术界，教育大数据同样受到了广泛的关注，每年都会有很多关于智慧教育与教育数据分析挖掘相关的国际会议召开，比如国际教育数据挖掘会议（International Conference on Educational Data Mining，ICEDM）、国际智能辅导系统会议（International Conference on Intelligent Tutoring System，ICITS）和国际大数据与教育会议（International Conference on Big Data and Education，ICBDE）等。

可以预见，大数据与教育的深度融合已成为未来教育行业发展的必然趋势，未来我国教育大数据及应用的发展将会对整个教育行业产生深远的影响。

11.2 教育大数据的采集与应用场景

教育大数据的采集和应用场景涵盖了校园管理、教学辅导、学习资源、开放性论坛等教育环节中的方方面面。例如，信息化校园为教育管理提供了指导意见，智能辅导系统和在线题库可以帮助学生学习和巩固知识，开放式在线课程储存了海量的教学资源以供使用，百度百科、知乎及校园论坛成为学生们学习和交流的常驻网站。

信息时代所涌现的教育大数据无论是在质上还是量上都远远超越了过去。最为显著的区别是，数据类型不再局限于最容易得到的考试结果、学生简历等基础数据，教师的课堂教学与互动数据、学生的线上和线下练习作答数据、各种教学资源的文本、图像甚至是视频等数据现在都变得触手可得了。同时，教育大数据技术所要收集的数据和服务的学生人群也是过去所难以想象的，各种在线教育平台和智能辅导系统的用户数量以百万甚至千万计，海量的各科课程视频及天文数字般的习题潜藏于这些在线平台的数据库之中。

教育数据时时刻刻产生于各式各样的教育场景，这既是挑战也是机遇。一方面，浩如烟

海的多源异构数据给数据挖掘和分析带来了巨大困难，传统处理手段既不再完全适用，也无法满足新时代多样化的教育需求；另一方面，这些数据里面隐含着远超过去所能想象的宝贵财富等待着被发掘。例如，利用教育大数据可以解决以下传统教育中难以解决的问题[1]：

1）个性化教学。传统的教育形式以校园中的班级为主体，一个教师需要同时兼顾几十名学生，自然难以面面俱到，因此传统教育中学生往往只能接受普适性教育，不易挖掘和发挥自身的独特天赋和长处。借助大数据分析的帮助，教师可以更方便、清晰地了解到每个学生的认知状态（如学生的能力和长处），为个性化教学奠定基础。

2）针对性练习。传统教育中，学生自己进行练习的过程具有很强的随机性，因为他们不知道什么练习适合自己当前的学习状态。而智能辅导系统存储了数百万的习题，可以根据学生的学习记录向学生推荐合适的练习。

3）碎片化时间的利用。以课堂教学为主的传统教学在学生的学习时间上是相对死板的，在下课后，学生想继续学习时往往只能选择自学的方法。各种在线教育平台的智能服务可以将学生的碎片时间加以充分利用，大幅提高碎片化学习的效率。

4）基于音、视频数据的教辅技术。近年来，多媒体教学逐渐推广，音频和视频也成为教师的重要助手之一，但传统教育对于这些音、视频的利用仍停留在比较初级的阶段。在大数据分析技术的帮助下，可以构建音、视频的隐形向量表示，为教师在音、视频的筛选、截取、标记、制作等环节提供建议和辅助。

5）不同知识的汇聚。传统教学会受到教师自身的知识体系带来的局限，教育大数据技术在这方面能发挥很重要的辅助作用，例如知识图谱和练习网络等技术。知识图谱可以构建出教育领域中各种知识间的连接和对应关系，而练习网络则能够提供大量练习的相似、递进（偏序）关系，并由此为师生进行自动化的知识和习题推荐。

因此，只有积极开展对不同教育场景数据的采集，才能使得传统场景中收集的“孤岛数据”变得协同关联，进而提升教育品质、促进教育公平、提高教育质量、优化教育治理，起到完善教学场景的作用。一般来说，这些教育场景包括信息化校园、智能辅导系统和在线题库、大规模开放式网络课程等主要类别。

11.2.1　信息化校园

信息化校园是以数字化信息和网络为基础，对教学、科研、管理、技术服务、生活服务等校园信息的收集、处理、整合、存储、传输和应用，使数字资源得到充分优化利用的一种教育环境，如图 11-1 所示。信息化校园首先在教师教学上提供了巨大的便利，各式各样的多媒体技术、信息化设备使得教师的授课不再是只能依靠黑板这一种教学工具，而可以使用较为生动活泼的视频、录音、电子课件等资源进行教学。其次，信息化校园也给学生的校园生活提供了极大的便利，例如校园一卡通可以让学生方便地利用学校的各种设施。同时，教务管理的信息化大大提高了办事效率，过去校园的各管理和服务部门之间信息往往是分割的，学生要办理相关事务时需要花费很多时间在各部门的沟通上，有了联合一体化

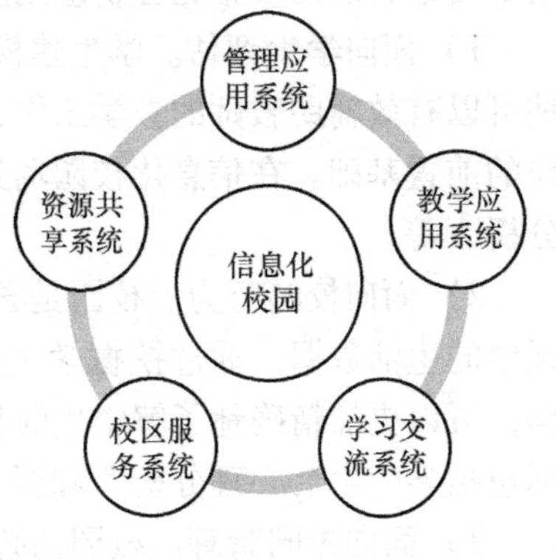

图 11-1　信息化校园系统

校园管理信息平台，可以大大简化这些手续。除此以外，信息化校园还在资源共享、学生交流等多个层面起到重要促进作用。

相比传统的学生和教师在校园内所参与的各种教学活动场景，信息化后的校园场景不但为教师教学、学校管理、学生生活等多个方面提供了更便利的服务，还由此积累了海量的教育数据。其中有些数据在过去就已经被小规模采集了，例如学生简历等较为容易收集的数据，现在这些数据可以被大规模、高频率地录入网络教学数据库中。另一些数据在过去无法采集或者难以采集，比如教师与学生之间的交互数据，学生对课程的评价和选课数据，教务管理数据等。与此同时，学生在校日常学习和生活过程中也产生了大量的数据记录，例如校园一卡通的消费数据、上网记录、图书借阅记录、餐饮消费信息、移动轨迹等。

1. 信息化校园场景中的数据特点

针对信息化教学场景的教育大数据，所采用的技术和分析方法与传统校园场景有很大的不同。把握信息化校园中教育数据的独特性，对于后续工作有非常重要的意义，在此将信息化的校园场景中数据的特点总结如下：

1）多源异构性。信息化校园场景覆盖了学生在校园学习生活的方方面面，数据的来源变得极为广泛，如学生上课时的表情，下课后的行为轨迹等数据的收集都成为可能。从多个来源采集的异构（如文本、图像、视频等）数据必然有着不同的存储格式，数据之间的对应关系也需要明确，这些都可能给后续处理带来不小困难。

2）数据关联性。由于学生在校的学习行为往往是在一个班级（或学校）内完成的，同一个班级（学校）内的学生一般会具有较相似的学习环境，故而同一班级（学校）内学生的数据具有较高的可比性，而不同班级间的数据可能会差异很大。为了取得精确、可比的数据分析结果，需要衡量不同学生数据之间的相似性和相异性。

3）领域特性。教学场景中收集到的数据具有较强的教育学领域特性，如学生的学习状态往往需要借助教育学的一些基础理论辅助分析，学生在校园内的行为模式也与其他大数据场景下的行为模式有很大不同。因此，处理教学场景中收集的数据必须结合教育的领域特性。

2. 信息化校园场景中的大数据分析应用

校园是最常见的学生学习场景，从信息化校园中收集的数据与教学有直接的关联性，因而信息化校园中的大数据对教务管理等方面有重要辅助作用和广阔的应用前景。基于信息化校园场景，国内外常见分析应用主要集中于如下三个方面：

1）面向学生评估。学生建模一直是教育大数据分析的重点问题之一，对学生的精准评估可以有效辅助教师的教学工作，帮助学生清晰地认识自身的长处与短处，也是很多后续工作的前置基础。在信息化校园场景中，相关应用功能主要包括学生能力评估[3]和职业选择分析[7]等。

2）面向校园行为。校园是学生的主要学习生活场景，数字化校园提供了大量学生在校园中的生活数据。通过挖掘学生的移动路线、行为模式、购买记录、图书馆借阅日志等数据，可以更加精确地了解学生的状态和习惯，对每个学生给出针对性的建议。现有的主要目标包括学生生活心理分析[6]和图书推荐等。

3）面向校园管理。校园的智能化管理也是当前应用的热点。利用教务、学业和校园行为等数据，合理分配校园管理资源，是一种新的数据驱动的解决方案。现有的部分工作包括

数据驱动的校园安全预警、奖助学金分配、智能排课、就业指导等。

11.2.2　智能辅导系统和在线题库

信息技术、互联网技术和人工智能技术的发展，使得教育模式不再局限于传统的课堂学习，可以利用课堂之外碎片化时间的在线学习模式应运而生，其中，发展较为成熟的一类在线教育场景是智能辅导系统和在线题库。智能辅导系统（Intelligent Tutoring System，ITS）是一种为学生提供及时的、个性化的学习辅导的计算机系统[15]，该系统可利用课堂之外的碎片化时间进行在线学习。其中典型的代表有智学网、猿题库、学霸君、可汗学院等。这些系统用计算机代替教师的角色，利用机器学习和大数据技术模拟学生真实学习过程，自动分配学习任务，同时给予及时的学习反馈，满足学生自身需求。智能辅导系统中的学习任务需要足够的教学资源作为支撑，因此在线题库通常是智能辅导系统的重要组成环节。在线题库需要收集、整理、存储海量练习的题面、答案和分析，并提供练习、答案解析下载或在线答题、个性化辅导等多种服务。借助在线题库的帮助，智能辅导系统能够实时记录学生的学习、答题信息和各类系统日志信息，进而为智能诊断学生学习状态、知识点掌握情况提供基础，从而减轻学生的学习负担，提高教师的教学效率，最终达到提高学生学习成绩的目的。

通常情况，一个典型的智能辅导系统主要包含四个主要的功能模块[26]，如图 11-2 所示。通过这四个功能模块，智能辅导系统可以针对性地对学生提供教学服务，引导学习过程，使其能够获得知识训练和能力提升。

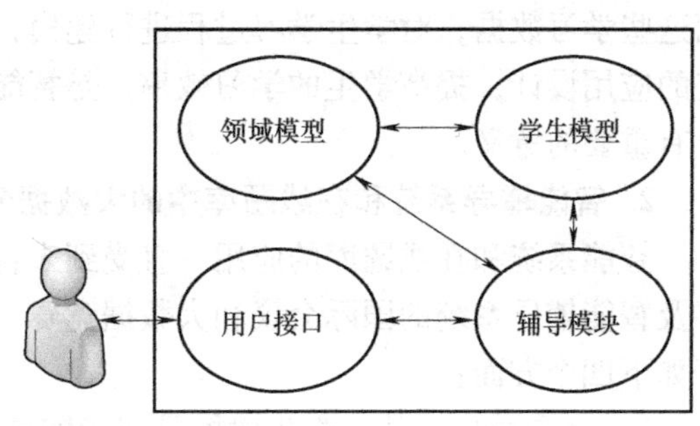

图 11-2　智能辅导系统的功能模块示意图

1）领域模型。领域模型包含所涉及领域需要学习的概念、知识、规则和解决问题的策略。它是系统知识的来源，也可用作评估学生表现和检测正误情况的基础模块。

2）学生模型。学生模型是智能辅导系统的核心组成部分。当学生在系统中逐步解决问题时，学生模型能够跟踪其认知状态、能力水平和情感状态等的变化情况。

3）辅导模块。辅导模块能够生成指导策略，即通过学生模型所分析的学生认知状态，从在线题库中选择合适的任务或者问题提供给学生。通常情况下，所提供的学习策略会略高于学生的当前状态，以达到学习的目的。

4）用户接口。用户接口是用于与学生交互信息的模块，能够接收和发送学生在学习过程中解决问题、寻找信息、回答问题时所做出的动作。

个性化是智能辅导系统的重要标签之一，不同的学生利用智能辅导系统进行学习，需要从在线题库中挑选哪种难度、哪些知识点的习题，取决于学生本身的知识掌握水平，这同时也对数据采集和智能辅导服务提出了更高的要求。以智学网智能辅导系统和在线题库为例，它储存了海量的不同类型经典习题和解题思路详解，可以自动地完成对学生学习的实时测评及定位，并根据学生的实际知识掌握水平自适应地向学生推荐最合适的习题。同时它还建立了学生、家长和老师三方的应用联系平台，让家长和老师能随时掌握学生的学习动态。

1. 智能辅导系统和在线题库中的数据特点

相比于传统的课堂教育模式，学生使用智能辅导系统进行在线学习具有更大的自主性，由此产生的在线学习数据也具有不同于传统大数据的独特特性。对涉及的问题进行总结，可以发现基于智能辅导系统和在线题库的场景和数据特点主要如下：

1）数据稀疏性。传统的课堂教学模式（以考试、作业为例）具有集中式学习的特点，学生群体往往面对相同的学习资源，因此产生的数据相对稠密。而在智能教辅场景中，学生能够利用任何碎片化的时间进行练习。由于个人的学习需求不同，学生往往会从在线题库里的海量习题中挑选适合自己的进行训练，从而导致不同学生的习题数据重合度较低。

2）学习动态性。这也是学生学习过程中最主要的特点，由于学生的能力呈现明显的时序依赖性，其下一刻的知识状态受到其历史表现的影响，而在线系统中，学生学习过程的数据可以被长时间地完整记录，因此能够为准确建模学生能力和认知水平的动态变化提供良好的数据基础和验证场景。

随着学习目标的多样化，传统的课堂教育已经难以满足学生个性化的学习需求，智能辅导系统和在线题库以其丰富的学习资源、不受时间地域限制的学习模式以及自主独立的学习环境吸引了大批学生的参与和使用，同时也积累了海量的学生在线学习数据。因此，如何利用这些学习数据，对学生学习过程进行建模，从中挖掘出有用的信息，从而改善智能辅导系统的应用设计，提高学生的学习效率，是智能辅导系统场景下教育大数据分析的核心内容，具有重要的意义。

2. 智能辅导系统和在线题库中的大数据分析应用

智能系统和在线题库的应用一直受到来自国内外学者的广泛关注。学术界已举办了多个涉及智能辅导系统的国际会议和大数据竞赛。总结起来，国内外常见的分析和应用主要集中于如下四个方面：

1）面向学生评估。学生建模是智能辅导系统场景下的核心问题。学生是教育学习的主体，准确分析评估学生的认知状态、能力水平、心理情感状态等是各类教育学习应用的基础。在智能辅导系统场景中，相关分析应用主要包括动态知识跟踪[8,9]、行为分析与学习模式挖掘等。

2）面向系统机制。智能辅导系统场景下的一个重要应用目标是如何为学生提供更好的服务，为此，通过不同的学习策略，设计合适的激励机制，改善和提高学习体验具有重要的意义。针对不同类型的智能辅导系统，主要应用点包括系统提示生成[10]、游戏学习策略设计[11]、个性化推荐等。

3）面向练习资源。在线题库中的一个关键目标是能够对所学习领域的概念、知识等学习资源进行内容理解，这样才能为学生和教师提供更加合适的资源推荐。相关分析工作主要包括资源标注与关联[12]、知识库与知识图谱的构建等。

4）面向教学辅助。长久以来，教师一直需要进行工作量非常大的人工筛选和人工布置习题的工作，基于在线题库的智能化习题推荐可以减轻教师在这方面的负担，进而让教师将更多精力集中在更有价值的方面，主要包括相关习题搜索、智能作业布置、智能组卷等。

11.2.3　大规模开放式网络课程

随着学习对象的大众化，高校教师与资源投入的规模化，以及网络信息技术与开放教育

资源形式的发展，大规模开放式网络课程（Massive Open Online Courses，MOOC）在近几年兴起并得到了飞速发展。大规模开放式网络课程是一个让人足不出户就能听遍名校人气课程、学习专业知识、提高职业技能的网络学习平台。MOOC 平台的应用不仅高效地服务了大量的教师和学生，而且收集、整理、存储了海量教学视频和习题，并且记录了大量的教师和学生行为数据，学生在各种论坛上的交流和浏览数据等。此外，还记录了大量学生在不同课程上的学习活跃度数据，有助于理解学生的学习状态和需求，改进教学策略。

MOOC 的应用范围非常广，既包括从学前教育到大学教育的传统教育，也包括语言留学、公务员考试、IT 开发、兴趣班等多种多样的专业技能培训。MOOC 课程一般整合了多种社交网络工具和多种形式的数字化资源，进而引导学生利用多元化的学习工具和丰富的课程资源提高自己的知识水平。学堂在线 MOOC 平台服务应用场景如图 11-3 所示，其提供名师讲解视频和重难点分析资料，运用大型开放式网络课程设计来保障学生的讨论和互动，利用同行评审、小组合作等常见方式促进学生交流，使用客观、自动化的线上评估系统检验学生的学习状况等。许多学生在使用 MOOC 平台时也会同时利用百度百科、知乎及校园论坛等进行学习。

图 11-3　学堂在线 MOOC 平台服务应用场景

大规模开放式网络课程的典型代表有中国大学 MOOC、Coursera、网易公开课、学堂在线等。以学堂在线为例，该平台让学生足不出户就能享受到国内外著名高校的经典课程及相应的经典教辅材料，突破了传统课程对人数、时间、空间的限制。目前学堂在线已涵盖清华大学、北京大学、复旦大学、中国科学技术大学，以及麻省理工学院、斯坦福大学、加州大学伯克利分校等国内外一流大学的 1300 多门课程，覆盖 13 大学科门类，注册用户数突破 1000 万，位居全球第三，选课门次突破 1800 万。

基于 MOOC 平台的教育数据如何对教师或学生行为进行建模，分析与挖掘教学视频和习题，为教师、学生提供个性化的教育服务，一直是 MOOC 场景下教育大数据分析的重点，具有重要的意义。

1. MOOC 中的数据特点

相比于传统的教育模式和其他教育场景，在 MOOC 平台中资源和信息丰富多样，且均是开放的，无人数、时间、地点限制，学生可以随时随地参与课程学习，教师也自由自主地与学生进行互动。因此，基于MOOC平台的教育大数据分析也具有不同于传统大数据的特性，综合涉及的问题，对基于MOOC应用的场景和数据特点总结如下：

1）数据多源异构性。MOOC平台中的数据大多是异构的，如课程视频、习题文本等。为了充分挖掘理解数据中的知识信息，很多大数据应用（如学生行为模式挖掘、课程视频与练习关联等）通常不以单一教育资源直接建模，而是对多源异构数据（语音、文本、图片、视频等）进行联合建模。

2）学习行为多样性与相关性。在MOOC平台中，学习行为多种多样，例如，课前学习、观看课程视频、做课程习题、论坛发帖与相互学习、参与课程测试等，而且学生下一刻的行为及其行为结果受到其之前学习行为的影响。

3）学生活跃度和学习热情差异较大。图11-4给出了一个典型MOOC平台上学生活跃度分析，可以看出，课程初期学生数量较高，而随着时间推移，学生的数量急剧减少，且大多数学生仅注册课程而没有参与课程学习，完成课程的学生也很少。

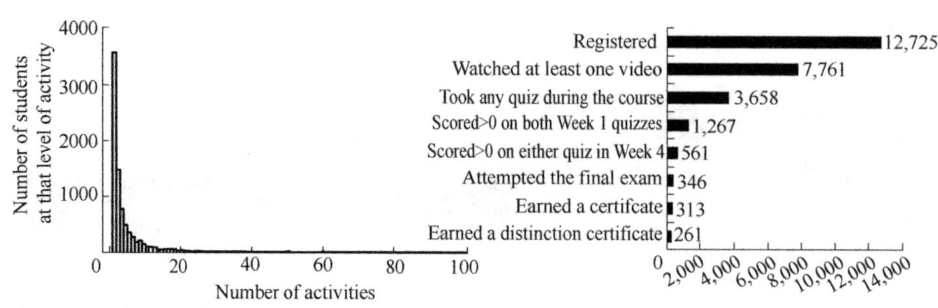

图11-4　MOOC平台上学生活跃度分析[14]

2. MOOC中的大数据分析应用

基于MOOC平台的海量数据，为了给教师、学生提供个性化的教育服务，提高教师的教学水平和学生的学习效率，国内外常见分析应用主要集中于如下两个方面：

1）面向学习资源。MOOC平台的学习资源主要有课程视频和习题，只有对课程视频和习题等学习资源进行内容理解，才能更好地进行学习资源应用服务。相关分析应用主要包括课程视频标注、课程关联与推荐[17]等。

2）面向学生行为分析。学生是教育学习的主体，在MOOC平台中准确分析学生的学习行为，有助于学习资源的优化配置以及提高教师与学生的体验。相关分析应用主要包括学生学习活跃度预测[16]、课程论坛知识传播[15]等。

教育大数据来源广、应用多，在不同的教育场景中具有重要的作用。接下来，将分别针对上述三个典型的教育大数据应用场景，简要介绍认知诊断分析、知识跟踪分析、习题资源分析和MOOC平台活跃度预测四个教育大数据分析任务。

11.3　认知诊断分析

在教学过程中，教师们精力有限，通常难以准确掌握每一位学生的学习状态和能力水平，只能给所有同学都布置相同的作业和习题，因此无法真正做到个性化教学。在信息化的校园中，随着各类信息化技术与产品（如多媒体、网络、移动终端等）的应用与普及，大量的学生学业数据（如学生作业记录、考试记录等）能够被充分地记录下来。如何利用这些学业数据，自动评估学生的学习状态和知识能力水平，对于提高教师教学的效率有着重要作用，也是实现学生个性化学习的基础，这类任务通常也被称为认知诊断分析。

11.3.1　认知诊断任务描述

认知诊断分析（Cognitive Diagnosis Analysis，CDA）的目标是帮助教师更好地了解学生当前的学习状态，为每个学生定制个性化的学习策略[3]。图 11-5 给出了传统检测分析和认知诊断分析的对比。传统检测分析方法是简单汇总学生的答题记录（答对、答错等信息），得到学生的得分情况，并据此判断学生的学习状态。然而，从这样的检测结果中只能粗略地获得学生的得分、排名等信息，无法了解学生在每个知识点（如通分、去分母）上的掌握程度，也无法根据每个学生不同的学习状态进行个性化的指导。事实上，综合学生的答题记录（$\boldsymbol{R}$ 矩阵）以及习题-知识点关联关系矩阵（$\boldsymbol{Q}$ 矩阵）等数据，通过利用特定的认知诊断模型（Cognitive Diagnosis Model，CDM），便可以了解学生在每个具体的知识点上的掌握情况。例如，从图 11-5 的 $\boldsymbol{R}$ 矩阵可以看出学生 1 答对了第 1 道题、学生 2 答对了第 2 道题；从 $\boldsymbol{Q}$ 矩阵可以得到习题 1 考察了通分知识点、习题 2 考察了去分母知识点。直观地，结合 $\boldsymbol{R}$ 矩阵与 $\boldsymbol{Q}$ 矩阵可诊断学生 1 掌握了通分知识点但是没掌握去分母知识点，而学生 2 掌握了去分母知识点但是没掌握通分知识点等信息，进而推荐学生 1 重点练习去分母相关的习题、学生 2 重点练习通分相关的习题，以提高他们的学习效率，实现个性化教学。

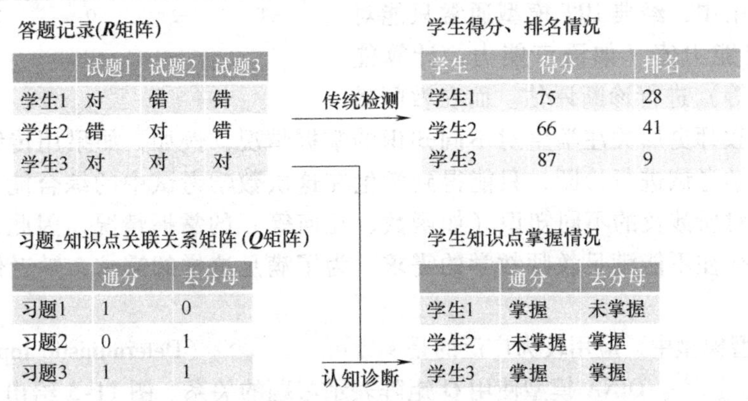

图 11-5　传统检测分析和认知诊断分析的对比

11.3.2　经典认知诊断方法

认知诊断分析起源于 20 世纪 50 年代，最早的模型由丹麦统计学家 Georg Rasch 和美国心理统计学家 Frederic M. Lord 首先提出[11]。当前常见的认知诊断模型又可以细分为单维连续型模型和多维离散型模型。这里“维数”指的是学生的能力数目（或习题所关联的知识点、技能数目），而“离散”“连续”则对应于通过该模型诊断后的学生能力值是离散型的（非 0 即 1）还是连续型的（例如 0.1、0.2、0.3）。本节将简要介绍两类常用的认知诊断方法，分别是单维连续型模型的代表——项目反应理论，以及多维离散型模型代表——DINA

模型。

项目反应理论（Item Response Theory，IRT）[3]模型是一类描述学生能力和学生对特定习题（项目）反应的模型，即建模有某一特定能力值的学生对某一具体习题回答正确的概率。IRT模型假设学生在测试中的作答结果服从独立同分布，将学生的知识状态建模为一维连续的能力值（即把学生各方面的能力综合到一个值），并结合习题自身的因素（区分度、难度、猜测度等）对学生进行诊断评估。其评估函数通常被称为项目反应函数，即

$$P(R_{uv}=1\mid\theta_u,a_v,b_v,c_v)=c_v+\frac{1-c_v}{1+\exp(-1.7\,a_v(\theta_u-b_v))}\tag{11-1}$$

式（11-1）通过评估学生 u 答对习题 v（即$R_{uv}=1$）的概率来诊断学生 u 的能力值θ_u，而a_v、b_v、c_v则是表示所测习题 v 自身因素的参数，分别为练习区分度、难度、猜测度。

如果把学生 u 的能力θ_u设为横坐标，把该学生答对习题 v 的概率 P（$R_{uv}=1$）设为纵坐标，即可绘制项目特征曲线（Item Characteristic Curve，ICC），如图11-6所示。由图可以得出，当学生能力值θ_u为 -1 时，学生 u 约有13%的概率答对习题 v；当学生能力值θ_u为0时，学生 u 约有54%的概率答对习题 v；同时，若希望答对习题 v 的概率超过80%，则学生 u 的能力值θ_u需超过0.5。

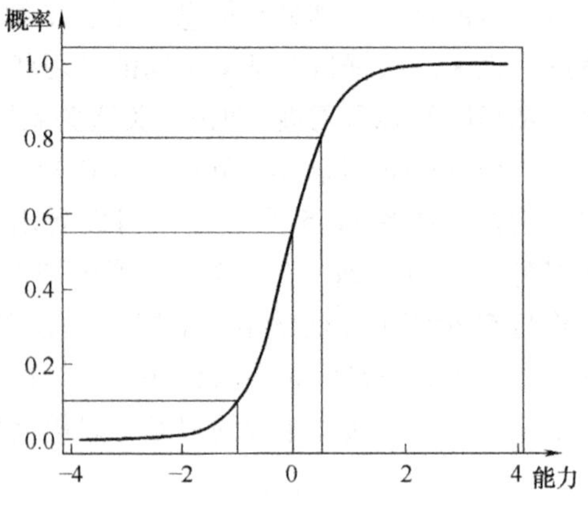

图11-6　项目特征曲线（ICC）

在实际应用中，经典IRT模型通常只能对学生某一特定能力值（如语言能力、计算能力、表达能力等）进行诊断评估。而在教师教学的过程中，教师更加关注学生对不同知识的掌握情况，例如，如果用传统IRT模型对班级某一次数学考试进行诊断，只能得到学生在这次数学考试中的综合能力分析，而无法详细诊断其对所涉及的不同知识（如函数、几何等）的掌握情况。因此，这种单一能力的诊断结果往往不能满足教师教学的需求。为了满足这样的需求，学者们提出多维离散型模型。

多维离散型模型中，应用较为广泛的是确定型技能诊断（Deterministic Input，Noisy And gate，DINA）模型[5]。DINA模型使用 $\boldsymbol{Q}$ 矩阵表示习题的关系。图11-5给出了一个典型的 $\boldsymbol{Q}$ 矩阵实例，它明确标识了习题1关联知识点通分，而习题3关联知识点通分和去分母。与IRT模型不同，通过结合 $\boldsymbol{R}$ 矩阵和 $\boldsymbol{Q}$ 矩阵，DINA模型可以将学生的能力描述为在多维且具有实际含义的知识点上的离散型掌握矩阵。例如，图11-5给出了通过诊断分析得到的三个学生的知识点掌握情况，从中可以看出学生1掌握了知识点通分等信息。除此之外，DINA模型在对学生的认知能力进行建模的同时也考虑了“失误”和“猜测”等因素，即DINA模型认为，当学生掌握了习题考察的所有知识点时，可能会因为“失误”而导致答题错误；当学生没有掌握习题考察的所有知识点时，也可能通过“猜测”而答对习题。总结起来，在一次具有 K 个知识技能考察的测试中，学生 u 答对习题 v 的概率可以在DINA模型里表示为

$$P(R_{uv}=1\mid\alpha_u,g_v,s_v)=g_v^{\,1-\pi_{uv}}(1-s_v)^{\pi_{uv}},\qquad \pi_{uv}=\prod_{k=1}^{K}\alpha_{uk}^{\,q_{vk}}\tag{11-2}$$

式中，g_v和s_v分别表示学生在习题 v 上的猜测和失误因素；π_{uv}表示学生 u 对于习题 v 的掌握程度，它受学生-知识点掌握向量$\boldsymbol{\alpha}_u$和习题-知识点关联向量$\boldsymbol{q}_{vk}$共同影响。如果学生 u 掌握了习题 v 所关联的所有的知识点 k 时（即学习到的参数α_{uk}应当全为 1），π_{uv}取值 1，否则为 0。

在$\pi_{uv}=1$的基础上，DINA 模型进一步假设只有当学生 u 没有发生失误（$s_v=0$）的情况下，才可能正确作答习题 v，否则（即$\pi_{uv}=0$时），该学生只能靠猜测（$g_v=1$）去实现正确作答。相较于 IRT 模型，DINA 模型通过引入习题-知识点关联 $\boldsymbol{Q}$ 矩阵，不仅将学生的单维认知能力（即参数θ_u）扩散至多维知识掌握状态（即向量$\boldsymbol{\alpha}_u$），还赋予了实际含义（知识技能）到知识掌握向量的各个维度，诊断结果具有很强的可解释性。图 11-7 为基于 DINA 模型的认知诊断能力分析结果示意图，可以看出，DINA 模型能诊断出学生在某一具体知识点上掌握或未掌握的情况，如该学生掌握了通分、分式拆分、去分母等知识点（对应的$\alpha_{uk}=1$），却没有掌握分式化简、错位相减等知识点（对应的$\alpha_{uk}=0$）。

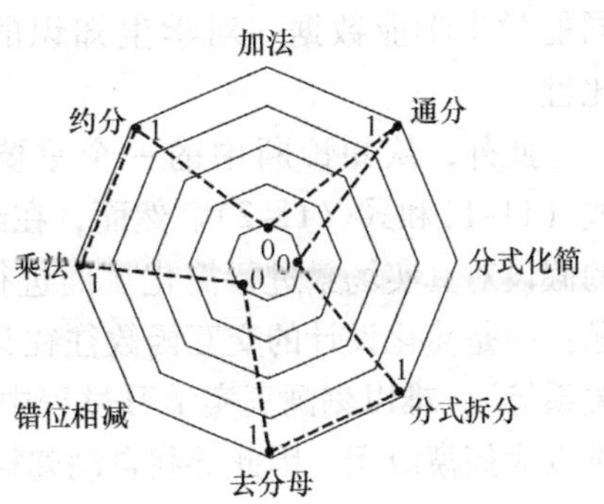

图 11-7　基于 DINA 模型的认知诊断能力分析结果（向量$\boldsymbol{\alpha}_u$）示意图

在相关文献中，基于上述两个基础模型，学者们又提出了一系列认知诊断模型，如多维技能联系的补偿型 IRT-C 模型和非补偿型 IRT-NC 模型，高阶先验 HO-DINA 模型，以及基于模糊理论的 FuzzyCDM 模型，有兴趣的读者可以阅读参考文献［3，4］。

11.3.3　基于大数据的深度认知诊断

在传统的教学场景中，由于数据记录手段的限制，通常只能以班级或者学校为单位记录学业测试数据，而这样记录下来的数据存在数据量小的特点，且其数据之间如同“孤岛”一般关联性较弱。因此，在这样的场景下，经典认知诊断分析通常将单个群体的测试分析视为一个孤立的诊断分析任务，而较少考虑不同测试间的关联性特点，也导致了其不同测试间诊断结果的不可比性。图 11-8 给出了经典认知诊断分析流程，针对不同的测试（测试 1 和测试 2），经典认知诊断分析单独分析两个测试，从而得到 6 个学生对两个知识的掌握情况，然而，由于分析过程相对孤立，无法比较两个群体间学生对于知识 1 和知识 2 的掌握程度。

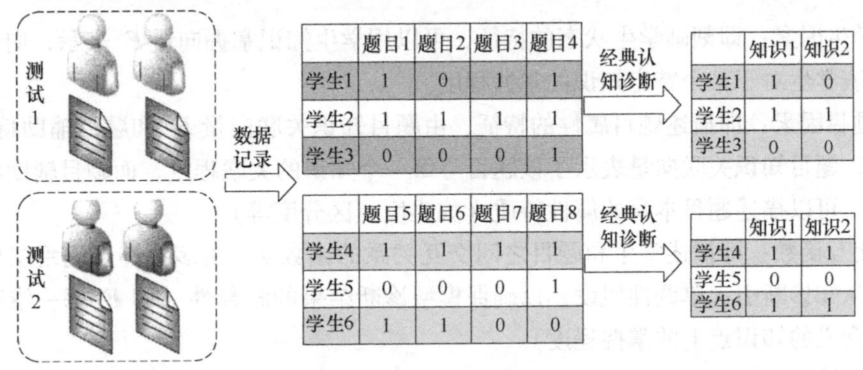

图 11-8　经典认知诊断分析流程

现如今，随着信息技术、大数据技术等的应用，数据记录的质量不断提高，可以便捷地收集不同学校甚至是不同区域的学生学业数据，且同时记录详细的习题信息（如习题文本）。在这样的环境下，学业数据具有两个典型特点，一是数据间不再孤立，二是数据记录非常稀疏。因此，协同认知诊断的思路便是在稀疏数据的情况下，关联不同的学生学业数据，对学生知识的掌握状态进行评估，从而保证学生间诊断结果的可比性。

此外，认知诊断中的一个重要的步骤是设计学生与测试习题之间的交互函数，如式（11-1）和式（11-2）。然而，在经典认知诊断模型中，交互函数往往需要专家基于一定的假设对真实场景进行简化从而进行定义与设计。这样的解决方案存在如下两个方面的问题：一是简化设计的交互函数往往只能模拟学生与测试题目之间的浅层交互关系（如线性关系等），难以刻画真实学习过程中的高阶复杂关系；二是通过专家设计的方式耗时耗力，难以大规模应用。因此寻找自动建模学生与测试习题之间复杂关系的方法对于认知诊断是十分必要的。

基于上述背景，中国科学技术大学陈恩红教授、刘淇教授的团队借助于神经网络强大的数据拟合和学习能力，提出一种新的认知诊断框架，神经认知诊断（Neural Cognitive Diagnosis，NeuralCD）。

神经认知诊断框架如图11-9所示。它重定义了通用认知诊断方法所必要的三个因素，即学生因素、题目因素和交互函数。

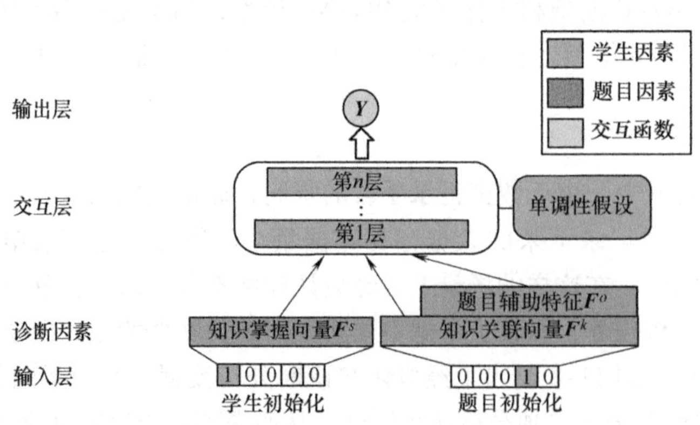

图11-9　神经认知诊断框架结构

1）学生因素：即刻画学生状态的特征，可以用学生知识掌握向量 $\boldsymbol{F}^s$ 表示，向量中的每一维度代表学生对于某个特定知识的掌握程度。

2）题目因素：即描述题目属性的特征，由题目知识关联向量 $\boldsymbol{F}^k$ 和题目辅助特征 $\boldsymbol{F}^o$ 组成。其中，题目知识关联向量表示了该题目与每一个知识的关联程度，而题目辅助特征是可选的因素，可以描述题目本身的属性特质（如难度、区分度等）。

3）交互函数：即描述学生和题目之间交互关系的函数 φ，由多层神经网络层构成。此外，神经认知诊断引入单调性假设，以确保模型诊断结果的解释性（即 $\boldsymbol{F}^s$ 每一维对应学生在某明确含义的知识点上的掌握程度）。

综上所述，神经认知诊断框架可以形式化定义为

$$Y = P(\boldsymbol{R}_{uv} = 1 \mid \boldsymbol{F}^{s}, \boldsymbol{F}^{k}, \boldsymbol{F}^{o}) = \varphi(\boldsymbol{F}^{s}, \boldsymbol{F}^{k}, \boldsymbol{F}^{o}) \tag{11-3}$$

神经认知诊断框架是一个通用的认知诊断框架，具有很好的扩展性，可以结合多种信息实现必要的三个因素。如可以使用学生的属性特征（如年级、班级等）初始化学生因素 $\boldsymbol{F}^{s}$，使用题目的知识特征（如 $\boldsymbol{Q}$ 矩阵等）和属性特征（如难度等）分别初始化题目因素 $\boldsymbol{F}^{k}$ 和 $\boldsymbol{F}^{o}$，使用神经网络模型（如 DNN 等）描述交互函数 φ。

一个最简单的实现方案是神经认知模型（NeuralCDM），即通过上述学生-练习答题记录（$\boldsymbol{R}$ 矩阵）以及练习-知识点关联矩阵（$\boldsymbol{Q}$ 矩阵），考虑题目上的难度因素和区分度因素，结合多维项目反应理论函数 MIRT 假设，从而实例化神经认知诊断框架。具体地，该模型可以表示为

$$Y = \varphi(\boldsymbol{Q}_{e} \circ (\boldsymbol{h}^{s} - \boldsymbol{h}^{diff}) \times (\boldsymbol{h}^{disc})) \tag{11-4}$$

式中，$\boldsymbol{h}^{s}$、$\boldsymbol{h}^{diff}$、$\boldsymbol{h}^{disc}$ 分别为学生知识向量、题目知识难度向量和题目知识区分度向量；$\boldsymbol{Q}_{e}$ 来源于 $\boldsymbol{Q}$ 矩阵，约束了对应向量中的维度可解释性；运算符“$\circ$”表示两个向量按位相乘。此外，还可以通过加入题目文本特征实现不同的神经认知诊断模型。

特别的，神经认知诊断框架是一个泛化性较强的认知诊断框架，一些传统的认知诊断模型可被视为其框架的特例。例如，项目反应理论（IRT）与神经认知诊断模型（NeuralCDM）的关系可用图 11-10 概括。部分认知诊断分析算法的实现代码以及公开的教育数据可以参考链接 https://github.com/bigdata-ustc，感兴趣的读者可以使用这些代码和数据复现认知诊断应用。

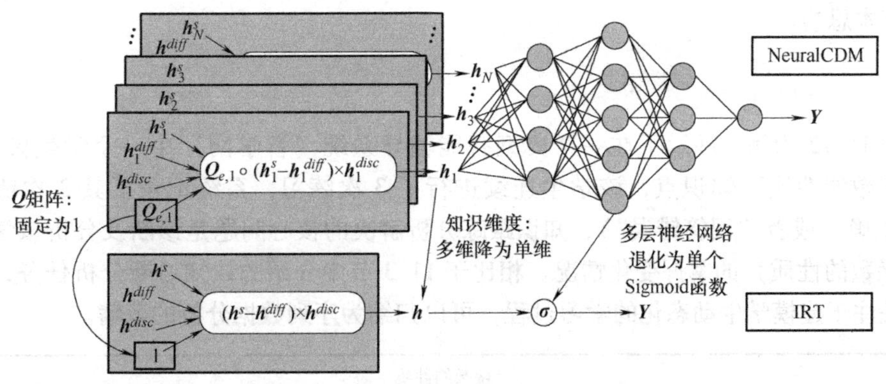

图 11-10　IRT 与 NeuralCDM 的关系

认知诊断分析具有很好的应用价值。基于认知诊断结果，可以帮助教师掌握学生的学习状态和知识能力水平，进行个性化的知识训练，从而使学生能够对其薄弱知识点进行充分练习，避免单一重复的学习，提高学习效率。更进一步，还可以预测学生正确作答的概率，并以此概率作为练习的难度因素，从而选择不同难度的习题进行推荐。如图 11-11 所示，结合学生的实际需求，当学生需要对所学的基础知识进行巩固时，可以向该学生推荐难度范围较低（正确作答的概率较高）的个性化练习；当学生需要对所学知识进行拔高训练时，可以向其推荐难度较高（正确作答的概率较低）的个性化练习。具体方法可以阅读参考文献［18］。

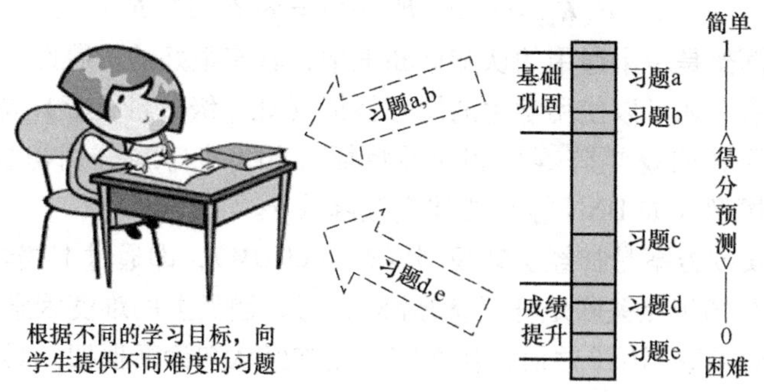

图 11-11　个性化练习推荐

11.4 知识跟踪分析

智能辅导系统（ITS）利用计算机代替教师角色，打破了传统教育中固定化时间的教育模式。学生可以随时随地自主进行学习，有效利用碎片化时间。为了能够为学生提供个性化的学习服务，智能辅导系统的关键任务就是评估学生各时刻下的知识状态，并跟踪其变化。知识跟踪（Knowledge Tracing，KT）分析便是实现这类任务的一类典型分析方法，由美国卡内基梅隆大学的 Corbett 和 Anderson 于 1995 年提出[26]。经过了长时间的探索与实践应用之后，目前已经成为智能辅导系统中学生学习效果建模的主流方法。本节将介绍知识跟踪分析方法的基本思想。

11.4.1 知识跟踪任务描述

以图 11-12 为例，展示了在一个典型智能辅导系统（智学网）中一个学生做题过程，针对“函数的性质”知识点，该学生连续进行了 3 次练习，系统记录了其 3 次练习结果（“回答正确”或者“回答错误”），知识跟踪分析解决的核心问题是诊断及分析该学生对此知识（函数的性质）的掌握变化情况。相比于 11.3 节中介绍的认知诊断分析任务，知识跟踪分析关注于建模学生动态化的学习过程，可以归纳为序列数据分析的范畴。

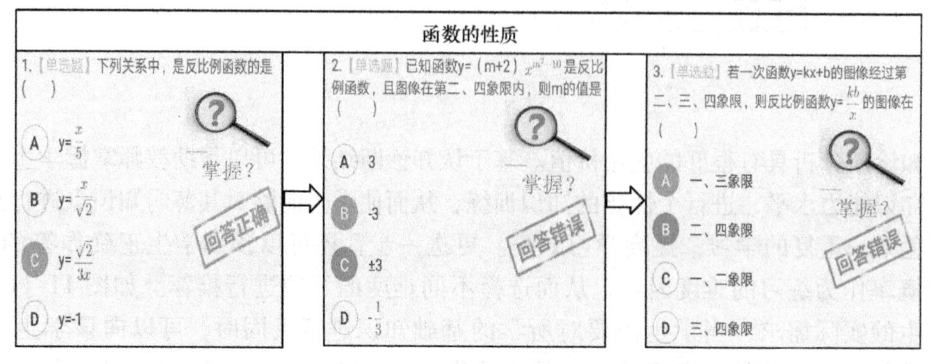

图 11-12　知识跟踪问题示意图

知识跟踪假设学生的学习过程是一个动态的过程，学生的知识状态（技能掌握程度）

受到其主观因素的影响，如学习效率、遗忘因素等。基于这些假设，许多知识跟踪模型基于学生在线学习过程中的答题表现（即学生是否答对习题），建模其知识学习过程，以达到动态跟踪学生知识掌握变化的目标。其中，最为常用的方法是经典知识跟踪分析[16]和联合知识分析。

11.4.2　经典知识跟踪方法

经典知识跟踪的目标是对学生单个知识技能（如函数）跟踪诊断，早期方法是贝叶斯知识跟踪方法（Bayesian Knowledge Tracing，BKT）。在该方法中，将学生在 t 时刻对于习题的作答结果X_t表示成二元观察变量，即$X_t \in \{0, 1\}$，$X_t=1$ 表示正确，$X_t=0$ 表示错误。具体地，BKT 方法通常基于一阶马尔科夫性质的隐马尔科夫模型（Hidden Markov Model，HMM），它假设学生对于知识点 K 的掌握程度 $p(K_t)$ 为一个二元变量 $p(K_t) \in \{0, 1\}$，即 $p(K_t)=1$ 表示学生"已掌握"知识点 K，$p(K_t)=0$ 表示学生"未掌握"知识点 K。该变量是隐藏的、不可被观测的，其概率分布表示可以通过观察学生对于知识点所关联的练习的作答结果来评估。BKT 模型结构如图 11-13 所示。

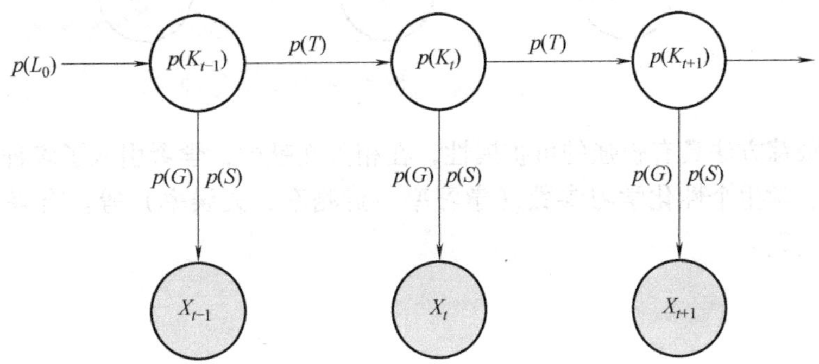

图 11-13　BKT 模型结构（其中实心圆表示观测变量，空心圆表示隐变量）

具体来说，对于某一知识点，引入 4 个参数建模学生学习过程，见表 11-1。

表 11-1　BKT 模型参数

参　数	说　明
$p(L_0)$	初始概率，描述学生最初掌握知识的概率
$p(T)$	学习概率，描述学生知识从未掌握到掌握的转移概率
$p(G)$	猜测因素，描述学生在知识未掌握状态下仍然答对的概率
$p(S)$	失误因素，描述学生在知识掌握状态下仍然答错的概率

其中，$p(L_0)$ 和 $p(T)$ 是知识参数，用于描述学生学习过程中的知识状态变化情况。$p(L_0)$是初始概率，表示学生在未接触此学习系统时，对于该知识点已经掌握的概率。$p(T)$ 是学习概率，表示经过一次学习机会（做题练习）之后，学生对于该知识点从未掌握状态到掌握状态的转移概率。此外，$p(G)$ 和 $p(S)$ 是学生参数，用于建模学生做题过程的结果。$p(G)$ 是猜测因素，表示学生未掌握该知识，仍然答对习题的概率；$p(S)$ 是失误因素，表示学生掌握该知识，仍然答错习题的概率。

BKT 模型具有较强的假设，它通常假设学生的知识学习过程是不会遗忘的，即学生的知识变化是一个只增不减的状态，因此当学生对于某知识掌握概率达到1（完全掌握）时，将永远处于掌握状态。而在学生的学习过程中，随着时间的推移，学生往往存在遗忘知识的现象。鉴于此现象，可以将 BKT 模型中的学习概率参数 $p(T)$ 分为两个部分 $p(F)$ 和 $p(L)$。其中，$p(F)$ 是遗忘概率，表示学生经过一次学习机会之后，对该知识遗忘的程度；$p(L)$ 是学习概率，它与 $p(T)$ 含义类似，表示学生经过一次学习机会之后，对该知识掌握的增长程度[17]。加入遗忘因素的 BKT 模型结构如图 11-14 所示。

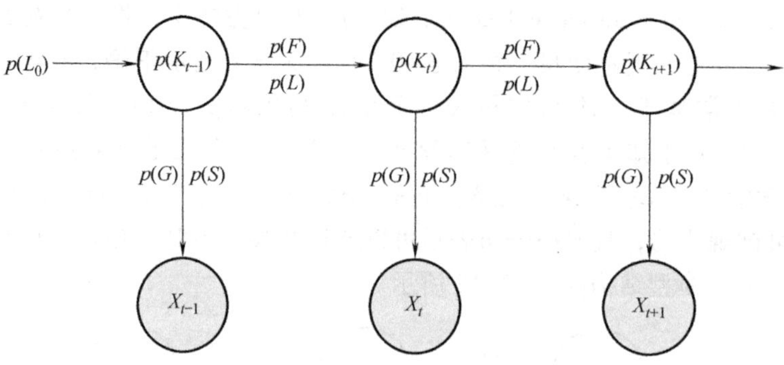

图 11-14　加入遗忘因素的 BKT 模型结构

经典知识跟踪方法具有较强的可扩展性，在相关文献中，学者引入了多种先验因素，如练习难度信息、学生个性化学习参数（学习率、猜测率、失误率）等。有兴趣的读者可以阅读参考文献［8］。

11.4.3　联合知识跟踪

早期的智能辅导系统功能较为单一，设计思路通常是对学生进行单项能力的训练（例如编程训练、听力训练等）。而随着信息技术、互联网技术的发展，智能辅导系统提供给学生越来越多的服务，学生在系统中的学习训练不仅局限于单项能力，更多情况下，是能够自主的对不同知识（例如函数、几何等）甚至是不同学科（例如数学、英语等）进行练习。因此，学生留下的学习数据往往是针对多种知识的学习记录，且其多种知识技能的掌握程度也受到其学习过程的影响。在这样的背景下，经典知识跟踪方法由于只能对学生单个知识技能的掌握进行跟踪分析，而忽略了学生多种知识结构的关联性特点，限制了其在实际场景中的应用。因此，如何同时对学生多种知识技能进行跟踪诊断，成为当前大数据情况下知识跟踪任务的新需求，联合知识跟踪分析方法应运而生。

相较于经典知识跟踪，联合知识跟踪的目标是同时建模学生在多种知识上的练习过程，诊断其多种知识的掌握情况。同时，其不再局限于一阶马尔可夫性质的假设（即学生当前的知识状态仅与其上一时刻的知识状态相关），通过循环神经网络学习到学生更早期历史上知识状态的信息，从而更精确地对学生学习过程进行建模。下面通过一个简单的例子说明经典知识跟踪和联合知识跟踪的区别，如图 11-15 所示。假设一个学生对函数和几何两个知识点进行了7次练习。为了对其进行知识跟踪分析，经典知识跟踪方法首先针对两个知识点构造其练习序列记录，即函数练习记录和几何练习记录，然后再对其进行跟踪诊断评估函数和几何两个知识点是否掌握；而联合知识跟踪方法将直接分析学生7次练习过程，同时跟踪分

析其函数和几何两个知识点的掌握情况。可以看出，联合知识跟踪方法在建模分析过程中考虑了其多种知识技能的关联性，更加符合实际应用场景。

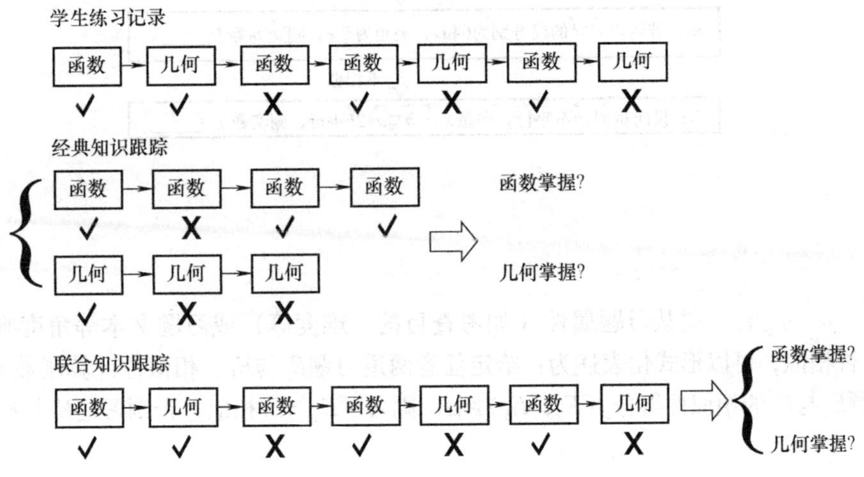

图 11-15 经典知识跟踪与联合知识跟踪的技术思路

近年来，围绕联合知识跟踪分析，学者们提出了一系列方法，例如深度知识跟踪（Deep Knowledge Tracing，DKT）模型、动态键值对记忆网络（Dynamic Key-Value Memory Network，DKVMN）、融合练习分析的循环神经网络（Exercise-Enhanced Recurrent Neural Network，EERNN）等，有兴趣的读者可以阅读参考文献［9，20］。

11.5 习题资源分析与挖掘

各类题库系统中积累了海量的习题，这些习题不仅能够加强、巩固、检验学生的知识掌握程度，还能在辅助教师教学、帮助教育监督部门了解教学现状、进行教育监督管理等方面起到重要作用。而且在有限的时间和精力内，学生如何在海量的习题中选择适于自身的以掌握知识点、满足课程学习要求和获取学分或学位，教师如何挑选恰当的习题完成作业布置、组织试卷测试等教学工作，教育监督部门人员如何利用习题进行高效地教育教学管理（如建设与管理练习库、洞悉教学现状与完善教学方法等），都是至关重要的。因此，为了减轻学生、教师、教育监督部门人员的负担，提高学习、教学与监督管理效率，提供习题应用服务（例如习题推荐、习题检索）是十分必要的。而习题应用服务往往需要考虑习题的知识点、难度信息以及寻找相似习题[25]等。图 11-16 给出了三个习题示例，其中习题E_1与E_2相似，E_2与E_3不相似。然而，由于题库系统中存在着海量的习题，使得传统的需要大量专业知识且费时费力的人工标注的分析方法（例如人工标注相似习题与知识点、人工评估习题难度等）变得不切实际。因此，利用大数据分析技术自动地对习题进行分析与挖掘，包括习题表征、习题知识点自动标注、习题难度预测、相似习题判定与检索、习题与教学视频关联、网络构建等，不仅对于完善教育知识图谱实现不同知识的汇聚起到重要作用，而且对于提升题库系统中习题应用服务质量具有重要而实际的意义。本节将以相似习题判定任务为例，介绍相关分析技术思路。

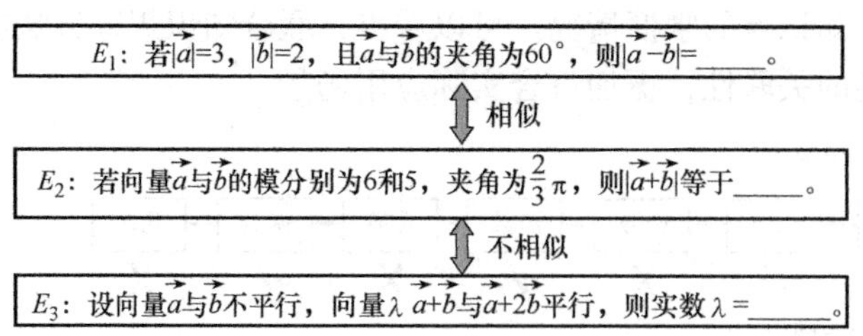

图 11-16　三个习题示例

11.5.1　相似习题判定任务描述

相似习题判定任务是从习题属性（如考查目的、难度等）或习题文本等角度判定任意两道习题是否相似，可以形式化表述为：给定任意两道习题E_a与E_b、相似性计算函数f以及阈值μ，若习题E_a与E_b的相似性得分$f(E_a, E_b) \geqslant \mu$，则习题$E_a$与$E_b$相似，否则习题$E_a$与$E_b$不相似。

11.5.2　相似习题判定技术

相似习题判定任务最简单常用的方法是向量空间模型（Vector Space Model，VSM）[21]。向量空间模型是一种代数模型，把对文本内容的处理简化为向量空间中的向量运算，并将其在空间上的相似度表达成语义的相似度，一般利用两个向量的余弦相似度作为度量习题间的相似度的方法，即相似习题判定任务中的相似性计算函数f。基于向量空间模型的相似习题判定过程如图 11-17 所示，首先利用 TF-IDF（Term Frequency-Inverse Document Frequency）方法（见第 4 章 4.5.1 节）获得习题的向量表示，然后基于习题的 TF-IDF 向量表示计算习题间的余弦相似度，最后与设定的阈值μ比较判定这两道习题是否相似。

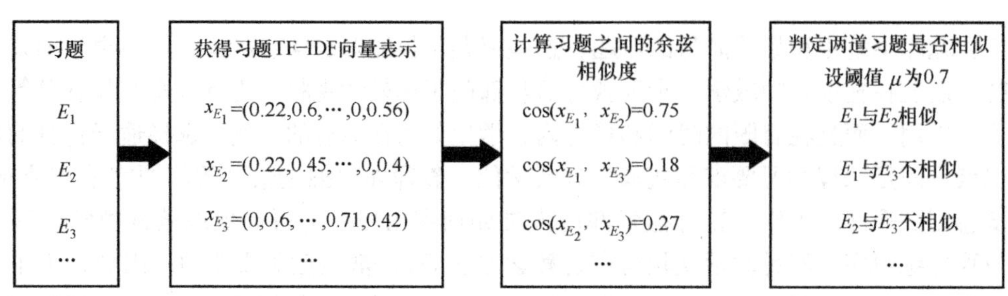

图 11-17　基于向量空间模型的相似习题判定过程

相似习题判定过程利用到的 TF-IDF 方法将由词（或符号）序列构成的一道习题表示成数值形式，即一个数值向量。TF-IDF 是一种数值统计方法，它可以用来反映一个文档集或一个语料库中，一个词对于其中一个文档的重要程度[21]，表示词的重要程度与它在文档中出现的次数成正比，与它在文档集或语料库中出现的频率成反比。TF 是词频（Term Frequency），即一个给定的词在一个文档中出现的频率。IDF 是逆文本频率（Inverse Document Frequency），衡量一个词语的普遍重要性。这里，我们将一道习题作为一个文档，习题集合作为文档集。

TF-IDF 方法虽然能够表示词的重要程度且简单有效，但无法表达词的语义信息。例如

TF-IDF 无法表述如“等边三角形”“正三边形”这些语义相同或者相近的词。于是，随着自然语言处理技术和深度学习技术快速发展，学者提出了越来越多的能够包含丰富语义信息的词向量表示模型，如 Word2vec[22]（见第 4 章 4.5.1 节）、GloVe[23]等。基于包含语义信息的词向量表示模型和深度学习技术，相似题判定任务取得了很大的进展。例如，Liu 等人[25]针对传统方法忽略了习题的语义信息问题，综合考虑习题的异构数据信息（即文本、图片、知识点）蕴含的丰富语义，提出了一种能够有效地进行相似习题自动化判定的基于注意力机制的多模态神经网络框架。有兴趣的读者可以阅读参考文献［25］。

11.5.3　其他习题分析与挖掘应用

近年来，基于词向量表示模型和深度学习技术，除了相似习题判定任务，其他习题分析与应用也得到了质的飞跃。例如，Huang 等人在习题难度预测方面，突破现有的依赖于教育学专家（老师等）主观、耗时、耗力的解决方案，提出了一种数据驱动、能够自动预测习题难度的基于注意力（attention）机制的卷积神经网络框架。有兴趣的读者可以阅读参考文献［13］。

11.6　MOOC 平台活跃度预测

由于 MOOC 平台中的学习具有较强的自主性，吸引了大量的学生在 MOOC 平台上选择自己感兴趣的课程进行学习，产生了海量的学习行为数据，但也正因为这种自主性，导致 MOOC 平台中课程学习的参与人数随时间而下降。因此，利用大数据分析技术对 MOOC 平台海量学生行为数据建模以实现平台活跃度预测具有重要的意义[16]。

11.6.1　活跃度预测任务描述

MOOC 平台学生活跃度可以分为活跃度高和活跃度低两种情况，活跃度高是指学生能够坚持完成课程学习，活跃度低是指学生中途退出课程学习。因此，活跃度预测任务可以形式化表述为一个二分类问题，即给定学生行为数据集，得到每个学生 i 的学习行为特征向量 $\boldsymbol{x}^{(i)}\in R^n$，及其活跃度$y^{(i)}\in\{0,1\}$，$y^{(i)}=1$ 表示其活跃度高，$y^{(i)}=0$ 表示其活跃度低。同时，将数据集划分为训练集 S 和测试集 T，活跃度预测任务目标是通过训练集 $S=\{(x^{(i)},y^{(i)})\mid i=1,2,\cdots,N\}$，学习一个从$R^n\rightarrow\{0,1\}$的映射，即分类模型 f，用来预测测试集 T 中学习行为特征为 $\boldsymbol{x}$ 的学生的活跃度，即计算 $y=f(x)$。

11.6.2　活跃度预测分析方法

一般而言，MOOC 平台学生活跃度预测流程如图 11-18 所示，具体概括为以下步骤：

1）收集得到学生行为数据集。
2）分析数据得到每个学生 i 的活跃度$y^{(i)}$和抽取其学习行为数据特征向量$\boldsymbol{x}^{(i)}$。
3）将数据集划分为数据训练集 S、测试集 T。
4）结合问题特点，选择并设计合适的分类模型。
5）通过训练集学习得到分类模型 f。
6）在测试集完成学生活跃度预测并测试分类模型 f 的效果。

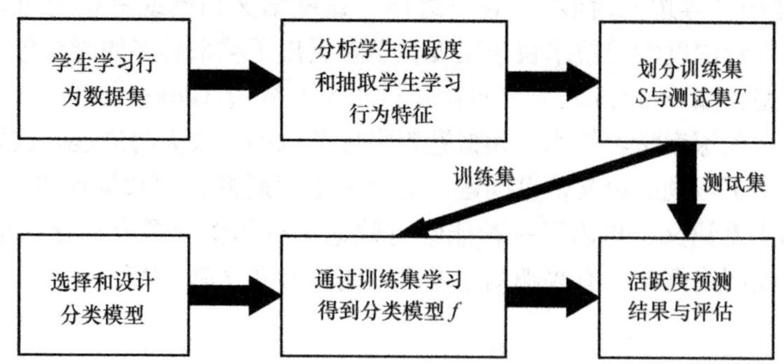

图 11-18　MOOC 平台学生活跃度预测流程

其中，抽取学生学习行为数据特征是学生活跃度预测任务的关键步骤。表 11-2 为 Coursera 上一个课程的学生行为特征分析。

表 11-2　Coursera 上一个课程的学生行为特征分析[24]

特征来源	特征说明	特征来源	特征说明
课程	学生参与课程的次数	论坛	学生课程发帖数
	学生课程学习的时长		学生课程评论数
	学生做习题的次数		学生课程提问数
	学生做习题的结果		…
	…	测验	学生参与阶段测验次数
视频	学生观看课程视频数量		学生阶段性测验结果
	学生观看课程视频的平均时长		…
	…		

对每一个学生的课程学习行为记录抽取上述特征后，可以将学生的学习记录表示成一个特征向量，接下来应用前文所述的分类模型即可对学生活跃度进行预测。常用的典型模型有决策树、支持向量机、逻辑回归等，当考虑时间特性之后，也可使用常用的时间序列分析方法，如隐马尔可夫模型、条件随机场、循环神经网络等。

11.7　教育大数据应用案例

11.7.1　基于大数据分析的学生"隐形补助"体系

教育大数据涉及学生学习生活的各方各面，它不仅可以被用来评估学生的学业表现，还可被用以分析学生在校期间的生活消费水平。高等院校在开展贫困助学金评定工作时，时常面临贫困认定覆盖范围不准确、贫困认定工作周期长、贫困认定标准地域差异不足等问题，同时，也有部分在校学生出于性格内敛、自尊心强等原因而没有申报家庭经济困难认定，或因家庭经济情况在近期内突然下滑等原因，没有被纳入到助学金覆盖范围之内。

针对以上问题，为了使贫困助学工作既能全面覆盖，又能精准定位，同时保证及时性和隐私性，中国科学技术大学（以下简称中科大）于 2004 年在全国高校中首创了“隐形补助”体系。该体系利用学生使用“校园一卡通”的食堂就餐和超市购物数据，分析评估学生在过去一段时间内的生活消费水平，精确定位困难学生，发放一定金额的生活补助。图 11-19即为中科大隐形补助管理系统。

图 11-19　中科大隐形补助管理系统

中科大学工部工作人员制定相关规则，利用食堂刷卡数据筛选出就餐消费水平过低的学生，将其纳入预警名单。而后基于数据分析决定是否对就餐水平过低的学生发放生活补贴，并判断是否应将该学生纳入贫困生数据库，实现贫困生数据库的动态更新。随着数字化校园技术[4]的快速发展，以及中科大学生资助体系的不断完善，逐渐形成了如图 11-20 所示的“隐形补助”工作体系。该体系主要包括三个关键环节：预警名单获取、资助名单筛选和补助效果反馈。

1. 预警名单获取

在这个环节，工作人员利用一卡通数据，设置学生就餐水平预警线，获取消费水平较低的预警学生名单。早期预警线设置方法是，以学生的一个月内食堂就餐次数和平均每餐消费金额作为分析数据对象，设置就餐次数下阈值 F_lower 和平均消费金额上阈值S_upper，将两条互相垂直的阈值线作为预警线。阈值的设置方式通常是在全校学生的平均值上加上经验化的偏置。就餐次数超过 F_lower，可认为该同学一日三餐主要依赖食堂解决而非外卖；平均每餐消费金额低于 S_upper，可认为该同学就餐标准偏低。如果某位学生就餐次数超过 F_lower，但平均消费金额小于 S_upper，则可将该学生列入预警名单。例如在图 11-21 中，设置 F_lower =69，S_lower =7，在 11 位学生中，只有学生 A、B、C 可被加入预警名单。这种做法的直接灵感来源于2002 年一名中科大学生的真实案例：该学生一个月内在食堂就餐 88 次，却只累计消费 51.9 元。经工作人员了解，她家境十分困难，但为了把机会让给其他更贫困的同学，而主动选择放弃申请家庭经济困难情况的认定。

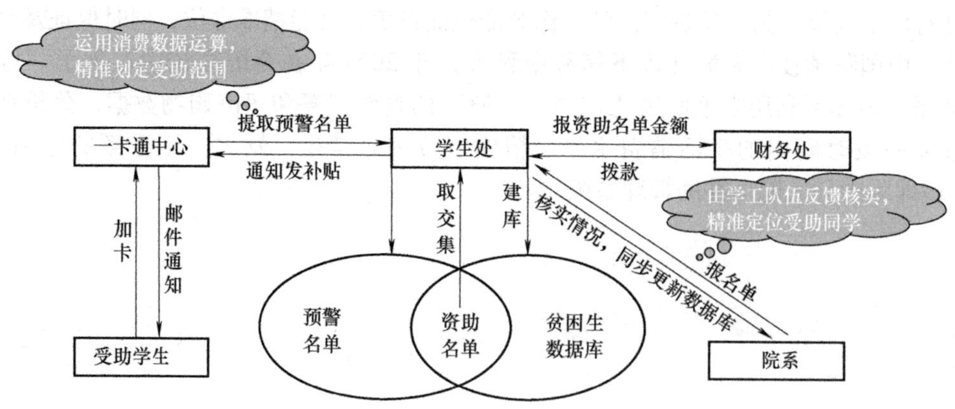

图 11-20　中科大“隐形补助”工作体系

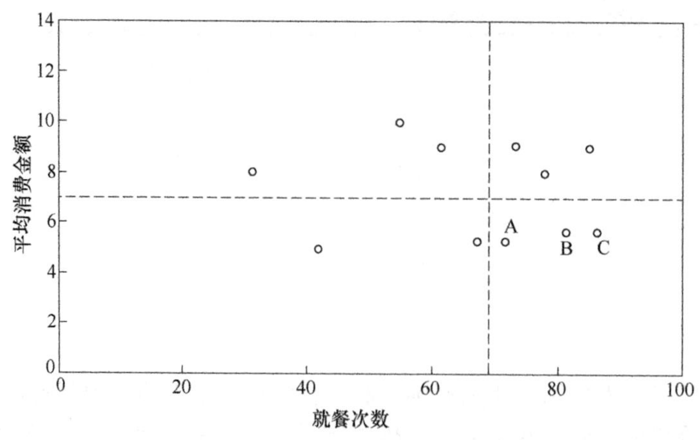

图 11-21　一个获取预警名单的简单例子

为了尽可能减少预警错误率，提高“隐形补助”的精准性，工作人员开始利用学生的学籍信息和一卡通消费数据，构建反映学生校内消费水平的个体画像和群体画像。个体画像主要对某个学生个体的消费行为进行刻画，可形象称之为“学生消费卡片”，表 11-3 给出了个体画像通常包含的学生信息属性。

表 11-3　学生信息属性

编　号	信息属性
①	性别
②	困难认定情况（是否属于贫困生数据库）
③	本月食堂就餐数据，包括就餐次数和平均每餐消费金额
④	本月超市购物金额
⑤	入学以来食堂就餐数据月度平均值
⑥	入学以来超市购物金额月度平均值

群体画像主要是对不同学生群体的平均消费行为进行刻画。首先根据表 11-3 中的属性①和②将学生划分为不同群体，而后统计罗列不同群体的其余属性。

同时，工作人员经长期调研发现：早餐的平均消费金额是远低于中晚餐的，例如一天三餐都吃的同学和一天只吃中晚餐的同学相比，前者平均每餐消费金额通常低于后者。之前使用的设置两条垂直预警线的算法，对就餐水平高低的划分忽略了三餐的差异，导致当考虑就餐 60 次的同学和就餐 90 次的同学时，每餐消费金额阈值完全使用同一标准。实际上，就餐次数越多的同学，每餐消费金额理应越低，那么这种划分将会遗漏部分就餐次数少的，而倾向于划分出就餐次数多的，但往往就餐次数少的同学才是资助工作更需关注的。

考虑到以上事实，利用个体画像和群体画像，工作人员逐渐找到了一种更加科学的预警线设置方法：

1）统计每月各学生群体的平均食堂就餐次数和平均每餐消费金额。

2）统计各就餐次数下，就餐次数相同学生对应的平均每餐消费金额。

3）作出各学生群体“就餐次数-平均每餐消费金额”曲线。

4）根据以上三点生成不同学生群体的“就餐次数-每餐消费金额”预警线。

2. 资助名单筛选

获得预警名单后，工作人员需依据预警学生的个体画像做进一步分析，以确定资助名单，并更新贫困生数据库。按照既定规则，具体分析流程将预警学生划分为以下三类：

1）若预警学生属于贫困生数据库，则可认为对该学生的资助力度不足，直接将其加入资助名单。

2）若预警学生不属于贫困生数据库，但其本月食堂就餐数据与入学以来食堂就餐数据月度平均值相近，始终较低，则可认为该学生出于某种原因未申请家庭经济困难认定，可将其加入资助名单和贫困生数据库。

3）若预警学生不属于贫困生数据库，且入学以来食堂就餐数据月度平均值较高，则需对其情况做进一步分析。若该学生本月超市购物金额较高，则可认为其正在减肥或经常点外卖，不进行资助；若该学生本月超市购物金额也较低，则可认为其家庭经济情况近期内出现急剧下滑，必须进行人工核实。

3. 补助效果反馈

在隐形资助发放之后，工作人员还要对资助学生的后续消费水平进行跟踪反馈。中科大学工部相关分析表明：

1）受到资助的同学，在随后的几个月中校内整体消费水平有所提升。

2）受到资助的同学，食堂就餐习惯变化不大，但是超市购物金额提升明显。

因此，若被资助学生的食堂就餐水平急剧上升，则需人工核实该学生的当前经济情况，以决定未来几个月份是否继续给予隐形资助；若被资助学生的超市购物水平未发生变化甚至出现下降，则需人工核实该学生是否在减肥或处于极端贫困。反馈的核实结果用于帮助工作人员继续调整食堂就餐水平预警线、更新贫困生数据库。

中科大隐形补助体系的成功应用与推广，源于教育大数据分析和人工干预核查的有机结合，这使得家庭经济困难学生的认定结果更加精准真实，生活资助的发放更加及时有效。截至 2017 年 7 月，该体系已累积资助中科大贫困学生 4 万人次，资助金额累计达到 600 多万元。

11.7.2 基于大数据技术的个性化学习

随着在线学习系统记录的学生学习数据量越来越大，如何用大数据技术针对学生实现个性化教育是当前在线学习系统一个重要的应用问题。简言之，学生的个性化教育是基于学生当前的学习状态而实行有针对性的智能教育的教学模式。在这样的模式下，每个学生都应该被视为不同的个体，拥有适合自己的学习规划。个性化教育与教育心理学中所提出的“因材施教”理念相吻合，它的提出推动了教育心理学、认知心理学和计算机科学等技术的融合，促进了各种面向学生个性化学习的教育分析技术的发展。

在考后复习和巩固提高的过程中，大多数传统型教育都是采用题海战术，把自己不会的类似题型反复练习。然而，并不是所有学生都能适应这种较为枯燥且重复的练习。特别是自己选择的相关习题，并不一定能找准正确的答案及获得及时的指导。

基于大数据技术的个性化学习首先需要实现动态大数据采集，基于采集的数据发现学生的知识薄弱点，通过知识图谱技术分析学生知识缺失情况，进而针对性推荐学习内容，做到学习方式的变革。其主要包括动态大数据采集和个性化推荐学习两部分。

1. 动态大数据采集

动态大数据采集主要是指基于各种智能终端设备实现备课、课堂教学、作业、测验、考试、互动交流、学习、教研、管理等各类场景下的过程化学习数据采集，如图 11-22 所示。然后，将采集的数据进行识别，根据识别结果按照学习对象、科目、考试类别、具体考试内容对应进行存储，并通过分析抽取知识点和对应得分，构建知识图谱，供个性化推荐学习使用。

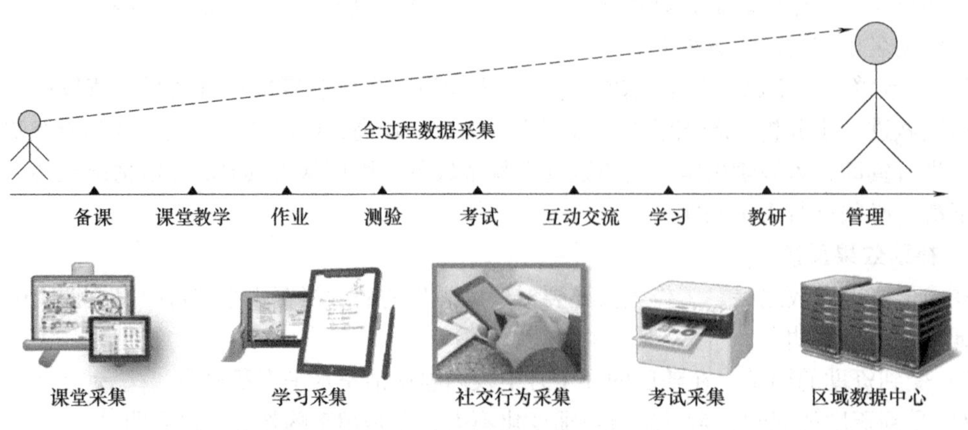

图 11-22 全过程数据采集（来源于智学网）

2. 个性化推荐学习

个性化推荐学习充分挖掘大数据中蕴含的价值，根据学生作业情况构建以学生为中心的数据标签，并进行认知诊断，发现学生的知识薄弱点，并构建基于学生的知识图谱，找出元知识的缺失，针对性的推荐个性化学习资源，并指导学生练习，形成学习闭环。个性化推荐学习具体步骤如图 11-23 所示。

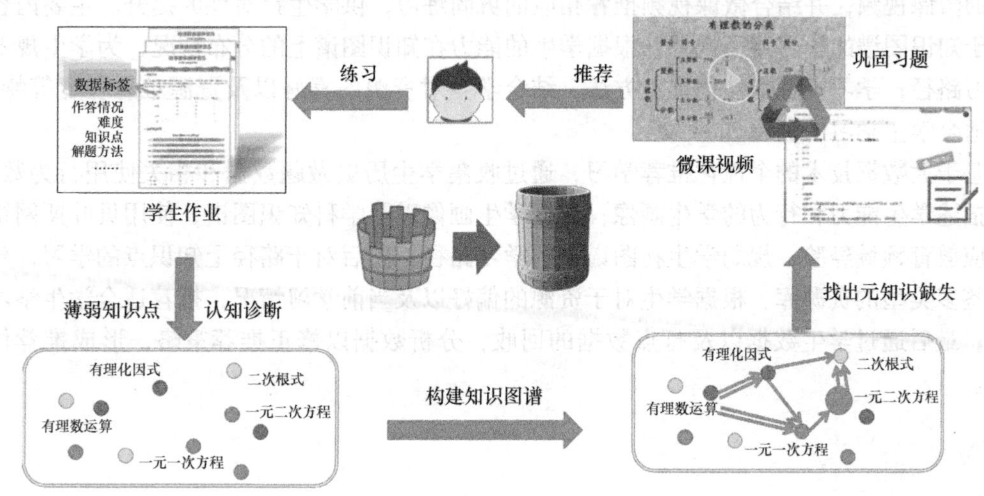

图 11-23　个性化推荐学习具体步骤（来源于智学网）

（1）作业标签预测

通过对学生作业进行分析，构建学生作答情况、难度、知识点、解题方法等数据标签，结合标签预测自动标注习题知识点、能力、难度，构建结构化题库。建立描述学生能力和行为的学生画像。作业知识点是描述习题用到的知识，例如数学学科的知识点标签包括函数的基本概念、函数定义域与值域等。习题难度预测将难度分为五档，预测一道习题属于第几档。

（2）认知诊断

根据作业情况对学生进行认知诊断，即通过一个学生的历史答题记录，预测一个学生对于一道未做过习题的得分，从而对学生进行认知能力诊断。学生在所有习题集合上的得分情况，即可代表该学生在该学科上的学业能力。传统教育流程中，教育专家会设计一套封闭的习题集合，比如一套专项学习的或者针对某一个学科学段（如大一数学）的习题集。现在期望学生在习题集合上做少量的习题，就能够预测该学生在剩下习题上的得分，以正确评估该学生的学业能力，找出学生的薄弱知识点。

（3）构建知识图谱

知识图谱包括以学科知识点为核心的知识图谱，以及知识点之间的关联关系。结合学生的学习历史答题情况和图谱偏序关系，构建基于学生学习的知识点图谱，将知识点作为节点，节点之间的关联关系作为边，把所有不同种类的知识点连接在一起而得到的一个关系网络，提供了从“关系”的角度去分析问题的能力。

（4）找出元知识缺失

针对认知诊断出来的薄弱知识点，根据学生的做题历史，结合学科知识图谱，通过图谱的知识点以及知识点之间的关联关系，找出每个薄弱知识点的元知识，并分析元知识的缺失情况，为学生规划下一步的学习路径以及现阶段最适合学习的学习内容，从而提高学生的学习效率，实现学生能力的快速提升。

（5）个性化资源推荐

基于知识图谱的个性化推荐技术，根据学生元知识的缺失，为学生规划学习路径，推荐相关的微课视频，并结合微课视频推荐相应的巩固练习，供学生针对性的提升。主要内容包括基于知识图谱的学习路径规划，根据学生的能力在知识图谱上的分布情况，为学生规划图谱学习路径；学习资源个性化推荐方法，结合学生对资源的喜好以及资源难易程度等特征，推荐适合学生学习的资源。

基于大数据技术的个性化推荐学习，通过收集学生历史做题数据和相关使用行为数据，建立描述学生能力和行为的学生画像；根据学生画像以及学科知识图谱，使用贝叶斯网络结合相应教育领域经验，规划学生在图谱上的学习路径；然后对于路径上知识点的学习，建立多标签多类型的资源库，根据学生对于资源的偏好以及当前学习情况，推荐适合学生学习的资源；最后通过学生数据以及打点数据的回收，分析数据以修正推荐策略，形成推荐优化闭环。

习　题

11.1　教育大数据的应用场景有哪些？分别有什么样的特点？

11.2　典型的智能辅导系统的组成有哪几个部分？

11.3　MOOC平台的主要功能有哪些？有什么样的特点？

11.4　经典认知诊断的常用方法有哪些？各有什么样的特点？基于大数据的协同认知诊断分析的应用目标是什么？与经典认知诊断有什么区别？

11.5　认知诊断分析与知识跟踪分析的异同点有哪些？

11.6　阅读参考文献，说明经典知识跟踪模型的局限性主要体现在哪几个方面。

11.7　阅读参考文献，简要说明三种常用的练习资源相似性分析方法的思想。

11.8　阅读参考文献，简要说明至少三个MOOC平台的主要应用任务，包括其目标和常用方法。

参考文献及扩展阅读资料

[1] Romero C, et al. Handbook of educational data mining [M]. Florida: CRC press, 2010.

[2] 刘淇，陈恩红，朱天宇，等. 面向在线智慧学习的教育数据挖掘技术研究 [J]. 模式识别与人工智能，31 (1): 77-90.

[3] DIBELLO L V, ROUSSOS L A, STOUT W. 31a review of cognitively diagnostic assessmentand a summary of psychometric models [J]. Handbook of statistics, 2006 (26): 979-1030.

[4] Qi L, Runze W, Enhong C, et al. Fuzzy Cognitive Diagnosis for Modelling Examinee Performance [J]. ACM Transactions on Intelligent Systems and Technology, 2018, 9 (4): 48.

[5] De L T J. DINA model and parameter estimation: A didactic [J]. Journal of educational and behavioral statistics, 2009, 34 (1): 115-130.

[6] Andrews, Bernice, John M W. The relation of depression and anxiety to life-stress and achievement in students [J]. British Journal of Psychology, 2004, 95 (4): 509-521.

[7] Nie M, Yang L, Sun J, et al. Advanced forecasting of career choices for college students based on campus big data [J]. Frontiers of Computer Science, 2018, 12 (3), 494-503.

[8] Corbett A T, Anderson J R. Knowledge tracing: Modeling the acquisition of procedural knowledge [J]. User

modeling and user-adapted interaction, 1994, 4 (4): 253-278.
[9] Piech C, Bassen J, Huang J, et al. Deep knowledge tracing [C]. Advances in Neural Information Processing Systems. Cambridge: MIT Press, 2015: 505-513.
[10] Iii B P, Hicks A, Barnes T. Generating hints for programming problems using intermediate output [C]. Educational Data Mining 2014. International Educational Data Mining Society, Memphis, 2014.
[11] Snow E, Varner L, Russell D, et al. Who's in control?: categorizing nuanced patterns of behaviors within a game-based intelligent tutoring system [C]. Educational Data Mining 2014. International Educational Data Mining Society, Memphis, 2014.
[12] Kavitha R, Vijaya A, Saraswathi D. An augmented prerequisite concept relation map design to improve adaptivity in e-learning [C]. Pattern Recognition, Informatics and Medical Engineering (PRIME), 2012 International Conference on IEEE, Piscataway, 2012: 8-13.
[13] Huang Z, Liu Q, Chen E, et al. Question Difficulty Prediction for READING Problems in Standard Tests [C]. Menlo Park: AAAI, 2017: 1352-1359.
[14] Rivard R. Measuring the MOOC dropout rate [J]. Inside Higher Ed, 2013 (8): 2013.
[15] Jiang Z, Zhang Y, Liu C, et al. Influence Analysis by Heterogeneous Network in MOOC Forums: What Can We Discover [C]. International Educational Data Mining Society, Memphis, 2015.
[16] Fei M, Dit Y Y. Temporal models for predicting student dropout in massive open online courses [C]. Data Mining Workshop (ICDMW), 2015 IEEE International Conference on IEEE, Piscataway, 2015.
[17] Pan L, Li C, Li J, et al. Prerequisite relation learning for concepts in MOOCs [C]. Proceedings of the 55th Annual Meeting of the Association for Computational Linguistics (Volume 1: Long Papers). Stroudsburg: ACL, 2017 (1): 1447-1456.
[18] 朱天宇,黄振亚,陈恩红,等. 基于认知诊断的个性化试题推荐方法 [J]. 计算机学报, 2017, 40 (1): 176-191.
[19] Yudelson M V, Koedinger K R, Gordon G J. Individualized bayesian knowledge tracing models [C]. International Conference on Artificial Intelligence in Education. Berlin: Springer, 2013: 171-180.
[20] Su Y, Liu Q, Liu Q, et al. Exercise-Enhanced Sequential Modeling for Student Performance Prediction [C]. Menlo Park: AAAI, 2018: 2435-2443.
[21] Yu J, Li D, Hou J, et al. Similarity Measure of Test Questions Based on Ontology and VSM [J]. Open Automation and Control Systems Journal, 2014 (6): 262-267.
[22] Mikolov T, Sutskever I, Chen K, et al. Distributed representations of words and phrases and their compositionality [C]. Advances in neural information processing systems. Cambridge: MIT Press, 2013: 3111-3119.
[23] Pennington J, Socher R, Manning C. Glove: Global vectors for word representation [C]. Proceedings of the 2014 conference on empirical methods in natural language processing (EMNLP). Stroudsburg: ACL, 2014: 1532-1543.
[24] Kloft, Marius, et al. Predicting MOOC dropout over weeks using machine learning methods [C]. Proceedings of the EMNLP 2014 Workshop on Analysis of Large Scale Social Interaction in MOOCs. Stroudsburg: ACL, 2014.
[25] Liu Q, Huang Z, Huang Z, et al. Finding Similar Exercises in Online Education Systems [C]. Proceedings of the 24th ACM SIGKDD International Conference on Knowledge Discovery and Data Mining. New York: ACM, 2018.
[26] Ma W, Adesope O O, Nesbit J C, et al. Intelligent tutoring systems and learning outcomes: A meta-analysis [J]. Journal of Educational Psychology, 2014, 106 (4): 901.

第 12 章　农业大数据

导　读

本章介绍了农业领域大数据应用情况，通过学习掌握农业大数据的分类与特点，了解大数据背景下智慧农业发展现状、趋势及典型应用场景；熟悉农业大数据平台架构、农业大数据标准化与共享技术、农业大数据分析技术等；了解农保姆全产业链智能服务和农技推广大数据应用案例。

知识点：

知识点 1　智慧农业的概念与发展趋势
知识点 2　农业大数据的分类和特点
知识点 3　农业大数据的应用场景
知识点 4　农业大数据的分析方法

课程重点：

重点 1　农业大数据的特点
重点 2　农业大数据的应用场景

课程难点：

农业大数据分析的技术挑战

12.1　概述

我国农业属于小农经营方式，农业产业链痛点多，如粗放生产、分散经营模式，农业自身的季节性、地域性特征，农业经营者与政府、上游的农资企业、下游的消费者、金融机构、农业成果供给者等多个主体之间的信息不对称等。随着互联网、物联网、移动互联网、云计算、人工智能等技术在农业生产、流通、交易、科研、管理等领域的全面深度融合，农业大数据呈现出海量增长趋势，日益成为智慧农业的神经系统和推进农业现代化的核心关键要素，在农业气象、农业资源环境、农作物育种、农业生产、动植物疫病防控、农产品流通、农机作业、农技服务、农业管理等领域的应用已经取得进展，逐渐成为农业生产的定位

仪、农业市场的导航灯和农业管理的指挥棒，改变着传统的手工劳作方式和粗放式的生产管理模式，使传统农业逐步向集约化、精准化、智能化和数据化迈进。

本节主要介绍智慧农业发展概况，从宏观层面和数据来源等维度对农业大数据分类进行讨论，并介绍了农业大数据的一些典型特点及其面临的技术挑战。

12.1.1　智慧农业

人类社会经历了农业革命、工业革命，正在经历信息革命。农业自身发展经历了以矮杆品种为代表的第一次绿色革命，以动植物转基因为核心的第二次绿色革命。随着现代信息技术的发展，现代农业的第三次革命——农业数字技术革命正在到来，其经历了机械化、化学化、自动化不同的历史阶段，目前正在向以大数据决策、机器人为生产工具的智慧农业方向发展。智慧农业成为继基因育种后现代农业的又一次革命。

1. 智慧农业的概念

智慧农业是按照工业发展理念，以信息和知识为生产要素，通过互联网 +、物联网、云计算、大数据等现代信息技术与农业深度跨界融合，实现农业生产全过程的信息感知、定量决策、智能控制、精准投入和个性化服务的全新农业生产方式，是农业信息化发展从数字化到网络化再到智能化的高级阶段。现代农业有三大科技要素，即品种是核心，设施装备是支撑，信息技术是质量水平提升的手段。智慧农业融合了以上三大科技要素，是先进生产力要素组合后变革的产业形态，是现代信息技术与农业深度融合后的新产业。与传统农业“土地 + 机械”相比，智慧农业的特征是“信息知识 + 智能装备”，具体表现在具有智能化设备支撑、大数据分析决策支撑、资源高效管理、方便快捷与个性化、安全与风险自主可控、智能系统应用覆盖全产业链等特征。

2. 智慧农业发展现状

智慧农业是互联网 +、大数据、物联网、人工智能、云计算等新兴产业技术与传统农业的深度结合，通过利用信息化手段解决农业产品在生产、销售、推广、溯源等环节中的相关问题，利用信息化技术增加农副产品的附加值。智慧农业已成为当今世界现代农业发展的大趋势，世界多个发达国家和地区的政府和组织相继推出了智慧农业发展计划（见表 12-1）。根据国际研究预测，到 2025 年，全球智慧农业快速发展，规模接近 700 亿美元，包括智能农机装备、智能传感器系统、智能农业管理软件、智能无人机、智能机器人等。

表 12-1　国际上智慧农业发展计划

国家/组织	智慧农业发展计划
日本	2014 年：“战略创新/创造计划（SIP），2015 年：启动了基于智能机械 + IT 的“下一代农林水产业创造技术”
欧洲农机工业学会（CEMA）	2017 年：未来欧洲农业的发展方向，农业 4.0（Farming4.0）
英国	2013 年：发布《农业技术战略报告》，实施 Future Farm 智慧农业项目
欧盟	2012 年：出台了《农业信息化战略研究议程》，提出在种植业、养殖业领域发展精准农业、精准畜牧产业
德国	2017 年：德国 CLAAS 借助“工业 4.0”技术实现收割过程的全面自动化

（续）

国家/组织	智慧农业发展计划
加拿大	《MetaScan3：新兴技术与相关信息图》：土壤与作物感应器（传感器）、家畜生物识别技术、农业机器人在未来5~10年改变传统农业
美国	《2030美国食品和农业科技发展战略》：5大重点突破领域——传感器；7大重点研究方向——数据科学（Data-Directed Agriculture）

智慧农业引领现代农业发展，是中国农业历史发展阶段的客观要求。我国智慧农业发展快速，“互联网+现代农业”行动取得了显著成效。全国21个省市开展了生猪、苹果、茶叶、柑橘等品种全产业链大数据建设试点；建立了农产品市场监测预警体系，每日发布农产品批发价格指数，每月发布19种农产品市场供需报告和5种产品供需平衡表，实现了用数据管理服务，引导产销。围绕设施温室智能化管理的需求，自主研制出了一批设施农业作物环境信息传感器、多回路智能控制器、节水灌溉控制器、水肥一体化等技术产品，对提高我国温室智能化管理水平发挥了重要作用。我国精准农业关键技术取得重要突破，建立了“天空地”一体化的作物氮素快速信息获取技术体系，可实现省域、县域、农场、田块不同空间尺度和作物不同生育时期时间尺度的作物氮素营养监测。基于北斗自动导航与测控技术的农业机械，在新疆棉花精准种植中发挥了重要的作用。农机深松作业监测系统解决了作业面积和质量人工核查难的问题，得到广泛应用。围绕大田作物、设施蔬菜、果树、集约化畜禽与水产等生产经营全产业链的智慧农业系统与平台，面向全国31个省市55万农技人员、1200多万职业农民、200多万多个新型经营主体，提供智慧生产、产业化经营、知识与技术服务、市场与金融、农产品质量安全等全产业链智能信息服务，有力推动了传统农业向现代农业的转化。2020年，中央一号文件明确提出，“依托现有资源建设农业农村大数据中心，加快物联网、大数据、区块链、人工智能、第五代移动通信网络、智慧气象等现代信息技术在农业领域的应用”，智慧农业发展未来可期。

3. 智慧农业发展趋势

随着现代信息技术与农业产业的不断融合，未来智慧农业发展将以数据为中心，从计算机科学和数据科学出发，以现代农业发展为背景，成为与农业生产、经营、管理、服务等方面深度融合的新兴领域，并延伸服务农民生活、教育、发展，实现农村基层科学治理、人居环境改善、产业融合发展。在生产环节，数据驱动的智慧农业发展趋势如下：

（1）数据驱动的农业生产管理无人化

随着电子产品性能、可靠性的提高和成本的降低，农业机械自动化、智能化程度将进一步加强，智慧无人农场是“智慧农业”的最优形态之一，也是世界农业发展的下一个战略高地。所谓智慧无人农场是以现代化农机农艺融合需求为主线，以绿色生态植保技术为支撑，以农业大数据分析决策为手段，通过5G网络、农业物联网感知、农业遥感、智能农机、农业机器人等现代信息技术装备研发和集成应用，实现农作物全生长周期的生态化、无人化作业和管理。

智慧无人农场新技术研究包括深度学习、智能导航、人机共融等技术。

1）深度学习能提高作业机器人、农业机械、无人机等装备的感知和决策能力，如感知包括表型特征识别、场景识别定位、作物病害识别；决策包括运动路径优化、作业姿态优

化、作业次序优化，触觉反馈控制要增强装备感知和执行能力，如能力反馈的感知与执行能力。

2）智能导航将惯性导航、视觉导航、卫星导航、埋线感应导航和路标导航等方式结合起来，在农机装备工作过程中进行智能化切换，实现最优路径规划和执行。

3）人机共融是未来智慧农业发展重要一环，通过农业超级大脑概念的融入，提高无人作业效率。人机共融技术减少了研发成本，由机器人预测人的意图配合完成工作。

（2）数据驱动的农业生产智能化

动植物模型与智能决策准确度低，在农业设施管控中多是时序控制而不是按需决策的智能控制，这是当前智慧农业发展面临的一个瓶颈问题。随着物联网技术的应用，作物生理、生长、环境等数据获取更加便捷，农业大数据可以辅助精准农业操作和智慧农业管理。

1）在种植生产上，集成作物生长发育情况以及气候、土壤、管理方案、产品品质、农事操作等数据，利用大数据处理分析技术，突破专家系统、模拟模型在多结构、密度数据处理方面的不足，为农业生产决策者提供精准施药、科学施肥、水肥调控等高效、可靠的决策信息。

2）在农业管理上，通过产量、规模、品种、市场等数据，为生产区域最优规划、成熟度预报、生产计划安排提供决策支撑。利用大数据智能分析和挖掘技术，集成气象资料、地面观测数据和遥感影像数据等，建立农业气象灾害、病虫害等动态预测模型，实时监控农业生产风险，为农业重大自然灾害监测发挥重大作用。

3）在畜禽养殖上，通过分析牲畜历史信息、生理特征、健康状态等来确定饲料产量关系、识别疾病以及确保牲畜安全和质量等。

4）在农机管理上，通过将天气、土壤、温度等数据上传到云端，使农业机械共享这些数据，可以指挥农机进行精细作业，并将农机作业轨迹、质量、面积、作业人员等信息精准管理。

基于这些大数据应用可更智能、更精准地对作物品质、营养元素亏缺、病虫害进行识别诊断，提高作物产量和品质，通过大数据分析可降低病虫害发生，减少肥料、杀虫剂的使用来改善生态环境效益。

（3）数据驱动的农业生产工厂化

工厂化农业又称设施农业，是在人为可控保护设施下的农业生产方式。目前已由简易塑料大棚、温室发展为具有人工环境控制设施的自动化、机械化程度极高的现代化大型温室和植物工厂，具有高附加值、高效益、高科技含量等特点。工厂化农业其主要特征是工厂化作业、绿色环保、高密度生产、环境设施精确可控，它综合运用了现代装备工程、生物技术、营养液栽培与信息技术等手段，技术高度密集。大数据技术为工厂化农业的智能化管理提供了数据模型支撑，营养液栽培技术为工厂化农业提供了重要的技术支撑，以传感器与控制器为核心的环境控制技术使人工环境调控成为可能。工厂化农业被国际公认为是反映一个国家农业高技术水平的重要标志之一。

12.1.2 农业大数据分类

农业数据即农业、农村、农民所涉及的所有数据的总和，涉及种植业、林业、畜牧业、渔业、副业等产业链各环节、各领域相关的上下游产业。农业大数据是指在现代农业生产、经营、管理、销售、投资等活动中形成的具有高附加值、多时空特征的海量数据。以种植业大数据为例，在生产粮食作物、经济作物、饲料作物和绿肥等农作物的生产活动中产生的涉及耕地、育种、播种、施肥、植保、收获、储运以及加工和销售等全过程各环节数据，以及跨行业、跨专业、跨业务的挖掘分析与决策管理等数据。

由于农业数据种类繁多，可划分的角度多样，下面重点从数据来源的角度对其分类进行简要说明，以便于更好地分析、理解和使用农业数据。农业大数据分类如图12-1所示。

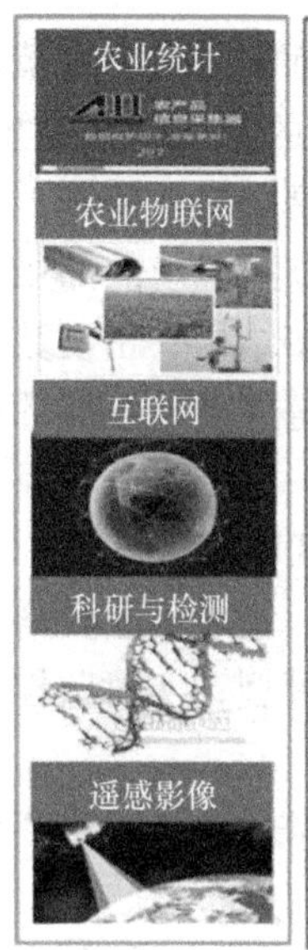

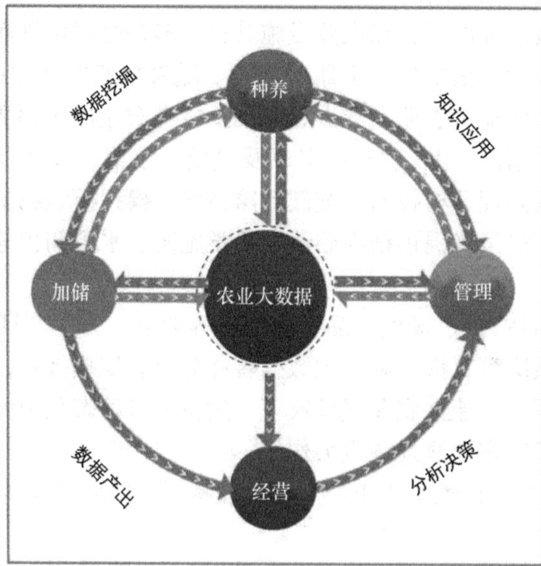

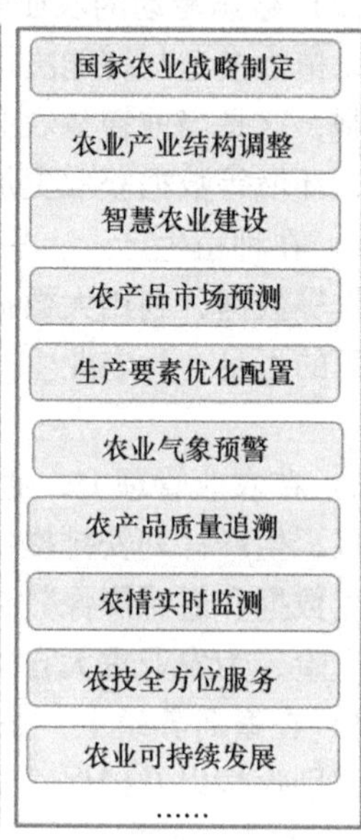

图12-1　农业大数据分类

1. 统计与管理数据

统计与管理数据是我国土地资源、水资源、气象资源、生物资源和灾害等基础数据，以及农林牧渔业规模、产量、总产值，农业生产条件，农业产业和农村经济社会等统计数据，还有各级农业农村行政管理部门业务管理数据。可通过共享交换机制整合其他部门相关业务管理数据，通过与国家统计局的共享开放服务，实现农业统计数据的采集共享。

2. 农业物联网数据

农业物联网数据是通过部署物联网设备采集的农业生产环境数据，包括与动植物生长密切相关的气象因子、周边非生物环境、土壤条件等环境数据。感知和记录的动植物生长过程中的生理、生长、发育、活动规律等生物生理数据，如检测植物中的氮元素含量、植物生理信息指标，测量动物体温、运动轨迹等。

3. 互联网数据

互联网数据是通过互联网挖掘工具采集的网络中海量的农业数据，包括农业技术、农产品市场、农业培训、各类展会、政策法规等。例如，农产品市场数据涉及农产品的成本、需求、库存、进出口、市场行情等，关联农业流通、农产品价格、农产品市场、农产品质量安全等数据内容；农技互联网服务社区中的专家知识、农情信息、农技服务日志、农技问答等数据。

4. 科研与检测数据

科研与检测数据是农业科研单位在科学研究活动中产生的实验数据，如基因图谱、大规模测序、农业基因组数据、大分子与药物设计等；全国种植、畜禽、水产、农资、农机、农产品质量安全等管理平台中，关于种子、化肥、农药、防疫、进出口、农业机械、农产品质量安全等数据。

5. 遥感影像数据

遥感影像数据是利用卫星、飞行器等遥感技术对地面农业目标进行大范围监测、远程数据获取，通过农业遥感技术客观、准确、及时地提供作物生态环境和作物生长的各种数据，主要应用于农用地资源的监测与保护、农作物大面积估产与长势监测、农业气象灾害监测和作物模拟模型等方面。

12.1.3 农业大数据的特点与技术挑战

随着智慧农业的快速发展，农业数据体现农业系统的本质特征和运行规律，呈现了农业系统自身的复杂性和特殊性，尤其是农业生产过程的主体是生物，易受外界环境和生产管理等因素影响，存在多样性和变异性、个体与群体差异性。相对于基于结构化的关系型数据结构，农业领域更多的是非结构化的数据，如大量的文字、图表、图片、语音、视频等形式的超媒体要素，以及专家经验和知识、农业模型等。下面将进一步分析农业大数据的特点和面临的技术挑战，进而为后续的讨论奠定基础。

1. 农业大数据的特点

（1）涉及领域广

农业大数据涉及行业领域本身的数据，包括种植业、畜牧业、渔业渔政、种子、农业机械、兽医兽药、农垦等行业的数据，以及影响农业生产、经营、管理、服务的其他行业的数据。例如：气象、环境、自然资源、国际贸易、农业投资、农业管理等。另外，农业数据不仅包括国际农业数据，还涵盖全国层面数据、省市数据、地市级数据，具有跨层级、跨地域、跨系统、跨部门、跨业务的特点。因此，农业数据涉及的领域广是其基本特征。

（2）关联性强

农业大数据呈现出交叉影响特征，其关联性表现尤为显著，一个数据往往直接或间接地与多个数据相关，存在强作用的语义关联，反映了农业系统性和复杂动态关联性。比如作物长势数据实际上是品种、气象、土壤、农田管理措施等数据的综合体现，农业气象能够影响作物产量、市场、运输，农产品价格数据实际上是农业市场政策、生产规模与农村经济水平的反映。

图12-2展示了蔬菜产业纵向全生命周期匹配、横向全要素关联的大数据片段。从图中可以看到，蔬菜产量与种植规模、气象条件、种植技术、茬口、品种、病虫害发生、水肥管理等因素有关，而市场销售与品质、产量、销售渠道等有关，销售情况影响下一茬种植结构的调整。

（3）时空特点显著

农业大数据是农业中客观实体或事物的表达。动植物的生长遵循一定的规律，受自然因素的影响，随季节而变化，具有周期性，生产中要不违农时。农业生产周期长，数据随作物、畜禽、水产生长周期而产生，农业大数据时时刻刻都在发生变化，每个关键时期都会产

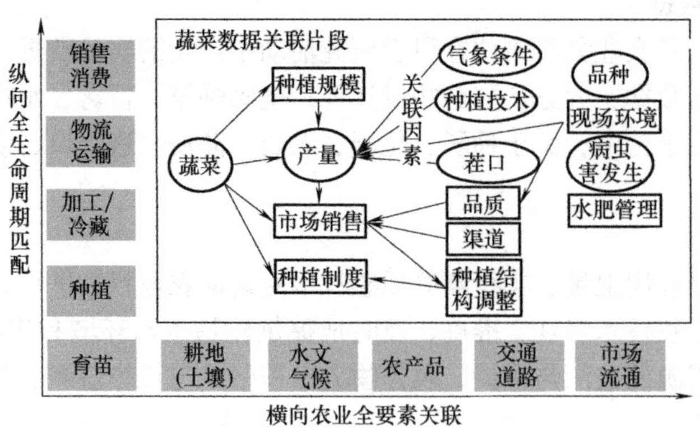

图 12-2　蔬菜产业的大数据片段

生大量农业气象、农业生产环境、农产品价格等实时数据，种植的温度、光照、积温、水盐动态、作物生理生态等因子在不同时间尺度和空间维度下差异非常大。

图 12-3 所示为果树种植生命周期中关联的数据内容，可划分为规划、栽植、生长、收获等时期。另外，动植物等农业生产对象需要热量、光照、水、地形、土壤等自然条件。不同地域的地理位置、地形地貌、水分、热量等自然条件和生态环境以及社会经济、技术条件等各不相同，因此农业大数据表现出明显的地域特征，同一品种在不同自然条件地域的管理措施不同，要因地制宜地进行管理。

规划期	栽植期	生长期	收获期
• 农场整体规划	• 栽植点的确定	• 修剪定干	• 收获机械
• 园地选择	• 挖定植穴回填	• 适时灌水	• 收获时间
• 林下套种	• 苗木的准备	• 覆膜套袋	• 仓储
• 杂草控制方案	• 栽植密度	• 补栽缺苗	• 收货后评估
• 行间距	• 栽植方式	• 追施肥料	• 市场支持
• 树种品种规划	• 灌溉底肥	• 夏季修剪	• 流通监控
• 害虫保护地方案	• 土壤肥力方案	• 防治病虫害	• 成本分析
• 栽植规划	• pH管理		• 质量追溯
• 土壤杀虫剂	• 主要栽植方案		• 产业规划

图 12-3　果树种植生命周期中关联的数据内容

（4）多尺度与多粒度

研究和利用农业大数据除了要考虑时间和空间维度外，还需要考虑数据尺度和数据粒度对数据特性的影响。农业大数据在空间尺度上涵盖从个体监测、单个农场管理、区域农业规划到国家农业产业，时间尺度上涵盖历史数据、现状数据和未来预测数据。通过物联网设备可以监测动植物个体生理指标数据、小区域气象环境数据，在地理尺度上，对农田数据的描述可小到地块，大到数千平方公里。在农情监测采样粒度上，无人机农业数据监测农场农作物长势情况，利用遥感影像数据解析可精确到米，也可以到区县、地区、省市，监测农作物长势、营养、墒情、病虫害、成熟度、产量等。协同多尺度与多粒度海量农业数据进行高效处理，是有效利用农业大数据所要解决的核心问题之一。

2. 农业大数据技术面临的挑战

数据密集型计算的农业大数据分析正在潜移默化地改变农业生产、经营和管理方式，现代农业发展过程已超越简单孤立系统，向着大范围、多领域的复杂系统迈进。农业大数据所具有的涉及领域广、关联性强、时空特点显著、多尺度与多粒度影响大等特点对大数据技术提出了巨大的挑战，如何高效采集处理海量农业数据、分析农业数据时空演化特征、挖掘发现农业数据内在关联关系、在大数据海洋中发现有价值的知识与信息，是农业大数据技术面临的重要挑战。

12.2 农业大数据应用

农业大数据应用主要包括精准农业、设施农业、工厂化育苗、农产品深加工、农产品流通、农业科教、农业管理等领域，并逐步作为重要的科技生产力和商业增值点促进了现代农业产业升级。在当前背景下，应该抓住大数据给现代农业发展带来的机遇，从政府层面，实施农业大数据产业化发展战略，借鉴国外做法，在国家级、省市级层面建立开放性农业大数据平台，围绕信息化农业全产业链核心业务，创新研究农业大数据技术产品，提供全方位、智能化、人性化和个性化的信息服务，为我国农业大数据应用提供基础和原动力。

本节将简要介绍农业大数据应用价值，以及一些典型的应用场景。

12.2.1 农业大数据应用价值

1. 大数据是农业状态的全息映射

农业状态全面立体的解析是全面了解和分析农业发展状况和存在问题，以及制定解决方案、准确进行农事操作的重要依据。对农业状态全面的、立体的反映依赖于农业数据获取的广度、深度、速度和精度。农业状态全样本信息特征的获取，是全面、立体反映农业产业状态、促进产业之间深度耦合、提升农业产业效能的基础。农业系统是一个包含自然、社会、经济和人类活动等的复杂巨系统，包含其中的生命体实时的“生长”出数据，呈现出生命体数字化的特征。农业物联网无线网络传输等技术的蓬勃发展，极大地推动了监测数据的海量爆发，数据实现了由“传统静态”到“智能动态”的转变。现代信息技术将全面、及时、有效地获取与农业相关的气象信息、传感信息、位置信息、流通信息、市场信息和消费信息，全方位扫描农产品全产业链过程。

2. 大数据是农业预警决策的科学支撑

预警决策是依靠历史所积累的正反两个方面的历史经验所做出的判断，而大数据是对历史积累描述的最好体现。农业监测预警包括数据获取、数据分析、数据应用。数据获取是农业监测预警的基础，数据处理是农业监测预警的关键，数据应用则是监测预警的最终目标。数据获取是基础环节，是把农业生产、流通和消费的物质流、能量流衍生成为信息流的过程。数据分析是农业监测预警的核心环节，是运用一定的技术、方法，借助计算机、相关软件等工具，将涉农数据进行汇集、分类、计算、转换，将杂乱无章的数据转换为有序信息的数据加工过程。数据应用是农业监测预警的最终目的，是对大量数据进行分析处理后，将结论型、知识型的高密度信息和高质量信息推送给用户的过程。大数据的获取、分析以及应用等是农业监测预警不可缺少的重要过程，对农业预警决策的科学性起到了重要的支撑作用。因此，大数据的核心价值不仅仅是对过去客观事实和规律的揭示，而更重要的是基于对大量数据采集传输的基础上，利用分析工具实现对当前形势的科学判断以及对未来的科学预判，为科学决策提供支撑。

在大数据的支撑下，智能预警系统通过自动获取农业对象特征信号，将特征信号自动传递给研判系统，系统通过对海量数据自动进行信息处理与分析判别，最终自动生成和显示结果，得出结论，发现预警信息流的流量和流向，在繁杂的信息中抽取农产品市场发展运行、农作物病虫害发生迁移等规律。当前，大数据的发展应用正在改变着传统农产品监测预警的工作模式，推动农产品监测预警在监测内容和监测对象方面更加细化，数据快速获取技术方面更加便捷，信息智能处理和分析技术方面更加智能，信息表达和服务技术方面更加精准。农产品智能预警系统运用商业智能技术，对气象、苗情、农情、农业生产资料价格、农产品价格、生产经营情况等多维信息，与商业智能的搜集、整合、清洗、聚类，及时监测农业投入品及农产品的生产经营情况。借助大数据的智能计算，建立成熟的农产品中长期智能分析与预警模型，可以对农产品的生产发展态势、市场行情变化进行早期判断和预警分析，最终形成农产品市场监测数据与深度分析报告，为政府部门掌握生产、流通、消费、库存和贸易等产业链变化，调控稳定市场预期提供重要的决策支持。

3. 大数据是农业农村发展的新型资源

大数据是以容量大、类型多、存取速度快、应用价值高为主要特征的数据，其正快速发展为对数量巨大、来源分散、格式多样的数据进行采集、存储和分析，从中发现新知识、创造新价值、提升新能力的新一代信息技术。当今时代，信息化与农业现代化形成了历史性交汇，农业大数据作为重要的农业生产要素，正在日益显现出其重要的社会和经济价值。根据农业的产业链条划分，目前农业大数据主要集中在农业环境与资源、农业生产、农业市场和农业管理等领域。农业自然资源与环境数据主要包括土地资源数据、水资源数据、气象资源数据、生物资源数据和灾害数据等。农业生产数据包括种植业生产数据和养殖业生产数据。其中，种植业生产数据包括良种信息、地块耕种历史信息、育苗信息、播种信息、农药信息、农膜信息、灌溉信息、农机信息和农情信息等；养殖业生产数据主要包括系谱信息、个体特征信息、饲料结构信息、圈舍环境信息、疫情情况等。农业大数据资源对乡村产业、人才、文化、生态、组织五个振兴提供泛在、高效的支撑，能够助力提升乡村治理体系和能力的现代化，更为重要的是能够促进小农户与现代农业有机衔接，催生新产业、新业态、新模式，培育壮大农业数字经济，还能够在完善市场机制、优化要素结构、减轻灾害损失、精准对接产销等方面发挥独特作用。

12.2.2　农业大数据典型应用场景

与其他行业相比，大数据在智慧农业中具有更复杂的应用场景、更广泛的大数据需求、更大规模的在线人数、更长的产业环节以及更加细分的用户需求，需要云计算、物联网、人工智能等技术的深度融合和集成化应用。农业大数据应用于稻田、蔬菜、水产、畜禽养殖等领域的各个服务环节中，为生产主客体提供个性化数据服务，下面以种植和养殖领域的大数据应用为例进行介绍。

1. 种植大数据

利用物联网、大数据等信息技术贯穿从种植到采收、加工到销售的整个业务流程，涉及各级管理者、田间技术员、生产统计员、投入品/采收/包装/物流管理员等多个角色，以及

田间、加工车间、生产资料库房、冷库等多个应用场景，从微观层面实现以基地为单元的种植生产精细管理服务。宏观管理层面，管理者通过农情、产业、粮油、经作、植保、植检、农药、耕地与肥料等大数据资源，提供种植业监管服务。

（1）种植生产精细管理

结合环境、土壤实时数据及历史数据，实时发送环境异常提醒、病虫害预警等。根据作物长势，基于作物的生理周期，结合作物需水模型与环境因素指导灌溉，合理选择肥料使用种类与使用量。作物采收后，统计产量，计算种植周期内计划耗水量、肥料使用量与实际的水肥使用量，统计投入产出与经济效益情况，指导下一轮生产。

基于标准化种植规程、田间档案、投入品等大数据，进行种植计划、生产统计、产品统计、数据分析等精细化、智能化管理，实现蔬菜种植茬口安排的信息化和自动化，实现对种植品种、种植茬口和种植面积的合理安排，为企业解决应该种植什么、什么时候种和种多少的问题，实现产前有规划。对单品的种植成本、整个种植计划周期的种植成本、单品的销售状况等数据进行在线分析，为企业经营决策提供支撑。

（2）种植业监管

以种植业大数据为基础，把生产管理、科技创新、农资监管、技术推广服务、农业机械化生产、优质农产品开发服务、企业及社会化服务、产业发展促进等数据有机衔接起来，提供集指挥调度、生产管理、科技推广、监管服务于一体的综合服务，提升种植业综合管理和服务能力，促进种植业“稳粮增收调结构、提质增效转方式”，推动种植业和现代种业等持续稳定发展。

建立农作物品种权、品种审定、品种登记、种子生产经营许可、种子生产经营备案等种子全业务基础资源数据库，为市场监管提供数据支撑。综合种植面积、产量、品种、气象灾害、病虫害等数据分析我国粮食安全情况。统筹粮油作物、主食作物、饲料作物、特色作物等的种植面积、产量、销售、种植制度等数据，分析预测市场价格、分类占比等，为粮食、棉花、油料、糖料等主要农产品产需调控、产业结构调整提供数据决策支撑。整合肥料和农药登记、农资销售、农药化肥生产投入、生态监测等数据，通过销售量、施用量等，综合分析以化肥减量增效、物理防治、生物防治为主的绿色防控技术的应用效果。种植监管大数据业务流程如图 12-4 所示。

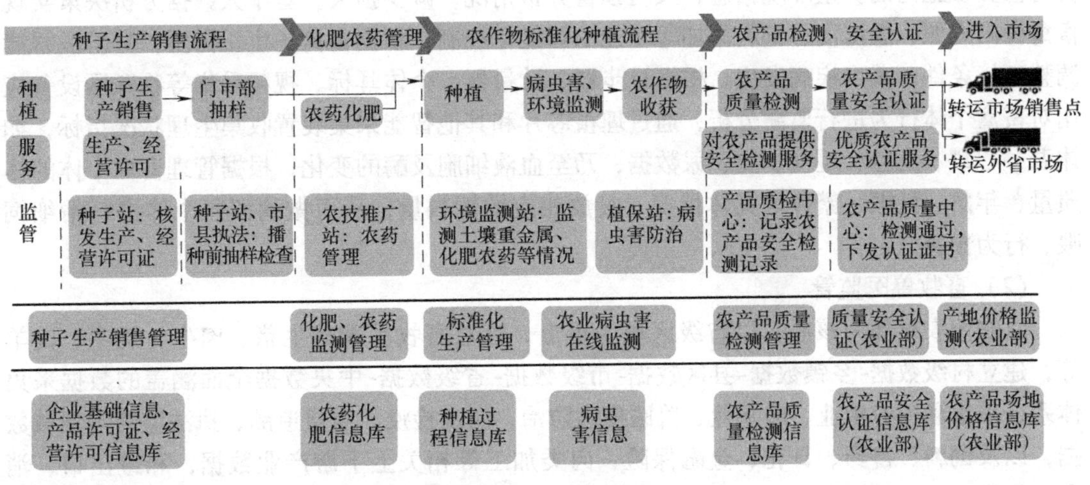

图 12-4　种植监管大数据业务流程

基于多光谱、热红外数据及 MODIS 等影像数据，结合地面样方调查数据，实现作物长势监测与估产、品质监测与预报、作物灾害监测以及肥水诊断与调优等大数据服务。种植遥感大数据分析如图 12-5 所示。

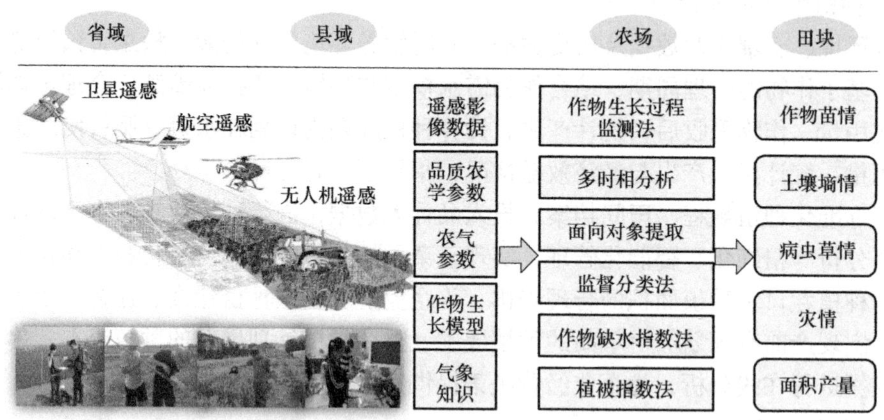

图 12-5　种植遥感大数据分析

2. 养殖大数据

养殖大数据应用可以从以下几个方面进行理解：通过物联网感知，全面及时地掌握畜禽个体、环境信息，实现精细化养殖管理；通过全面的互联，实现跨业务、跨区域、跨行业的信息联动与整合，为养殖人员、检疫人员、市场服务人员、畜禽专家、加工企业、各级管理人员提供快捷、高效的精准信息服务；全面掌控养殖业相关兽医、疫情、检测、规模等信息，对畜牧产品的生产履历及质量追溯信息，保障双向产品流通信息透明，实现系统科学的畜牧兽医监管服务。

（1）畜牧养殖精细管理

通过传感器、音频、视频和远程传输技术在线采集养殖场环境信息（如二氧化碳、氨气、硫化氢、空气温湿度、噪声、粉尘等）和畜禽的生长行为（如进食、饮水、排泄等），实时监测设施内的养殖环境信息，及时预警异常情况，减少损失。基于大数据分析决策实现畜禽舍内光照、温湿度、饲料添加等功能的智能化控制，根据畜禽的生长需要，分阶段智能调整环境条件，减少疾病发生；根据计步器、计量器、个体耳标、视频采集等物联网设备应用对畜禽个体行为进行监测分析，通过埋植芯片和其他智能采集装置收集生理状况指标，如体温、心跳、反刍、嗳气、粪、尿数据，乃至血液细胞及酶的变化；根据管理畜禽个体的体质量、年龄、妊娠、繁育等具体情况，投放相应的饲料量，从而做到按照个体进行精细饲喂、行为预警。

（2）畜牧兽医监管

以农业农村部为核心，以省级区域为重点，针对畜牧品种的生猪、肉牛、奶牛、肉羊等，建立村级数据-乡镇数据-县区数据-市级数据-省级数据-中央数据全面涵盖的数据采集体系，采集涵盖养殖业、屠宰业、兽医疫病防治、防疫检疫、质量追溯、执法监管等领域数据，以及饲料、兽药、日化、金融保险、肉类加工等相关上下游产业数据，和进出口、消费、价格、生产等宏观经济背景的数据，实现全国重点区域的动物疫病、动物及动物产品移

动风险、兽药、屠宰环节质量安全和重点牧区草原鼠虫害等监测预警，提高畜牧兽医监管的系统性、科学性、准确性。

3. 气象大数据

冰雹、大风、干旱、洪涝等自然灾害都会对农业造成巨大损失，部分迁飞性虫害也会随着风进行传播。根据我国和东亚范围内近年的农业气象数据、遥感监测数据、农业灾害基础数据库、自然灾害历史数据、气象预测模型等，实现对干旱、洪涝、冷害、台风等农业重大自然灾害和草原火灾警情的实时监测与预警，把握最佳防控时机，有效预防和最大程度降低灾害损失。

（1）霜冻气象灾害预警

结合风、云、湿度、大气透明度等气象要素和植被郁闭度、生长点和最大叶面积密度所在高度等生长状况因素，根据气温或土温与植物体温观测资料的统计分析找出霜冻发生的相互关系。建立不同强度的最低温度与作物遭受危害的关系模型，针对霜冻对作物、果树、蔬菜等的危害而进行农业气象灾害预报。预报内容包括低温强度、发生与持续时间、分布范围以及霜冻类型等，为农业农村行政管理部门在霜冻来临之前和发生后进行决策，采取防冻或补救措施，使作物、果树等减轻或免遭危害。

（2）低温冷害气象预警

针对作物生长期可能发生的异常低温过程及作物可能受害状况而进行低温冷害气象预警。异常低温过程是指在作物营养生长期出现的持续时间较长的夏季低温或秋季低温，使作物生理活动受阻或生殖器官受害，导致生育期推迟或部分不孕的低温过程。大多数低温冷害的危害是一种累积效应，一旦出现，将造成灾情重、受害范围大。

（3）干热风气象预警

热风对作物的危害是气象条件和作物本身相互作用的结果。同一强度的干热风对处于不同生育期、不同生长状况的作物造成的危害程度不同。根据干热风的强度指标、前期天气形势和征兆及干热风强度指标、作物的关键生育期，做出干热风出现的时间、强度及持续时间的预报。

4. 农机大数据

采用遥感监测、空间定位、WebGIS等技术，实现农机资源的跨区作业调度、作业轨迹跟踪、成本与效益分析。汇聚全国农业专家，融合图像处理、语音识别、智能信息处理等技术实现农机作业质量监控、农机维修质量监督、农机安全生产监控、农机跨区作业调度、农机装备（设施农业、农用航空、保护性耕作和节水农业装备）市场价格分析、农用柴油供求及价格服务等。

（1）农机事务管理

针对区域内及时、高效的农机调度的需求，对农机作业的整个业务流程进行整合和开发，管理集农机政策、农机补贴、农机推广、农机维修、农机监理、质量投诉、二手机交易于一体。汇集农机管理部门、农机生产企业、农机手等农机生产、经营相关信息，实现农机信息查询、农机购置补贴申报、农机在线报修、二手农机在线交易以及农机的品牌推广等各类农机社会化服务，实现区域内农机服务合理、有序进行。

（2）农机智能调度

汇集农机手分布信息、作业对象数据，建立农机作业模型，实现以知识分析为基础的信息沟通与决策分析，结合农机管理部门的宏观调控，通过GIS系统实时监控农机分布、作业进度，优化农机作业调度，实现农机资源优化配置和农机作业有序流动。

（3）农机作业管理

将农机服务组织的经营台账进行数字化管理，详细记录组织内农机作业安排、作业统计等，实现对农机服务组织的农机作业信息的监督、管理。

（4）农机购置补贴

整合农机产品目录、新型农机产品销售数据、农机购置补贴数据，跨区作业、代耕代种、全程托管等服务机构和服务数据，分析补贴购置各类农机具年度数据、农机化经营服务总收入对比，以及设施农业、农用航空、保护性耕作和节水农业装备等补贴比重等。

5. 农村产业与经济运行大数据

基于农村集体经济、农村合作经济发展数据，示范性家庭农（林）场、合作社示范社和重点龙头企业名录，农民收入、农村土地经营权流转、农村集体产权交易、农民负担、新型农业经营主体发展数据，对农村集体资金资产资源数据进行摸底统计，提高农村集体资产监管水平。

（1）农村土地经营权流转分析

1）通过对全国各省市流转耕地数据分析，统计分析农村耕地转包和出租面积、农村耕地互换面积、农村耕地股份合作面积等数据变化趋势。

2）分析农村土地流转入农户的面积。分析流转入农户、农民专业合作社、企业和其他主体的面积比重变化趋势。

3）流转出承包耕地的农户数据分析。分析流转出承包耕地的农户变化趋势、流转合同涉及耕地面积数据和年度比较等。

（2）经营主体发展分析

1）统计农民专业合作社发展概况。包括全国纳入统计的农民专业合作社最新数据，以及各年度比例、农民专业合作社类型变化以及不同类型合作社数量变化趋势。

2）家庭农场发展分析。分析家庭农场主营业务。按行业划分，从事种植业、畜牧业、林业、渔业、服务业合作社的个数，占比情况等。分析各类家庭农场区域个数、经营土地面积、经营耕地的来源及面积等。

（3）产业精准扶贫

基于产业布局、龙头企业、贫困人口分布、市场信息等底牌及其动态数据，提供产业带动、就业保障分析、产业结构评估、市场行情预警、创业产业推介等决策分析服务。

12.3 农业大数据关键技术

农业大数据是运用大数据理念、技术和方法，解决农业或涉农领域数据的采集、存储、计算与应用等一系列问题，是大数据理论和技术在农业上的应用和实践。由于农业领域存在地域性强、动植物种类多、季节周期性突出、生产环境复杂、生产过程个性化等特点，农业大数据的数据特点与应用特性都不同于传统的农业信息化技术，其区别在于农业大数据提供专业化的基于大数据的全息决策支持、智能化分析、个性化服务，具有对农业复杂生产环境和状况进行高置信度情境理解、智慧分析、预测研判能力，为洞察农业数据内涵、理解数据蕴藏的规律提供辅助手段。

本节介绍农业大数据平台架构、农业大数据标准化与共享技术、农业大数据分析技术等内容。

12.3.1 农业大数据平台架构

基于需求先导、应用驱动、依托现有、资源整合等原则构建先进、适用、经济的农业大数据平台。将大数据技术应用于农业生产经营管理中，按照“聚通用”的思路，建立基于一张图、关联数据等技术的跨部门、跨阶段的农业生产、流通、销售大数据，和基础资源、生产资料、生产技术、政策法规、机构人员等管理数据的可持续交换共享标准规范和技术体系，实现不同数据库、不同应用系统之间的数据共享和交换，为农业管理人员、农技人员、农业专家、农业生产者、服务组织等用户提供大数据精准分析服务支撑，解决农业大数据如何共享、业务如何协同的问题。

1. 平台逻辑架构

参考 Apache、Hadoop、Spark、BigSQL 等大数据计算架构及大数据平台逻辑架构模型，提出平台的逻辑架构，主要由基础设施与资源中心、数据获取与汇聚、大数据存储与处理、大数据挖掘与分析、大数据服务、大数据标准体系及安全保障体系六部分构成，如图 12-6 所示。各层之间密切协作，实现农业大数据的产生、聚集、分析和应用。

图 12-6 平台逻辑架构

2. 平台功能架构

（1）“天空地”一体化数据资源体系

按照构建传统统计、互联网文本挖掘、物联网在线采集以及专业检测等数据渠道的要求，建立涵盖基础资源、资源要素、农产品、产品交易、农业技术、政府管理、乡村治理等内容的大数据标准体系。立足农业现有资源整合基础，加强和利用遥感、传感器、智能终端等技术装备，整合拓展物联网数据采集渠道，构建物联网实时数据和互联网涉农数据采集与利用的标准体系，补足农业大数据基础资源短板，形成农业大数据采集、更新长效机制以及标准规范、技术体系。

（2）农业大数据基础平台

在数据资源体系之上，形成以农业大数据虚拟、计算、存储与服务等为支撑的软硬件环境，提供安全可控的智能计算、海量存储服务，整合大数据基础支撑软件，依托关联分析、预测预警分析、AI分析、空间变异分析等大数据模型，提供农业大数据资源多维建模、多领域数据聚合分析等专业服务，提升农业管理效率和服务能力。农业大数据存储管理采取不同的策略，针对作物遥感影像数据、植保病虫害图像、农产品追溯视频等数据，采用虚拟机与数据分块传输技术实现高容错性的大数据文件存储；针对物联网、实时农产品市场价格等动态数据，基于Dynamo哈希分片模型对大数据进行环状存储，各数据点能够使能通信与快速查询，在容量、性能与成本方面满足大数据管理的需求。

（3）农业大数据资源池

系统梳理农业大数据资源，依托农业数据资源整合集成、关联清洗、质量检查、存储管理等共性支撑软件，形成农业大数据资源池，为上层应用提供系列数据产品，为生产经营和管理服务提供综合查询、统计分析、多维可视、预测预警、智能识别等大数据服务，通过数据交换服务为业务系统提供基础数据支撑。

（4）农业大数据分析服务

以需求为导向，面向不同用户需求，提供专业化程度高、技术先进、应用便捷、亮点突出的种植业、畜牧兽医、渔业、农机、科教等行业大数据应用分析服务，全面提升我国农业大数据应用水平，提高农业大数据对农业生产、经营、管理、服务和乡村治理的支撑能力。

平台功能架构如图12-7所示。

12.3.2　农业大数据标准化与共享技术

数据标准化是农业大数据整合共享、开发利用的前提基础，如果缺少标准规范，采集的农业数据在利用、交换过程中难免会出现各种困难。目前，我国尚存农业基准数据薄弱、数据结构不合理、数据标准化水平低等问题。建立现代农业自然资源、农业生产、农产品市场、农业管理等基础数据库，并研究数据采集、传输、存储、汇交等环节的标准规范体系，夯实农业发展基础支撑是农业大数据发展的目的。

1. 建立农业大数据指标体系

构建涵盖农业基础资源、农产品、资源要素、产品交易、农业技术、政府管理、乡村治理等内容的大数据指标体系，梳理制订农业大数据指标项、样本标准、采集方法、分析模型、发布制度等技术标准。建立农业大数据采集与更新的标准规范体系，开展部门数据开放、指标口径、分类目录、交换接口、访问接口、数据质量、数据交易、技术产品、安全保密等关键共性标准的制定和实施，形成农业大数据采集、更新长效机制以及标准规范、技术体系。

2. 建立农业大数据标准

1）基础标准：是制定农业大数据标准必须遵循的技术基础与方法指南，起着基础性、指导性作用。

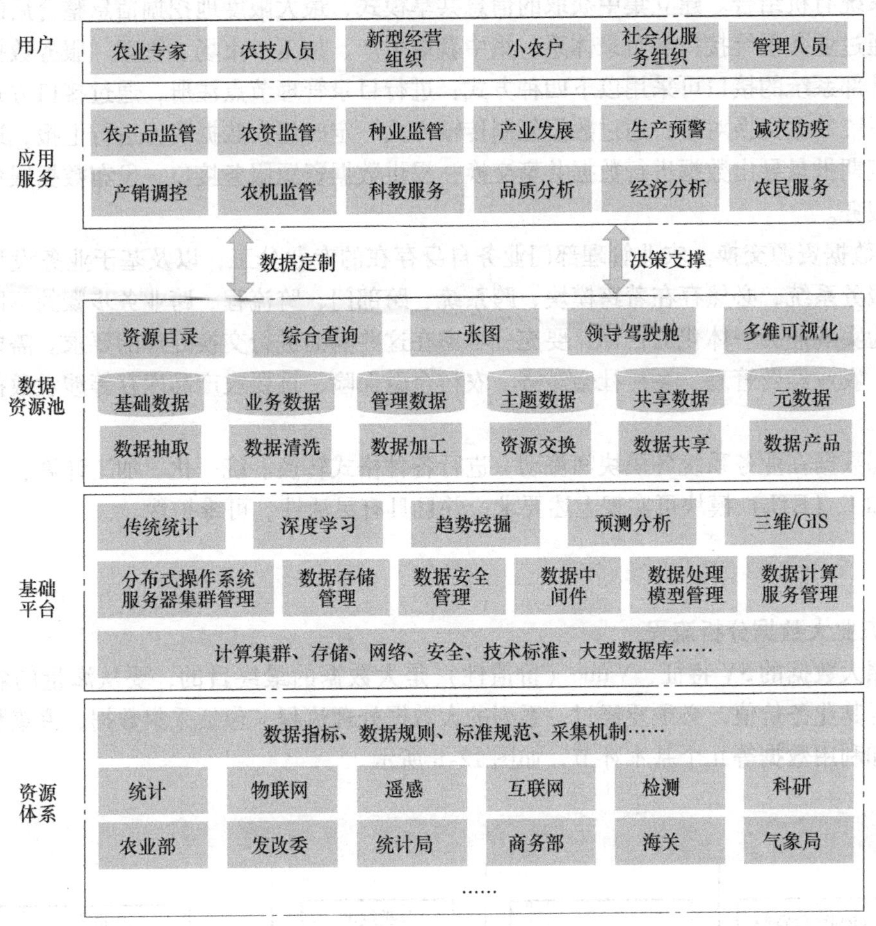

图 12-7　平台功能架构

2）技术标准：围绕农业大数据处理流程而设计，分为农业大数据采集、预处理、存储、管理、处理、分析、决策等技术标准。

3）农业产业链标准：围绕农业产业链进行设计，包括农业科研、农技推广、农资、农业生产、农产品加工、农产品运输、农产品存储、农产品市场等大数据标准。围绕某个具体点，可以进一步扩展，比如农业生产可以细分为大田种植、设施园艺、畜禽养殖、水产养殖等。

4）农业专题大数据标准：围绕特定的农业大数据需求，比如农产品质量安全大数据、农业生态环境污染大数据、国际农业贸易大数据、农村综合信息服务大数据等，该标准可以根据专题进行横向扩展。

5）其他标准：针对农业大数据交互、服务、共享等设计，也可以根据需要进行扩展。

3. 农业大数据开放共享

农业领域数据开放共享可以考虑通过以下几种方式进行：

1）数据资源接口，可通过与大数据平台业务系统内部接口，以及与外部系统的接口。与系统内部接口可建立“管道式”的应用读入数据共享模式，实现各业务系统对共享数据的“一数一源，一源多用”的数据通道；要求能对各管道进行有效管理，并能够与平台业务系统有机结合。建立集中获取的信息共享模式，最大限度地挖掘信息整合后的综合效益，如通过业务系统接口和目录体系，集中获取生产、加工、市场、管理、服务数据。

与外部系统的接口可采用以下四种方式：进行目录管理节点注册，通过接口方式在线进行与该系统数据交换对接；通过数据复制传输方式，定时将大数据资源进行上报；通过离线方式，定期批量导出数据进行数据共享交换；提供数据资源服务接口，发布数据服务和客户端接入服务。

2）数据资源交换。农业管理部门业务自身存在的专业分工，以及基于业务设计开发的大数据服务系统，必然存在着跨模块、跨系统、跨部门、跨流程、跨业务步骤的不同程度的隔离，为实现业务一体化的目标，要充分考虑在这些隔离进行交换处理的要求。需要健全农业生产、农业经营管理、乡村社会经济、农村金融保险、重要农产品库存等涉农数据监测共享机制。

内部数据在业务系统各模块间流动，进行各种格式转换、统一化、加工计算、审核。数据转换加工（ETL）模块可实现上述要求，并且具有灵活性、可维护性。

12.3.3　农业大数据分析技术

1. 农业大数据分析流程

按照大数据的5V特征，Value（价值性）是大数据的最终目的，要从海量的农业大数据中获得其业务价值，必须要经过一系列的大数据处理流程，包括采集数据、聚集数据、分析数据和利用数据等几个基本环节，如图12-8所示。

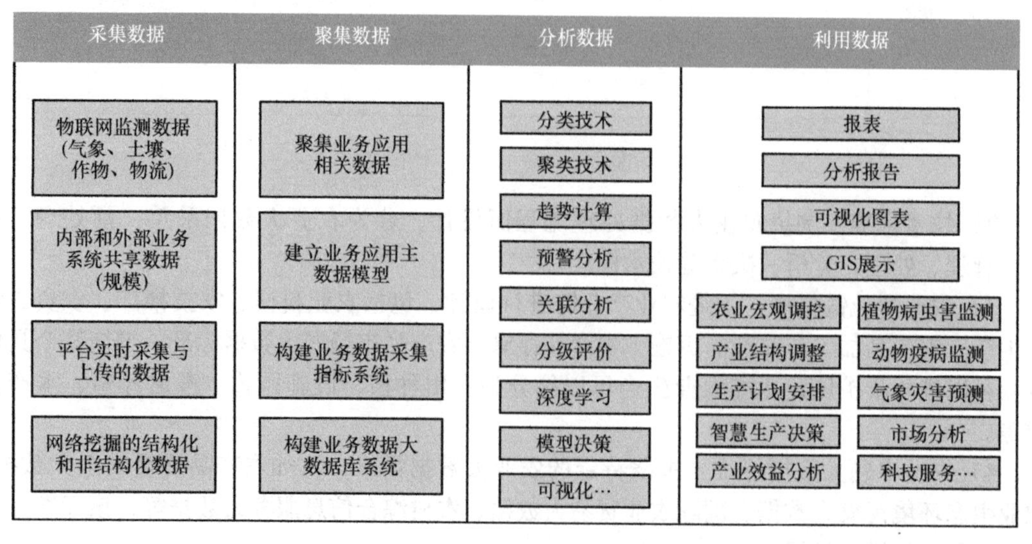

图12-8　农业大数据处理流程

1）采集数据。农业大数据的产生来源于专业系统大量结构化数据，另外还有非结构化和半结构化的文档、日志、视频监控数据等，这是在大数据应用中不容忽视的可能发现潜在价值的系统数据。

2）聚集数据。对于已经产生的大量结构化和非结构化数据进行采集、存储和管理，实现大数据平台数据的聚集。这就需要建立统一的数据模型，实现不同应用数据库之间的整合，完成业务主数据管理。在此基础上，基于 ETL、NoSQL、分布式文件系统、分布式计算框架等大数据处理技术，实现结构化或非结构化农业数据的有效集成。

3）分析数据。分析数据是大数据处理的核心环节，需要根据不同业务应用的需求从异构数据源抽取和集成相关数据，形成数据分析的原始数据。集成面向精细化生产管理、农产品市场预警分析等业务模型，通过农业大数据建模分析发现潜在的数据规律，利用规律模拟预测，提供统一调度、高度集成的大数据分析服务，指导农业生产。例如：

① 针对农业生产、市场运行、消费需求、进出口贸易以及供需逆差等数据进行建模分析，发现农产品市场运营规律，可感知市场异常波动、及时预警突发事件、提前防范农业风险等。

② 建立模型模拟农作物产量与作物生长环境变量、化肥使用量、施肥时间等影响因素之间的潜在关系，从而指导农业科学生产，实现高效增产。

目前，在农产品质量安全、农业病虫草害、农产品价格、农产品市场等领域已形成成熟的应用模型，可以实现农业数据关联预测、农业数据预警多维模拟等，大幅度提高了农业监测预警的准确性。

4）利用数据。利用数据是大数据分析结果的展示及合理利用，是大数据处理的最终环节。通过大数据可视化技术，为农业行业管理部门、农业科研院所、新型农业生产经营主体、大数据技术供应商、农业大数据资源建设单位等用户提供直观、直接的个性化数据服务。

2. 农业大数据分析技术

农业大数据规模的膨胀使得计算复杂度成倍增加，在高维农业数据的低维刻画、稀疏高价值数据的挖掘发现、农业复杂问题内涵动态预测、复杂数据弱约束规则的利用分析方面面临一系列的技术挑战，需要通过大数据分析技术解决。

（1）深度学习方法

深度学习包括主流的卷积神经网络、循环神经网络、长短期记忆神经网络等深度学习算法和模型，对农业大数据图像、文本数据、空间数据、时间序列数据进行机器学习。例如对作物主要器官分类识别、畜禽个体图像识别、畜禽行为分析、病虫害图像识别、农产品自动分级等，以及农技问答自然语言处理。图 12-9 为病害识别卷积神经

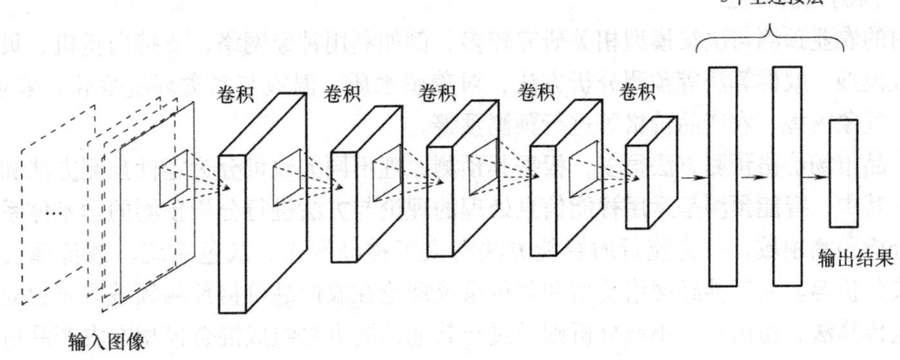

图 12-9　病害识别卷积神经网络结构图

网络结构图。采用 ImageNet 标准数据集对其进行预训练，提取相似特征，集成 3 万余张作物病害图像训练集和验证集，对卷积神经网络模型微调，损失函数收敛后验证准确率达到满意效果。

（2）数据挖掘方法

农产品生产、流通与交易过程中产生的大量数据既包含价值密度低的数据块，又包含价值密度高的数据块，需要从这些数据中寻求科学规律、有用知识，快速抽取出模式、关系、变化、异常特征与分布结构。相关分析方法包括利用描述统计、频率分析等总量分析模型方法，时间序列、小波理论、比较分析等趋势变化分析模型方法，聚类回归、二值逻辑、关联规则、决策树等关联分析模型方法等。

图 12-10 给出了设施环境大数据分析反馈的智能调控流程。图中，设施农业管控中传统简单的阈值调控未考虑多环境因子间的耦合关联，单参数调控未考虑蔬菜生理、长势需求，决策准确性低。采用长短期记忆网络模型等大数据挖掘方法可以挖掘设施生产过程中的历史环境、茬口、措施、长势、产量等数据形成最优生产方案，结合实时的土壤肥力、土壤墒情、气象、叶片图像特征数据的综合分析，对环境光、温、水、肥等多因子协同按需调控，始终使作物处于生长适宜环境中，实现从单一维度、传统数据分析向多维度、综合分析转变，提高诊断精度，使反馈的影响因素更全面，对生产的决策指导更直接有效。

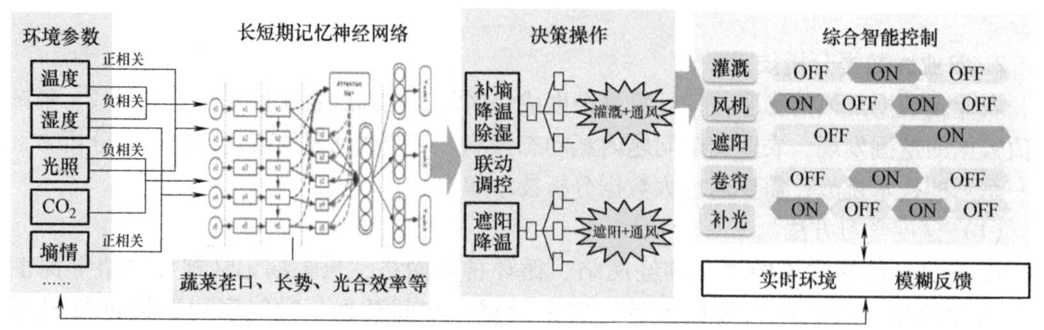

图 12-10　设施环境大数据分析反馈的智能调控流程

（3）预测分析方法

国内的农业预测与决策模型相关研究较多，例如利用神经网络、支持向量机、贝叶斯网络、面板模型、蚁群算法等预测分析方法，对养殖水质、温室与畜禽环境变化、农业干旱、病虫害、气象灾害、农产品价格等进行预测预警。

农产品市场价格预测方法很多，根据其预测原理不同大致可分为定性预测方法和定量预测方法。其中，智能预测是运用智能信息处理的理论与方法进行分析预测的学术体系。目前在价格分析预测领域，较为流行的智能方法有人工神经网络、灰色系统、遗传算法、粗糙集、小波分析等。人工神经网络模型和灰色系统理论在农产品价格预测领域有着独立应用的实例，遗传算法、粗糙集、小波分析则通过与其他预测方法组成混合模型在农产品价格预测领域发挥作用。图 12-11 为价格大数据时空预测分析。

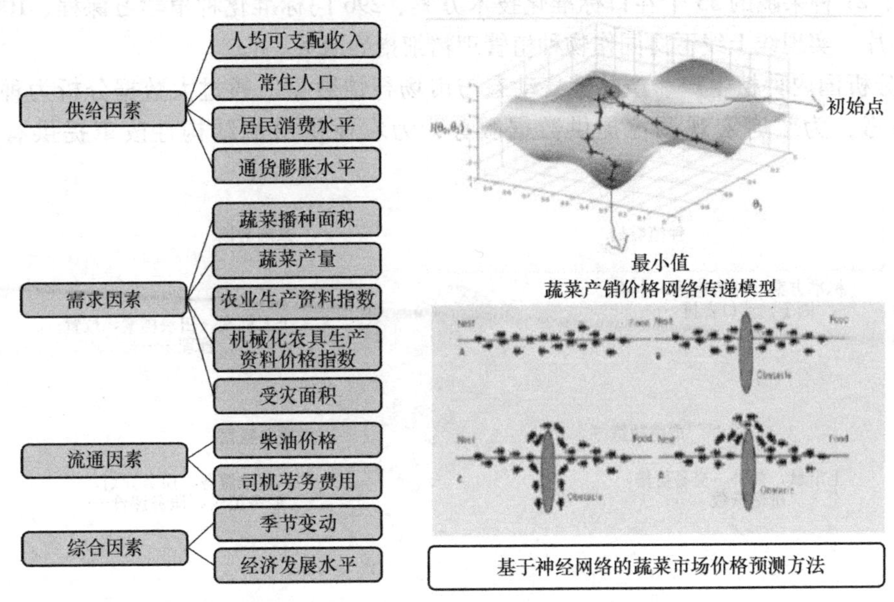

图 12-11　价格大数据时空预测分析

12.4 农业大数据应用案例

12.4.1　农保姆全产业链智能服务大数据应用案例

1. 背景与需求

如何种和怎么卖是农民创收致富的两大痛点，农民急需标准化技术。农业社会化服务是引领小农户开展适度规模经营、发展现代农业的重要途径。农业生产托管等直接服务农户和农业生产的社会化服务对解决“种地”问题发挥了重要作用。但是，随着服务范围的扩大、服务领域的扩展、服务用户的膨胀，常规的以人为主要服务载体的服务模式已经难以满足日益增长的服务需求，必须借助大数据智能化服务，通过线上线下相结合的方式提高服务效率和服务质量，保证农产品品质和绿色供应，满足消费者升级需求。

农保姆全产业链智能服务大数据平台针对设施蔬菜和大田高效经济作物的精准生产和高效流通需求，提供全程标准化服务和数据化管理，为农产品品质提升、农业现代化管理、农产品流通服务、农业产业政策制定提供技术保障和参考依据，从而破解全产业链条为农服务的难题。

2. 数据内容

平台自动采集种植户的基础数据、种植数据、服务数据和市场数据（见图 12-12），具体包括：

1）基于技术规程和实时生长数据，构建了西红柿、黄瓜、茄子等不同作物的“茬口-环境-土壤-水肥-病虫害-防治方法”等知识图谱库 300 多套。

2）动态管理了蔬菜病虫害高清图谱 200 余万张、决策知识集 6 万余条、生产管理模型

670多个，21种果蔬的35个茬口标准化技术方案、296门标准化种植学习课程、1000余部相关教学片，实现线上线下协同作物种植管理精细指导服务。

3）分析国内种植生产、产品销售动态与市场行情数据。通过大数据分析为种植户提供决策参考，为政府宏观调控提供数据服务，为农业供给侧结构性改革提供有力数据支撑。

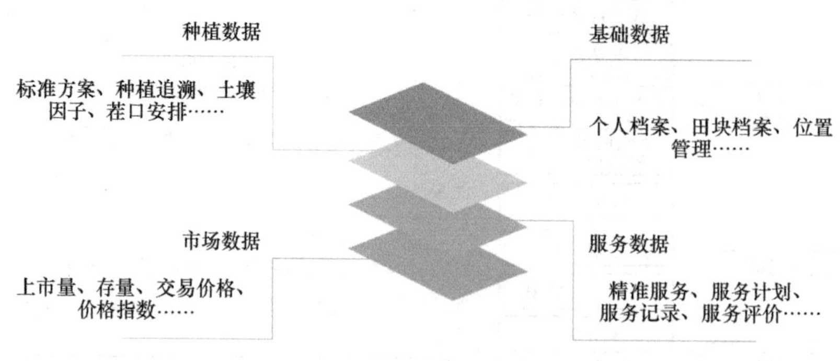

图12-12　部分数据内容

3. 技术方案

平台与思远等农业社会化服务组织合作，依托7F标准，按照“循序渐进式学习+按需方案+标准化种植+示范田对照+微农交流+定向指导+问题跟踪”的农户服务流程（见图12-13），面向社会化农业服务机构服务人员、社员提供标准种植（社员种植服务计划、服务记录、服务评价追溯与服务）、农学院（操作视频、技术方案、技术资料库）、农技服务、智能诊断（在线诊断、智能控制）等“种、卖、学、聊”一体化、智能化、标准化生产全程大数据服务。

平台集成物联网、云计算、互联网、大数据、人工智能等现代信息技术，结合类脑计算、自主学习等人工智能和专家经验，实现设施果蔬作物不同茬口关键环节的标准化全程视频自动推送对比，长势调控专家线上决策，技术人员线下指导，确保作物高产、优质；同时根据农业种植、加工、销售环节等分类标准定义问答数据采集意向，实现农户、专家、人工智能的协同交互，从语义上真正理解并准确描述出用户咨询的主要内容，自动匹配问题答案，在解决农民提问障碍的同时降低人工回复成本。大数据核心服务内容如下：

1）农产品质量追溯：平台基于物联网、农保姆APP实现了作物生长全程大数据的实时采集与动态管理，并自动生成全程追溯二维码，消费者可对农产品全生命周期的数据进行查询追溯，从而确保了蔬菜产品绿色、安全、可追溯。

2）市场价格服务：依托思远合作社全国11个省市区的重要设施蔬菜产区和50000余名标准化社员，形成设施蔬菜核心产区主要蔬菜的地头价格指数，结合全国31个省的995个批发市场日价格数据，进行价格走势分析和精准推送服务，对农户种植、农产品销售都具有很好的指导意义。

3）掌上交易服务：整合了大型超市、电商企业、农村经纪人、冷链仓储、物流企业等大数据资源，通过农保姆APP供应板块和采购板块，预测上市农产品品种、区域、产量、上市时间等信息，农户、采购商等可自动匹配到相关区域，及时获得需要的信息，实现足不

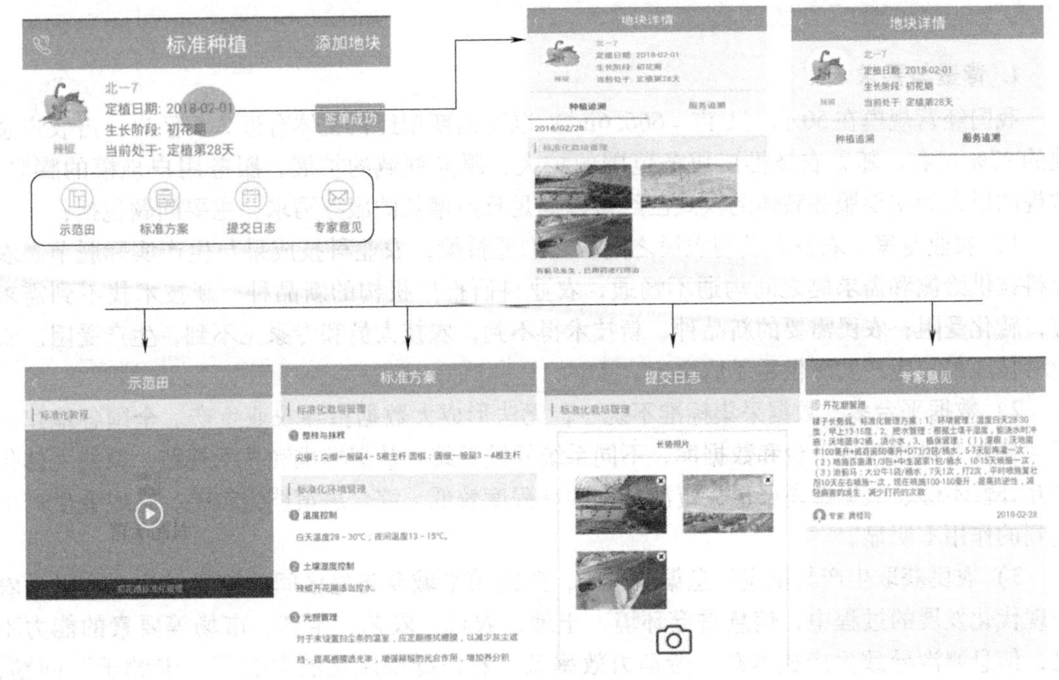

图 12-13　农户服务流程

出户蔬菜销售，让农户与采购商真正实现双赢。

4）智能管控服务：配合智能感知以及智能执行设备，通过 7F 标准化生产技术规程研制构建作物生长基础数据库，将作物生长与环境因子进行数据化，结合 AI 算法构建作物生长模型，将作物生长模型与物联网进行高度融合，实现智能放风、智能植保、智能施肥、智能卷帘等智能管控，实现“系统精准决策、设备替人干活”的智慧农业生产目标。

5）决策分析服务：通过对社员、种植面积、作物情况、病虫害情况、农产品价格、采购商等海量数据的采集、处理、分析，实时掌控国内种植生产、产品销售动态与市场行情，通过大数据分析为种植户提供决策参考，为政府宏观调控提供数据服务，为农业供给侧结构性改革提供有力数据支撑。

4. 应用效果

农保姆全产业链智能服务大数据服务模式和技术标准已经推广到全国 12 个省市，搭建了种植户、规模园区、服务组织、专业服务商、生产商、流通商、政府等农业服务生态圈，服务标准化社员 6 万余人，提供全产业链、全程、线上线下全方位服务，解决了农户“我要学习、我要种植、我要追溯、我要销售、我要咨询、我要合作”等核心问题，实现了农业生产的标准化和绿色、高效、可持续的目标。

通过试验对比，本技术模式整合小环境气象监测预警、土壤墒情监测预警、智能放风机、植保水肥一体机、温光水气生长环境联合调优控制等智能化设备，提供精细化大数据智能服务，提高了蔬菜生产的科学化、智能化管理水平，分别减少水、肥、药施用量 25%、30%、70% 以上，同时人工减少 30% 以上。

12.4.2　农技推广大数据应用案例

1. 背景与需求

我国经营规模在50亩（1亩=666.6m^2）以下的新型经营主体有近2.6亿户，占农户总数的97%左右。随着农技推广服务范围的扩大、服务领域的扩展、服务用户规模的膨胀，常规的以人为主要服务载体的模式已经难以满足日益增长的服务需求，主要问题包括：

1）农业专家、农技人员与农民之间缺乏沟通桥梁，农业科技成果与生产实际脱节。农业科技供给侧和需求侧之间沟通不畅通，农业科研推广机构的新品种、新技术找不到需求方，转化受阻；农民需要的新品种、新技术得不到，农技人员和专家见不到，生产受阻。农业科技成果与生产实际供需矛盾突出。

2）数据平台多，数据采集标准不统一，无法形成大数据指导农业生产。全国各地建立了大量农业科技服务平台和数据库，不同系统间缺乏统一数据标准和技术规范，系统一体化和互补性不够、数据壁垒严重、资源整合共享程度较低、综合决策能力较差，在农业生产中起到的作用不明显。

3）农民获取生产与供应信息渠道匮乏，急需填平城乡与地区间的信息鸿沟。在推动农业现代化发展的过程中，信息贯穿环境、土地、农机、农艺、生产、市场等要素的能力不足，信息鸿沟导致生产成本高、劳动力效率低、农户抵御风险能力弱等“卡脖子”问题，农民很难享受到信息红利。

4）农技人员配套信息化技术装备落后，生产管理和技术服务水平亟待提高。农业技术推广人员信息化应用水平不高、智能化装备缺乏，解决生产问题主要靠人工经验和简单工具，缺乏实时分析和早期预警手段，生产管理和服务针对性不强，造成“有动力、少智力”的被动局面，服务效能只有国际先进水平的11%～14%。

中国农技推广信息平台将农业科教与互联网、移动互联网、大数据、云计算、电子商务等信息技术有机链接、深度融合，通过多种技术手段运用和机制模式创新，有效解决了农民信息失连、财富失连、技术失连、服务失连等问题。中国农技推广信息平台框架如图12-14所示，平台首页如图12-15所示。

2. 数据内容

中国农技推广信息平台采用“横向到边，纵向到底”的分层互联架构，整合农科教服务政府资源、社会资源，聚集500万职业农民用户，8万农技推广机构，50万农技推广人员，2万农业专家，100家农业科研单位、涉农院校资源，构建业务协同、资源共享的农业科教大数据服务中心，创建与整合农业资源基础数据、农业生产数据，实时采集农业市场数据、农业管理数据1.2PB。农业生产问题300余万个，技术解答2500余万次；发布各类农业新技术2万项，上报作物长势、面积、产量、灾害等农情动态信息近80万条，农情图谱1000多万张，热点农情地图2000多幅（非洲猪瘟、乡村振兴、山竹等）；集聚政策宣传、业务包村、进村入户、学习观摩、技术培训、技术咨询、灾害应急、购销服务8类有效服务日志1千余万条，为农技推广提供安全、实时、高质、有效的大数据分析预测、研判决策等多种类型的数据服务。

3. 技术方案

平台集成先进的云平台技术架构、大数据聚合分析模型，建立了基于全国农技大数据的

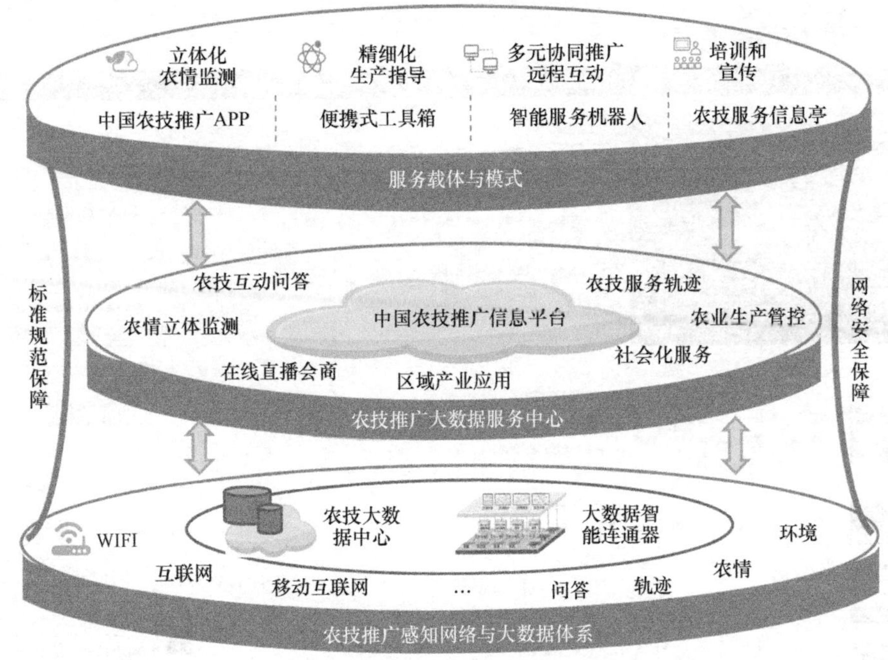

图 12-14　中国农技推广信息平台框架

农业知识智能分享学习、农民难题快速反馈指导、生产现场全方位服务、农情立体化防控、市场预测预警分析体系，形成了效能驱动的线上线下协同推广新机制，探索形成了“农业科技创新链、农民脱贫增收价值链、技术服务供应链”三链相通的推广模式。

1）平台技术架构设计：中国农技推广信息平台为整个农科教推体系提供全方位、立体化和多维度的农技信息服务，涉及多元主体用户众多、存量数据资源丰富、增量数据资源海量频繁、平台高可靠运行及响应质量要求高等需求，设计高效响应大规模活跃上线用户服务需求的大数据服务基础架构。平台技术架构如图 12-16 所示。

平台基于“Nginx + Tomcat”的 Web 云服务集群架构，将集中的 Web 访问请求负荷在高效的 Tomcat 动态编译服务器和高性能的 Nginx 静态网页解析服务器之间分离，从而实现平台访问层面的负载均衡。为解决传统的存储系统在应对全国农技服务海量高频增长数据上的存取瓶颈问题，基于 Node 分布式计算总线，设计部署了多节点、分库、分表、统一路由的大数据存储架构。

平台除利用上述大数据存储架构提供的读写分离机制外，还采用了大数据 ElasticSearch 去中心化集群缓存机制对接大数据中心，通过分布式存储网关，将数据库异步处理等授权数据连通器逐专题对高吞吐数据动态建立索引、分片存储，自动完成集群内副本分配、索引动态均衡，建立安全授权的农技服务内容分发服务器，实现线上专家和农技人员、千万级农技问答库等资源对外服务。一方面以每天可应对高达 10 亿级请求容量的弹性云服务性能，减少对实体数据资源的物理访问吞吐，增强平台的高并发访问方面稳定性，另一方面支持以内容为中心、倒排序方式实现全文检索、多条件聚合查询功能，提高知识传播按需请求响应的实用性。

图 12-15　平台首页

2）农技推广大数据智能连通器：明确农业科技资源行业性、区域性和多渠道等信息孤岛特征，集成创新图谱分类和语义标注技术构造用户画像，以用户基础属性标签（产业、区域、岗位、服务对象等）和行为属性标签为基础，构建农业科技大数据智能连通器，将全国农技人员、农业专家、农户和服务主体开展技术服务过程中形成的农业问答对，农业生产现场、病虫草害、农事操作和技术规程等图片视频，以及定点监测农情数据等进行融合打通，实现全产业链信息收集、投放和推荐，提高农业科技服务的精准度。

3）农业知识智能分享学习：互联网平台技术问答更新与刷屏过快，急需解决的问题还没被发现就被淹没，有价值的技术解答还没来得及分享传播就被覆盖。基于海量无序信息进行知识图谱构建与标注，构建了供需智能匹配引擎和农技资源推送泵，基层农技人员和农民可以通过该项技术获得有用的知识，改变农民有问题找不到专家、专家有成果得不到转化的“卡脖子”问题。农业知识智能推荐如图 12-17 所示。

4）农民难题快速反馈指导：农技服务的农户规模大、地域分布广泛、文化水平参差不齐，农业问题时效性强，传统解答方式等待时间长、交互不便、依赖于人员经验。集成农村方言训练学习、自然语言理解、多光谱图像作物病害快速诊断等算法，开展基于“图/视/音/文”深度学习的农民难题快速反馈指导技术应用，农技人员和农民利用该项技术通过智

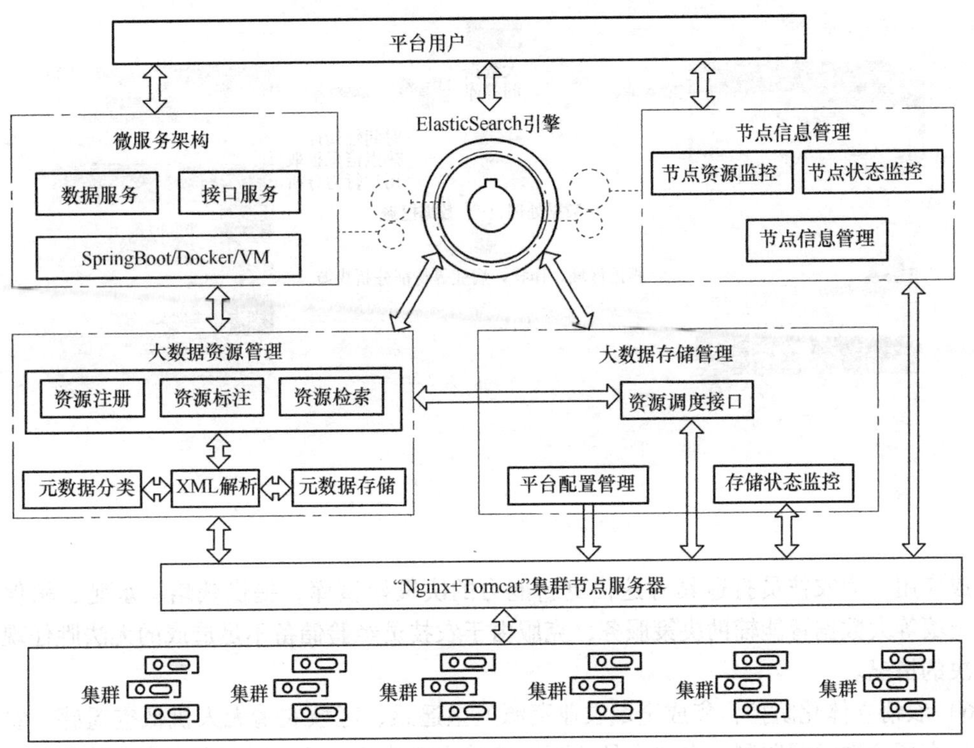

图 12-16　平台技术架构

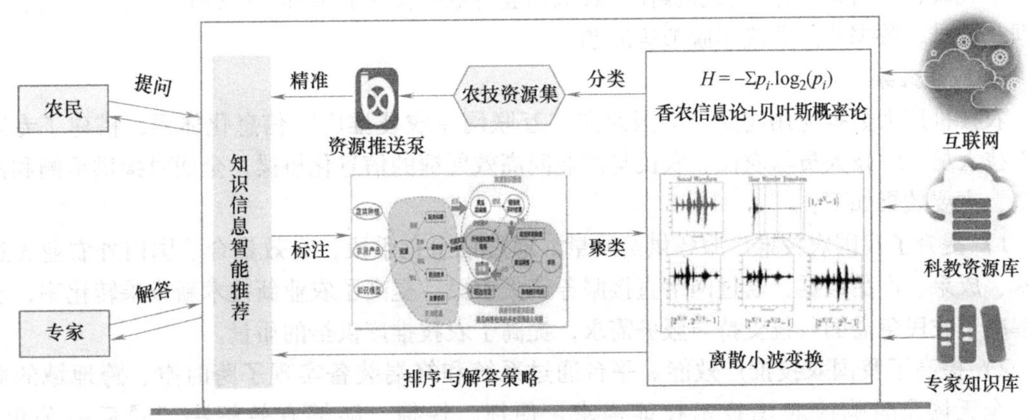

图 12-17　农业知识智能推荐

能手机即可实现语音实时问答交互、作物病害早期诊断，打造了田间地头不走的全科农业专家。农业问答大数据服务如图 12-18 所示。

5）农业生产现场全方位服务：农业生产环节长而散，受气象、土壤、作物种类等多因素相互牵制影响较大，难以形成有章可循、有据可依的规范化过程，基层农技员一般难以全面准确"把脉"农业生产全程问题，依托互联网平台具备数据开放和自学习能力方面的优势，开展农业生产规划、农业病虫害诊治、长势分析、农产品上市最优时节安排等决策方法

图 12-18　农业问答大数据服务

的集成应用，为农技员打造具有迭代更新能力的决策模型库，提供栽培、水肥、植保、环境、土壤等大数据智能辅助决策服务，克服由于农技员经验储备不足造成的无法胜任现场问题解决的情况。

6）农情立体化防控：集成全域农业资源卫星遥感、区域农情无人机低空遥感、农机作业及生产环境物联网监测、农技人员地面巡检采集等技术手段，应用低成本农技服务物联管控高效感知技术，接入各类物联网感知、传输、智控设备，实现农业资源环境、农情现场、农田小气候、动植物本体、农事操作、农机作业等数据实时获取和在线处理，有效解决农业数据获取难、数据与产业应用脱节等问题。

4. 应用效果

农技推广大数据应用建立了全国面向“互联网 + 农技推广”信息化体系，搭建了专家与农技人员、农技人员与农民、农民与产业间高效便捷的信息化桥梁，全面对接供给侧和需求侧，主要效果如下：

1）提升了我国农技推广服务供给质量。通过信息化手段，有效聚合了国内外农业先进技术、成果、产品数据，通过网络直接服务广大农民，提高了农业新技术新成果转化率，有效解决了农民急需的科技支持与服务需求，提高了农技推广供给的质量。

2）提高了我国农技推广效能。平台通过系统和终端装备实现了跨时空、跨地域的服务，全天候及时响应农民技术技能需求，便捷、快捷，能够有效解决“最后一公里”问题。

3）激发了基层农技推广活力。平台大数据智能服务实现了科研、推广、农民三者的有效对接，促进推广机构、涉农企业和科研机构之间的沟通交流，改善了基层农技推广人员“跑断腿、磨破嘴”的困境，促进农技推广人员职能转变，提升农业新技术应用水平。

4）助力了乡村产业振兴。围绕农技推广数据资源需求，在市场对接、政策引导等方面形成资源的优势集聚和科学配置格局，实现信息需求的主动发现服务，促进农资下行、农产品上行，解决买难、卖难问题，促进市场健康可持续发展；帮扶农民创业，通过农业科教资源聚合共享，发掘创业机会、品牌建设、技术服务等优质信息，提升农民的机会发现、创业

创新、品牌建设等能力，助力农民创业。

5）缩短了农情应急处置响应时间。通过立体化农情监测预报预防体系，实现灾害情况的实时感知、提前预报和及时预警；通过大数据分析全面掌控灾害发生情况和发展趋势，为应急处置等工作提供了科学决策依据，缩短了灾害发现时间，提高了灾害处置效率。

6）创新了农业技术推广服务机制。大数据技术应用具有公开透明、传播及时、覆盖面广的特点。系列农技服务行为规范、日志上报规范、技术咨询积分奖励规范等，形成了健全的绩效考评机制和激励机制。同时，基于“互联网＋大数据”，构建了推广机构、科研教学单位、市场化主体、乡土人才、返乡下乡人员等广泛参与、分工协作的新型推广服务体系和链式推广新模式，拓展了互联网时代下农技推广主渠道、主阵地服务领域。

习　题

12.1　农业大数据的分类有哪些？有什么样的特点？分析并讨论农业大数据的常用采集方法。

12.2　请分析大数据在农业领域的应用价值。

12.3　举例说明2～3种典型农业大数据的应用场景及其特点。

12.4　农业大数据平台关键技术有哪些？

12.5　农业大数据分析流程是怎样的？其主要的农业分析技术有哪些？

12.6　参考农业大数据应用案例，结合自己的专业，讨论与自身专业相关的智慧农业中的一些智慧应用场景。

参考文献及扩展阅读资料

[1] 赵春江. 智慧农业发展现状及战略目标研究［J］. 智慧农业，2019，1（1）：1-7.

[2] 周国民. 我国农业大数据应用进展综述［J］. 农业大数据学报，2019，1（1）：16-23.

[3] 许世卫. 农业高质量发展与农业大数据建设探讨［J］. 农学学报，2019，9（4）：13-17.

[4] 邓贤书. 大数据在智慧农业中研究与应用展望［J］. 农村实用技术，2018，203（10）：40-41.

[5] 姜侯，杨雅萍，孙九林. 农业大数据研究与应用［J］. 中国农业文摘：农业工程，2019（4）：28-33.

[6] 吴华瑞. 基于深度残差网络的番茄叶片病害识别方法［J］. 智慧农业，2019，1（4）：42-49.

[7] 张明岳，吴华瑞，朱华吉. 基于卷积模型的农业问答语性特征抽取分析［J］. 农业机械学报，2018，49（12）：203-210.

[8] 顾静秋，彭程，吴华瑞，吴建寨. 猪肉价格的时空分布格局和影响因素分析［J］. 浙江农业学报，2018，30（5）：872-879.

[9] 李道亮，杨昊. 农业物联网技术研究进展与发展趋势分析［J］. 农业机械学报，2018，49（1）：1-20.

[10] 李道亮. 农业4.0——即将到来的智能农业时代［J］. 农业工程技术，2017，37（30）：42-49.

[11] 段青玲，刘怡然，张璐，等. 水产养殖大数据技术研究进展与发展趋势分析［J］. 农业机械学报，2018，49（6）：8-23.

[12] Wolfert S，Ge L，Verdouw C，et al. Big Data in Smart Farming A Review［J］. Agricultural Systems，2017（153）：69-80.

[13] Tesfaye K, Kai S, Cairns J, et al. Targeting Drought-tolerant Maize Varieties in Southern Africa: A Geospatial Crop Modeling Approach Using Big Data [J]. International Food & Agribusiness Management Review, 2016 (19): 75-92.

[14] Akinboro B. Bringing Mobile Wallets to Nigerian Farmers. [EB/OL]. (2014-05-25) [2018-09-11]. http://www.cgap.org/.

[15] Mcqueen R J, Garner S R, Nevill-Manning C G, et al. Applying Machine Learning to gricultural Data [J]. Computers & Electronics in Agriculture, 1994, 12 (4): 275-293.

数据管理篇

第13章 数据开放与共享

导读

本章主要阐述数据开放与共享的基本概念与原则、我国及世界主要国家的数据开放与共享的政策、数据开放与共享的实施指南与案例以及数据共享平台的基本功能。

知识点：

知识点1 数据开放
知识点2 数据共享
知识点3 共享平台
知识点4 数据产权

课程重点：

重点1 数据开放与共享的原则
重点2 数据开放与共享的政策
重点3 数据共享平台

13.1 概述

13.1.1 数据开放与共享的概念

大数据作为一种"资源"受到人们越来越多的关注，而大数据的真正价值则在于其如何被充分利用。因此，数据开放和数据共享成为大数据利用过程中的关键因素。根据维基百科[1]的定义，开放数据（Open Data）是指一种经过挑选与许可的数据，这些数据不受著作权、专利权以及其他管理机制所限制，可以被任何人自由免费地访问、获取、利用和分享。《开放数据宪章》（Open Data Charter）[2]将开放数据定义为具备必要的技术和法律特性，从而能被任何人在任何时间和任何地点进行自由使用、再利用和分发的电子数据。美国联邦通信委员会消费者和政府事务局局长乔尔·古林在《开放数据》一书中对开放数据进行了描述：开放数据是指公众、公司和机构可以接触到的，能用于确立新投资、寻找新的合作伙伴、发现新趋势，做出基于数据处理的决策，并能解决复杂问题的数据。值得注意的是，上述的定义都突出强调了开放数据的两个核心要素，一是数据，是指原始的、未经处理的并允许个人和企业自由利用的数据，在科学研究领域这个词亦被用于指代原始的、未经处理的科学数据。二是开放，一般来说开放的概念具有两个层次的含义：①技术上的开放，即以机器可读的标准格式开放；②法律上的开放，即不受限制地明确允许商业和非商业利用和再利用。

数据共享是指数据的拥有者将数据向其他机构和个人开放的行动[3]，例如科研人员将实验过程中使用的数据向其他科研人员共享，以便于实验结果的可重现性。但需要特别注意的是，数据共享不等价于数据开放，这是因为数据共享是指小范围的使用和利用，而数据开放则是面向全社会和全体公众的开放。开放数据强调的非歧视性和开放授权性，打破了传统数据共享中设定的“共享条件”和“特定共享方”的限制。

开放数据不同于大数据，也有别于信息公开和数据共享，虽然它们之间确实有所重叠[15]。开放数据的宗旨是提供免费、公开和透明的数据信息，这些数据能适用于任何领域，如政府运作、商业经营等。开放数据本身并没有明显的商业价值，但经过公众、企业等加工处理之后，可能会产生巨大的商业价值。

13.1.2　数据开放与共享的发展历程

1991年，免费操作系统Linux横空出世，互联网的普及为软件自由运动的兴起发挥了重要作用。随着越来越多的公司和个人采取开放源代码的做法，开源（Open Source）一词被正名并获得全世界软件行业的认同，开放源代码促进会于1998年创建并宣扬开源的原则。软件由代码和数据共同组成，当开放源代码成为一种共识和现实的时候，开放数据也成为一种必然的选择。源代码开放只涉及技术层面，但数据开放涉及面更广，不仅关乎技术，还与数据内容相关，直指安全与隐私，因此数据开放面临更大的挑战和阻力。

数据开放的诉求，首先指向了公共领域和公共数据，即政府采集、拥有的数据[24]。数据开放的说法虽然直到1995年才出现，但将政府数据开放给公众使用的概念早在1968年加利福尼亚州的公共记录法案（Public Records Act）中已经成型。法案要求该州内各个市政当局向公众披露各类政府记录。因此，政府开放数据第一阶段的主要概念是政府信息公开（Open Government Information）。随着1996年美国颁发的《信息自由法》修正案中提出这一概念，政府信息公开迅速成为美国学术界和商业界关注的话题[17]。相继，世界上许多国家开始颁发类似的法律法规，如英国2000年颁布了《信息公开法》，日本2001年颁布了《行政机关拥有信息公开法》，我国于2007年颁布了《政府信息公开条例》，均强调公民获取政府信息的权利和政府依法公开行政信息的义务。

与此同时，学术界对于数据公开的需求日渐强烈，特别是国家财政支持的科研项目成果和数据如何惠及公众也成为焦点话题[10]。因此，科学领域的数据开放也逐渐成为开放数据的一个重要部分。例如，美国于2003年开通的美国科学网站（Science. gov），是美国政府建设的面向科学家和社会公众开放的科学数据网站，收录内容以科研项目过程中产生的研究与开发报告为主。该网站的数据来自美国10个主要政府部门的14个科技信息机构，目的是为科研人员和社会公众提供科学信息服务。而后，欧盟、澳大利亚、日本、韩国等国家和地区也相继开通了各自的科学信息网站。我国于2004年发布了《2004—2010年国家科技基础条件平台建设纲要》，启动了“国家科技基础条件平台建设专项”，

完成若干重点领域和区域科技基础条件资源的整合，以资源共享为核心，打破资源分散、封闭和垄断的状况，积极探索新的管理体制和运行机制，开展科技资源的开放共享和利用。我国的科学数据网站——中国科技资源共享网（Escience. org. cn）于 2009 年正式开通。

数据开放与共享的第一阶段强调的是信息的共享，即经过加工整理和处理后的数据。而数据开放与共享的第二阶段则是开放政府数据（Open Government Data），其强调的是原始的、未经过人为加工处理的数据本身的开放。2009 年，美国总统奥巴马签署了《开放透明政府备忘录》，要求建立更加开放透明、参与、合作的政府，体现了美国政府对开放数据的重视。同年，美国数据门户网站 Data. gov 上线。同年，美国又发布了《开放政府指令》，明确指出开放政府的原则是透明、参与和协作。全球开放数据运动由此展开，自 2009 年 Data. gov 上线以来，开放数据运动在全球范围内迅速兴起。例如，英国政府于 2010 年正式开通了政府开放数据的“一站式”集成和共享网站 Data. gov. uk，将公众关心的政府开支、财务报告等数据整理汇总并发布在互联网上，供社会公众和企业自由使用。2011 年，美国、英国、巴西、印度尼西亚、墨西哥、挪威、菲律宾、南非八个国家联合签署《开放数据声明》，成立开放政府合作伙伴（Open Government Partnership）。2013 年，八国集团首脑在北爱尔兰峰会上签署《开放数据宪章》[2]，法国、美国、英国、德国、日本、意大利、加拿大和俄罗斯承诺，在 2013 年年底前，制定开放数据行动方案，最迟在 2015 年底按照宪章和技术附件要求来进一步向公众开放可机读的政府数据。从目前全球参与开放数据运动的国家来看，既包括美国、英国、法国、德国等发达国家，也包括印度、巴西、阿根廷、加纳、肯尼亚等发展中国家。与此同时，国际组织如联合国（United Nations）、欧盟（European Union）、经济合作与发展组织（Organization for Economic Co- operation and Development，OECD）[9]、世界银行（World Bank）也加入到了开放数据运动中，建设并发布了各自的数据开放门户网站。

当前，数据开放与共享的数量越来越大，范围越来越广，除了政府开放数据，还有很多企业也加入到数据开放与共享的运动中。特别是随着大数据的兴起，数据开放与共享进入了新的里程碑。2012 年，奥巴马政府公布了《大数据研发计划》（Big Data Research and Development Initiative），以增强联邦政府收集海量数据、分析萃取信息的能力，迎接新的挑战。同年，日本推出《面向 2020 年的 ICT 综合战略》，重点关注大数据应用，聚焦大数据应用所需的、社会化媒体等智能技术开发，以及在新医疗技术开发、缓解交通拥堵等公共领域的应用。2013 年日本又发布了最新的 ICT 成长战略《创建最尖端 IT 国家宣言》，全面阐述了 2013—2020 年期间以发展开放公共数据和大数据为核心的日本新 IT 国家战略，将大数据和能源、交通、医疗、农业等传统行业紧密结合，把日本建设成为一个具有“世界最高水准的广泛运用信息产业技术的社会”。2014 年欧盟发布了《数据驱动经济战略》，提出研究数据价值链战略计划和资助大数据及开放数据领域的研究和创新活动。2015 年，我国国务院发布《促进大数据发展行动纲要》，纲要指出我国将在 2018 年以前建成国家政府数据统一开放门户，推进政府和公共服务部门数据资源统一汇集和集中向社会开放，实现面向社会的政府数据资源“一站式”开放服务，方便社会各方面利用。

13.2 数据开放与共享的原则与政策

13.2.1　数据开放与共享原则

数据开放与共享原则是开放数据的基本纲领，包括对于政府等数据提供者的要求、所涉范围及目的等各个方面。本节主要介绍“开放政府工作组”和《开放数据宪章》中提出的数据开放原则。

“开放政府工作组”提出数据在满足以下八项条件时可称为“开放”[7]。

1）完整。除非涉及国家安全、商业机密、个人隐私或其他特别限制，所有的政府数据都应开放，开放是原则，不开放是例外。

2）原始性。是指从数据源头采集的原始数据，而不是被修改或加工过的数据。

3）及时。在第一时间开放和更新数据。

4）可获取。数据可被获取，并尽可能地扩大用户范围和利用种类。

5）可机读。数据可被计算机自动抓取和处理。

6）非歧视性。数据对所有人都平等开放，不需要特别登记。

7）非专属性。数据格式不能独家控制，任何实体都不得排除他人使用数据的权利。

8）免于授权。数据不受版权、专利、商标或贸易保密规则的约束或已得到授权使用（除非涉及国家安全、商业机密、个人隐私或特别限制）。

《开放数据宪章》也提出了政府开放数据的五大原则，分别为默认开放、注重质量和数量、让所有人可用、为改善治理发布数据、为激励创新发布数据。

1）默认开放。基于“以公开为常态，不公开为例外”的政府信息公开原则，数据开放与共享也应遵循“以开放为常态，不开放为例外”的开放原则，法律需对这些不开放的数据加以明确规定。

2）质量和数量。政府机构需要发布各种各样的已经审核和过滤的数据集。数据开放的核心是原始数据的开放，此外还应包括特定背景下的信息开放乃至包括事实、数据、信息、知识和智慧的整个数据链的开放，特别是关键领域的高价值数据集应面向社会和公民全面开放。

3）所有人可用。数据开放与共享过程中不能仅关注经济性、效率性和效益性，更需要关注个体公平，避免大数据时代的数字鸿沟造成新的“数据贫富差距”问题。社会中的任何一个人都拥有平等获取大数据的权利，真正实现开放的平等对待必须要取消获取数据的门槛，即取消数据特权。

4）发布数据改善治理。政府机构需要国家之间分享开放数据的最佳实践，发布某些“关键数据集”并从民间社会征求建议。

5）鼓励创新发布数据。应认识到多样性对刺激创造力和创新的重要性，政府机构应该发布“高价值”数据集，并吸引开发社区和开放数据创业基金。

13.2.2　国外数据开放与共享政策

1. 欧盟

2006年，欧盟修订委员会发布的《信息再利用决议》提出，所有来自于公共部门的文

件均可用于任何目的（商业性或非商业性），除非受到第三方版权保护；除非有正当理由，大部分公共部门的数据都将免费或收取极少费用；强制要求提供通用机读格式的数据，确保数据的有效再利用；引入监管机制，保证原则的执行；数据开放范围将覆盖包括图书馆、博物馆、档案馆等更广泛的组织。

2010 年，欧盟通信委员会向欧洲议会提交了《开放数据：创新、增长和透明治理的引擎》的报告，报告以开放数据为核心，制定了应对大数据挑战的战略。根据欧盟委员会 2012 年通过的欧盟及成员国科技资源和数据共享的决定，公共科研数据公开作为科技资源共享的核心内容之一。该决定认为公开具体的科研试验数据，可以避免浪费科技资源和不必要的重复劳动，有利于整合欧盟的公共研发投入和科技资源及科研基础设施的共享，有利于欧盟统一的研究区域建设和成员国科技资源相互之间的优化配置，促进科技成果的转化和提高欧盟的创新能力。同时，欧盟将研究成果的公开和共享作为实施《地平线 2020》的一项基本原则，促进研究数据（实验数据、观测数据集计算衍生数据）的公开获取，建立电子基础研究实施，存储、处理、共享科研数据和信息。

2014 年，欧盟发布了《数据驱动经济战略》，聚焦深入研究基于大数据价值链的创新机制，提出大力推动“数据价值链战略计划”，通过一个以数据为核心的连贯性欧盟生态体系，让数据价值链的不同阶段产生价值。数据价值链的概念为数据的生命周期，从数据产生、验证以及进一步加工后，以新的创新产品和服务形式出现的利用与再利用。数据价值链战略计划包括开放数据、云计算、高性能计算和科学知识开放获取，主要原则是：高质量数据的广泛获得性，包括公共资讯数据的免费获得；作为数字化单一市场的一部分，欧盟内数据的自由流动；寻求个人潜在隐私问题与其数据再利用潜力之间的适当平衡，同时赋予公民以其希望的形式使用自己数据的权利。

2. 美国

2009 年，美国公布了以透明性、公众参与、协同为三大核心的《开放政府指令》，以联邦政府为主，在各个政府机构内都开通了相应的网站，制定了开放政府计划（Open Gevernment Initiative）[19,20]。该指令要求行政管理部门和机构在实现创建一个更加开放的政府的过程中采取以下步骤：发布在线政府信息，提高政府信息质量，创建并制度化开放政府文化，创建支持开放政府的政策框架；抓住数字机遇，加大政府开放数据的权力，建立 21 世纪数字平台，以期更好地为美国人民服务；管理作为资产的信息，确保联邦政府对信息资源的充分利用。

2013 年，美国通过《政府信息公开和机器可读行政命令》，正式确立了政府数据开放的基本框架。该命令中指出，确保以多种方式将数据公开发布，让数据易于被发现、获取和利用，政府部门应当保护个人隐私、保密和确保国家安全。在此基础上，原先不易获得的数据应当能够为企业家、研究人员以及其他任何致力于开发新产品和新服务的人所使用。数据的扩大利用同时也能够创造更多的就业机会，政府希望借数据开放助力中小创业企业的发展。美国政府表示将持续致力于实现数据的开放工作，并且力求提供一站式资源，汇总所有目前已经开放的数据和开源软件，让开发者和社会大众能够更好地利用数据开放实现更高价值。

2014 年，《美国开放数据行动计划》发布，其目标是鼓励创新，让数据走出政府，得到更多的创新运用。2014 年美国又进一步推动了《数据法令》（Data Act）的颁布，全面推进了数据的开放。之后，美国政府、美国政府参与的国际组织以及凡属美国纳税收入支持的机构与活动都必须保证数据的公开、透明。

3. 英国

英国政府将数据比拟为21世纪的“新石油”，主张以数据驱动式创新带动所有部门经济的发展，其开放数据的准备程度、执行力、影响力三项指标均居世界前列。

2009年，英国国家档案馆首先公布了《信息权利小组报告》，该报告大力提倡政府、行业和第三方平台使用信息通信技术，创造更好的公共服务。2012年，由英国内阁办公室部长与财政部主计长共同提交了《开放数据白皮书：释放潜能》，并发布最新修订的《自由保护法案》，要求政府部门必须以机器可读的形式来发布数据，同时对开放数据的版权许可、收费等进行了规定。随后，英国发布了《公共部门透明委员会：公共数据原则》，确定了公共数据开放的形式、格式、许可使用范围、公共机构鼓励数据的再利用等14项原则。在2012年的《开放数据策略》中，英国政府公布了卫生部、财政部、司法部、国防部、税务与海关司、外交部、能源和气候变化部、内阁部、国家发展部、教育部共10个部门各自不同的开放数据策略。

2013年，英国政府开放数据政策更注重各个部门与机构承担的责任，积极建构政府开放数据的长远发展蓝图。英国政府发布了《抓住数据机遇：英国数据能力策略》，强调政府必须优化公民参与方式，改变服务政策和服务方式，改变责任的承担方式，从技术，基础设施、软件和协作，安全与恰当地共享和链接数据三个方面提高数据处理能力。随后，英国政府在其发布的《八国集团开放数据宪章2013年英国行动计划》中做出承诺，将发布高价值数据集。通过开放政府数据，可以提高政府透明度，提升政府治理能力和效率，更好地满足公众需求，促进社会创新，带动经济增长。

2017年，英国发布了《英国数字化战略》，该战略报告主要包括：①为英国建立世界一流的数字化基础设施；②为公众提供掌握其所需数字化技能的途径；③让英国成为建立并发展数字化业务的最佳平台；④帮助每一家英国企业顺利转化为数字化企业；⑤让英国提供全球最为安全的网络空间环境；⑥确保英国政府在电子政务方面处于全球领先地位；⑦释放数据在英国经济中的重要力量，并提高公众对使用数据的信心。

4. 日本

日本政府将开放数据提升到国家战略层面，坚持大数据战略与开放数据的并行。2012年，日本发布《电子政务开放数据战略草案》，迈出了政府数据公开的关键性一步。方案启动居民可浏览中央各部委和地方省厅公开数据的网站。为了确保国民方便地获得行政信息，政府将利用信息公开方式标准化技术实现统计信息、测量信息、灾害信息等公共信息可被反复使用的目标，在紧急情况时可以用较少的网络流量向手机用户提供信息，并尽快在网络上实现行政信息全部公开并可被重复使用，以进一步推进开放政府的建设进程。同年，日本推出了《面向2020年的ICT综合战略》，提出“活跃在ICT领域的日本”的目标，重点关注大数据应用。该战略聚焦大数据应用所需的社会化媒体等智能技术开发，传统产业IT创新以及在新医疗技术开发、缓解交通拥堵等公共领域的应用。2012年7月，日本的《电子行政开放数据战略》指出需以便于二次利用的数据形式公开数据，同时兼顾商业利用，消除公共数据在商业利用中的障碍。

2013年，日本公布了新IT战略《创建最尖端IT国家宣言》，宣言阐述了2013—2020

年期间以发展开放公共数据和大数据为核心的日本新IT国家战略，提出要把日本建设成为一个具有“世界最高水准的广泛运用信息产业技术的社会”。同年，日本发布《日本开放数据宪章行动计划》。计划提出，政府主动发布数据，公共数据必须以机器可读的方式提供给公众，鼓励数据的商业和非商业化应用等原则。日本开放数据更加注重政府数据商业价值的开发应用，日本三菱综合研究所牵头成立了“开放数据流通推进联盟”，旨在由产官学联合，为公开数据的商业化创新开发提供平台支持，促进日本公共数据的开放应用。

13.2.3 中国数据开放与共享政策

从2015年开始，我国政府对互联网、高科技和大数据产业逐渐重视起来，并且明确表示要开放大数据。2015年两会期间，李克强总理明确表态，政府应该尽量公开非涉密的数据，以便利用这些数据更好地服务社会，也为政府决策和监管服务提供依据。

2015年5月，国务院发布《中国制造2025》，它是我国实施制造强国战略第一个十年的行动纲领，提出“建设重点领域制造业工程数据中心，为企业提供创新知识和工程数据的开放共享服务”。同年9月，国务院发布了《促进大数据发展行动纲要》，纲要首次在国家层面推出了“公共数据资源开放”的概念，将政府数据开放列为中国大数据发展的十大关键工程。纲要提出“稳步推动公共数据资源开放，加快建设国家政府数据统一开放平台”。纲要设定了两个关键目标：“2018年底前，建成国家政府数据统一开放平台。2020年底前，逐步实现信用、交通、医疗、卫生、就业、社保、地理、文化、教育、科技、资源、农业、环境、安监、金融、质量、统计、气象、海洋、企业登记监管等民生保障服务相关领域的政府数据集向社会开放”。自此开放数据在中国进入快速发展的新阶段。

2017年，中央全面深化改革领导小组第三十二次会议审议通过了《关于推进公共信息资源开放的若干意见》，要求充分释放公共信息资源的经济价值和社会效益，保证数据的完整性、准确性、原始性、机器可读性、非歧视性、及时性，方便公众在线检索、获取和利用。同年5月，国务院印发《政务信息系统整合共享实施方案》，明确要求“推动开放，加快公共数据开放网站建设”，向社会开放“政府部门和公共企事业单位的原始性、可机器读取、可供社会化再利用的数据集”。

2018年，国务院发布了《科学数据管理办法》，该办法指出我国的科学数据主要是在“自然科学、工程技术科学等领域，通过基础研究、应用研究、试验开发等产生的数据，以及通过观测监测、考察调查、检验检测等方式取得并用于科学研究活动的原始数据及其衍生数据”。办法对“政府预算资金资助的各级科技计划（专项、基金等）项目所形成的科学数据，应由项目牵头单位汇交到相关科学数据中心。接收数据的科学数据中心应出具汇交凭证。各级科技计划（专项、基金等）管理部门应建立先汇交科学数据、再验收科技计划（专项、基金等）项目的机制；项目/课题验收后产生的科学数据也应进行汇交”。并对数据的开放共享提出“政府预算资金资助形成的科学数据应当按照开放为常态、不开放为例外的原则，由主管部门组织编制科学数据资源目录，有关目录和数据应及时接入国家数据共享交换平台，面向社会和相关部门开放共享，畅通科学数据军民共享渠道。国家法律法规有特殊规定的除外”。

当前，我国的数据开放政策仍然处于起步阶段，北京、上海、贵州等部分地方政府先进行了政府数据开放的积极探索，建立了地方政府数据开放的数据平台。

13.2.4 数据开放与共享实施指南

数据开放与共享的实施既是一个技术过程又是一个管理过程。其中技术过程是指采用什么数据格式发布，以及如何定义数据访问接口和更新策略等涉及数据处理方面的问题，而管理过程则涉及发布什么样的数据，以及采用什么样的开放许可协议等问题。因此，建议数据的发布者应该遵循数据开放与共享原则和标准，按照数据开放平台的规范要求，进行数据的发布和开放共享。一般来说，数据开放与共享实施涉及三个主要步骤，即数据集选择、开放许可协议、数据集发现与获取[14]。

1. 数据集选择

虽然选取将要开放的数据集是数据开放与共享的第一步，但在数据开放与共享实施过程中却是工作量最大的。特别是涉及政府数据、个人数据等，需要数据发布者事先制定数据开放的标准以及对数据进行分级处理。例如贵州数据开放平台的数据发布，应该在贵州省地方标准《政府数据 数据分类分级指南》（DB 52/T 1123—2016）的指导下，各数据发布单位按照标准要求，对数据集进行加工整理，形成待发布的数据集。

2. 开放许可协议

在各个国家甚至全球的法律体系下，知识产权法案往往都限制第三方在没有许可或授权的情况下对数据进行使用、再利用和再发布。因此，在选择好待发布的数据集后，应该考虑对这些数据应用什么样的许可协议。对于开放数据，推荐选用遵循开放知识定义且适用于数据的开放许可协议，例如创作公用（Creative Commons）[11]、开放数据公用（Open Data Commons）[12]和开放政府许可（Open Government License）[13]等，协议的具体内容感兴趣的读者可通过参考文献提供的链接进行查看。

3. 数据集发现与获取

选择好数据开放许可协议后，数据发布者可将数据集发布到相应的数据开放与共享平台。数据开放的目的是数据的再利用，因此数据发布者必须确保数据是可访问和可获取的，且提供机器能够访问的文件格式。其中可访问是指用户可以通过网络下载或者 API 等方式访问数据集；可获取是指数据应当能在支付不超过合理重制费用的情况下进行获取；机器可读是指数据发布者应该提供机器可以直接处理的数据，而不应该采用计算机难以处理的数据。例如以 PDF 格式发布的统计数据，虽然人可以阅读，但是机器难以处理，从而限制了数据的再利用。

13.3 数据开放与共享分类

根据数据的不同类型、不同来源都可对数据开放与共享平台上的数据进行分类。麦肯锡全球研究院在 2013 年的《开放数据：以流动信息释放创新力和效率》报告中把所有数据、大数据、开放数据、开放的政府数据以及自己的数据做了一个细致的比较，如图 13-1 所示。从图中可以看出，相比于所有数据，实际上开放数据只占很小的一部分。

根据开放数据的来源可将开放数据划分为政府开放数据、公共财政资助产生的科学数

据、企业数据和个人数据四个层次。当然，上述的划分仅仅是从数据的所有权角度进行了初步的划分，现实中可以根据不同的划分标准对数据进行不同的分类。

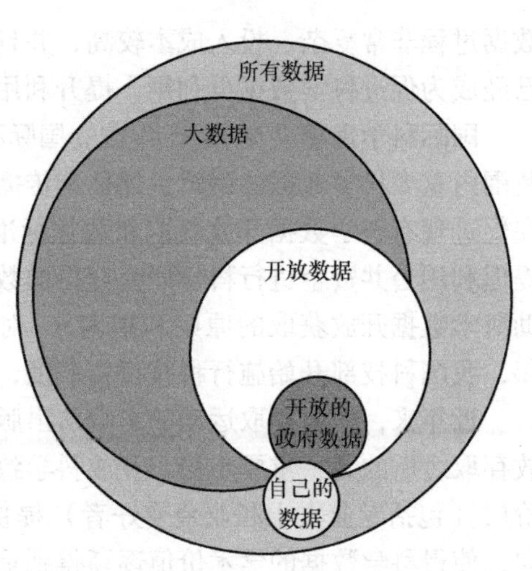

图 13-1 数据的分类

13.3.1 政府数据开放与共享

政府部门在履行行政职责的过程中，制作、获取和保存了海量的数据资源，因此，大量基础性、关键性的数据就掌握在了各级各地政府部门的手中。政府数据作为整个社会的公共资源，在保障国家秘密、商业秘密和个人隐私的前提下，将政府数据最大限度地开放给社会进行开发利用，释放数据能量，创造社会价值，并有利于增加政府的透明度，激发创新活力，提升政府治理水平。

政府开放数据包含两大要素，一是政府数据（Government Data），即由公共机构产生或委托的任何数据与信息；二是开放数据（Open Data），即只要满足使用者规范使用数据并让其利用成果能得到共享的条件便可由任何人免费使用、再利用和传播的数据。政府开放数据和政府信息公开这两者既有联系，又有所区别。首先，从目的上看，政府信息公开的主要目的是保障公众的“知情权”，提高政府透明度，促进依法行政，侧重于其政治和行政价值；而政府开放数据则强调公众对政府数据的利用，重在发挥政府数据的经济与社会价值。国务院印发的《促进大数据发展行动纲要》中也指出，率先在重要领域实现公共数据资源合理适度向社会开放，从而“带动社会公众开展大数据增值性、公益性开发和创新应用，充分释放数据红利，激发大众创业、万众创新活力”。第二，从开放对象上看，政府信息公开侧重于信息层面的公开，而政府开放数据则将开放深入到了数据层。数据是第一手的原始记录，未经加工与解读，不具有明确意义，而信息是指经过连接、加工或解读之后被赋予了意义的产品。可以说，数据是原材料，而信息是数据加工后的产品，开放原始数据对于开发利用的潜力和价值远大于只开放经过加工后的信息。第三，在推进过程中，政府信息公开的工作重点在于政府一方，公开信息即已完成目标，而开放政府数据则需要在政府和利用者两个方面同时着力，开放数据本身并没有全部完成这项工作，使数据被社会充分开发利用才是根本目的。

13.3.2 公共财政资助产生的科学数据开放与共享

科学数据主要是在自然科学、工程技术科学等领域，通过基础研究、应用研究、试验开发等产生的数据，以及通过观测监测、考察调查、检验检测等方式取得并用于科学研究活动的原始数据及其衍生数据[18,21]。根据美国自然基金会的战略报告[8]，科学数据可分为四类：观察数据、计算数据、实验数据和记录数据。其中观察数据包括气候观测和满意度调查得到的数据，与特定空间和时间有关；计算数据来自于计算模型或者模拟，可能是自然或文化的虚拟现实和仿真；实验数据包括来自实验研究，如对化学反应的观察或者来自野外的实验数据；记录数据包括政府、商业、个人等行为的记录。由于科学数据采集、整理、存储、使用数据过程非常复杂，投入成本较高，并且往往由政府公共财政资助，因此科学数据开放共享已经成为促进科学数据再利用，提升利用效率的重要解决方案之一。

国际科学理事会在1966年成立国际科技数据委员会（CODATA），其目的是促进全世界范围内重要科学数据的编辑、评估和传播；在2008年10月成立世界数据系统（WDS），旨在促进现有科学数据开放获取和数据标准的采用。2004年，经济合作与发展组织（OECD）提倡利用公共资金进行科学研究获得的数据应向社会公开，并于2007年又颁布了《公共资助科学数据开放获取的原则和指南》，对共享数据的范围和指导原则进行了界定[23]。2013年，我国科技部开始施行科技报告制度，进一步推进了科研领域相关数据的开放。

近年来，开放存取运动的影响从出版领域拓展到整个学术交流体系，开放科学成为继开放存取之后的又一重要走势。开放科学致力于将科学研究的成果、科学数据等内容向社会各阶层（包括专业人士和业余爱好者）提供开放存取。开放科学和数据密集型研究范式的走向，使得科学数据的学术价值逐渐得到重视。在科学研究逐渐朝着开放科学转变的过程中，科学数据因其巨大的学术价值逐渐成为科学研究领域开放存取的重要对象。英国皇家科学院发布的《科学：开放事业》报告认为，作为开放事业的科学研究，需要紧抓现代技术下的数据洪流，以维系开放的原则，同时以创造第二个开放科学革命的方式探索科学数据的开放、共享和利用等问题。

13.3.3　企业数据开放与共享

随着互联网、云计算等技术的迅速发展，私营企业也成为大数据的拥有者。例如亚马逊、淘宝、京东等大型电子商务平台拥有海量的商品数据、用户数据和购买记录数据；而像百度等搜索引擎公司，也采集了互联网上很多公开的数据，同时积累了海量的用户查询记录和点击记录；像Facebook、Twitter、微博等社交网络平台拥有大量的用户个人数据和公开数据。

在企业数据中，存在着一类互联网公开数据，用户可以通过数据采集工具进行公开抓取。例如谷歌和百度检索的数据来源大部分为互联网上的公开数据，像Twitter和微博等社交网络平台的数据，对公众来说也是全部开放的。但大部分企业为追求利益最大化，以安全和商业机密等原因拒绝向社会提供关键数据，全社会数据共享开放程度并不高。同时，数据存在被巨头操纵的可能，数据安全得不到保障，不同地域、业务的企业之间，形成各自的“数据孤岛”。

13.3.4　个人数据开放与共享

个人数据是一个特定的法律概念，与之类似的概念还有隐私、个人信息。学理上认为个人数据是指与个人相关的，能够直接或间接识别个人的数据。在欧盟立法中，可识别性是判断个人数据的最重要标准。个人数据通常包括个人身份信息、财务和付款信息、身份验证信息、医疗健康数据以及敏感的设备数据等。个人数据以是否涉及个人隐私为标准，分为敏感性与非敏感性个人数据两类。敏感性个人数据指涉及个人隐私的数据，非敏感性个人数据是指不涉及个人隐私的数据。法律划分敏感性个人数据与非敏感性个人数据的用意在于区分其保护程度与方式。敏感性个人数据的收集与处理需要法律给予特殊的保护，而特殊保护的方式就是强化数据主体的知情权与控制权。

13.4 数据开放与共享平台

数据开放与共享平台是社会公众和企业获取数据的一站式服务系统，本节将为读者介绍目前已有的国内外数据开放与共享综合平台、领域专业平台、平台的基本功能以及平台内数据的产权保护等。

13.4.1 数据开放与共享综合平台

数据开放与共享综合平台一般是指整合集成了各部门、各领域及各行业的各类多源异构的开放数据，为社会公众和企业提供统一的数据访问和获取的接口门户系统，通常为一个国家综合的数据开放与共享平台，例如美国的 Data. gov、英国的 Data. gov. uk 以及欧盟的 Open Data Portal 等。该类平台整合了涉及国家经济、教育、环境、交通以及司法等各个领域的开放数据，为用户提供“一站式”的数据查询与获取服务，下面将对上述综合平台进行简要介绍。

Data. gov：美国于 2009 年开始实施开放政府计划[4]，要求建立更加开放透明、参与、合作的政府，体现了美国政府对开放数据的重视。该计划提出利用开放的网络平台公开和发布政府数据，并要求不涉及隐私与国家安全的数据均需公开发布。通过该计划的实施，可以鼓励社会公众开发、使用和再利用这些数据，增进了政府数据的可及性，提高了政府效率，推动了政府管理向开放、协同、合作迈进。同年，美国联邦政府正式开通了 Data. gov 网站，首页如图 13-2 所示。该网站为社会公众提供“一站式”数据服务，其数据采集基本都是采用分工协作、多点聚合的方式完成，特别适合于跨部门、跨领域的数据整合和共享。

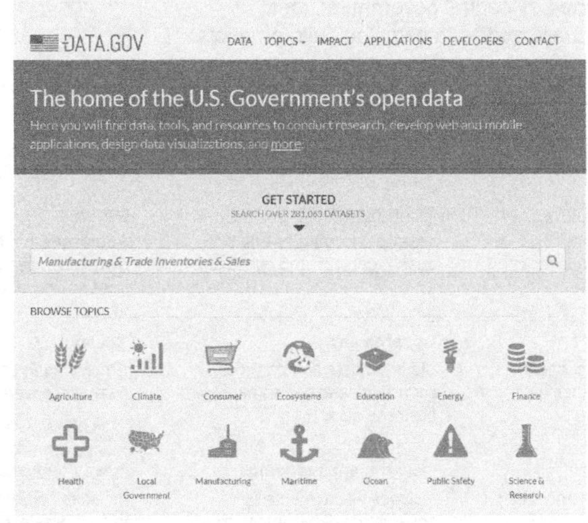

图 13-2 美国 Data. gov 网站首页

美国政府在 2013 年发布了《开放政府合作伙伴——美国第二次开放政府国家行动方案》中提出，在成功地实施了第一次行动方案中的开放数据承诺的基础上，第二次的行动方案要让公众能够更方便地获取有用的政府数据。通过这些承诺，美国政府将按照战略资产来管理政府数据，对 Data. gov 门户网站进行改进，开放农业和营养方面的数据，以及自然灾害相关数据来支持响应和恢复工作。截至 2018 年 4 月，Data. gov 共整合开放各类数据集

（Dataset）203706 个，数据格式包括 CVS、XML、PDF、ZIP 及原始数据格式等，分布于农业、教育、气候、健康等数十个领域，涉及 165 个机构和 765 个出版商。社会公众通过 Data. gov 提供的数据链接或者 API 可以方便快捷地访问和获取数据。

Data. gov. uk：继美国之后，英国政府于 2010 年正式发布了 Data. gov. uk 网站，首页如图 13-3 所示。该网站是英国政府开放数据的“一站式”集成和共享门户，将公众关心的政府开支、财务报告等数据整理汇总并发布在互联网上。英国也是大数据开放与共享的积极拥护者。早在 2011 年，英国政府就发布了对公开数据进行研究的战略政策，2012 年建立了世界上首个开放式数据研究所，利用和挖掘公开数据的商业潜力，为英国公共部门、学术机构等方面的创新发展提供孵化环境。英国政府在 2013 年发布的《八国集团开放数据宪章 2013 年英国行动计划》中做出承诺将发布高值数据集。截至 2018 年 4 月，Data. gov. uk 网站目前正式发布 45125 个数据集，涵盖了经济、交通、环境、教育、财政等 12 个领域的数据集。同时，该网站鼓励企业和个人用户通过注册来发布数据集。

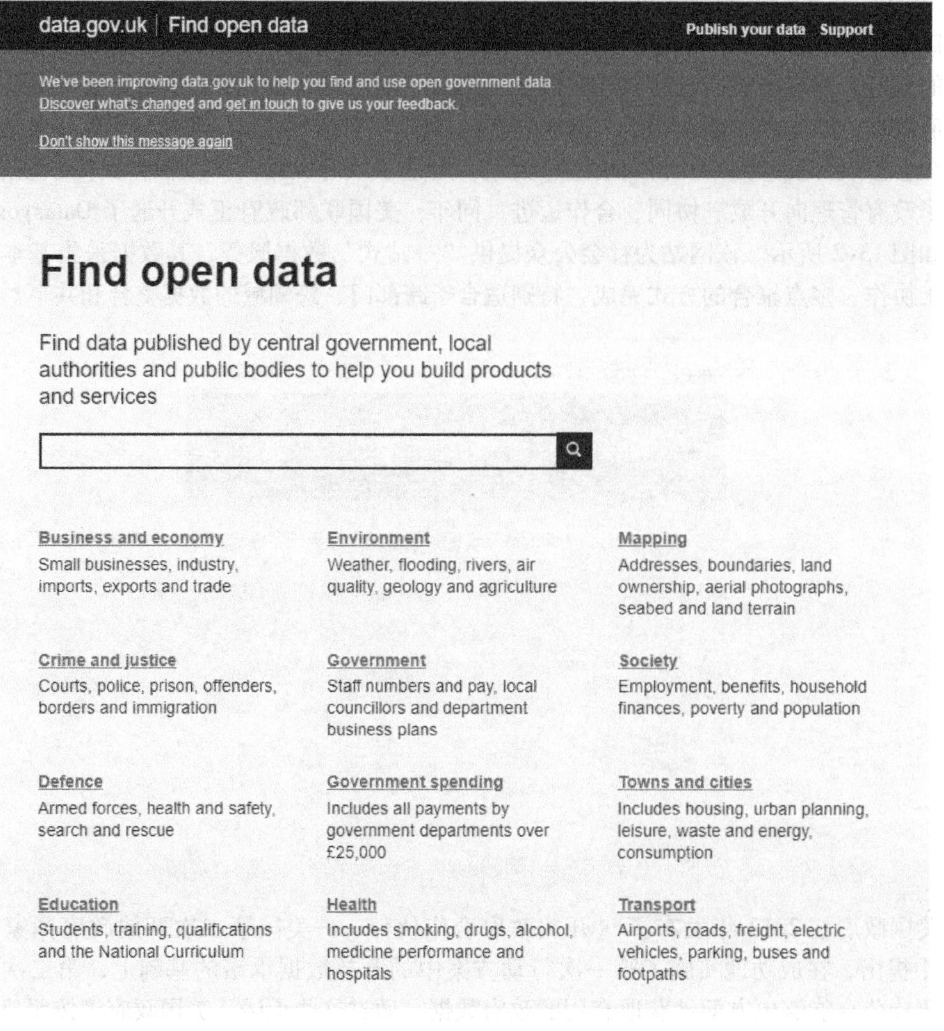

图 13-3　英国 Data. gov. uk 网站首页

Open Data Portal：2010 年欧盟委员会公布了《2020 战略》，认为数据是最好的创新资源，开放数据将成为新的就业和经济增长的重要工具。2011 年，欧盟数字议程采纳欧盟通信委员会《开放数据：创新、增长和透明治理的引擎》的报告，开始推进开放数据战略。2012 年，欧盟开放数据门户正式上线，如图 13-4 所示，为社会公众提供地理、统计、法案、环境、犯罪等方面的各类数据集。截至 2018 年 4 月，欧盟开放数据门户已开放 12238 个数据集，来自德国、法国等 26 个欧盟成员国和 5 个组织，涵盖贸易、科技、环境、工业等几十个领域。

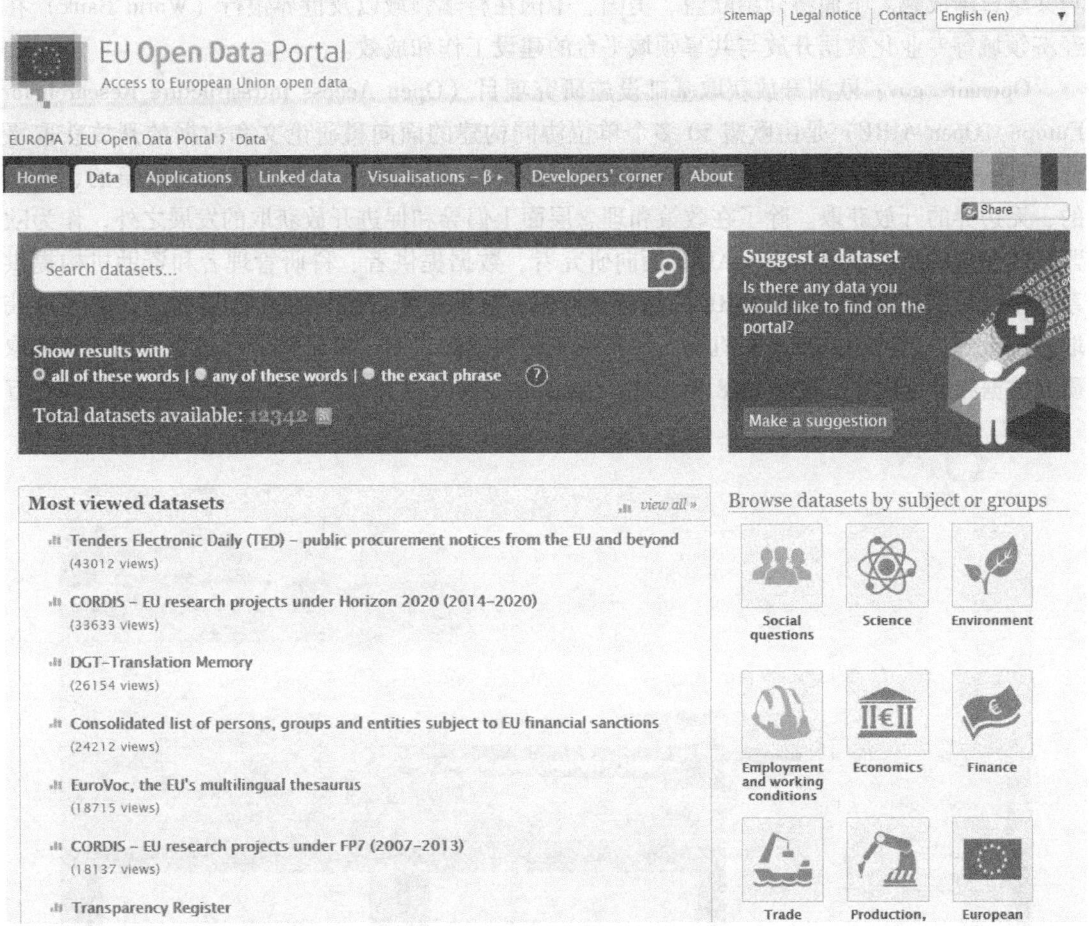

图 13-4　欧盟 Open Data Portal 网站首页

除了上面介绍的三个政府开放数据平台，还有加拿大（open. canada. ca）、法国（data. gouv. fr）、德国（Govdata. de）、澳大利亚（Data. gov. au）、新加坡（data. gov. sg）、新西兰（data. govt. nz）和印度（data. gov. in）等国家均已建立了相应的数据开放与共享综合平台[22]。感兴趣的读者可通过网站链接访问各个国家的数据开放与共享平台，了解各个国家数据开放与共享的最新进展情况。

13. 4. 2　数据开放与共享领域平台

相比于数据开放与共享综合平台，领域平台是指仅涉及某一个或几个领域的数据开放与共享服务系统平台。例如科学数据开放与共享平台、面向科研论文和数据集的开放获取数据开放与共享平台等。事实上，数据开放与共享最先开始的领域即是科学领域。早在 2000 年，英国研究理事会科技办公室主任约翰·泰勒（John Taylor）博士就提出："e-Science 就是在重要科学领域中的全球性合作，以及使这种合作成为可能的下一代基础设施，它将改变科学研究的方式"。美国、英国、欧盟、中国、日本、韩国等国家和地区相继开展了科学领域的数据开放与共享计划，特别是随着开放获取（Open Access）的发展，科学领域的数据开放与共享日渐成熟。下面将介绍欧盟、美国、中国在科学领域以及世界银行（World Bank）在经济领域等专业化数据开放与共享领域平台的建设工作和成效。

Openaire. gov：欧洲开放获取基础设施研究项目（Open Access Infrastructure Research for Europe，Open AIRE）是由欧盟 50 多个单位协同构建的面向科研论文和数据的开放获取平台，目的是提高科学数据的可发现性和重复利用性，促成对于科学研究完整价值的、全面的、无边界的开放获取。除了在政策和理念层面上倡导和促进开放获取的发展之外，作为欧盟开放获取的基础设施，OpenAIRE 面向研究者、数据提供者、科研管理者和资助机构提供系列基础设施和服务。OpenAIRE 广泛选用低成本技术开发并维护面向数据和论文的开放获取基础设施，以此为基础按照机构、学科或主题构建知识库，供研究者和数据提供者等存取研究数据和研究论文。截至 2018 年 4 月，Openaire. gov 门户（如图 13-5 所示）已整合 2400 万

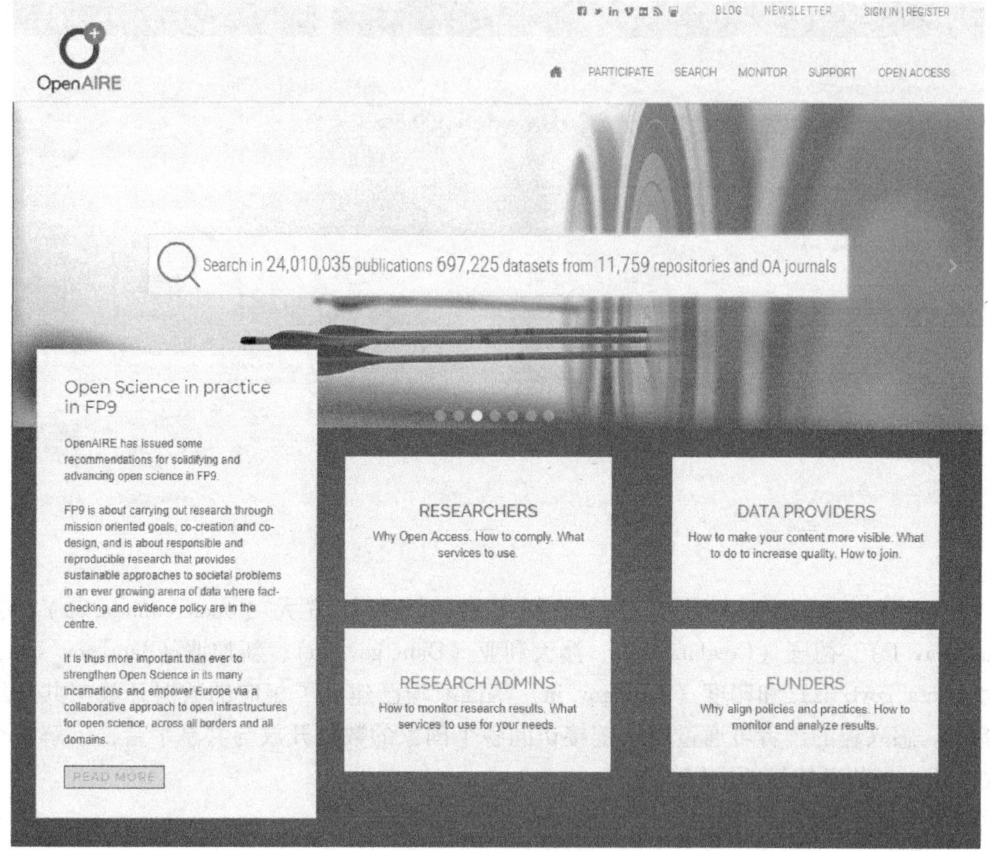

图 13-5　欧盟 Openaire. gov 门户首页

论文和图书、69 万数据集和 1 万余个数据仓库和开放获取期刊。目前，OpenAIRE 启动了 2020 规划，主要着力于三个方向：①支持欧盟委员会的 Horizon 2020 科学出版开放获取和开放数据实验计划的愿景；②开发构建一个泛欧洲研究信息管理系统，目标是跟踪、监控欧盟和其他国家资助项目的开放获取学术成果；③创建一个国际开放知识库合作平台，真正支持全球化科学研究和学术交流[5]。

Science. gov：美国科学网站是美国政府部门建设的科学信息网站，收录内容以研究与开发报告为主，首页如图 13-6 所示。该网站是在美国科技信息项目高级管理者合作委员会的支持和协调下建立起来的。科学网站由来自美国 10 个主要科技部门的 14 个科技信息机构组成的联合工作组开发维护，为此这些机构组成了科学网站联盟。参加的部门包括农业部、商业部、国防部、教育部、能源部、健康和公共事业部、内务部、环保局、美国航天及空间管理局和美国科学基金会等。Science. gov 由美国能源部主办，其 Web 页面检索系统由美国地质勘探处提供，检索主题由美国技术信息服务处维护。该网站旨在为专业人员、学生、教育家、商人、企业家、科学家以及任何对科学有兴趣的人员提供科学信息服务。美国科学网站于 2003 年正式开通运行。截至 2018 年 4 月，Science. gov 能够检索 60 个数据库和 2200 个科技网站的将近 2 亿的页面，用户通过该网站可以获取包括全文、引文、联邦财政支持的科研数据和多媒体数据等。

图 13-6　美国 Science. gov 网站首页

Escience. org. cn：中国科技资源共享网是我国科技部、财政部推动建设的国家科技基础条件平台门户网站，其宗旨是充分运用现代技术，推动科技资源共享，促进全社会科技资源优化配置和高效利用，提高我国科技创新能力。中国科技资源共享网于2009年正式开通，如图13-7所示。目前，中国科技资源共享网初步整合了部门、行业和地方的科技基础条件资源信息，形成逻辑上高度统一、物理上合理分布的信息管理和服务架构，坚持“用户至上，服务为本”的原则，面向社会开放，为广大科技人员和社会公众提供数据开放与共享服务。截至2018年4月，中国科技资源共享网已整合研究实验基地和大型科学仪器设备、科学文献、自然科技资源、科学数据、网络科技环境、科技成果转化公共服务等六大领域28个国家级资源平台的科技资源元数据，涉及各类资源信息元数据511万条，数据量超过5000TB，形成了28类资源基础数据库，并集成了3000余个科技站点的1000多万个网页信息。

图13-7　中国科技资源共享网首页

Data. worldbank. org：世界银行是为发展中国家资本项目提供贷款的联合国系统国际金融机构。它是世界银行集团的组成机构之一，同时也是联合国发展集团的成员，目前拥有全球200多个国家的各类经济统计数据。世界银行希望通过公开数据的努力，培养公有意识，与广大的利益相关方建立伙伴关系，吸引各方参与到发展中来。作为一个知识机构，世界银行迈出的第一步就是免费、公开地分享其数据和知识。世界银行免费公开了全球各国有关发展的全面数据，以及在数据目录中列出的其他数据集，所有用户都可以方便地从网站获取这

些数据。通过让更多人掌握这些数据，决策者和倡导团体就可以做出更为明智的决定，更精确地衡量和改善情况。这些数据也是记者、学者等研究问题的有力工具，可以增进研究者对全球问题的理解。世界银行开放数据的门户首页如图 13-8 所示，截至 2018 年 4 月，世界银行已开放共享各类经济相关的数据集 17462 个，这些数据集来自世界上 200 多个国家和地区。

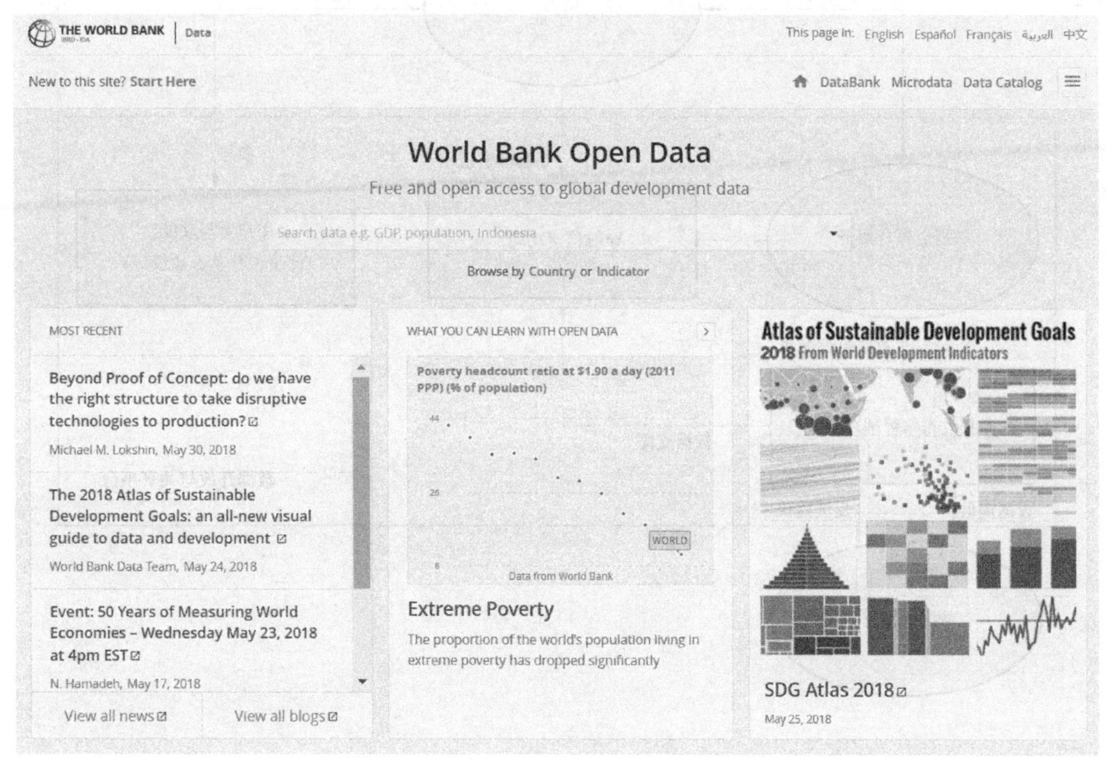

图 13-8　世界银行开放数据门户首页

13.4.3　数据开放与共享平台的基本功能

数据开放与共享平台上的数据对于用户来说具有免费、可再次使用等特点，具体来说：①数据是公开合法的，数据的提供方和发布方往往具有官方许可公开，并符合法律对信息公开的规定；②由于平台的数据来自不同的部门、不同的领域，数据的存储格式也各不相同，因此平台上的数据具有格式多样性的特点，例如 RAW、CSV、XML、ZIP 等；③数据机器可读性，便于用户或第三方开发者进行分析和利用。

根据数据的上述特点，平台在设计功能的时候应该考虑数据开放与共享的核心要素——透明、参与和合作。一般来说，数据开放与共享平台应具有以下特点与功能[16]：一是“一站式”门户，作为数据开放与共享门户应将来自各部门、各行业的经济、医疗、教育、交通、环境与地理等方面的数据以各种可访问的格式进行发布，并确保数据的质量，防止欺诈与滥用，并尽可能地减少管理成本；二是“快速获取”，平台应为用户提供各种方便易用的数据查询接口，包括简单查询和高级查询，方便用户快速定位数据并获取数据，并可通过对数据的加工和二次开发，创造新的商机和就业机会；三是“交互式”体验，平台应为数据的开放与共享提供与用户方便快捷的交互，例如用户对于数据的评价、分享和反馈等，满足和丰富用户的需求与体验。因此，数据开放与共享平台的基本功能包括数据发布与管理、导航检索和用户参与，功能示意图如图13-9所示。

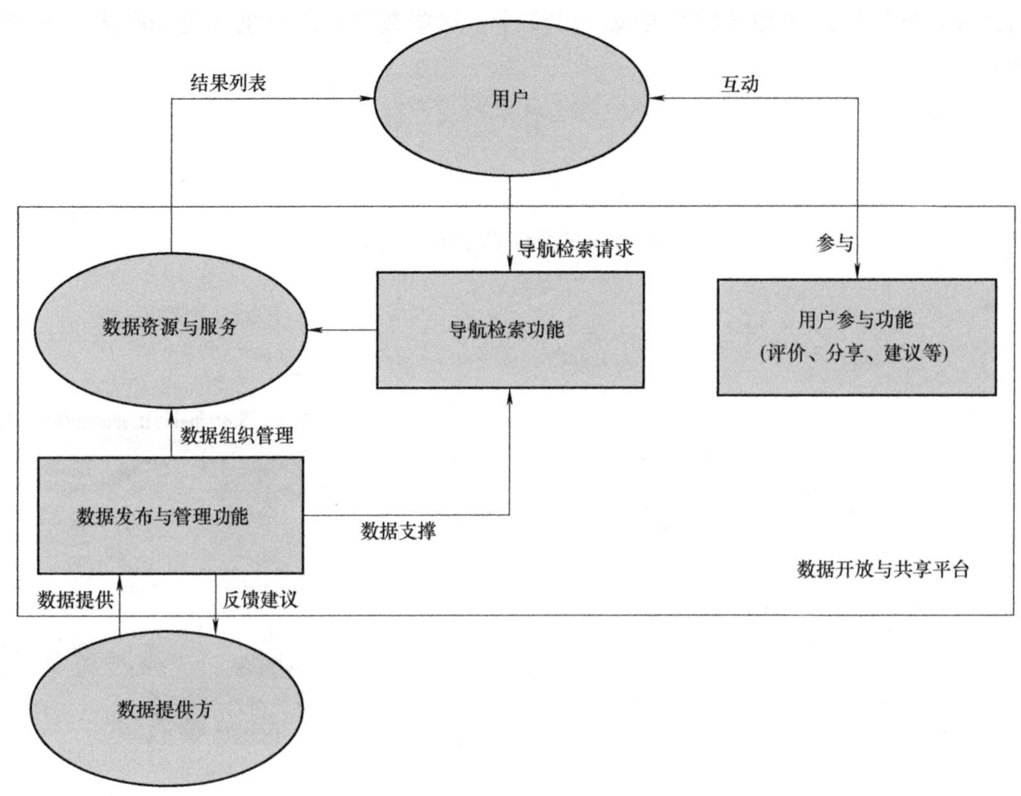

图13-9　数据开放与共享平台功能示意图

1. 数据发布与管理功能

数据发布与管理功能是数据开放与共享平台进行数据整合与开展数据服务的基础，它的完善程度直接影响到开放数据的质量，并且也会影响到数据导航检索模块的功能效果。

数据发布功能主要是指数据的提供者根据平台制定的数据标准，通常为元数据标准（如都柏林核心元数据标准），发布相应的数据。平台管理者应按照元数据标准要求对数据提供者提交的数据进行审核，确保发布的数据满足标准要求。数据审核一般包括格式审核和内容审核两个部分。其中格式审核是指数据提供者提交的数据各字段格式应该符合元数据标准的要求，该工作通常由机器自动完成。若提交的数据不满足该元数据标准要求，应退回数据的提供者，由其按照标准修改后再进行数据的发布。通过格式审核的数据则进入内容审核阶段，由于格式审核只是简单地确认数据的各字段格式是否符合元数据标准要求，但无法确保其语义信息的准确性。因此，为确保平台发布数据的准确性和科学性，平台管理者应聘请领域专家对数据的内容进行准确性和科学性的检查和验证，确保平台数据的权威性。

数据管理功能主要是指针对平台数据的日常管理和运行维护工作，主要有数据分类体系、数据维护、数据更新等工作。其中数据分类体系是实现大数据管理的关键，一个好的数据分类体系往往会按照数据的特点进行分层组织，例如图书分类中的《中国图书馆图书分

类法》，论文的学科分类法等。因此，好的数据分类体系不仅使数据的呈现方式更加清晰，而且为数据发现和利用提供了便利支持，从而提高了门户数据管理的质量，促进了数据的高效利用。数据维护是指数据日常的定期或不定期备份、数据安全性检查、数据归档等工作。由于数据平台上的数据大部分处于动态变化中，不能按照静态数据的管理方式进行数据管理，因此数据的更新工作显得尤为重要。数据更新是指按照数据的时间生成规律，对数据集进行定期或者不定期动态更新，为用户提供不同时期、不同版本的数据。例如，英国 Data. gov. uk 采用了专门的数据管理系统 CKAN[6]，能够对数据发布、共享、用户的发现与使用提供高效的管理。为应对数据动态变化的特点，CKAN 系统在数据的描述中提供了“资源”和“历史”，对数据的变化过程进行了记录，提供了不同时期的不同版本之间的对比。

2. 导航检索功能

数据开放与共享平台往往聚合了大量的数据集，用户在寻找数据时需要平台提供必要的导航查询功能。因此，导航检索功能直接影响到用户对数据平台数据服务功能的使用体验。其中导航是指将各类数据资源按照领域分类或者格式分类等以目录树形式进行展现，具有一定专业知识背景的用户可以通过导航功能快速准确定位所需的数据资源。检索功能通常分为简单检索和高级检索，其中，简单检索即为用户提供基于关键词的查询，是目前最常用的检索方式。但基于关键词的简单检索往往返回大量的检索结果，需要用户花费大量的时间去筛选有用的信息，因此现有的数据开放与共享平台也提供高级检索功能。例如美国 Science. gov 和我国的 Escience. org. cn 均提供多查询条件的组合检索，能够大幅减少检索返回结果，方便用户快速定位信息。

3. 用户参与功能

数据开放与共享平台的核心价值在于如何让社会公众和企业更好地利用数据，因此平台的另一个重要功能即为用户参与功能。随着 Web2. 0 的快速发展，出现了像 Facebook、Twitter、Flickr、微信等社交工具，因此数据开放与共享平台在设计时应从数据的分享机制、评价机制、订阅机制、交流机制、用户个性化参与机制等多个方面进行分析，通过用户的广泛参与，提高用户的黏度。例如美国的 Data. gov 网站为用户提供了几十种数据分享接口，方便用户分享数据。另外，随着机器学习技术的进步，特别是个性化推荐技术，平台应该充分利用用户的兴趣，开展个性化的订阅和推荐等。

13. 4. 4　数据开放与共享平台的产权保护

财产所有权是指所有人依法对自己的财产享有占有、使用、收益和处分的权利，包括占有权、使用权、收益权和处分权四项权能。

数据开放与共享平台的数据也同样具有产权，但具体的产权归属应该按照数据的属性进行划分。比如本章前面提到的开放数据，从转让权来看，政府信息的公共性特征使得其应当向社会公众及公益性组织无偿开放。针对赢利性组织以商业增值为目的的信息要求，为保护所有人的权益，应当进行有偿转让。但是考虑到信息产品的非排他性特征，在定价或许可使用的收费方式上还需要进一步的设计。从收益权来看，政府信息资产的收益权应当归属于委托人与代理人。在委托人监督不力的情况下，委托人的收益权无法表现为资产收益，但是可以以无偿或低价获取所需要信息服务的形式来实现，代理人的收益权则可表现为除成本之外的部分额外补偿。此外，政务大数据利用带来的利益分配问题（如数据的使用与收费规则），以及所有权保护、隐私保护和知识创新之间的矛盾等问题也在伦理价值上存在着研究空间。在这样一个数据驱动机会的时代，参与者在有效进行大数据开放和共享的同时，进一步探索遵循隐私、权限、传播等原则的大数据管理实践也十分重要。

总体来讲，产权界定是政府信息资源有效管理与开放利用的前提。政府信息资源的管理者是政府，但其所有权归属于社会公众，二者之间存在着委托代理关系。公民有权利获取和使用政府信息，并享受部分收益权。而政府在进行信息公开与数据开放时，应当充分考虑到所有权人的利益保护问题，如国家安全、隐私保护与商业秘密。针对不同类型的政府数据和信息资源，应当进行明确的产权界定，并制定免费开放或有偿开放的定价策略。

习　题

13.1　数据开放与共享的原则是什么？

13.2　简述国内外不同国家数据开放状况。

13.3　数据开放与共享分类有哪些？

13.4　数据共享平台包含哪些模块？

13.5　如何设计本领域的数据共享平台？请画图说明。

参考文献及扩展阅读资料

[1] 开放数据 [R/OL]. [2018-5-1]. https://zh.wikipedia.org/wiki/开放数据.

[2] 开放数据宪章（Open Data Charter）[R/OL]. [2018-5-1]. http://opendatacharter.net.

[3] Virginia Gewin. Data sharing: An open mind on open data [J]. Nature, 2016, 529, 117-119.

[4] 开放政府计划（Open Government Initiative） [R/OL]. [2018-5-1]. http://obamawhitehouse.archives.gov/open.

[5] Donatella Castlli. OpenAIRE-COAR conference 2014: Aligning Repository Networks-OpenAIRE. Conference 2014: Aligning Repository Networks-OpenAIRE. [2014-08-10].

[6] CKAN [R/OL]. [2018-5-1]. https://github.com/ckan/ckan.

[7] 开放数据工作组（Open Government Working Group）[R/OL]. [2018-5-1]. https://opengovdata.org/

[8] National Science Foundation. Cyberinfrastructure Vision for 21st Century Discovery [EB/OL]. [2015-03-23]. http://www.nsf.gov/pubs/2007/nsf0728/on 17 July 2007.

[9] OECD. OECD Principles and Guidelines for Access to Research Data from Public Funding [EB/OL]. [2014-09-01]. http://www.oecd.org/science/sci-tech/38500813.pdf.

[10] Science as an open enterprise [R/OL]. [2018-5-1]. https://royalsociety.org/~/media/policy/projects/sape/2012-06-20-saoe.pdf.

[11] Creative Commons [R/OL]. [2018-5-1]. http://creativecommons.org/about/licenses.

[12] Open Data Commons [R/OL]. [2018-5-1]. http://opendatacommons.org.

[13] Open Government Licese for Public Sector Information [R/OL]. [2018-5-1]. http://www.nationalarchives.gov.uk/doc/open-government-licence/version/3/.

[14] 杨孟辉. 开放政府数据：概念、实践和评价 [M]. 北京：清华大学出版社，2017.

[15] 周苏，王文. 大数据导论 [M]. 北京：清华大学出版社，2016.

[16] 周志峰，黄如花. 国外政府开放数据门户服务功能探析 [J]. 情报杂志，2013，32（3）.

[17] 黄如花，李白杨，周力虹．2005—2015 年国内外政府数据开放共享研究述评［J］．情报杂志，2016，35（12）．

[18] 诸云强，朱琦，冯卓，等．科学大数据开放共享机制研究及其对环境信息共享的启示［J］．中国环境管理，2015（6）．

[19] 陆健英，郑磊，Sharon S D．美国的政府数据开放：历史、进展与启示［J］．电子政务，2013（6）．

[20] 徐慧娜，郑磊，Theresa P．国外政府数据开放研究综述：公共管理的视角［J］．电子政务，2013（6）．

[21] 宫学庆，金澈清，王晓玲，等．数据密集型科学与工程：需求和挑战［J］．计算机学报，2012，35（8）．

[22] 张涵，王忠．国外政府开放数据的比较研究［J］．情报杂志，2015，34（8）．

[23] 郭春霞．科研机构数据管理与共享政策研究［J］．情报杂志，2015，34（8）．

[24] 曹磊．全球开放数据运动简介［R/OL］．［2018-5-1］．http://www.istis.sh.cn/list/list.aspx?id=9291.

第 14 章　大数据的法律政策规范

导　读

本章主要介绍与讨论大数据挖掘和应用技术相关的法律问题，包括我国大数据政策法规的发展过程，数据风险和确权，个人信息保护和产业发展立法体系，跨境数据流动和大数据法律伦理思考。

知识点：

知识点 1　我国的大数据政策法规概况
知识点 2　数据主权与数据权
知识点 3　个人数据保护
知识点 4　跨境数据流动监管制度
知识点 5　大数据引发的伦理思考

课程重点：

重点 1　个人数据保护制度
重点 2　跨境数据流动监管制度

课程难点：

难点 1　数据主权与数据权的区别
难点 2　《通用数据保护条例》（GDPR）

14.1 中国大数据政策法规指引

14.1.1　中国大数据政策法规发展过程

1. 首次推行国家大数据战略

我国政府高度重视大数据的发展。自 2014 年以来，我国国家大数据战略的谋篇布局经历了四个不同阶段。

1）预热阶段：2014 年 3 月，“大数据”一词首次写入政府工作报告，为我国大数据

发展的政策环境搭建开始预热。从这一年起，“大数据”逐渐成为各级政府和社会各界的关注热点，中央政府开始提供积极的支持政策与适度宽松的发展环境，为大数据发展创造机遇。

2）起步阶段：2015 年 8 月 31 日，国务院正式印发了《促进大数据发展行动纲要》，成为我国发展大数据的首部战略性指导文件，对包括大数据产业在内的大数据整体发展作出了部署，体现出国家层面对大数据发展的顶层设计和统筹布局。

3）落地阶段：《中华人民共和国国民经济和社会发展第十三个五年规划纲要》的公布标志着国家大数据战略的正式提出，彰显了中央对于大数据战略的重视。2016 年 12 月，工信部发布《大数据产业发展规划（2016—2020 年）》，为大数据产业发展奠定了重要的基础。

4）深化阶段：随着国内大数据迎来全面良好的发展态势，国家大数据战略也开始走向深化阶段。2017 年 10 月，党的十九大报告中提出推动大数据与实体经济深度融合，为大数据产业的未来发展指明方向。同年 12 月，中央政治局就实施国家大数据战略进行了集体学习。2019 年 3 月，政府工作报告第六次提到“大数据”，并且有多项任务与大数据密切相关。

自 2015 年国务院发布《促进大数据发展行动纲要》系统性部署大数据发展工作以来，各地陆续出台促进大数据产业发展的规划、行动计划和指导意见等文件。截至 2019 年年底，除港澳台外全国 31 个省级单位均已发布了推进大数据产业发展的相关文件。可以说，我国各地推进大数据产业发展的设计已经基本完成，陆续进入了落实阶段。

2. 发布国家和地方大数据产业发展规划

《大数据产业发展规划（2016—2020 年）》的发布明确了我国大数据产业 2016—2020 年的发展目标。该规划围绕大数据技术产品、大数据行业应用能力、大数据产业生态、大数据产业支撑体系、大数据保障体系五个方面提出七项重点任务，为我国大数据产业未来 5 年的发展明确了目标和任务，如图 14-1 所示。

3. 颁布全国首部大数据地方法规

2016 年 1 月 15 日，全国首部大数据地方法规——《贵州省大数据发展应用促进条例》经省十二届人大常委会第二十次会议高票表决通过，自 3 月 1 日起施行。条例共 6 章 39 条，作为全国首部大数据地方法规，它填补了地方立法空白，包括大数据发展应用、共享开放、安全管理等内容。对大数据的定义、数据共享、公共机构采集数据、大数据平台（云上贵州）、数据权属、数据交易和数据安全等方面做出了规定。同时，条例对相关的违法违规行为进行了界定，并明确了相关违法违规行为的法律责任。条例规定，贵州省人民政府按照统一标准，依法管理、主动提供、无偿服务、便捷高效、安全可靠的原则，制定全省公共数据共享开放措施，推动公共数据率先共享开发。数据共享开放，应当维护国家安全和社会公共安全，保守国家秘密、商业秘密，保护个人隐私，保护数据权益人的合法权益。任何单位和个人不得利用数据共享开放从事违法犯罪活动，非法采集、销售涉及国家利益、公共安全和军工科研生产等数据的，按照有关法律法规的规定处罚。2018 年 6 月 5 日，《贵阳市大数据安全管理条例》（以下简称《条例》）经贵阳市第十四届人大常委会第十三次会议表决通过，经贵州省人大常委会批准后将正式实施，贵阳大数据安全管理工作将有法可依[6]。

我国大数据政策法规的发展过程见表 14-1。

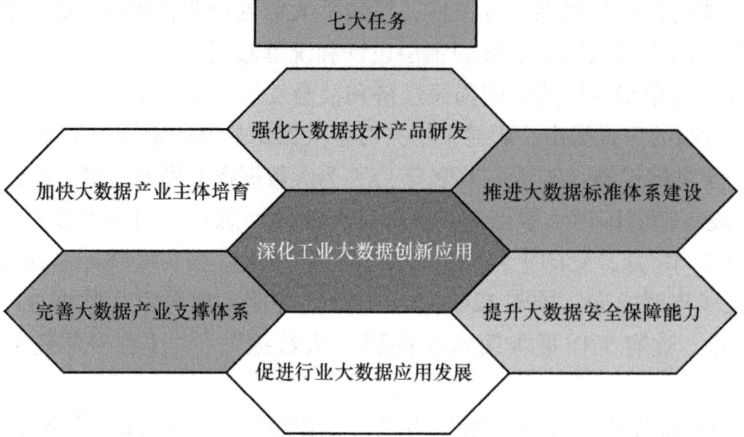

图 14-1 《大数据产业发展规划（2016—2020年）》总体目标和任务

表 14-1 我国大数据政策法规的发展过程

名　　称	主要内容	意　　义
《关于运用大数据加强对市场主体服务和监管的若干意见》(2015年7月)	提出四项主要目标[7]，同时明确了五个方面重点任务[8]。 强调充分运用大数据的先进理念、技术和资源，是提升国家竞争力的战略选择，是提高政府服务和监管能力的必然要求，有利于政府充分获取和运用信息，更加准确地了解市场主体需求，提高服务和监管的针对性、有效性；有利于顺利推进简政放权，实现放管结合，切实转变政府职能；有利于加强社会监督，发挥公众对规范市场主体行为的积极作用；有利于高效利用现代信息技术、社会数据资源和社会化的信息服务，降低行政监管成本。 要求充分运用大数据、云计算等现代信息技术，提高政府服务水平，加强事中事后监管，维护市场正常秩序，促进市场公平竞争，释放市场主体活力，进一步优化发展环境	推动了大数据在国家治理上的应用，加强大数据动态的跟踪研究，助力国家大数据战略发展
《促进大数据发展行动纲要》(2015年9月)	“三位一体”，即围绕全面推动我国大数据发展和应用，加快建设数据强国这一总体目标，确定三大重点任务[9]。围绕这“三位一体”，具体明确了五大目标[10]、七项措施[11]、十大工程[12]，并且据此细化分解出76项具体任务，确定了每项任务的具体责任部门和进度安排，确保《行动纲要》的落地和实施	在战略内容、技术研发、人才培养、产业扶持方面提出了大数据的发展规划，意味着大数据正式成为国家战略
《中华人民共和国网络安全法》(2016年11月)	对网络数据的完整性、保密性和可用性，网络数据安全，防止网络数据泄露或者被窃取、篡改以及网络数据的境内外流动做出了相关规定，确保了大数据的安全发展	是我国第一部全面规范网络空间安全管理方面问题的基础性法律，是我国网络空间法治建设的重要里程碑，是依法治网、化解网络风险的法律重器，是让互联网在法治轨道上健康运行的重要保障

（续）

名　称	主要内容	意　义
《国家网络空间安全战略》（2016年12月）	明确指出实施国家大数据战略，建立大数据安全管理制度，支持大数据、云计算等新一代信息技术创新和应用	贯彻落实习近平总书记网络强国战略思想，阐明了中国关于网络空间发展和安全的重大立场和主张，明确了战略方针和主要任务，切实维护国家在网络空间的主权、安全、发展利益，是指导国家网络安全工作的纲领性文件
《大数据产业发展规划（2016—2020）年》（2017年1月）	提出要建设10~15个大数据综合试验区；提出了促进大数据产业发展的重点任务[13]；对我国大数据产业发展做了规划；从推进体制机制创新、健全相关政策法规制度、加大政策扶持力度、建设多层次人才队伍、推动国际化发展五个方面制定了保障措施以保障大数据产业的发展；部署了七项重点任务和八大重点工程[14]，为我国大数据产业发展指明了方向	推动了大数据产业持续健康发展，是党中央、国务院做出的重大战略部署，是实施国家大数据战略、实现我国从数据大国向数据强国转变的重要举措。全面部署"十三五"时期大数据产业发展工作，加快建设数据强国，为实现制造强国和网络强国提供强大的产业支撑
《政务信息系统整合共享实施方案》（2017年5月）	围绕政府治理和公共服务的改革需要，以最大程度利企便民，让企业和群众少跑腿、好办事、不添堵为目标，提出了加快推进政务信息系统整合共享、促进国务院部门和地方政府信息系统互联互通的重点任务和实施路径。明确了加快推进政务信息系统整合共享的"十件大事"。[15]	着眼长远、立足当前、论证充分、凝聚共识，是一份助力政务信息系统整合共享、工作统筹推进的"规划图"和解决实际问题的"施工方案"

14.1.2　中国的数据保护监管机构

我国目前在对个人信息安全的行政管理与保护方面，存在监管机构分散不统一的问题。政府部门尚未建立明确的、专门的个人信息安全监管机构。商务部门只负责电子商务领域的个人数据保护，金融监管机构只监督金融方面个人数据的保护，通信管理部门只负责网络与电信方面个人信息的保护等。进行个人信息安全保护的行政监管机构虽然不多，但却相对分散不统一，且不同行政部门对个人信息的保护强度与力度均有所不同，管理起来比较混乱。此外，不同行政部门的数据库彼此之间缺乏互通，行政办事效率低下。我国数据保护监管机构及职责见表14-2。

表 14-2　我国数据保护监管机构及职责

数据保护监管机构	职　责
国家互联网信息办公室	主管部门——网络数据安全和个人数据保护统筹协调
公安部	主管部门——打击危害数据安全、侵犯个人信息的违法犯罪
工信部	主管部门——加强网络数据管理、保护电信互联网用户个人信息
商务部	行业管理——电子商务领域的信息保护

（续）

数据保护监管机构	职　责
卫健委	行业管理——医疗健康领域信息安全与保护
国办＋国家发改委	行业管理——政务数据安全与开放
国家邮政局	行业管理——物流信息安全与保护
中国人民银行	行业管理——金融数据安全与保护

14.2 数据主权与数据权利

随着全球数据量呈现出爆发式的增长，数据的流动性和资源价值不断增长，由于大数据的数字化、存储器的廉价性、易于提取和全球性覆盖等特点，使得数据挖掘、获取及控制能力达到前所未有的高度。确定数据归属于数据的收集者还是生产者是实现数据应用和保护的前提，是构建数据流通和使用规则的基础。国外学者普遍关注数据产权，特别是数据所有权问题，认为数据所有权指的是信息的拥有和责任，所有权意味着权力和控制。信息的控制不仅包括访问、创建、修改、打包、衍生利益、销售或删除数据的能力，还包括将这些访问权限分配给他人的权利。国内学者普遍从国家和公民个人两个角度提出数据权属构成，对数据权属问题进行了系统的研究，并认为数据权有以国家为中心的国家数据主权和以个人为中心的数据权利两个维度的含义，其中国家数据主权包括数据管理权和数据控制权，数据权利兼具数据人格权和数据财产权双重属性。

14.2.1 数据主权

数据主权是指一个国家对其政权管辖范围内的个人、企业和相关组织等相关机构所产生的数据进行管理和利用的最高权利。数据主权是网络空间中国家主权的延伸，包括管理权与控制权两个方面，体现了国家作为控制数据权的主体地位。数据主权指一个国家拥有对本国数据进行管理和利用的独立自主性，以及不受他国干涉和侵扰的自由权。数据主权最大的特征是具有独立性，这种独立性体现在一个国家的独立自主性，即能够对本国相关数据完全控制和自由管理，而且有能力做到排除任何外国的干涉，保障本国数据不受他国侵害。数据主权将国家主权的范围从现实疆域扩展至虚拟空间，是各国维护政治稳定和社会秩序的必然要求，是国家主权原则的新发展，也是现代国际法发展的新趋势。

数据管理权包括对数据生命周期整个过程实现完全意义的管理，包括数据生产、加工、采集、使用、传输、存储、销毁等环节。数据控制权则主要指一国拥有技术能力保护网络空间中的本国数据，确保数据不被未经授权的破坏、窃取、篡改，并且抵御违法有害信息的传播、扩散对本国政治和经济造成的不良影响，以防止别有用心的国家在无形之中垄断本国的数据资源进而控制数据主权。

14.2.2 数据权利

传统意义上数据权利是指对数据财产的占有权、支配权、使用权、收益权和处置权等数

据所有权。英国前首相卡梅伦指出数据是一项公民或组织的权利，这也是信息社会公民的一项基本权利。而随着大数据产业的发展，这种传统意义的概念已经无法涵盖整个大数据产业，根据欧盟 2018 年实施的《通用数据保护条例》（GDPR），数据权利除了包括传统意义上的数据所有权，还包括访问权、更改权、拒绝权、被遗忘权和删除权等。访问权指数据主体有权在任何时间向控制者请求和确认涉及数据主体的个人数据是否正在处理中，控制者应向数据主体提供处理数据的目的，个人数据的类别及存储期限等信息。更改权指数据主体有权从控制者处更改涉及数据主体的不准确个人数据，填补不完整的个人数据，包括补充正确陈述的方式。拒绝权指基于相关的特定情况，数据主体有权拒绝个人数据的处理，除非控制者可以证明处理数据的强制性立法基础比保护数据主体的基本权利、自由和利益更为重要。这种特定情况包括但不限于个人数据的处理以直接的市场或营销为目的。被遗忘权和删除权指数据主体有权要求数据控制者永久删除其个人数据，除非数据的保留具有合法理由。

可以看出，数据主权和数据权利又具有某种联系，个人或公司对数据的利用必须在数据主权之下方能实施。

14.2.3　数据权利主体和其他利益相关主体

数据主体是公民，现有大数据环境下，数据控制者（Controller）、数据处理者（Processor）、数据接收者（Recipient）和第三方（Third Party）也是数据处理重要的参与主体，与数据权利主体利益相关。数据控制者是指单独或与他人共同确定个人数据处理的目的和方式的自然人、法人、公共权力机关、代理机构或其他机构，这里个人数据处理的目的和方式应由欧盟或成员国法律决定，数据控制者或其任命的具体标准也可由欧盟或成员国法律规定。数据处理者是指代表数据控制者处理个人数据的自然人、法人、公共权力机关、代理机构或其他机构。数据接收者是指作为个人数据披露对象的自然人、法人、公共权力机关、代理机构或其他机构，而不论其是否为第三方主体。但依据欧盟或成员国法律，在特定调查范围内实施数据接收行为的公共权力机关不被视为数据接收者。公共权力机关对该部分数据的处理行为应当根据其目的遵循可适用的数据保护规则。第三方指数据主体、数据控制者、数据处理者以及根据数据控制者或数据处理者的直接授权而处理数据的人之外的任何自然人或法人、公共权力机关、代理机构或其他机构。

14.3　个人数据立法保护

突飞猛进的大数据技术在给人们生活带来便利的同时，也给公民个人数据安全带来了严峻的挑战。一方面，个人数据被诱骗性过度收集的现象十分突出。可能多数人也有类似经历：登录某款 App 办一张电子优惠卡时，需要填写的信息如同查户口，一些商家在消费环节甚至设置重重“陷阱”，收集用户信息的方式可谓花样百出。从个人隐私的角度而言，用户在互联网中产生的数据具有累积性和关联性，如果采用大数据关联性抽取和集成有关某用户的多点信息并进行汇聚分析，其隐私泄露的风险将大大增加；从企业、政府的角度而言，大数据安全标准体系尚不完善，隐私保护技术和相关法律法规尚不健全，加之大数据所有权和使用权出现分离，使得数据公开和隐私保护很难做到友好协调。数据的合法使用者利用大数据技术收集、分析和挖掘有价值信息的同时，攻击者也同样可以利用大数据技术最大限度地获取他们想要的信息，这无疑增加了企业和政府敏感信息泄露的风险。另一方面，数据超出范围使用现象普遍。大数据时代个人信息安全的法律保护还较为脆弱，在保护公民个人信息方面存在很多不足。对个人信息采集使用管理方面缺乏明确和可操作标准，导致民事责任的区分不够，长期以来多以追究刑事责任为主，因此亟待建立完善的数据保护法律法规。

14.3.1　国外个人数据保护制度

1. 美国

美国从产业利益出发，对个人数据持积极利用的态度，数据保护的法律规定较为宽松，坚持以市场为主导，以行业自律为主要手段。美国目前仍没有全面的联邦数据隐私法，执法主要由联邦贸易委员会（FTC）以及联邦通信委员会（FCC）负责。

（1）联邦层面的法律法规

1）《隐私权法》1974年12月由美国国会通过，是保护公民隐私权和知情权的一项重要法律，针对联邦行政部门收集、利用和保护个人数据等方面做出规定。

2）《联邦贸易委员会法》是1914年制定的一部禁止不公平或欺骗行为的联邦消费者保护法。联邦贸易委员会依据此法判定公司是否在消费者数据隐私保护方面存在不公平或欺骗行为，并采取执法行动。

3）《儿童网上隐私保护法》于1998年由美国国会通过，规定收集13岁以下儿童信息时，必须先征得其家长同意，并确保父母有权修改相关信息。

4）《金融服务现代化法》于1999年颁布，规定了金融信息的收集、使用和披露规则，限制了非公开个人信息的披露，数据主体有选择不共享其信息的自由。

5）《健康保险便利和责任法案》于1996年颁布，针对医疗信息的交易规则、医疗隐私、患者身份识别等问题做了详细规定。

6）《公平信用报告法》和《公平准确信用交易法》明确规定了消费者信用信息的使用用途。

7）《反垃圾邮件法》和《电话消费者保护法》对电子邮箱地址和电话号码的收集和使用做出了规定。

8）《电子通信隐私法》和《计算机欺诈和滥用法》将针对政府监听个人电话的限制措施扩展到电子数据传输，防止政府未经许可监控私人电子通信。

9）《澄清域外合法使用数据法》于2018年3月通过，规定判断数据管辖权应依据数据控制者，与存储地无关，即只要是在美国实际开展业务的公司，无论数据存储在何处，都属美国管辖。同时，美国的数据只有符合特定条件的外国政府经美国同意后才能调取。

（2）部分地方法律法规

加利福尼亚州是第一个颁布《数据泄露报告法》的州，大多数其他州早期的数据泄露报告法都借鉴了该法律。2018年6月，加利福尼亚州通过了美国目前最全面和严格的隐私法《加州消费者隐私法》。该法赋予了消费者若干新权利，包括：有权要求删除个人数据；有权要求机构公开如何收集和共享信息；有权要求机构不得出售个人数据；对违反本法律的人或机构，消费者有权提出诉讼。此外，法律还要求机构对所有消费者一视同仁，即使他们拒绝机构收集数据。

2018年5月，佛蒙特州通过了第171号法案，规定在佛蒙特州开展业务的数据代理商应在本州注册，并制定全面的数据隐私保护方案。内华达州和明尼苏达州发布隐私法案，对网络运营商储存和共享消费者信息做出了规定。伊利诺伊州、华盛顿州和得克萨斯州也制定了隐私法，要求公司在处理生物特征数据时必须获得同意。截至 2018 年 3 月 28 日，美国 50 个州以及哥伦比亚特区、波多黎各和美属维尔京群岛均已颁布法律，要求相关机构在发生涉及个人身份信息的数据泄露事件时要及时通知用户。

（3）行业监管体系

美国主要依靠行业自律，辅以政府监管的模式，以市场为主导，以行业自治为中心，政府只做适当介入。美国主要监管机构见表 14-3。

表 14-3　美国主要监管机构

名　　称	职　　责
联邦贸易委员会	联邦贸易委员会成立于 1914 年。目前在联邦层面上，联邦贸易委员会在监督个人数据隐私方面发挥主要作用。其下属的消费者保护局负责处理由消费者、国会和行业组织等提出的互联网隐私投诉，并开展调查。其执法形式主要有：向联邦贸易委员会行政法官提出行政投诉、向联邦地区法院提起诉讼、将投诉提交司法部并协助司法部提起诉讼，或者与违规公司签署和解协议并要求其进行整改
联邦通信委员会	联邦通信委员会于 1934 年依据《通信法》创立，主要职责是对电信行业（电信运营商）进行监管，在监督互联网隐私方面作用有限
其他联邦机构	卫生与公众服务部民权办公室负责《健康保险便利和责任法案》的执行，有权展开调查和提出诉讼。此外，联邦银行机构和国家保险机构也被授权执行各种隐私法，但实际执法行动并不活跃
州监管机构	依据各州数据隐私保护法律，各州监管部门有权采取措施，多由州检察官负责调查起诉

棱镜门事件爆发后，美国白宫方面要求立法部门出台新的改革法案。2015 年 6 月，美国参议院通过了《美国自由法案》，不断扩大数据主体和个人数据的保护范畴，个人信息保护隐私政策的适用范围不仅限于美国公民，并将元数据列入个人数据法律保护范围。

可以看出，美国在立法上对个人数据的保护具有前瞻性，强调个人价值的实现，追求民主和自由，早在 1974 年的《隐私法案》中就强调了数据开放性，不仅增加用户对本国互联网服务提供商的信任，还会让用户最大程度了解自己的数据，增加商业模式和就业机会，从而促进经济的发展。在立法模式上主要通过部门立法模式来加以规范，例如在医疗保障与信用体系等特别领域实施特别规定来管控特定的风险。美国对不同的数据主体进行针对性的法律保护，差别对待不同的数据主体，如针对病人、儿童和金融个人数据等展开全面保护，有助于美国应对大数据时代的新型法律风险。注重增强与私营企业之间的合作，改善私营企业和政府间有关网络威胁等信息的共享，强化对公民数据权利的保护。

2. 欧盟

欧盟建立了世界上第一个给个人数据提供全面和综合保护的法律制度，其个人数据保护法源于人权文献和宪章，根植于个人对其数据的控制权和自主权，是法律尊重公民人格权和财产权的重要体现。其采用统一的立法模式，通过综合立法建立了较为完善的数据保护法律体系，并设立了专门的机构来监督法律实施。近年来，欧盟也采取了一系列措施推进个人数据的保护和自由流动。在个人数据保护方面，欧盟通过综合立法提出了一系列重要的信息隐私保护原则，如合法性原则、公开透明原则、目的限制原则、数据质量原则、最小化原则、个人参与原则、责任原则、安全保障原则，不断扩大数据主体的保护范畴。《一般数据保护条例》（GDPR）于2018年5月实施，适用对象由数据控制者扩展为数据控制者和数据处理者两类，在数据主体权利设置方面，完善了现有的访问权、更正权、反对权，并新增了被遗忘权、数据可携权、限制处理权等权利，以强化数据主体对个人数据的控制权等。在义务履行方面，从侧重于事后救济转变为事前预防和事后救济并重，并新增一系列事前预防机制。针对数据控制者或处理者增设了诸多新义务，包括设计保护隐私（Privacy By Design）、设置数据保护专员、建立专门的欧洲隐私标志（EPS）认证机制等。通过不断的立法改革与完善，欧盟的个人数据保护水平进一步提高，极大地保护了数据主体和数据处理者的相关权利。

在个人数据保护的监管机构方面，欧盟设立有欧盟委员会、欧盟理事会、欧洲议会、欧洲法院、第31条委员会、欧洲数据保护委员会（2018年5月25日前称为第29条数据保护工作组、数据保护专员、欧洲网络与信息安全局、欧洲数据保护委员会等，见表14-4。

表14-4　欧盟数据保护监管机构及主要职责

机构名称	主要职责
欧盟委员会/欧盟执委会（EC）	欧盟委员会是整个欧共体行政体系的发动机：①其具有主动权，可以建议法律文件，并为欧洲议会和欧盟理事会准备这些法律文件。在法律提案还没有获得决议的情况下，欧盟委员会可以随时撤回其法律提案；②作为欧盟执行机构，其负责欧盟各项法律文件（指令、条例、决定）的具体贯彻执行，以及预算和项目的执行；③和欧洲法院一起保障共同体法律切实被遵守；④作为欧共体在国际舞台的代表，进行特别是商贸和合作方面的国际条约的谈判
欧盟理事会（Council of the European Union）	理事会在两个方面与数据保护的法律问题直接相关：第一，在对欧盟立法动议进行辩论过程中，给成员国提供一个能够做出决定和施加政治影响的讨论场所；第二，通过第31条委员会，理事会也可以通过其成员国在幕后对决策施加重大影响，因为成员国最后要达成政治妥协，而这会对欧盟法律的最终状态产生决定性影响
欧洲议会（EP）	欧洲议会有两个主要任务：讨论并且通过欧洲法律，与理事会审查其他欧盟机构，特别是欧盟委员会，以确保它们正在民主地工作；讨论并决定欧盟理事会的预算
欧洲法院（Europe an Court of Auditors）	实践中，欧洲法院可能在两个主要方面涉及数据保护问题：第一，成员国或者欧盟委员会向法院提起的诉讼；第二，欧盟成员国法院将有疑义的欧盟法律呈请欧洲法院解释
第31条委员会	委员会必须投票决定的事项包括确定非欧盟国家数据保护法的充分性以及批准数据转移格式合同
欧洲数据保护委员会	欧洲数据保护委员会在欧盟数据保护法中发挥着重要作用，它发布的解释性文件具有相当大的影响，并且事实上反映了一些具体的法律意见。《数据保护指令》第30条详细规定了其职能：①检查依照《数据保护指令》所制定的国内法在适用过程中产生的任何问题，目的在于促进这些措施的统一适用；②就共同体和第三国的保护水平向欧盟委员会提出意见；③就将对本指令进行的任何修改、涉及个人数据处理时保护自然人的权利和任何附加措施或特殊措施以及将采取的会影响这些权利和自由的任何其他的共同体措施向欧盟委员会提出建议；④就共同体层面草拟的行为守则提出意见。工作组可以主动就共同体范围内涉及个人数据处理时与个人保护的所有事项提出建议。工作组应当就共同体和第三国范围内涉及个人数据处理时关于自然人保护的情况草拟年度报告。该报告应当传送给欧盟委员会、欧洲议会和理事会，且应当公开

（续）

机构名称	主要职责
数据保护专员（EDPS）	成员国应规定控制者或处理者授权数据保护专员至少完成以下任务：①按照《数据保护指令》的规定向控制者或处理者通知和建议的义务，并记录收到的答复；②监督有关保护个人数据政策的执行和适用，包括职责的分配、处理程序涉及的员工的培训和相关的审计；③监督《数据保护指令》的实施和适用，特别是与数据保护相关的主体信息和行使权力要求的内容；④确保维护第 23 条所提到的文件；⑤根据第 28 条和第 29 条监视文件、个人数据违反的报告和通知；⑥根据第 26 条，监视处理前向监管机构的咨询；⑦监视监管机构对要求的响应，在数据保护专员能力范围内按照监管机构的要求与之合作，或主动提出合作要求；⑧作为监管机构的处理相关问题的联系点，如果合适，主动为监管机构提供
欧洲网络与信息安全局（ENISA）	ENISA 的使命是识别、调查、增加并且向消费者提供尽可能多的信息，支持新技术的使用，保护他们，控制滥用和纠纷，确保互联网的安全机制到位，支持相互认可的电子识别和电子签名的身份验证。 ENISA 的任务是在欧盟范围内实现高水平和有效的网络信息安全。与欧盟的其他机构和成员国一道，寻求建立网络和信息安全文化；帮助欧盟委员会、成员国和商业社区处理、响应以及预防网络和信息安全问题；作为专业机构，处理网络和信息安全领域专业性强的技术问题和科学问题；协助欧盟委员会进行技术准备工作，修订和开展网络信息安全领域的共同体立法
欧洲数据保护委员会（EDPB）	欧洲数据保护委员会是负责实施“通用数据保护条例”（GDPR）的欧盟机构。它由成员国数据保护机构的主管（EDPS）或其代表组成。EDPB 将成为欧盟新数据保护领域的中心。这将有助于确保数据保护法在整个欧盟得到贯彻实施，并致力于确保各成员国数据保护机构之间的有效合作。EDPB 不仅会就 GDPR 核心概念的解释发布指导方针，而且还应该通过对关于跨境处理争端的约束性决定进行裁决，从而确保统一适用欧盟规则，以避免可能涉及的相同案件在不同的司法管辖区有所不同

14.3.2　中国个人数据保护制度

1. 现有法律制度体系

目前我国没有专门的个人信息保护法，可适用的法律法规主要有《中华人民共和国网络安全法》《中华人民共和国宪法》《中华人民共和国刑法》《中华人民共和国治安管理处罚法》《中华人民共和国未成年人保护法》《全国人大常委会关于加强网络信息保护的决定》等，这些法律对用户的个人信息和通信自由作了零散的规定，尚未形成体系化的个人信息保护法律制度。虽然2016 年11 月通过的基础性和综合性《中华人民共和国网络安全法》对个人信息进行了规定，迄今为止，没有专门性的个人信息保护法和相关配套措施。表 14-5 给出了我国现有的个人信息保护相关法律法规。

表 14-5　我国现有的个人信息保护相关法律法规

层级	名称及时间	制定机构	法律条款
法律	《中华人民共和国行政诉讼法》（1990 年）	全国人民代表大会	第 30、45 条
	《中华人民共和国收养法》（1998 年修正）	全国人大常委会	第 22 条

（续）

层级	名称及时间	制定机构	法律条款
法律	《中华人民共和国商业银行法》（2003年修正）	全国人大常委会	第29条
	《中华人民共和国宪法》（2018年修正）	全国人民代表大会	第39~41条
	《中华人民共和国妇女权益保障法》（2005年修正）	全国人民代表大会	第42、53条
	《中华人民共和国未成年人保护法》（2006年修正）	全国人大常委会	第39、69条
	《中华人民共和国民法典》（2021年）	全国人民代表大会	第1032、1033条
	《中华人民共和国母婴保健法》（2009年修正）	全国人大常委会	第34条
	《中华人民共和国统计法》（2009年修正）	全国人大常委会	第25、39、46条
	《中华人民共和国居民身份证法》（2011年修正）	全国人大常委会	第6、15~19条
	《中华人民共和国治安管理处罚法》（2012年修正）	全国人大常委会	第42、48条
	《中华人民共和国邮政法》（2012年修正）	全国人大常委会	第3、35、36、71条
	《中华人民共和国民事诉讼法》（2017年修正）	全国人大常委会	第68、134、156条
	《中华人民共和国刑事诉讼法》（2012年修正）	全国人民代表大会	第52、150、183条
	《中华人民共和国传染病防治法》（2013年修正）	全国人大常委会	第68条
	《中华人民共和国消费者权益保护法》（2013年修正）	全国人大常委会	第14、29、50、56条
	《全国人大常委会关于加强网络信息保护的决定》（2012年）	全国人大常委会	第1~11条
	《中华人民共和国刑法修正案（九）》（2015年）	全国人大常委会	第253条之（1）、286条之（1）
	《中华人民共和国网络安全法》（2016年）	全国人大常委会	第22、37、40~45、48、49、60、64、66、76条
	《中华人民共和国测绘法》（2017年修订）	全国人大常委会	第47条
行政法规	《最高人民法院关于审理名誉权案件若干问题的解答》（1993年）	最高人民法院	第7条
	《个人存款账户实名制规定》（2000年）	国务院	第8条
	《国务院关于促进信息消费扩大内需的若干意见》（2013年）	国务院	第6条18款
司法解释	《最高人民法院关于审理利用信息网络侵害人身权益民事纠纷案件适用法律若干问题的规定》（2014年）	最高人民法院	第12、13、18条
	《关于办理电信网络诈骗等刑事案件适用法律若干问题的意见》（2016年）	最高人民法院、最高人民检察院、公安部	第三章
	《关于办理侵犯公民个人信息刑事案件适用法律若干问题的解释》（2017年）	最高人民法院、最高人民检察院	全文

（续）

层级	名称及时间	制定机构	法律条款
部门规章	《中华人民共和国计算机信息网络国际联网管理暂行规定实施办法》（1998 年）	国务院信息办	第 18、22 条
	《互联网电子公告服务管理规定》（2000 年）	信息产业部	第 12、19 条
	《互联网电子邮件服务管理办法》（2006 年）	信息产业部	第 9、12、22、24、26 条
	《信息安全等级保护管理办法》（2007 年）	公安部、国家保密局国家密码管理局、国务院信息工作办公室	第 23 条
	《旅行社条例实施细则》（2009 年）	国家旅游局	第 44、58 条
	《规范互联网信息服务市场秩序若干规定》（2012 年）	工业和信息化部	第 11、12、13、16、18 条
	《电信和互联网用户个人信息保护规定》（2013 年）	工业和信息化部	第 4 ~ 24 条
	《即时通信工具公众信息服务发展管理暂行规定》（2014 年）	国家互联网信息办公室	第 5、6 条

2. 个人数据保护制度

鉴于个人信息不能完全由个人控制，不具有个人专属性的特征，实际兼具个人、社会、国家为一体的三重价值属性，因此不宜片面强调其中之一而应综合考虑，进而设计出相应的制度框架体系。

（1）确定数据保护立法原则

法律原则是法律制度的基本性质、内容和价值取向，构成了整个法律制度的理论基础。我国《关于加强网络信息保护的决定》第 2 条规定了合法、正当、必要、透明等具有普遍适用性的原则。但是，对于复杂多变的大数据而言，这些原则远远不足以规避已经存在和潜在的具体安全风险。借鉴国外先进经验，如欧盟的《一般数据保护条例》、澳大利亚的《隐私法律规范》等，并结合我国大数据发展现状，制定数据保护法时至少应该包括但不限于以下原则：

1）目的明确原则：因具体、明确且合法的目的收集数据，且不得以与该目的相矛盾的方式进行处理。

2）明示原则：要以明示的方式告知数据权利主体收集数据的种类及用途。

3）数据质量原则：数据应当与其被使用的目的相关，并在其使用目的所必需的范围内保持准确、完整和最新。

4）安全保障原则：应当采取合理的安全保障措施保护数据，以防数据被丢失或者被未经授权地获取、销毁、使用、修改或者披露的风险。

5）公开原则：应当公开与数据有关的发展状况、实践和政策。

6）责任原则：数据控制人负责遵循使上述规定的原则生效的措施，并且应该对通过自己的失败导致的、可预见的损害承担合理责任。

（2）构建个人数据处理的社会信任机制

在当前信息社会形态下，通过增加数据收集和处理等环节的透明度，增加数据主体对数据的控制力，构建社会对于数据处理的信任机制是个人信息保护的立法路径。通过政府信息公开，增加个人信息利用的透明度，提高公民在个人数据利用中的参与度，是实现权利行使的正当性以建立个人数据利用正当性的基础。基于自动化数据处理当中的算法黑箱问题，应当要求算法利益相关者具有干预权利，向个人信息提供者公开算法决策和对个人的预示影响，通过这种增加透明度的方法获得主体的信任；基于现有数据挖掘能力提升加大隐私侵害风险，需要限定和公开个人数据自动化处理的范围、目的、数据类别等内容；基于数据主体对数据静止阶段和流通、共享阶段的安全期待，需要通过信息公开和授权来构建新的信任。

需要注意的是，以维护公共利益为目的政府收集个人信息数据过程中，可能涉及个人隐私和公共利益权衡的问题，需要设立隐私比例原则来对此行为进行一定的限制，部门间的数据共享和政府与企业之间的数据共享应该做到知情和授权，只有这样才能更好地实现保护个人信息的目的。

（3）强化敏感信息、身份信息的概念

个人信息的利用和保护需要区分一般个人信息和敏感个人信息，需要强化身份信息和敏感信息的概念，对于个人一般信息的处理可以建立在默认同意的基础上，只要个人信息主体没有明确表示反对，便可收集和利用。但对于个人敏感信息，则需要建立在明示同意的基础上，在收集和利用之前，必须首先获得个人信息主体明确的授权，这是建立个人信息利用的顺序，明确个人信息的危害行为，进而对个人信息的危害行为进行规制的前提条件。

在个人信息保护立法工作中，要重视强化身份信息的概念。在匿名化和去身份化操作后，要对后续的利用进一步作出规定。在间接识别达到完全不能识别的技术操作之前，要做到制度的精细化规定。要在利用一般信息的基础之上，通过强化个人敏感隐私信息与身份信息的保护，强化个人一般信息的利用，调和个人信息保护与利用的需求冲突，实现利益平衡。

（4）区分个人数据的收集和使用主体

随着互联网和电信网自动实时在线收集和处理个人信息，并且应用大数据技术分析信息，进行精准化的广告投入营销和身份分析，对个人空间有了更深度地介入。在这样的背景下，国外除了规定政府如何使用个人信息以外，还对社会信息自动化处理做出了专门规定，使得个人信息保护成为全社会和所有领域的关注。我们应该有差别地对待线上线下的个人信息数据保护，按照不同情形、不同业务，区分个人信息保护规则，区分数据的收集主体和具体的使用主体。

《个人信息保护法》应作为一部综合性的指导法律，不同行业的具体数据应依照其行业部门划分依据，制定具体的实施办法，例如：医疗、金融等各个行业应该按照具体的行业规定，建立特殊性的规则并区分数据收集主体和使用主体的收集与使用规则。

（5）重视数据留存问题，建立城市数据中心

为保障个人信息安全，企业由于业务需求采集个人数据过程中，要对所有采集个人信息提供诸如等级保护等基础保护，防止个人信息泄露。国家机关出于维护国家安全、社会稳定、公共利益等目的采集个人数据过程中，要重视数据存留问题，要考虑平衡安全和发展之间的关系，各部门要依法采集和披露，避免采集不必要的数据并限定存储的时间。为实现数据的综合利用，保障其发挥最优价值，可以以城市为单位，集中建数据资源池和数据中心，进而综合利用，避免数据倒卖等危害个人信息安全事件发生。

(6) 完善个人信息保护的权利救济体系，强化与现行法律的衔接

现有个人信息保护立法制度主要存在两个问题：立法体系的欠缺和立法体系的衔接。在与现行法律衔接的问题上，要考虑执法存在的适用规定，以及主要制度的可操作性，避免立法工作与执法工作的脱节，避免为了立法而立法。现有的《中华人民共和国网络安全法》《中华人民共和国消费者权益保护法》《规范互联网信息市场秩序若干规定》都是特定领域的立法，对个人信息保护的规定没有考虑适用范围的问题。在推进综合性个人信息保护立法工作中，其适用范围就需要综合考虑法律的衔接性。

在民事举证困难，取证的程序和可信度都受限的情形下，按照现有民法的规定，对个人信息危害行为造成的后果难以认定，所以法院还停留在使用传统名誉权的分析框架对个人信息进行保护。再加之行政执法程序的欠缺，大量的个人信息案件被按刑事犯罪定论，导致先刑后民的情况发生，这实际上已经破坏了个人信息保护综合治理的框架结构，不利于个人信息保护的权利救济。从综合治理的角度出发，采取行政与刑事相结合的模式，由行政法对一般违规行为进行遏制，刑法追究进一步的犯罪责任应该是对个人信息具有的实质性保护；需要进一步明确个人信息危害行为的性质认定和损害认定，这是个人信息保护立法亟待解决的重要问题；需要进一步规定、完善个人信息危害行为的举证和诉讼程序，加强相关法律的可执行性和可操作性。

14.4 数据跨境流动监管法律机制

网络技术的不断更新发展带来网络空间逐渐一体化，加快了数据的流动和传播，使得其不再受地域的限制。随着全球政治、经济、文化联系的迅速增加，个人信息在跨境数据流中的比重越来越大，这样作为人权重要组成部分的个人信息权就极易受到侵害[6]。在此过程中产生的安全风险成为各国尤其是国际组织关注的立法焦点，各国个人信息保护立法对信息跨境流动规则也做出了更多回应。迄今为止，各国有关跨境数据流动的规制大部分针对的是个人数据，对国家或者企业数据的跨境流动，还未明确提出法律法规。

与数据跨境流动密切相关的一个词为数据本地化（Data Location），数据本地化并非描述精确法律概念的术语，而是阐释国家限制数据出境的立法态势。在国家立法中，数据本地化可以体现为不同的法律合规性要求，例如禁止或限制本国数据向别国传输，要求外国服务商将数据留存于本国境内，要求数据中心建在本国境内等。数据本地化的立法诉求根植于数据越发凸显的资产价值，国家、社会和个人等数据主体对于数据价值的实现，在很大程度上依赖于持续性地保有数据控制力。但信息技术利用全球化客观上使数据跨境成为常态，数据占有和使用相分离的状态越发普遍，这意味着数据主体对数据资源的控制力受到削弱，数据本身的安全性和由数据所承载的国家安全、社会稳定及个人隐私都受到极大挑战。

14.4.1 国外数据跨境及数据本地化立法

数据跨境和数据本地化是紧密相连的两个概念，数据跨境和数据本地化的目的可以通过多种方式予以实现，各国立法也会根据实际需要采取不同的方法。表 14-6 给出了数据跨境的国外立法现状，概括而言，目前各国立法中采用的数据跨境及数据本地化方式主要包括以下三种。

1. 禁止数据离境

这种方法具有狭隘的适用条件，绝对化的禁止数据离境在互联网环境下是很难实现的，因此禁止数据离境通常针对特定数据，例如国家安全信息或公共信息。但是考虑到涉及国家安全和公共利益的信息通常不会交由政府控制之外的云服务商进行存储和处理，因此其对于云计算的整体影响并不大。

2. 进行数据传输安全评估

在个人数据保护框架下，很多国家对于向别国传输数据进行安全评估规定，只有在数据传输国具备充足安全保护措施的情况下才能进行数据传输。安全评估通常基于国内标准，并且需要获得数据主体的同意，但是很多国家的相关立法对于同意的方式、条件和范围并没有严格的限定，这意味着在大多数情况下，数据跨境仍然是存在法律风险的。

3. 要求数据中心建在境内

与此相类似的做法是建立区域性的互联网基础设施，使得本国数据的完整生命周期均位于境内。但很多要求数据中心建在境内的规定并不完全限制数据跨境，仅要求建在境内的数据中心必须进行数据备份。

表14-6　数据跨境的国外立法现状

国家/地区	数据跨境方式	法律规定
美国	数据中心建在国内	《美国国际军火交易条例》
	数据传输安全评估	《外国投资与国家安全法》 《电信小组安全协议》 《隐私盾协议》 《明确境外合法应用数据法案》（《CLOUD法案》）
巴西	禁止数据离境	《互联网民事总则（草案）》
德国	数据传输安全评估	《数据保护法》
俄罗斯	禁止数据离境	《关于信息、信息技术与信息保护法》
澳大利亚	禁止数据离境	《个人电子健康记录控制法案》
	数据传输安全评估	《澳大利亚政府信息安全管理协议》
印度	禁止数据离境	《公共记录法》 《印度电信业务许可协议》
	数据传输安全评估	《信息技术（合理安全的实践和程序，以及敏感的个人数据或信息）条例》
加拿大	禁止数据离境	不列颠哥伦比亚省《信息自由与隐私保护法案》 新斯科舍省《个人信息国际披露保护法案》
印度尼西亚	数据中心建在境内	《电子系统和交易操作条例》
欧盟	数据传输安全评估	《1995数据保护指令》 《2016GDPR》 《隐私盾协议》 《欧盟非个人数据自由流动框架的条例提案》

（续）

国家/地区	数据跨境方式	法律规定
新加坡	数据传输安全评估	《个人信息保护法》
马来西亚	数据传输安全评估	《个人数据保护法》 《个人数据保护（关于传输个人数据至马来西亚境外）》 《命令 2017》
韩国	数据传输安全评估	《个人信息保护法》 《土地调查法》

以上法律中有关个人数据跨境的监管方式主要包括了白名单制度、告知同意规则、豁免情况、必要情况限制、满足数据出境的合同和技术要求、本地化存储的数据类型或要求、特别出境许可及国际合作方式等，见表 14-7。

表 14-7　国外规范数据跨境转移的监管方式

国家/地区	监管方式								
	白名单	告知同意	豁免	必要情况限制	合同要求	技术要求	本地化存储	特别许可	国际合作
美国			√		√			√	√
巴西	√	√	√		√			√	
德国	√	√	√		√	√	√(部分)	√	
俄罗斯	√	√	√				√		√
澳大利亚		√	√			√			√
印度		√			√				
加拿大		√			√				√
印度尼西亚						√	√		
欧盟	√	√	√		√			√	√
新加坡		√	√		√			√	√
马来西亚	√	√	√					√	
韩国		√				√			

14.4.2　中国数据跨境流动法律制度

我国目前关于数据跨境流动的法律规制较少，实际监管效果不明显。随着《中华人民共和国网络安全法》的发布，我国新发布了数据跨境流动的相关立法和标准，重构了国内相关立法苍白的布局，但现处于征求意见稿阶段，还未正式通过和实施。

2010 年修订的《中华人民共和国保守国家秘密法》第四十八条第四款规定，“邮寄、托运国家秘密载体出境，或者未经有关主管部门批准，携带、传递国家秘密载体出境的，依法给予处分；构成犯罪的，依法追究刑事责任”。

2011 年，《人民银行关于银行业金融机构做好个人金融信息保护工作的通知》第六条规定，“在中国境内收集的个人金融信息的储存、处理和分析应当在中国境内进行。除法律法规及中国人民银行另有规定外，银行业金融机构不得向境外提供境内个人金融信息”。该通知定义的个人金融信息范围非常广泛，包括个人身份信息、个人财产信息、个人账户信息、个人信用信息、个人金融交易信息、衍生信息以及在与个人建立业务关系过程中获取、保存的其他个人信息。

国务院 2012 年发布的《关于大力推进信息化发展和切实保障信息安全的若干意见》中明确指出，“严格政府信息技术服务外包的安全管理，为政府机关提供服务的数据中心、云计算服务平台等要设在境内”。

2013 年 2 月 1 日正式实施的《信息安全技术公共及商用服务信息系统个人信息保护指南》第 5.4.5 条规定，“未经个人信息主体的明示同意，或法律法规明确规定，或未经主管部门同意，个人信息管理者不得将个人信息转移给境外个人信息获得者，包括位于境外的个人或境外注册的组织和机构”。

2014 年 5 月，国家卫生和计划生育委员会发布的《人口健康信息管理办法（试行）》第十条明确规定，“不得将人口健康信息在境外的服务器中存储，不得托管、租赁在境外的服务器”。

2015 年 6 月 26 日，《关于加强党政部门云计算服务网络安全管理的意见》第二条规定，“为党政部门提供服务的云计算服务平台、数据中心等要设在境内。敏感信息未经批准不得在境外传输、处理、存储”。

2016 年 11 月 7 日，《中华人民共和国网络安全法》第三十七条规定，“关键信息基础设施的运营者在中华人民共和国境内运营中收集和产生的个人信息和重要数据应当在境内存储。因业务需要，确需向境外提供的，应当按照国家网信部门会同国务院有关部门制定的办法进行安全评估；法律、行政法规另有规定的，依照其规定”。

2017 年 4 月 11 日，国家网信办发布《个人信息和重要数据出境安全评估办法（征求意见稿）》，全面规定了数据出境应遵循的原则、数据出境的评估机构、数据出境安全评估的重点内容、数据出境评估的特殊情况、数据出境的禁止性规定及相关术语的概念。值得注意的是，该意见稿解释了《中华人民共和国网络安全法》第三十七条中一直存在争议的“重要数据”的概念：重要数据，是指与国家安全、经济发展，以及社会公共利益密切相关的数据，具体范围参照国家有关标准和重要数据识别指南。

为了更好地贯彻实施《中华人民共和国网络安全法》第三十七条及《个人信息和重要数据出境安全评估办法（征求意见稿）》，2017 年 5 月，全国信息安全标准化技术委员会发布《信息安全技术数据出境安全评估指南（草案）》。该标准规定了数据出境安全评估流程、评估要点、评估方法等内容，网络运营者按照本指南对其向境外提供的个人信息和重要数据进行安全评估，发现存在的安全问题和风险，应及时采取措施，防止个人信息未经用户同意向境外提供，损害个人信息主体合法利益；防止国家重要数据未经安全评估和相应主管部门批准存储在境外，给国家安全造成不利影响。根据该标准，重要数据是指我国政府、企业、个人在境内收集、产生的不涉及国家秘密，但与国家安全、经济发展以及公共利益密切相关的数据（包括原始数据和衍生数据），一旦未经授权披露、丢失、滥用、篡改或销毁，或汇

聚、整合、分析后，可能造成以下后果：①危害国家安全、国防利益，破坏国际关系；②损害国家财产、社会公共利益和个人合法利益；③影响国家预防和打击经济与军事间谍、政治渗透、有组织犯罪等；④影响行政机关依法调查处理违法、渎职或涉嫌违法、渎职行为；⑤干扰政府部门依法开展监督、管理、检查、审计等行政活动，妨碍政府部门履行职责；⑥危害国家关键基础设施、关键信息基础设施、政府系统信息系统安全；⑦影响或危害国家经济秩序和金融安全；⑧可分析出国家秘密或敏感信息；⑨影响或危害国家政治、国土、军事、经济、文化、社会、科技、信息、生态、资源、核设施等其他国家安全事项。具体包括石油天然气、煤炭、石化、电力、通信、电子信息、钢铁、有色金属、装备制造、化学工业、国防军工、其他工业、地理信息、民用核设施、交通运输、邮政快递、水利、人口健康、金融、征信、食品药品、统计、气象、环境保护、广播电视、海洋环境、电子商务等行业的相关数据。

由于法律体制、文化传统、经济发展水平的不同，各国数据保护机制在范围、具体内容、监督执行等方面都不尽相同，但是国际组织，尤其是欧盟倾向于将数据保护的充分性作为数据跨境流动的基础。依照此规定，欧盟只支持数据在具有同等保护水平或者高于欧盟保护水平的国家间流通，这在具体实践中会遇到很多挑战。因此，欧盟也逐渐采取了更为灵活的方法，使数据转移者承担数据转移安全的直接责任，实现数据跨境转移的多样化机制，比如标准合同。不论数据跨境流动的政策如何改变，以目前我国的管理现状来看，虽然陆续公开了专门法规和标准的草案，但还不能满足条件，且未正式颁布，对我国的信息化发展水平和贸易自由化可能会带来障碍。部分数据本地化国家政策立法的趋势反映出各国对于数据价值越来越深刻的认识，无论是从数据主权的国家战略层面，还是数据经济的产业发展层面，或是数据隐私的个人保障层面，数据本地化以提升数据主体对数据的控制力为核心内容，用以固化互联网和信息技术弱化的国家边界。数据本地化并不应仅仅是政策立法措施，而应当作为战略理念受到国家重视，这种重视不代表一味地强调数据本地化的适用问题，而是应当将数据本地化视为一个利益平衡过程，数据本地化带来的潜在威胁是国家在部署数据本地化策略时需要认真考虑的风险。

14.4.3　数据跨境流动法律制度设计

1. 完善配套制度，提升数据本地化与跨境传输法律要求的可操作性

在当今世界严峻的网络安全形势下，数据跨境过程中产生的不确定性因素扩大了数据安全威胁，个人数据保护、执法便利提升、国家主权维护等都成为数据跨境的立法诉求。《中华人民共和国网络安全法》第三十七条表明并确立了我国对待数据跨境问题的基本立法态度，然而，目前我国关于数据跨境流动的“底层”法律较为零散，总体是严格限制个人数据[20]，尤其是敏感数据的跨境流动[21]，并倾向于在境内建立数据中心。对于国家秘密，严格限制出境，包括邮寄、托运等行为都会受到刑事责任的追究[22]；对于个人金融和健康信息，也实行严格的禁止出境的监管制度[23]；为政府提供服务的信息技术服务是关系国计民生的关键行业，要求通过这些服务产生的数据留存在境内[24]。我国力图通过数据本地化留存避免跨境数据可能产生的国家安全和个人隐私风险。在数据跨境流动作为经济引擎的大数据环境下，这种保护措施会加剧信息不对称现象，从而影响我国的国际竞争力。

根据《中华人民共和国网络安全法》第三十七条，我国制定了《个人信息和重要数据出境安全评估办法（征求意见稿）》《信息安全技术数据出境安全评估指南（草案）》，《中华人民共和国网络安全法》已经正式实施即将一年，这些配套制度却仍然没有正式颁布，实际上影响了作为网络空间基本法的权威性。我国政府应坚定倡导网络空间秩序的主权、安全、合作原则，用好《中华人民共和国网络安全法》，加快配套制度正式出台的同时，在数据本地化要求上坚定管住国外科技公司，管好国内企业。

2. 推动执法实施，加大现行法律的执行力度

（1）确立专门的数据跨境执法机构

建立专门的数据跨境执法机构，完善执法机构的责任，是推进法律顺利实施的保障，是保护数据主体权益和我国数据管辖的基本措施。除了执行我国现行有效的法律法规，数据跨境执法机构还应该遵守国际规则，解决跨境中出现的单方、双方及多方法律冲突，维护跨境的正常秩序。随着信息化的发展进步，我国会实现“互联互通、共享共治”的互联网局面，数据跨境事务增多，更加需要专门的数据跨境执法机构，加强我国监督执行措施，遵守国际的共同准则，提升我国数据处理、传播、利用、安全能力。OECD 通过的《跨境诈骗指南》也指出，“要实现国际合作，首先应加强国内执法机构执法的有效性”。《个人信息和重要数据出境安全评估办法（征求意见稿）》第五条提出：“国家网信部门统筹协调数据出境安全评估工作，指导行业主管或监管部门组织开展数据出境安全评估”，确定了网信部门对数据跨境评估的监管和指导地位，应尽快建立并明确数据出境专门执法机构，与国际规则接轨。

（2）加强我国现行法律的执行力度

《中华人民共和国网络安全法》是我国网络安全领域的综合性和基础性法律，对关键信息基础设施、个人数据保护、数据跨境等做了全面规定。《中华人民共和国网络安全法》的出台弥补了我国网络社会上层立法的缺陷，受到各方极大的肯定和支持。然而，截至 2018 年 6 月，《中华人民共和国网络安全法》已经实施一年，实际执法层面的适用性仍然主要集中在第 21、22、24、25、46、47 条等，对数据跨境、产品安全审查等方面的处罚还未具体规定。数据跨境流动的立法监管折射出个人数据安全保护、执法便利提升和国家主权维护等多元诉求。美国和欧盟的最新立法也体现出国家间深层次的数据跨境需求和利益博弈。我国的数据量处于全球领先，数据跨境更是经济和政治发展中的常态，因此更需要严格执行现有法律规定。特朗普时代，美国对我国的敌对态度越加明显，在双方博弈不断升级的时代背景下，数据跨境管辖的主动权成为两国政治、经济领域竞争的砝码。我国政府及执法机构应该加强对企业数据跨境的监管，包括对我国辖区内的外国运营商的监督检查，对违法行为及时作出处罚。

14.5 科技伦理

科技伦理道德，是人们在从事科技创新活动时关于处理人与人、人与社会、人与自然之间关系的思想与行为准则，它规定了科技工作者及其共同体所应恪守的价值观念、社会责任和行为规范。

科技伦理是科技与伦理交叉的研究和实践领域，主要对科技进步引发的伦理问题进行研

究，制定科学技术和工程活动应遵循的伦理原则和道德规范，从科技伦理角度化解相关社会矛盾，降低科技应用和工程活动可能带来的风险和事故。科技伦理的核心观念强调：从科学技术角度能做的事情，并不都是应做的事情，需要进行伦理反思和评价，及时消除科学技术和工程活动可能存在的隐患，开展积极预防。

14.5.1　科技伦理问题的影响和特征

相对于社会治理中的行政问责和法律惩戒而言，科技伦理对科技应用和工程活动可能产生的负面影响是一种软约束，注重发挥人们的道德自律和社会舆论监督的作用。科技伦理的作用方式注重解决人们日常的思想和行为问题，尽可能将相关社会问题化解在未产生严重后果之前，有助于形成良好的社会风气，更好地协调科技进步和社会发展的关系，是一种不可替代的重要社会治理方式。

科技伦理主要涉及伦理与学术道德、高科技伦理、常规技术伦理、工程伦理等领域。在这些领域中，预防、化解相关社会矛盾的任务日益紧迫。研究伦理与学术道德是指从事科研活动应遵循的伦理原则和从事学术工作应遵循的道德行为规范。针对某些科研活动可能产生的负面影响，如人体实验、人兽混合胚胎研究、气候工程实验等引发的伦理争议，需要确定相关伦理准则，避免产生不可逆的恶果。针对伪造数据、抄袭剽窃、弄虚作假等学术不端行为，需要倡导道德自律，加强监管。当前，世界范围内新一轮科技革命正孕育待发，以人工智能、大数据、物联网、云计算、区块链等为代表的高科技的诞生和运用，对人类生产生活方式将产生广泛、深远的影响，在继续为人们的生活带来各种便利的同时，也对传统社会的治理方式提出巨大挑战和新要求。

科技的伦理影响可分为四个层面：

1）对人类生存与环境的影响。有些科技如核武器明显地威胁到人类的生存和环境。

2）对权利和利益的影响。科技的发展会带来产业结构的变化和知识与技能的更新，相关群体的权利和利益可能受到明显和潜在的影响。例如，随着信息网络技术的发展，不同的国家、区域、群体和个人之间出现了数字鸿沟，掌握并易于接近信息资源的一方处于更加有利的地位，反之就会处于劣势。

3）对生活方式与文化的影响。很多科技如信息与通信技术的发展促使公共生活与个人生活方式发生了根本性的变革，一些新的生活方式和文化形式必然伴随着伦理价值观念的变化和对既有观念的冲击。

4）对人类尊严与基本权利的影响。在有些情况下，高科技在手段上的高度有效性可能会与“以人为目的”相冲突，如果对技术上的可能性不加以限制，它们就有可能危及人类的尊严和基本权利。例如，克隆人和人兽嵌合体的研究就明显有损人类的尊严，而不加限制的信息监控必然导致对人的基本权利的侵犯。

科技伦理问题的基本特征可以概括为：

1）震撼性。有些科技带来的可能性一旦变成现实，就可能会对伦理价值带来具有革命性的冲击，如核武器、克隆人等。

2）风险性。科技所带来的风险不仅表现为作为“潜在的副作用”的技术风险随时可能发生（如“切尔诺贝利无处不在”的事实），更体现为由集体不负责导致的系统风险——在高科技创新和运用的各个环节中充满了各种相互分离的因果链，处在每个孤立的因果链中的人们“可以做某些事情，并且一直做下去，不必考虑对之应负的个人责任”。

3）深远性和难以预见性。科技的很多负面影响在时间上远远超过了世代，空间上甚至已经超越地球，有的还具有不可逆性。科技并不是都客观真理的应用，大多数是探索性的和不成熟的，其技术后果和伦理价值影响难以预见。

14.5.2　科技伦理研究

科技伦理研究可以追溯到20世纪60、70年代出现的核伦理、环境伦理和生命伦理研究，20世纪90年代以后，计算机与信息网络伦理研究备受关注，同时克隆、干细胞、臭氧层空洞、全球变暖等新的话题将生命伦理和环境伦理研究推向了新的高潮。进入21世纪以来，纳米技术、芯片植入等新兴技术成为科技伦理研究的热点，著名的人类基因组工程将伦理纳入其研究计划。在此背景下，联合国教科文组织于1998年成立了科学知识与技术伦理委员会（COMEST），并启动了科技伦理计划，先后推出的报告涉及太空开发、环境、生命科学、纳米技术等领域。

科技伦理研究可以分为以下三类：

1）描述性研究，即对具体的高科技活动进行批判性的反思，透过风险与效益分析、权利与利益分析和文化与价值分析揭示其中的价值伦理问题，包括案例研究等。

2）规范性研究，即在描述性研究的基础上，探讨建立伦理规范的可能，包括对已有规范的选择、新规范的引入、对规范的诠释等方面。

3）预防性研究，即从预防性原则出发，探讨如何消除和减少科技导致的伦理上无法接受的负面影响。显然，这三类研究可以交叉融合。

科技伦理研究并非纯粹的学术研究，而应该延伸到以下现实目标：

1）增进认识，即通过对科技所负载的伦理价值的揭示，增进科技共同体、科研机构、科技管理部门以及社会公众的科技伦理意识。

2）制定标准，即通过科技专家、哲学与社会科学专家、科技管理专家的对话与跨学科研究，在广泛讨论的基础上，制定具有规范性与引导性的科技伦理原则规范体系，并以科技伦理指南的形式予以发布。

3）培养能力，即培养科技共同体、科研机构、科技管理部门以及社会公众在实践中反思、预见伦理问题并进行伦理抉择的能力。

布丁格等人最近提出的解决伦理困境的4A策略可以作为科技伦理研究的基本框架：

1）把握事实（Acquire Facts）：具体准确地把握新的科技伦理问题中所涉及的特定的科学事实及其价值伦理内涵，分析其中涌现出的伦理冲突的实质，以此作为进一步研究的依据与出发点。

2）寻求替代（Alternatives）：在把握科学事实与伦理冲突实质的基础上，寻求克服、限制和缓冲特定伦理问题的替代性科学研究与技术应用方案。

3）进行评估（Assessment）：在尊重科学事实和伦理冲突的基础上，通过跨学科研究与对话对替代性的科研与应用方案进行评估与选择。

4）动态行动（Action）：在评估与选择的基础上采取相应的行动，并根据科技发展进行动态调整。

习　题

14.1　结合数据权的分类谈谈数据权与数据主权的区别。

14.2　我国的数据保护监管机构有哪些？

14.3　各国立法中采用的数据跨境及数据本地化方式有哪些？

14.4　简述跨境数据流动制度设置内容。

14.5　如何看待大数据杀熟问题？

参考文献及扩展阅读资料

[1] 陈满. 实施国家大数据战略的意义、问题与对策研究 [J]. 中共郑州市委党校学报, 2016 (02): 65-68.

[2] 中国电子技术标准化研究院, 全国信息技术标准化技术委员会大数据标准工作组. 大数据标准化白皮书 (2018 版) [R/OL]. (2018-03-29) [2018-04-24]. https://pic. doit. com. cn/2018/04/8065f4f0a2c4af2d5330c1eccef7bb12. pdf.

[3] 浅析大数据时代信息安全面临的挑战与机遇 [EB/OL]. [2018-04-20]. http://news. idcquan. com/news/101009. shtml.

[4] 马云. 做淘宝不是为卖货而是获得数据 [EB/OL]. [2018-04-20]. http://finance. sina. com. cn/hy/20141129/072920954783. shtml.

[5] 齐爱民, 盘佳. 大数据安全法律保障机制研究 [J]. 重庆邮电大学学报 (社会科学版), 2015 (5): 24-25.

[6] 徐明. 大数据时代的隐私危机及其侵权法应对 [J]. 中国法学, 2017 (01): 130-140.

[7] 宗威. 大数据时代下数据质量的挑战 [J]. 西安交通大学学报 (社会科学版), 2013 (5): 38-41.

[8] Buxton B, Goldston D, Doctorow C, etal. Big data: science in the petabyte era [J]. 2008.

[9] MANYIKAJ, CHUIM, BROWNB, etal. Big Data: The Next Frontier for Innovation, Competition, and Productivity [EB/OL]. (2011-05-01) [2017-03-01]. http://www. mckinsey. com/business-functions/digital-mckinsey/our-insights/big-data-the-next-frontier-for-innovation.

[10] 英国启动《国家网络安全战略 2016-2021》[J]. 中国教育网络, 2016 (12): 51.

[11]《英国数字化战略》发布 [J]. 中国教育网络, 2017 (05): 7.

[12] Department of Finance and Deregulation & Australian Government Information Management Office. The Australian Public Service Big Data Strategy [R/OL]. [2015-02-03]. http://www. finance. gov. au/sites/default/files/Big-Data-Strategy_0. pdf.

[13] 张勇进, 王璟璇. 主要发达国家大数据政策比较研究 [J]. 中国行政管理, 2014 (12): 113-117.

[14] 薛军, 曹智. 掌握大数据时代信息安全主动权 [N/OL]. 解放军报, http://www. 360doc. com/content/15/0504/13/8224881_467868875. shtml.

[15] 黄如花, 李楠. 美国开放政府数据中的个人隐私保护研究 [J]. 图书馆, 2017 (6): 19-23.

[16] Consumer Data Privacy in a Networked World [EB/OL]. [2016-12-23]. https://www. whitehouse. gov/sites/default/files/privacy-final. pdf.

[17] 美国 CLOUD 法案概述 [EB/OL]. (2018-03-14) [2018-04-26]. https://mp. weixin. qq. com/s/k7kYUwtW_F_K9khdK73mXA.

[18] 胡裕岭, 英国数据被泄露可获精神赔偿 [J]. 检察风云, 2018 (1): 52-53.

[19] 黄如花，刘龙. 英国政府数据开放中的个人隐私保护研究 [J]. 图书馆建设，2016 (12)：47-52.

[20] 王云云. 澳大利亚隐私法初探 [J]. 法制与社会，2016 (30)：6-7.

[21] 孙继周. 日本数据隐私法律：概况、内容及启示 [J]. 现代情报，2016 (6)：140-143.

[22] 杨维东. 如何有效应对大数据技术伦理问题 [EB/OL]. [2018-04-20]. http://www.tibet.cn/cn/tech/201803/t20180323_5577106.html.

[23] 邱仁宗. 大数据技术的伦理问题大数据技术的伦理问题 [J]. 科学与社会，2014，04 (01)，36-48.

[24] 黄欣荣. 大数据时代的哲学变革 [EB/OL]. [2018-04-20]. http://epaper.gmw.cn/gmrb/html/2014-12/03/nw.D110000gmrb_20141203_2-15.htm.